科学出版社"十四五"普通高等教育本科规划教材

序列密码的分析与设计
（第二版）

关 杰 丁 林 张 凯 著

U0296516

科 学 出 版 社

北 京

内 容 简 介

本书介绍序列密码的设计理念、设计原理和分析技术。以 21 世纪为时间点，本书将序列密码加密模型分成传统模型和新型模型，介绍各个模型的代表算法，包括蓝牙系统 E_0 加密算法、GSM 手机 A5 加密算法、NESSIE 计划候选算法、SNOW 系列算法、我国设计的新一代无线移动通信系统标准加密 ZUC 算法、eSTREAM 计划胜出算法 Trivium、Grain、MICKEY、Salsa20 等典型序列密码算法及其设计特点，以及在 NIST-LWC 工程第 3 轮胜出的 10 个算法中的 Grain-128AEAD、TinyJAMBU-128 等基于序列密码的认证加密算法，同时介绍针对这些序列密码算法的典型分析方法及最新的攻击结果，以期为密码设计和分析者提供参考和借鉴。

本书可作为密码学和信息安全专业高年级本科生和研究生的教材，也可作为从事相关专业的教学、科研和工程技术人员的参考书。

图书在版编目(CIP)数据

序列密码的分析与设计 / 关杰，丁林，张凯著. 2版. -- 北京：科学出版社, 2025.1. -- (科学出版社"十四五"普通高等教育本科规划教材).
ISBN 978-7-03-080500-3

Ⅰ. TN918.2

中国国家版本馆CIP数据核字第 202453UH47 号

责任编辑：张艳芬　徐京瑶 / 责任校对：崔向琳
责任印制：师艳茹 / 封面设计：无极书装

科学出版社出版
北京东黄城根北街 16 号
邮政编码：100717
http://www.sciencep.com

北京九州迅驰传媒文化有限公司印刷
科学出版社发行　各地新华书店经销

*

2019 年 11 月第 一 版　开本：720×1000 1/16
2025 年 1 月第 二 版　印张：19
2025 年 1 月第三次印刷　字数：383 000

定价：160.00 元
(如有印装质量问题，我社负责调换)

前　言

序列密码是密码学的一个重要分支，它在密码学中处于基础地位，其设计理念和分析思想对密码学各大分支的发展发挥着重要作用。序列密码的研究历经三起三落，却始终是密码研究者关注的一个方向。自 2004 年 eSTREAM 计划启动以来，序列密码重新成为密码领域的研究热点。

与分组密码算法相比，序列密码算法的设计呈现出多样性、迥异性、个性化等特点。以 21 世纪为时间点，本书将序列密码加密模型分成传统模型和新型模型：传统模型主要包括前馈模型、钟控模型等；新型模型主要包括基于非线性移位寄存器型、表代替型、类分组型、SNOW 型等序列密码模型。

本书将某些结构相似、设计原理相同的一系列典型序列密码算法抽象成模型，从序列密码设计模型出发，介绍典型算法的设计特点和研究现状，并给出针对这些序列密码算法的典型分析方法和最新的攻击结果。

本书撰写分工如下：第 1 章～第 3 章由关杰撰写，第 4 章、第 6 章和第 8 章由丁林撰写，第 5 章和第 7 章由张凯撰写。关杰对全书进行了统稿。

本书凝结了作者及其科研团队的研究成果，在此，对作者指导的所有硕士研究生和博士研究生一并表示感谢。本书的撰写工作得到了网络空间部队信息工程大学密码工程学院密码理论与技术实验室全体师生的积极配合，特别是李俊志博士、施泰荣博士、周琮伟博士、刘帅博士、马宿东博士及李昂硕士、黄俊君硕士等给予了全力配合，在此一并对他们表示衷心的感谢！

本书自第 1 版的出版到现在已有近 5 年的时间，这期间序列密码算法的研究有了新的进展，SNOW-V 和 ZUC-256 参与了 5G 移动通信加密标准算法的遴选，Grain-128AEAD、TinyJAMBU 等基于序列密码的认证加密算法成为 NIST-LWC 工程第 3 轮胜出的算法。我们将其补充到教材中。

本书内容的相关成果部分来自课题组受资助项目：国家自然科学基金项目（61572156、61202491、61602514、61802437），在此一并表示感谢。

限于作者的水平，本书难免存在不妥之处，敬请读者批评指正。

目　　录

前言

第1章　概述 ………………………………………………………………… 1

1.1　序列密码的发展历史 ……………………………………………… 1

1.1.1　维吉尼亚密码 ……………………………………………… 1

1.1.2　"一次一密"密码体制 …………………………………… 2

1.1.3　序列密码的设计理念 ……………………………………… 3

1.1.4　序列密码的传统模型 ……………………………………… 3

1.2　序列密码的研究现状 ……………………………………………… 4

1.2.1　NESSIE 计划 ………………………………………………… 4

1.2.2　CRYPTREC 计划 …………………………………………… 5

1.2.3　eSTREAM 计划 ……………………………………………… 5

1.2.4　序列密码的应用场合 ……………………………………… 6

1.2.5　序列密码的分类 …………………………………………… 6

1.3　序列密码的发展趋势 …………………………………………… 10

1.3.1　新型序列密码模型的设计与分析 ……………………… 10

1.3.2　序列密码的初始化过程的设计和评估 ………………… 10

1.3.3　基于序列密码的认证加密算法设计 …………………… 11

1.4　本书结构 ………………………………………………………… 11

参考文献 ……………………………………………………………… 12

第2章　基于线性反馈移位寄存器型序列密码 ………………………… 14

2.1　非线性滤波模型 ………………………………………………… 15

2.1.1　非线性滤波模型描述 …………………………………… 15

2.1.2　非线性滤波模型的密码学性质 ………………………… 15

2.1.3　针对 Toyocrypt 算法的代数攻击 ……………………… 21

2.2　非线性组合模型 ………………………………………………… 27

2.2.1　非线性组合模型介绍 …………………………………… 27

2.2.2　Geffe 生成器 …………………………………………… 28

2.2.3　E_0 算法 ………………………………………………… 35

2.3　钟控模型 ………………………………………………………… 43

2.3.1　"停走"型钟控模型 …………………………………… 44

    2.3.2 A5 序列密码算法 ·· 47

  参考文献 ·· 50

第 3 章　基于非线性移位寄存器型序列密码 ···················· 53

  3.1　Trivium 型序列密码 ·· 53

    3.1.1 Trivium 模型介绍 ·· 53

    3.1.2 Trivium 系列算法描述 ·· 54

    3.1.3 Trivium 模型的差分分析 ······································ 61

    3.1.4 Trivium 模型的线性分析 ······································ 68

    3.1.5 Trivium 模型的代数分析 ······································ 78

    3.1.6 Trivium 模型小结 ·· 85

  3.2　Grain 型序列密码 ·· 87

    3.2.1 Grain 模型介绍 ··· 87

    3.2.2 Grain 系列算法描述 ·· 88

    3.2.3 级联模型的周期性质 ·· 93

    3.2.4 Grain v0 算法的线性逼近攻击 ······························ 103

    3.2.5 Grain 算法的弱 Key-IV 对区分攻击 ······················ 106

    3.2.6 Grain 算法的条件差分攻击 ··································· 109

    3.2.7 Grain 模型小结 ·· 115

  3.3　MICKEY 型序列密码 ··· 115

    3.3.1 MICKEY 模型介绍 ··· 115

    3.3.2 MICKEY 系列算法描述 ······································· 116

    3.3.3 MICKEY 算法的相关密钥攻击 ····························· 123

    3.3.4 MICKEY 模型小结 ··· 127

  参考文献 ··· 128

第 4 章　表驱动型序列密码 ······································· 132

  4.1　概述 ··· 132

  4.2　单表驱动型序列密码算法 ·· 133

    4.2.1 RC4 序列密码算法介绍 ·· 133

    4.2.2 RC4 变形序列密码算法介绍 ·································· 134

  4.3　多表驱动型序列密码算法 ·· 134

    4.3.1 HC-128 序列密码算法介绍 ··································· 135

    4.3.2 Py 系列算法介绍 ··· 137

    4.3.3 针对 Py 系列序列密码算法的区分攻击 ·················· 141

  4.4　小结 ··· 148

  参考文献 ··· 149

第5章　类分组型序列密码 ··· 151

　　5.1　概述 ··· 151

　　5.2　Salsa20 类算法 ·· 151

　　　　5.2.1　Salsa20 算法介绍 ·· 151

　　　　5.2.2　Chacha20 算法介绍 ··· 155

　　　　5.2.3　Salsa20 算法的代数-截断差分分析 ·························· 157

　　5.3　LEX 算法 ·· 176

　　　　5.3.1　LEX 算法介绍 ··· 176

　　　　5.3.2　LEX 算法的相关密码分析 ···································· 178

　　5.4　小结 ··· 184

　　参考文献 ··· 185

第6章　面向字操作型序列密码 ··· 187

　　6.1　概述 ··· 187

　　6.2　SNOW 3G 算法 ·· 188

　　　　6.2.1　SNOW 3G 算法介绍 ·· 188

　　　　6.2.2　SNOW 3G 算法的猜测确定攻击 ································· 190

　　6.3　SNOW-V 和 SNOW-Vi 算法 ·· 191

　　　　6.3.1　SNOW-V 和 SNOW-Vi 算法介绍 ································· 191

　　　　6.3.2　SNOW-V 和 SNOW-Vi 算法的安全性分析现状 ···················· 194

　　6.4　ZUC 算法 ··· 194

　　　　6.4.1　ZUC 算法介绍 ··· 195

　　　　6.4.2　ZUC 算法的猜测确定攻击 ···································· 199

　　6.5　小结 ··· 204

　　参考文献 ··· 204

第7章　基于序列密码的认证加密算法 ······································· 207

　　7.1　概述 ··· 207

　　7.2　Hummingbird-2 算法 ··· 207

　　　　7.2.1　Hummingbird-2 算法介绍 ····································· 207

　　　　7.2.2　Hummingbird-2 算法的实时相关密钥攻击 ······················ 211

　　7.3　Grain-128a 和 Grain-128AEAD 算法 ································· 221

　　　　7.3.1　Grain-128a 算法介绍 ······································· 221

　　　　7.3.2　Grain-128a 算法的滑动攻击 ·································· 223

　　　　7.3.3　Grain-128 AEAD 算法介绍 ···································· 229

　　7.4　MORUS 算法 ·· 234

　　　　7.4.1　MORUS 算法介绍 ··· 234

7.4.2 MORUS 算法的完全性分析 ·· 238

7.4.3 MORUS 算法的差分扩散性质分析 ································· 240

7.4.4 MORUS 算法的抗碰撞性分析 ·· 246

7.5 ACORN 算法 ·· 254

7.6 TinyJAMBU 算法 ·· 258

7.6.1 TinyJAMBU-128 算法描述 ·· 258

7.6.2 TinyJAMBU 算法的安全性分析介绍 ····························· 262

7.7 小结 ··· 263

参考文献 ·· 264

第 8 章 序列密码的初始化过程 ··· 266

8.1 序列密码初始化过程的分类 ·· 266

8.2 序列密码初始化过程的完全性分析 ······································ 268

8.2.1 完全性分析方法简述 ·· 268

8.2.2 判断完全性的通用算法 ·· 269

8.2.3 Trivium 型密码的完全性分析 ······································ 273

8.3 序列密码初始化过程的差分分析 ··· 276

8.3.1 差分分析方法简述 ··· 276

8.3.2 Loiss 序列密码初始化过程的差分分析 ······················· 277

8.4 小结 ··· 289

参考文献 ·· 289

附录 ·· 292

第1章 概　　述

序列密码，也称流密码，最初主要应用于军事、政治等要害部门，目前世界上绝大多数国家和地区的军事、政府、外交领域的保密通信仍采用序列密码。随着互联网和无线通信应用的日益广泛，序列密码已广泛应用于商业、个人的信息加密，并且因其自身独特的特点和优势，具有广阔的应用前景。

序列密码和分组密码是对称密码体制的两大重要分支。两者在设计理念、算法结构、应用场景等方面既有很大区别又有紧密联系。两者最重要的区别体现在"记忆性"上。分组密码通常是按固定规模将明文分组，对每组均使用一个固定的加密变换来进行运算，是"无记忆"的；序列密码是由少量的真随机数按照固定规则生成密钥序列，密钥序列再和明文分组(一个明文的独立符号单位)结合生成密文，因此其加密变换是随时间变化的，具有时序性，是"有记忆"的。

欧洲两个密码征集计划 NESSIE(New European Schemes for Signatures，Integnity，and Encryption)[1]和 ECRYPT(European Network of Excellence for Cryptology)[2]极大地促进了现代序列密码的研究。许多经过精心设计和公开分析的序列密码算法与同级别的分组密码算法相比，占用的资源更少，速度更快。多数密码学家认为，序列密码在资源极端受限的硬件领域和需要极高加解密速度的领域两个方面具有较大优势。未来序列密码研究主要围绕新型序列密码模型、新型序列密码分析方法、序列密码的初始化过程及基于序列密码的认证加密算法的设计与分析等方面展开，这些是密码工作者研究的热点和重点。

1.1　序列密码的发展历史

序列密码的历史比较悠久，可以追溯到古典密码的多表代替。例如，维吉尼亚密码就是一种序列密码。在第二次世界大战期间，德国的 Enigma 密码和日本的"紫密"密码是典型的机械式序列密码，因其在战争和外交中的突出作用而受到重视。

1.1.1　维吉尼亚密码

维吉尼亚密码的密钥空间、明文空间和密文空间均为英文字母的序号集合 $Z_{26} = \{0,1,\cdots,25\}$ ，加密变换为对英文字母的加密变换：

$$c = (m + k) \bmod 26$$

使用长度为 d 的密钥 $k = (k_1, k_2, \cdots, k_d)$ ，加密时对每个明文 $m = (m_1, m_2, \cdots, m_n)$ 进行加密变换得到密文 $c = (c_1, c_2, \cdots, c_n)$ ，这里

$$c_i = (m_i + k_i) \bmod 26, \quad i = 1, 2, \cdots, n$$

当 $i \geq d + 1$ 时，将密钥 k 按周期重复使用即可。

将维吉尼亚密码中密钥的周期 d 扩大为无限，即是"一次一密"密码体制的雏形。

1.1.2 "一次一密"密码体制

设明文序列 $(m_i)_{i=1}^n$ 是二元明文序列，$(k_i)_{i=1}^n$ 是二元密钥序列，$(c_i)_{i=1}^n$ 是二元密文序列，且 $\forall i \geq 1$ ，都有 $c_i = m_i \oplus k_i$ ，则当且仅当 $k_1, k_2, \cdots, k_n$ 相互独立且都在密钥空间 K 上服从均匀分布时，该密码体制称为"一次一密"密码体制。

当明文、密文不是二元序列时，只要保证密钥相互独立且在密钥空间 K 上服从均匀分布，将异或运算"$\oplus$"替换为拉丁方变换，"一次一密"密码体制就可扩展为下述"一次一密"密码体制，结构如图 1.1.1 所示。

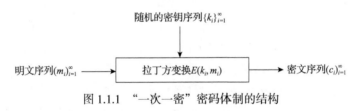

图 1.1.1 "一次一密"密码体制的结构

定义 1.1.1 设 X、Y、Z 都是具有 n 个点的有限集，$f : X \times Y \to Z$ 。若对 $\forall x_0 \in X, y_0 \in Y$ ，以 y 为变量的映射 $f(x_0, y)$ 是 Y 至 Z 的双射，且以 x 为变量的映射 $f(x, y_0)$ 是 X 至 Z 的双射，则称 f 是拉丁方变换。

"一次一密"密码体制是 Mauborgne 和 Vernam 于 1917 年发明的，在研究电报通信的实际工作中，他们发现可以使用便笺来记录密钥，每页纸上有排列好的随机字母或数据，两份相同的便笺分发给收方和发方，其他人不能够获得或预测出便笺上的任何信息，由于每页纸上的每个数据只使用一次，又称其为"一次性便笺加密体制"。

1949 年，Shannon 在"保密系统的通信理论"一文中证明了"一次一密"密码体制在唯密文攻击下，即使是具有无限计算资源的攻击者也不能识别出真正的明文[3]。"一次一密"密码体制是迄今为止唯一一个理论上无法攻破的加密体制，是完全保密的密码体制。它在密码学的发展中意义重大，是序列密码设计理念的

源头，也促进了量子密码的发展。

1.1.3 序列密码的设计理念

"一次一密"密码体制利用随机的密钥序列对明文序列加密得到密文序列。由于随机的密钥序列必须与明文等长，其生成、分配、存储和使用都存在一定的困难，因此人们设想使用少量的真随机数按固定规则生成"伪随机"的密钥序列代替真正的随机序列，这就是序列密码的设计思想。序列密码中使用的少量真随机数就是序列密码的密钥，也称为种子密钥。序列密码的这种设计理念达到了只需分配和存储少量的真随机数(种子密钥)就可对任意长度的明文加密的目的。因此，序列密码脱胎于"一次一密"密码体制。

序列密码的设计思想是将种子密钥通过密钥流生成器产生的伪随机序列(也称为乱数序列)与明文简单结合生成密文。称与明文结合的元素为密钥流元素(也称为乱数)，称产生密钥流元素的部件为密钥流生成器或乱数发生器。一个序列密码方案是否具有很高的密码强度主要取决于密钥流生成器的设计。序列密码中的密钥序列是由少量真随机数按固定规则生成的，因而不可能是真正随机的。因此，如何刻画密钥序列的伪随机性，如何保证密钥序列的伪随机性，使其不会造成加密算法在实际中被破解，是序列密码设计中需要解决的问题。序列密码的安全性基础即是无法有效地将伪随机序列(乱数序列)与随机序列区分开。"区分问题"也可以拓展到其他类型的密码体制，如分组密码、杂凑函数等，如何将密码算法输出和(伪)随机序列有效区分，是密码分析的基础问题。

序列密码中涉及的随机概念贯穿于密码学各分支中，奠定了序列密码在密码学中的基础地位。序列密码的安全性问题，即区分问题也是密码设计者需要考虑的一个首要问题。可以说，序列密码在密码学中处于基础地位，发挥着重要作用。

1.1.4 序列密码的传统模型

以 21 世纪为时间点，本书将序列密码加密算法分为传统算法和新型算法。称 21 世纪前的序列密码算法为传统算法，21 世纪后的序列密码算法为新型算法。

20 世纪初，线性反馈移位寄存器(linear feedback shift register, LFSR)的产生使得序列密码拥有了很好的驱动部件，但是到了 20 世纪 60 年代，B-M 算法的提出使得序列密码的设计者不得不将非线性改造增加到设计中去。因此，20 世纪 80 年代，序列密码的设计主要采用 LFSR 和非线性改造相结合的方式，包括前馈模型和钟控模型等，主要以蓝牙(bluetooth)技术中用于数据加密的 E_0 算法[4]、用于手机通信中蜂窝语音和数字加密的 A5 系列算法[5]等典型算法为代表。

1. 前馈模型

前馈模型是序列密码的一个基本模型。LFSR 产生的输出序列由于具有线性制约性,不能直接作为乱数序列使用。因此,前馈模型的基本思想就是利用非线性变换对 LFSR 的输出序列或状态序列进一步加工,达到破坏其线性制约性的目的,并保持 m 序列的周期长和统计特性好的优点。

当初始乱源发生器是 LFSR 时,根据初始乱源发生器是一个 LFSR 还是多个 LFSR,又可将前馈模型分为非线性滤波模型和非线性组合模型。

非线性滤波模型是将 LFSR 的若干抽头的输出经过非线性函数作用而产生乱数。

非线性组合模型是将若干 LFSR 的输出组合起来经过非线性函数作用后产生乱数。

2. 钟控模型

钟控模型的主要思想是利用一条由密钥决定的未知序列(如某 LFSR 的输出序列)来控制另外一条 LFSR 序列的动作方式(动作次数、状态更新方式)等。钟控模型主要有他控、自控和互控等三种模型。

3. 单表驱动模型

到了 20 世纪 90 年代,随着计算机技术的发展,出现了第一个面向软件的序列密码算法 RC4[6],其软件速度要比当时的数据加密标准(data encryption standard,DES)快很多。它是由 Rivest 于 1987 年设计的密钥长度可变的序列密码加密算法簇。RC4 算法的结构十分简洁,通过表驱动的方式实现随机数的生成,和前面基于 LFSR 的、易于硬件实现的序列密码设计思想完全不同。这种表驱动型序列密码易于软件实现,广泛用于商业密码产品中,包括 Lotus Notes 和 Oracle 等。

1.2　序列密码的研究现状

进入 21 世纪,序列密码研究呈现蓬勃发展的趋势。日本在 2000～2003 年开展了 CRYPTREC(Cryptography Research and Evaluation Committees)密码征集计划,欧洲的两个序列密码征集计划——NESSIE 和 eSTREAM,更是极大地促进了序列密码的研究,逐渐使其成为密码研究领域的热点。

1.2.1　NESSIE 计划

NESSIE 是欧洲的一个征集签名、完整性和加密的密码征集计划,开始于

2000 年并在 2004 年结束。NESSIE 计划的主要目标是通过公开透明的征集和评价，建立一整套高效安全的密码标准。NESSIE 共征集到 42 个不同类型的密码算法，其中 LEVIATHAN[7]、LILI-128[8]、BMGL[9]、SOBER-t32[10]、SNOW[11]、SOBER-t16[12]6 个序列密码算法进入了第二阶段的评估；但由于这 6 个候选序列密码算法都存在弱点，最终都被淘汰。这也反映了序列密码的研究没有分组密码成熟，同时这也引起了众多学者对序列密码的关注，并激发出他们的研究兴趣，随后人们对序列密码的研究力度明显增加。

1.2.2 CRYPTREC 计划

日本在 2000 年实施了密码征集计划 CRYPTREC[13]，并参考了 NESSIE 计划的做法，对征集到的密码算法的安全性和效率等进行评估。2003 年 5 月，CRYPTREC 计划推荐了 3 个序列密码算法：MUGI[14]、MULTI-S01[15]和 128 比特的 RC4[6]，其中 RC4-128 限定只能应用于 SSL3.0 和 TSL1.0 或 TSL 随后的版本中。与 NESSIE 计划相比，CRYPTREC 计划对序列密码发展的影响较小。

1.2.3 eSTREAM 计划

ECRYPT 是欧洲的三十几个大学和公司在密码学与水印方面进行合作研究的联盟，该联盟于 2004 年 11 月启动了欧洲序列密码征集计划 eSTREAM，该计划的目的就是公开征集序列密码算法并筛选出可以广泛应用的序列密码算法，它要求序列密码必须具有如下特点之一。

(1)面向软件实现时，序列密码算法具有高吞吐率。

(2)面向硬件实现时，序列密码算法仅需要有限资源(如有限的存储空间、与非门数量和功耗等)。

eSTREAM 计划的征集引起了各国学者的广泛关注，截至 2005 年 4 月共征集到 34 个序列密码算法。随后，ECRYPT 每年举行一次学术会议，主要对各个候选序列密码算法进行深入的安全性和效率评估。2008 年 5 月公布的最终评选结果[2]是：eSTREAM 计划候选胜出算法有 7 个，其中 3 个是面向硬件实现的算法，即 Grain v1、MICKEY v2 和 Trivium；有 4 个是面向软件实现的算法，即 HC-128、Rabbit、Salsa20/12 和 SOSEMANUK。

事实上，一个精心设计、经过公开分析的序列密码算法要比同级别的分组密码算法在软件实现上快 3～5 倍，或者需要的硬件资源仅为分组密码的 1/3，因此序列密码算法的应用前景十分广阔，这也正是 eSTREAM 计划得到广泛重视的一个根本原因。

1.2.4 序列密码的应用场合

与分组密码相比,序列密码在一些特定的应用场合发挥重要的作用。只要能够充分发挥自身优势,序列密码就将具有很好的应用价值和发展前景,而不会被分组密码取代。

1. 资源受限的环境

在手机、无线通信、智能卡等一些有资源限制要求,体积小、运算速度高等应用环境中需要使用序列密码进行加密。例如,大家熟知的欧洲蜂窝式移动电话系统加密标准 A5/1 算法,蓝牙网络规范中用于数据加密的 E_0 算法等,均采用了易于硬件实现的 LFSR,是轻量级密码算法。

2. 对数据格式有特殊要求的环境

数据库加密或主机和终端通信加密时,当设备没有存储区或数据缓冲区有限时,数据处理必须是每次一个符号,这时需要使用序列密码。例如,RC4 算法每个时刻输出的乱数是 8 比特,可以一次加密一个字节,其生成乱数的软件速率高、随机性较好,因此广泛应用于 Oracle、Lotus Notes 等软件中。

3. 信道不好的一些特殊应用环境

在无线信号传输等密文信号容易丢失或出错的应用环境,可以利用自同步序列密码有限步的错误传播特性进行加密,分组密码的密码反馈模式就是一种自同步序列密码;对于信号不容易丢失但容易出错的环境,如果明文的冗余度大,明文出现错误不影响效果,可采用序列密码进行数据加密,如在卫星通信中的图像加密、语音加密等环境中,利用分组密码的输出反馈模式就可以设计出这类序列密码。

4. 高度机密的低带宽通信环境

在军事和外交保密通信这些高度机密的特殊条件下,仍然可采用"一次一密"的完全保密(无条件安全)体制进行加密。

1.2.5 序列密码的分类

文献[16]描述了序列密码的基本模型,如图 1.2.1 所示。下面按照乱数发生器的生成方式对序列密码进行分类。

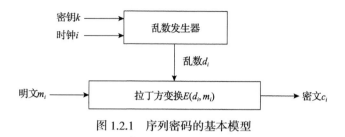

图 1.2.1　序列密码的基本模型

1. 按照初始化过程的结构分类

乱数发生器主要由初始化过程和密钥流生成过程组成。序列密码初始化过程的作用是使得初始密钥 K 和初始值 IV 之间达到充分的混乱和扩散效果，序列密码密钥流生成的作用是在初始化过程的基础上对初始密钥 K 和初始值 IV 做进一步变换，产生对明文加密所使用的乱数流。本书以序列密码初始化过程与密钥流生成过程之间差异程度的大小为标准，将初始化过程的设计分为结构相同型序列密码、结构相似型序列密码和结构迥异型序列密码三类[17]。

作为序列密码算法的重要组成部分，初始化过程的安全性直接影响序列密码算法的安全性，安全高效的序列密码需要以安全高效的初始化过程为基础，因此很有必要对序列密码初始化过程的安全性进行深入研究。

2. 按照乱数生成过程是否独立于明密文分类

根据乱数生成过程是否与明密文有关，可将序列密码分为同步序列密码（synchronous stream cipher, SSC）、自同步序列密码（self-synchronous stream cipher, SSSC）和非同步非自同步序列密码三类。

1）同步序列密码

若乱数序列独立于明文、密文，即乱数序列与明文、密文无关，则称此类序列密码算法为同步序列密码[18]。同步序列密码的加密过程可由下式描述：

$$\sigma_{i+1} = f(\sigma_i, k)$$

$$z_i = g(\sigma_i, k)$$

$$c_i = h(z_i, m_i)$$

式中，σ_i 为第 i 时刻的内部状态，$i=0$ 时为初始状态；k 为密钥；f 为状态更新函数；g 为产生密钥流 z_i 的函数；h 为输出函数；m_i 为明文；c_i 为密文。同步序列密码加密与解密过程如图 1.2.2 所示。

目前大多数序列密码算法均是同步序列密码算法，例如 eSTREAM 计划候选

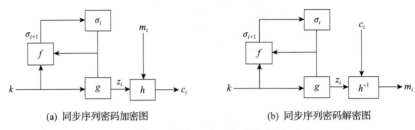

(a) 同步序列密码加密图　　　　　　　(b) 同步序列密码解密图

图 1.2.2　同步序列密码加密与解密过程

胜出的 7 个序列密码算法均是同步序列密码算法。分组密码的输出反馈模式也是同步序列密码的一个例子。

2) 自同步序列密码

若乱数序列与以前若干个时刻的密文有关，则称其为自同步序列密码[18]。

自同步序列密码的加密过程可由下式描述：

$$\sigma_i = f(c_{i-t}, c_{i-t+1}, \cdots, c_{i-1})$$

$$z_i = g(\sigma_i, k)$$

$$c_i = h(z_i, m_i)$$

式中，σ_i 为第 i 时刻的内部状态，可由密钥 k 决定，$\sigma_0 = (c_{-t}, c_{-t+1}, \cdots, c_{-1})$ 为初始状态；f 为状态更新函数；g 为产生密钥流 z_i 的函数；h 为输出函数。自同步序列密码加密与解密过程如图 1.2.3 所示。

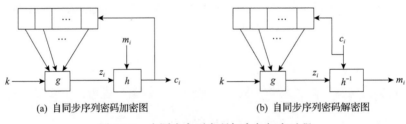

(a) 自同步序列密码加密图　　　　　　　(b) 自同步序列密码解密图

图 1.2.3　自同步序列密码加密与解密过程

在丢失若干密文信号但此后信号不再丢失的条件下，自同步序列密码仍能正确解密此后的密文信号。自同步序列密码可以检测对密文的篡改，提供认证功能。eSTREAM 计划第一轮提交的 34 个候选算法中，只有一个序列密码 SSS 算法是自同步序列密码，由于其存在安全问题而在第二轮评选中被淘汰。

3) 非同步非自同步序列密码

若乱数序列与明文有关，而与密文无关，则称此类序列密码为非同步非自同步序列密码[2]。eSTREAM 计划进入第二轮的候选算法 Phelix 算法[19]就是明文反馈参与乱数序列生成的，是一类非同步非自同步序列密码，可以检测对明文的篡改，提供认证功能。

3. 按照新型序列密码算法的结构分类

本书对以 eSTREAM 计划候选算法为代表的新型序列密码算法进行了分析研究，发现新型序列密码算法的设计与传统的序列密码算法具有很大不同，结合密码学专家和学者对该项目征集到的 34 个候选算法的分析，根据乱数发生器的设计模型特点，可将新型序列密码算法的设计划分为以下三种类型。

1) 基于反馈移位寄存器型序列密码

反馈移位寄存器(feedback shift register，FSR)可分为 LFSR 和非线性反馈移位寄存器(non-linear feedback shift register，NFSR)。

传统序列密码大多基于 GF(2) 上的 LFSR 设计，便于硬件实现。新型序列密码算法中，为了考虑软件实现，大多采用有限域 GF(2^m) 上的 LFSR。例如 NESSIE 计划候选算法 SNOW 系列，以及 eSTREAM 计划胜出算法 Sosmenuk 都是采用了有限域 GF(2^{32}) 上的 LFSR 结合有限状态机(finite-state machine，FSM)的设计结构。

新型序列密码算法中还涌现出一批基于 NFSR 设计的密码算法，如 Grain、MICKEY 和 Trivium 等算法。相关分析、代数分析等密码分析方法的发展对基于 LFSR 的序列密码造成了一定的威胁，因此人们把目光放到了 NFSR 的设计。然而，人们对 NFSR 密码学性质的了解不如 LFSR 那样彻底，也缺少合适的数学工具对其进行研究，在采用 NFSR 进行设计时容易出现问题，有时还需结合 LFSR 进行设计以保证其安全性。例如，eSTREAM 计划胜出算法中的 Grain 算法就是采用 LFSR 级联 NFSR 的结构以保证其周期可控。

2) 表驱动型序列密码

传统算法中 RC4 算法是典型的单表驱动型序列密码算法，它基于一个代替表，通过交换表中元素位置的方式实现对表的动态更新，其结构简洁，软件实现速率快，但是该算法存在严重的安全问题，例如前几个时刻的乱数呈现出不随机的特性、使用方式不当可导致该算法被完全破译等。新型序列密码中基于表驱动算法对 RC4 算法的单个表更新方式进行了改进，利用多个状态表的互控更新来构造序列密码，结构较为复杂、安全强度高，例如 eSTREAM 计划胜出算法中的 HC-128 算法，就是采用两个状态表相互交替更新设计而成的。

3) 类分组型序列密码

类分组型序列密码是利用分组密码部件或者分组密码思想构造序列密码。该型序列密码算法使用了成熟的分组密码部件，使得设计更为便利，本书称其为类分组型序列密码。在 eSTREAM 计划候选算法中，间接或直接使用了分组密码设计思想及结构的算法有很多，使用方式多样，有的密码算法利用分组密码的多重加密后，直接输出中间状态作为密钥流，例如 eSTREAM 计划候选算法中的 LEX 算法[20]就是基于高级加密标准(advanced encryption standard, AES)算法进行设计，直接输出了加密过程中的一些内部状态；有的利用分组密码的设计结构，例如 Salsa20 算法不但采用了轮函数迭代的设计结构，而且利用了 AES 算法中的行移位和列混合的思想。

1.3　序列密码的发展趋势

序列密码具有很好的应用价值和发展前景，作者认为，未来序列密码研究主要围绕以下问题开展。

1.3.1　新型序列密码模型的设计与分析

密码算法的设计和分析始终是密码理论研究者关注的热点问题。随着密码算法应用环境和应用需求不断发生变化，新型序列密码模型的设计理论及针对新型序列密码算法的安全性分析理论是未来序列密码需要研究的核心问题，如轻量级序列密码、能够提供认证功能的序列密码的设计与分析等问题。在 NESSIE 计划和 eSTREAM 计划等序列密码算法的征集活动中，也涌现出了一批诸如基于 NFSR 和类分组型等新型序列密码模型，针对这些模型的设计和理论分析的研究仍然需要进一步突破和完善。

新的序列密码设计方法和理念被提出的同时，相应地也产生了一些新型序列密码分析方法。这些新型序列密码分析方法主要分为两类：一类是已有的分组密码分析方法，如相关密钥攻击和差分分析等，序列密码攻击者借用分组密码的分析方法对序列密码初始化过程的安全性进行研究；另一类是采用新技巧的序列密码分析方法，如立方攻击等，与已有的分析方法不同，立方攻击将密码看成一个黑盒，认为密码的输出是输入(包括秘密变量和公开变量)的高次代数方程，立方攻击利用高阶差分的思想将高次代数方程转化为输出关于秘密变量的线性方程，进而通过求解得到的线性方程组来求解秘密变量，立方攻击的使用范围广泛，可以用于分析序列密码、分组密码和杂凑函数的安全性。

1.3.2　序列密码的初始化过程的设计和评估

初始化过程是序列密码算法的重要组成部分，初始化过程的安全性直接影响序列密码算法的安全性。eSTREAM 工程的负责人之一指出[2]，针对序列密码初始化过程的研究已成为序列密码研究的新方向，这将有助于丰富序列密码初始化过程的设计与分析理论。目前针对初始化过程的安全性评估理论研究尚不系统和深入，此方向的研究对初始化过程的设计具有重要的指导意义。

1.3.3　基于序列密码的认证加密算法设计

认证加密算法是一种同时具有加密和认证两种属性的密码算法。这类算法由于只使用一个密钥就可以同时实现通信数据私密性、完整性及用户身份真实性验证等功能，具有可以降低密钥管理的复杂度、消除不同算法之间的衔接隐患等优势，因此认证加密算法被认为是对称密码领域极具前景的方向之一。

在国际密码研究协会(International Association for Cryptologic Research，IACR)主办下由日本发起一个面向全球征集认证加密算法的竞赛活动，称为 CAESAR (Competition for Authenticated Encryption: Security, Applicability, and Robustness)竞赛[21]，其中提交了不少基于序列密码的认证加密算法，如 MORUS 算法[22]、ACORN 算法[23]、TriviA-ck[24]算法等，这类算法的安全性评估、结构和功能、与序列密码算法相比发生的变化等问题都是值得进一步研究的。

2018 年 8 月，NIST 正式发起了轻量级密码算法(lightweight Cryptography，LWC)征集活动(以下简称为 NIST-LWC 征集活动)[25]，旨在选出在资源受限条件下仍具有良好安全性的对称密码算法及模式，并要求提交的候选算法实现带关联数据的认证加密(authenticated encryption with associated data，AEAD)功能。2019 年 2 月活动共征集到 57 个算法，其中 56 个成为第一轮候选算法，2019 年 8 月，NIST 宣布其中 32 个成为第二轮候选算法。2021 年 3 月 29 日，NIST 宣布了进入第三轮评选的 10 个算法：Ascon、Elephant、GIFT-COFB、Grain128-AEAD、ISAP、Photon-Beetle、Romulus、Sparkle、TinyJambu 和 Xoodyak。2023 年 2 月 27 日，NIST 宣布 Ascon 算法做为轻量级密码标准算法。

在进入第三轮评选的 10 个算法中，Grain128-AEAD 是基于序列密码 Grain-128 设计的，TinyJambu 算法的核心部件采用的是 GF(2)上的 NFSR，本书也将介绍这两个认证加密算法的设计理念，希望对基于序列密码设计的认证加密算法研究有所帮助。

1.4　本书结构

本书共 8 章。

第 1 章是序列密码的概述，介绍序列密码的基本概念、设计理念和基本编码原理，以及序列密码的发展历史、研究现状及未来发展趋势。

第 2 章介绍基于 LFSR 型传统序列密码，主要介绍传统算法中的两类典型模型，即前馈模型和钟控模型，以及其典型算法 E_0 算法、A5 算法和 Geffe 生成器的相关分析结果。

第 3 章介绍基于 NFSR 型序列密码，主要介绍由 Trivium、Grain 和 MICKEY

等序列密码算法抽象出模型的设计原理、特点及相关算法的分析结果。

第 4 章介绍表驱动型序列密码，介绍 RC4 等单表驱动型和 HC-128、Py 等多表驱动型典型序列密码算法及相关分析结果。

第 5 章介绍类分组型序列密码，以及典型的 Salsa20 类算法和 LEX 算法的设计与分析。

第 6 章介绍一类面向字操作型序列密码，此类密码采用基于有限域上的 LFSR 型密码结合 FSM 的结构产生乱数流，介绍 SNOW 系列算法和 ZUC 系列算法及安全性分析。

第 7 章介绍基于序列密码的认证加密算法，介绍 Hummingbird-2 算法、Grain-128a 算法、Grain-128AEAD 算法、MORUS 算法、ACORN 算法以及 TinyJAMBU 算法。

第 8 章介绍序列密码初始化过程的分类及代表性算法的安全性分析。

参 考 文 献

[1] NESSIE. New European schemes for signatures, integrity, and encryption (IST-1999-12324) [EB/OL]. https://www.cosic.esat.kuleuven. be/nessie[2014-01-01].

[2] ECRYPT. eSTREAM: The ECRYPT stream cipher project[EB/OL]. http://competitions.cr.yp. to/estream.html[2014-01-27].

[3] Shannon C E. Communication theory of secrecy systems[J]. The Bell System Technical Journal, 1949, 28(4): 656-715.

[4] Bluetooth[TM]. Bluetooth specification (version 1.2) [EB/OL]. http://www.bluetooth.com/specifications/ [2014-07-09].

[5] Briceno M, Goldberg I, Wagner D. A pedagogical implementation of the GSM A5/1 and A5/2 "voice privacy" encryption algorithms[EB/OL]. http://cryptome.org/gsm-a512.htm[2014-01-03].

[6] Rivest R L. The RC4 encryption algorithm[J]. RSA Data Security, 1992, 20(1): 86-96.

[7] McGrew D A, Fluhrer S R. The stream cipher LEVIATHAN[EB/OL]. https://pdfs.semantic-scholar.org/f754/e9781e455eb50eae272230cb5d9fcc5a5aa5.pdf[2014-01-05].

[8] Dawson E, Clark A, Golic J, et al. The LILI-128 keystream generator[C]//Proceedings of International Workshop on Selected Areas in Cryptology, Berlin, 2000: 248-261.

[9] Hastad J, Naslund M. BMGL: Synchronous key-stream generator with provable security[EB/OL]. https://www.cosic.esat.kuleuven.be/nessie/reports/phase1/sagwp3-018-3.pdf [2014-03-14].

[10] Hawkes P, Rose G. Primitive specification and supporting documentation for SOBER-t32 submission to NESSIE[C]//Proceedings of the First Open NESSIE Workshop, Heverlee, 2000.

[11] Ekdahl P, Johansson T. SNOW-A new stream cipher[C]//Proceedings of the First Open NESSIE Workshop, Heverlee, 2000: 167, 168.

[12] Hawkes P, Rose G. Primitive specification and supporting documentation for SOBER-t16 submission to NESSIE[C]//Proceedings of the First Open NESSIE Workshop, Heverlee, 2000.

[13] CRYPTREC: Cryptography research and evaluation committees set up by Japan[EB/OL]. http://www.cryptrec.go.jp [2014-05-01].

[14] Watanabe D, Furuya S, Yoshida H, et al. A new keystream generator MUGI[C]//Proceeding of International Workshop on Fast Software Encryption, Leuven, 2002: 179-194.

[15] Furuya S, Watanabe D, Seto Y, et al. Integrity-aware mode of stream cipher[J]. IEICE Transactions on Fundamentals of Electronics, Communications and Computer Sciences, 2002, 85(1): 58-65.

[16] 金晨辉, 郑浩然, 张少武, 等. 密码学[M]. 北京: 高等教育出版社, 2009.

[17] 丁林. 序列密码初始化算法的安全性分析[D]. 郑州: 解放军信息工程大学, 2012.

[18] Menezes A J, Vanoorschot P C, Vanstone S A. 应用密码学手册[M]. 胡磊, 王鹏, 译. 北京: 电子工业出版社, 2005.

[19] Whiting D, Schneier B, Lucks S, et al. Phelix: Fast encryption and authentication in a single cryptographic primitive[EB/OL]. https://cr.yp.to/streamciphers/phelix/desc.pdf[2014-02-24].

[20] Biryukov A. The design of a stream cipher LEX[C]//Proceedings of International Workshop on Selected Areas in Cryptography, Montreal, 2006: 67-75.

[21] Bernstein D J. CAESAR submissions[EB/OL]. http://competitions.cr.yp.to/caesar-submissions.html [2014-01-27].

[22] Wu H, Huang T. The authenticated cipher MORUS(v1)[EB/OL]. http://competitions.cr.yp. to/round1/morusv1.pdf[2014-03-15].

[23] Wu H. ACORN: A lightweight authenticated cipher(v2)[EB/OL]. http://competitions.cr.yp. to/round2/acornv2.pdf[2015-08-29].

[24] Chakraborti A, Nandi M. TriviA-ck-v2[EB/OL]. http://competitions.cr.yp.to/round2/triviackv2.pdf [2015-08-28].

[25] National Institute of Standards and Technology. Lightweight Cryptography(LWC) Standardization project, 2019[EB/OL]. https://csrc.nist.gov/projects/lightweight-cryptography[2017-01-03].

第 2 章　基于线性反馈移位寄存器型序列密码

传统序列密码大多基于 GF(2) 上 LFSR 设计，便于硬件实现。本书称此类密码为基于 GF(2) 上 LFSR 型传统序列密码。该类序列密码的设计理念有着深远的历史及丰富的理论，在新型序列密码算法中仍然是一个主流设计的方向。20 世纪初，LFSR 的产生使得序列拥有很好的驱动部件。20 世纪 80 年代，为了克服 LFSR 序列线性复杂度低等缺点，序列密码的设计者采用 LFSR 和非线性改造相结合的方式，设计出易于硬件实现的密码模型：前馈模型和钟控模型等。

前馈模型主要由初始乱源发生器和前馈函数两部分组成，其中初始乱源发生器的结构、初态及前馈变换都可由密钥决定。

前馈模型的结构框图如图 2.0.1 所示。

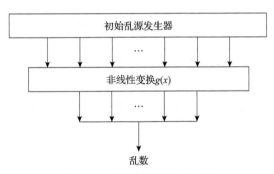

图 2.0.1　前馈模型的结构框图

若将前馈模型中的初始乱源发生器限制为 LFSR，则根据 LFSR 的个数，可将前馈模型分为非线性滤波模型(仅采用一个 LFSR)和非线性组合模型(采用多个 LFSR)。

前馈模型中的初始乱源发生器还可采用 NFSR 或其他类型的结构，eSTREAM 计划胜出算法中 Grain 算法结构由 LFSR 级联 NFSR 作为初始乱源发生器，再结合非线性变换后输出乱数，本质上属于前馈模型。

本章介绍的基于 LFSR 型传统序列密码主要包括非线性滤波模型、非线性组合模型和钟控模型三种。下面介绍这三种密码模型的密码学性质，及其各自代表性算法(Toyocrypt 算法、Geffe 生成器、A5 系列算法等)的描述及安全性分析。

2.1　非线性滤波模型

2.1.1　非线性滤波模型描述

非线性滤波模型是指采用一个 LFSR 作为初始乱源的前馈模型，结构框图如图 2.1.1 所示，代表性算法有 Toyocrypt 算法等。

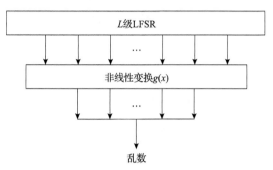

图 2.1.1　非线性滤波模型的结构框图

若 LFSR 在第 i 时刻的状态为 $S_i = (s_1^{(i)}, s_2^{(i)}, \cdots, s_L^{(i)})$ ，则前馈模型将第 j_1，$j_2, \cdots, j_n$ 级寄存器在第 i 时刻的状态组成的一个向量 $x^{(i)} = (s_{j_1}^{(i)}, s_{j_2}^{(i)}, \cdots, s_{j_n}^{(i)})$ 作为非线性变换 $g(x)$ 的输入向量，由此得到第 i 时刻的乱数：

$$d_i = g(x^{(i)}) = g(s_{j_1}^{(i)}, s_{j_2}^{(i)}, \cdots, s_{j_n}^{(i)})$$

2.1.2　非线性滤波模型的密码学性质

1. 平衡性

当 LFSR 选取为 L 级 m 序列时，在 LFSR 的状态序列 $(S_i)_{i=0}^{\infty}$ 的一个周期内，$x^{(i)}$ 取非全零向量的次数为 2^{L-n}，取全零向量的次数为 $2^{L-n} - 1$，因而 $g(x)$ 的输入序列 $(x^{(i)})_{i=0}^{\infty}$ 是几乎平衡的，故可按它是平衡序列进行分析，即假设在长度为 N 的状态序列 $(S_i)_{i=0}^{N-1}$ 中，$(x^{(i)})_{i=0}^{\infty}$ 的出现频次是平衡的。换句话说，$\forall x \in F_2$，都有

$$p(x^{(i)} = x) = \frac{1}{N} \#\{0 \leqslant i \leqslant N-1 : x^{(i)} = x\} = \frac{N}{2^n}$$

记 $p(d^{(i)} = b) = \frac{1}{N} \#\{0 \leqslant i \leqslant N-1 : d^{(i)} = b\}$，则有如下结论。

命题 2.1.1[1]　设前馈模型的非线性变换 $g:F_2^n \to F_2^m$，乱数 $d_i = g(x^{(i)})$，若 $(x^{(i)})_{i=0}^{N-1}$ 是平衡序列，则 $\forall b \in F_2^m$，都有

$$p(d^{(i)} = b) = p(g(x) = b)$$

命题 2.1.1 说明，在非线性变换 $g(x)$ 的输入序列 $(x^{(i)})_{i=0}^\infty$ 是平衡序列的假设下，乱数序列 $(d_i)_{i=0}^\infty$ 是平衡序列等价于非线性变换 $g(x)$ 是平衡函数，这就说明在前馈模型的设计中，非线性变换 $g(x)$ 必须是平衡函数或几乎平衡函数。

2. 线性复杂度

定理 2.1.1　设非线性滤波模型由一个级数为 L 的本原 LFSR 和一个次数为 m 的非线性布尔函数 $g(x)$ 组成，其中 $g(x)$ 与密钥无关，则有以下结论。

(1) 乱数序列的最大线性复杂度为 $L_m = \sum_{i=1}^m C_L^i$。

(2) 对任意给定的素数级 LFSR，当 $g(x)$ 在次数为 m 的布尔函数集合中随机选取时，乱数序列的线性复杂度是最大线性复杂度 L_m 的概率为

$$p_m \approx e^{-\frac{L_m}{2^L L}} > e^{\frac{1}{L}}$$

定理 2.1.1 说明，当 LFSR 的级数 L 较大时，绝大多数布尔函数 $g(x)$ 都能使乱数序列的线性复杂度达到最大值 L_m。然而，对于一个选定的布尔函数 $g(x)$，要证明乱数序列的线性复杂度是否达到最大值是非常困难的。定理 2.1.1 表明，选用非线性布尔函数 $g(x)$ 可以在很大概率上保证乱数序列的线性复杂度达到最大值。

3. 相关性

考察前馈模型的相关性是考察输出乱数和输入状态之间的相关系数，本书采用 Walsh 循环谱来刻画这种相关性。下面给出布尔函数的 Walsh 循环谱的定义。

定义 2.1.1　设 $f:F_2^n \to F_2$ 是布尔函数，$w \in F_2^n$，则称

$$W_{(f)}(w) = \frac{1}{2^n} \sum_{x \in Z_2^n} (-1)^{f(x) \oplus w \cdot x}$$

为 f 在 w 点的 Walsh 循环谱，其中对于 $x = (x_1, x_2, \cdots, x_n), w = (w_1, w_2, \cdots, w_n)$，有

$$w \cdot x = w_1 x_1 \oplus w_2 x_2 \oplus \cdots \oplus w_n x_n$$

式中，"·" 表示 n 维向量 $(x_1, x_2, \cdots, x_n)$ 与 n 维向量 $(w_1, w_2, \cdots, w_n)$ 的点积。

类似地，可将此定义推广到多输出布尔函数，给出其 Walsh 循环谱的定义。对于前馈模型，有以下结论。

定理 2.1.2　设前馈模型的非线性变换 $g: F_2^n \to F_2^m$，乱数 $d_i = g(x^{(i)})$，若 $(x^{(i)})_{i=0}^{N-1}$ 是平衡序列，则 $\forall \alpha \in F_2^n, \forall \beta \in F_2^m$，都有

$$p(\beta \cdot d^{(i)} = \alpha \cdot x^{(i)}) = W_{(g)}(\alpha \to \beta)$$

式中

$$p(\beta \cdot d^{(i)} = \alpha \cdot x^{(i)}) = \frac{1}{N} \#\{0 \leqslant i \leqslant N-1 : \beta \cdot d^{(i)} = \alpha \cdot x^{(i)}\}$$
$$- \frac{1}{N} \#\{0 \leqslant i \leqslant N-1 : \beta \cdot d^{(i)} \neq \alpha \cdot x^{(i)}\}$$

由于乱数序列 $(d_i)_{i=0}^{\infty}$ 是由 n 条 m 序列 $(s_{j_1}^{(i)})_{i=0}^{\infty}, (s_{j_2}^{(i)})_{i=0}^{\infty}, \cdots, (s_{j_n}^{(i)})_{i=0}^{\infty}$ 经过前馈函数 $g(x)$ 变换得到的，因此乱数序列 $(d_i)_{i=0}^{\infty}$ 必然反映出前馈函数 $g(x)$ 的输入序列的信息。如果能够获得 $(s_{j_1}^{(i)})_{i=0}^{\infty}, (s_{j_2}^{(i)})_{i=0}^{\infty}, \cdots, (s_{j_n}^{(i)})_{i=0}^{\infty}$ 的某个非零线性组合序列 $(\alpha_1 s_{j_1}^{(i)} \oplus \alpha_2 s_{j_2}^{(i)} \oplus \cdots \oplus \alpha_n s_{j_n}^{(i)})_{i=0}^{\infty}$ 的一条相似序列，就有可能利用解含错方程的方法求出序列 $(\alpha_1 s_{j_1}^{(i)} \oplus \alpha_2 s_{j_2}^{(i)} \oplus \cdots \oplus \alpha_n s_{j_n}^{(i)})_{i=0}^{\infty}$，进而求出 LFSR 的初态。这就是对非线性滤波模型进行最佳仿射逼近攻击的基本思想。

4. 相关免疫性

非线性组合函数 $g(x)$ 的输出与某些输入变量构成的向量的不相互独立性导致了可以针对前馈模型实施相关攻击。设计者自然希望，这种不独立性越弱越好。如果 $g(x)$ 的输出与 $g(x)$ 的任意 m 个输入变量构成的向量都相互独立，则 $g(x)$ 就是 m 阶相关免疫函数。m 阶相关免疫函数严格的数学定义如下：

定义 2.1.2　设 $f(x_1, x_2, \cdots, x_n)$ 是一个布尔函数，$X_1, X_2, \cdots, X_n$ 是相互独立的二元随机变量，各 X_i 在 $\{0,1\}$ 上服从均匀分布。如果对任意 m 个不同随机变量 $X_{i_1}, X_{i_2}, \cdots, X_{i_m}$，随机变量 $Z = f(X_1, X_2, \cdots, X_n)$ 与随机向量 $(X_{i_1}, X_{i_2}, \cdots, X_{i_m})$ 都独立，即 $I(Z; X_{i_1}, X_{i_2}, \cdots, X_{i_m}) = 0$，则称 $f(x_1, x_2, \cdots, x_n)$ 是 m 阶相关免疫函数。

由互信息的定义，有以下等价定义。

定义 2.1.3　设 $f(x): F_2^n \to F_2$，$x_1, x_2, \cdots, x_n$ 是 F_2 上独立的、均匀分布的随机变量，如果对任意的 $(a_1, a_2, \cdots, a_m) \in F_2^m (m \leqslant n)$ 及 $a \in F_2$，都有

$$p(f(x) = a, x_{i_1} = a_{i_1}, x_{i_2} = a_{i_2}, \cdots, x_{i_m} = a_{i_m}) = \frac{1}{2^m} p(f(x) = a)$$

则称 $f(x)$ 是 m 阶相关免疫的。

这些定义中蕴含着一个结论：

对于 $m \geq 2$，如果一个函数是 m 阶相关免疫的，则它一定是 $m-1$ 阶相关免疫的。

在定义 2.1.2 和定义 2.1.3 中，并没有约定 m 的下界。是否存在 0 阶相关免疫函数呢？

若当 $m=1$ 时，对于任意的 $1 \leq i \leq n$，均有 $I(Z; X_i) \neq 0$，则称该函数是 0 阶相关免疫函数。

那么，从设计者的角度，相关免疫函数的最大阶数 m 是否越大越好呢？m 的取值范围如何，它的大小又和函数的其他哪些指标有关呢？下面先给出函数的表示方法：代数正规型表示、真值表示和小项表示。

1) 代数正规型表示

定义 2.1.4 设 $g(x)$ 是 n 元布尔函数，$\forall x = (x_1, x_2, \cdots, x_n) \in Z_2^n$ 和 $\forall a = (a_1, a_2, \cdots, a_n) \in Z_2^n$，记 $x^a = x_1^{a_1} x_2^{a_2} \cdots x_n^{a_n}$，则 $g(x)$ 具有如下形式：

$$g(x) = \bigoplus_{a \in Z_2^n} c_a x^a$$

其中，$\forall a \in Z_2^n, c_a \in \{0,1\}$。称布尔函数的上述表示为代数正规型表示，并称

$$\max\{wt(a) : a \in Z_2^n \text{ 且 } c_a \neq 0\}$$

为 n 元布尔函数的次数，这里 $wt(a) = a_1 + a_2 + \cdots + a_n$ 称为向量 a 的重量，约定 $x^0 = 1$，$x^1 = x$。

例如，如果 $(a_1, a_2, a_3, a_4) = (0,1,1,0)$，则

$$x^a = x_1^{a_1} x_2^{a_2} x_3^{a_3} x_4^{a_4} = x_1^0 x_2^1 x_3^1 x_4^0 = x_2 x_3$$

例 2.1.1 设 $g(x_1 x_2, x_3) = x_1 x_2 \oplus x_3$，则 g 是次数为 2 的 3 元布尔函数。

2) 真值表示

定义 2.1.5 将 $g(x) = 1$ 的那些向量 $(x_1, x_2, \cdots, x_n)$ 存储下来，不妨记为 $G = \{(x_1, x_2, \cdots, x_n) | g(x) = 1\}$，则称 G 是 $g(x)$ 的真值表。

例 2.1.2 设 $g(x_1 x_2, x_3) = x_1 x_2 \oplus x_3$，则 g 的真值表为

$$G = \{(0,0,1), (0,1,1), (1,0,1), (1,1,0)\}$$

3）小项表示

定义 2.1.6　g 的小项表示为：$g(x) = \underset{a \in Z_2^n}{\oplus} g(a)x^a$，约定 $x^0 = x \oplus 1, x^1 = x$。

例 2.1.3　设 $g(x_1x_2, x_3) = x_1x_2 \oplus x_3$，请给出 g 的小项表示。

解：由于 g 的真值表为

$$G = \{(0,0,1),(0,1,1),(1,0,1),(1,1,0)\}$$

则 g 的小项表示为

$$g(x) = \underset{a \in Z_2^n}{\oplus} g(a)x^a = x_1^0 x_2^0 x_3^1 \oplus x_1^0 x_2^1 x_3^1 \oplus x_1^1 x_2^0 x_3^1 \oplus x_1^1 x_2^1 x_3^0$$

将小项表示化简，即可得到函数的代数正规型。

函数的三种表示之间存在着转化关系，由函数的代数正规型易给出函数的真值表，由函数真值表易给出函数的小项表示，由函数的小项表示易给出函数的代数正规型。下面给出由函数真值表直接得到函数代数正规型的一种简单判别方法。

定理 2.1.3　设 $g(x) = \underset{a \in Z_2^n}{\oplus} c_a x^a$ 是 n 元布尔函数的代数正规型，并记

$$x \& a = (a_1 x_1, a_2 x_2, \cdots, a_n x_n)$$

则 $\forall a \in \{0,1\}^n$，都有

$$c_a = \underset{x \in Z_2^n 且 x = x \& a}{\oplus} g(x)$$

特别地，有 $c_{11\cdots 1} = \underset{x \in Z_2^n}{\oplus} g(x)$。

在定理 2.1.3 中，若记 $a_{i_1} = a_{i_2} = \cdots = a_{i_t} = 0$ 且 $\forall j \notin \{i_1, i_2, \cdots, i_t\}$，则有 $a_{i_j} = 1$。由于 $x = x \& a = (a_1 x_1, a_2 x_2, \cdots, a_n x_n)$，则 $x = x \& a$ 等价于 $x_{i_1} = x_{i_2} = \cdots = x_{i_t} = 0$。由小项表示合并化简的方法易知，考察 c_a 的取值时，只需要判断真值表 G 中满足 $x = x \& a$ 的 x 取值个数的奇偶性即可，当此取值个数为奇数时，$c_a = 1$；当此取值个数为偶数时，$c_a = 0$。判断最高次项 $x_1 x_2 \cdots x_n$ 是否出现，仅需要看真值表中元素个数是否为奇数。若为奇数，则函数为 n 次，否则，函数的代数次数一定小于 n 次。

关于相关免疫函数，有下面的等价性结论。

定理 2.1.4　设 $f(x): F_2^n \to F_2$，x 在 F_2^n 上服从均匀分布，则下列三个条件等价：

(1) $f(x)$ 是 m 阶相关免疫的。

(2) 对任意的 $w \in F_2^n : 1 \leqslant wt(w) \leqslant m$，$f(x)$ 与 $w \cdot x$ 统计无关。

(3)对任意的 $w \in F_2^n : 1 \leqslant wt(w) \leqslant m, f(x) \oplus w \cdot x$ 是平衡的。

由定理 2.1.4 即可得著名的 Xiao-Massey 定理。

定理 2.1.5　设 $f(x): F_2^n \to F_2,$，则 $f(x)$ 是 m 阶相关免疫的，当且仅当对任意满足 $1 \leqslant wt(w) \leqslant m$ 的 $w \in F_2^n$，有 $W_{(f)}(w)=0$。

证明留给读者思考。

由定理 2.1.5 很容易推得下述结论。

例 2.1.4　n 元布尔函数 $f(x_1, x_2, \cdots, x_n)=x_1 x_2 \cdots x_n$ 的相关免疫阶数为 0。

例 2.1.5　n 元布尔函数 $f(x_1, x_2, \cdots, x_n)=C$（这里 $C=0$ 或 1）的相关免疫阶数为 n。

例 2.1.6　n 元布尔函数 $f(x_1, x_2, \cdots, x_n)=x_1 \oplus x_2 \oplus \cdots \oplus x_n \oplus C$，这里 $C=0$ 或 1，是 $n-1$ 阶相关免疫函数。

由上述例子可以看出，相关免疫的阶数和代数次数之间存在某种折衷关系。下面给出二者之间的折衷关系。

定理 2.1.6[2]　设 $f(x)$ 为 n 元布尔函数，若 $f(x)$ 是 m 阶相关免疫的，其代数次数为 k，则有 $k+m \leqslant n$。当 $f(x)$ 是平衡函数，且 $m \leqslant n-2$ 时，则有 $k+m \leqslant n-1$。

证明　设布尔函数 $f(x)$ 的代数正规型为

$$f(x) = a_0 + a_1 x_1 + a_2 x_2 + \cdots + a_n x_n + a_{12} x_1 x_2 + g_{13} x_1 x_3 + \cdots + a_{12 \cdots n} x_1 \cdots x_n$$

$$= a_0 + \sum_{1 \leqslant i_1 < \cdots < i_k \leqslant n} a_{i_1 i_2 \cdots i_k} x_{i_1} \cdots x_{i_k}$$

记

$$S_{i_1 i_2 \cdots i_r} = \{x \mid x_s = 0, s \notin \{i_1, i_2, \cdots, i_r\}\}$$

$$\overline{S}_{i_1 i_2 \cdots i_r} = \{x \mid x_s = 0, s \in \{i_1, i_2, \cdots, i_r\}\}$$

于是可得 $f(x)$ 的代数次数与函数值之间的关系为

$$a_{i_1 i_2 \cdots i_r} = \sum_{x \in S_{i_1 i_2 \cdots i_r}} f(x) \pmod 2$$

这是因为当 $r=n$ 时，$S_{12 \cdots n}$ 包含所有 x，于是 $f(x)=1$ 的数量为奇数时，$a_{12 \cdots n}=1$。

当 $r<n$ 时，$x \in S_{i_1 i_2 \cdots i_r}$ 表示 x 在除了在 $i_1, i_2, \cdots, i_r$ 分量外全为 0。对 $f(x)=1$，有 $f(x)$ 的真值表矩阵 A 在相应位（除了 $i_1, i_2, \cdots, i_r$ 之外）上的取值为 0。若这种向量

的个数为奇数，则有 $\displaystyle\sum_{x\in S_{i_1i_2\cdots i_r}} f(x) \pmod 2 = 1$。由此可以进一步给出 $f(x)$ 的代数

次数与 walsh 循环谱 $S_{(f)}(w)$ 之间的关系，即

$$
\begin{aligned}
a_{i_1i_2\cdots i_r} &= \sum_{x\in S_{i_1i_2\cdots i_r}} f(x) = \sum_{x\in S_{i_1i_2\cdots i_r}} \left(\frac{1}{2} - \frac{1}{2}\sum_{w\in F_2^n} S_{(f)}(w)(-1)^{w\cdot x} \right) \\
&= -\frac{1}{2}\sum_{w\in F_2^n} S_{(f)}(w) \sum_{x\in S_{i_1i_2\cdots i_r}} (-1)^{w\cdot x} \pmod 2 \\
&= -\frac{1}{2}\sum_{w\in S_{i_1i_2\cdots i_r}^{\perp}} S_{(f)}(w)\cdot 2^r \pmod 2 \\
&\quad -2^{r-1}\sum_{w\in S_{i_1i_2\cdots i_r}} S_{(f)}(w) \pmod 2
\end{aligned}
\tag{2.1.1}
$$

式中

$$
S_{(f)}(w) = 2^{-n}\sum_x (-1)^{f(x)+w\cdot x}
$$

当 $f(x)$ 是 m 阶相关免疫时，如果 $r \geqslant n-m$，则式 (2.1.1) 中仅有 $S_{(f)}(0)$，于是 $a_{i_1i_2\cdots i_r} = -2^{r-1}S_{(f)}(0)\bmod 2$。又 $S_{(f)}(0) = 2^{-n}(2^n - 2W(f))$，其中 $W(f)$ 是指 f 函数真值表中向量的个数，所以当 $r \geqslant n-m$ 时，有

$$
a_{i_1i_2\cdots i_r} = -2^{r-1}\times 2^{-n}(2^n - 2W(f))\bmod 2 = (2^{r-n+m}k_0 - 2^{r-1})\bmod 2
$$

式中，$W(f) = 2^m k_0$。因此当 $r > n-m$ 时，$a_{i_1i_2\cdots i_r} = 0$。

当 $f(x)$ 是平衡函数时，有 $W(f) = 2^{n-1}$，若 $m \leqslant n-2$，易知 k_0 为偶数，于是对于 $r \geqslant n-m$，都有 $a_{i_1i_2\cdots i_r} = 0$。

证毕。

2.1.3　针对 Toyocrypt 算法的代数攻击

Toyocrypt 算法[3]的密钥流生成器的结构采用典型的非线性滤波模型。代数攻击作为一种被广泛应用于对称密码、公钥密码的攻击手段，首次应用于流密码是在 Courtois 对 Toyocrypt 算法的分析[4]中。此方法由于随后扩展到对 LILI-128 的分析中[5]并取得了良好的攻击效果，从而引起了密码研究者极大的关注。

1. Toyocrypt 算法的描述

Toyocrypt-HS1(以下简记为 Toyocrypt)算法虽然没有通过 CRYPTREC 计划的最后测试，但是它的加密原理却被密码研究者所关注。

Toyocrypt 算法的结构是典型的非线性滤波模型，它由一个 128 级的本原 LFSR 和前馈函数两部分组成。Toyocrypt 算法的密钥流生成器有两个 128 比特的密钥，即固定密钥和随机密钥。固定密钥决定 LFSR 特征多项式的系数，满足 LFSR 特征多项式是二元域上本原多项式，有约 2^{120} 个这样的本原多项式。随机密钥用来填充 LFSR 的初态，只要满足非全零状态，就有 $2^{128}-1$ 个初态对应的随机密钥。因此，有效的密钥规模为 248 比特。

Toyocrypt 算法的 LFSR 是 GF(2) 上的 128 级 Galois 型本原 LFSR，反馈抽头不是固定的，而是由 128 比特固定密钥对应生成的特征多项式决定。Toyocrypt 算法的 Galois 型 LFSR 可以利用基于除法电路设计的右移除法电路来实现，其逻辑框图如图 2.1.2 所示。

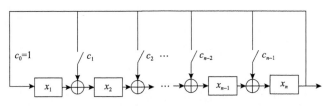

图 2.1.2　二元域上基于除法电路设计的 LFSR 的逻辑框图

图 2.1.2 中，取 $c_0=1$ 是为了保证 LFSR 是非退化的。

现介绍基于右移除法电路的 LFSR 的工作原理。若 LFSR 以 $f(x)=x^n-\sum_{i=0}^{n-1}c_ix^i$ 为反馈多项式，则 LFSR 的状态转移变换如下：

$$x=(x_1,x_2,\cdots,x_n)\rightarrow(x\gg1)\oplus x_nc=(0,x_1,x_2,\cdots,x_{n-1})\oplus x_n(c_0,c_1,\cdots,c_{n-2},c_{n-1})$$

非线性变换部分可以用非线性布尔函数 $f:F_2^{128}\rightarrow F_2$ 来表示，其中函数 $g:F_2^{63}\rightarrow F_2$，置换 $\alpha:F_2^{63}\rightarrow F_2^{63}$。将 LFSR 的状态记作

$$X=(x_{127},x_{126},X_{\mathrm{L}},X_{\mathrm{R}})$$

式中，$X_{\mathrm{L}}=(x_{125},x_{124},\cdots,x_{63})$；$X_{\mathrm{R}}=(x_{62},x_{61},\cdots,x_0)$。

f 函数包含一个线性项、63 个二次项和一个 g 函数。g 函数包含一个 4 次项、一个 17 次项和一个 63 次项。线性项是 x_{127}，二次项具有乘积的形式，一个乘积项从集合 X_{L} 中选取，另外一个乘积项从集合 X_{R} 中选取。

前馈函数的表达式为

$$f(x_0, x_1, \cdots, x_{127}) = x_{127} \oplus g(X_{\mathrm{L}}) \oplus X_{\mathrm{L}} \cdot \alpha(X_{\mathrm{R}})$$

$$= x_{127} \oplus x_0 x_1 \cdots x_{62} \oplus x_{10} x_{23} x_{32} x_{42} \oplus x_1 x_2 x_9 x_{12} x_{18} x_{20} x_{23} x_{25} x_{26} x_{28} x_{33} x_{38} x_{41} x_{42} x_{51} x_{53} x_{59}$$

$$\oplus x_{24} x_{63} \oplus x_{41} x_{64} \oplus x_{27} x_{65} \oplus x_{32} x_{66} \oplus x_{35} x_{67} \oplus x_{50} x_{68} \oplus x_8 x_{69} \oplus x_{18} x_{70} \oplus x_1 x_{71}$$

$$\oplus x_{36} x_{72} \oplus x_{53} x_{73} \oplus x_{26} x_{74} \oplus x_3 x_{75} \oplus x_7 x_{76} \oplus x_{11} x_{77} \oplus x_6 x_{78} \oplus x_{62} x_{79} \oplus x_{37} x_{80}$$

$$\oplus x_{31} x_{81} \oplus x_{12} x_{82} \oplus x_9 x_{83} \oplus x_{34} x_{84} \oplus x_{51} x_{85} \oplus x_{61} x_{86} \oplus x_{25} x_{87} \oplus x_{23} x_{88} \oplus x_{45} x_{89}$$

$$\oplus x_{14} x_{90} \oplus x_0 x_{91} \oplus x_{20} x_{92} \oplus x_{46} x_{93} \oplus x_{38} x_{94} \oplus x_{40} x_{95} \oplus x_{13} x_{96} \oplus x_{28} x_{97} \oplus x_2 x_{98}$$

$$\oplus x_{49} x_{99} \oplus x_{54} x_{100} \oplus x_5 x_{101} \oplus x_{60} x_{102} \oplus x_{47} x_{103} \oplus x_4 x_{104} \oplus x_{16} x_{105} \oplus x_{52} x_{106}$$

$$\oplus x_{59} x_{107} \oplus x_{55} x_{108} \oplus x_{10} x_{109} \oplus x_{57} x_{110} \oplus x_{22} x_{111} \oplus x_{15} x_{112} \oplus x_{56} x_{113} \oplus x_{48} x_{114}$$

$$\oplus x_{29} x_{115} \oplus x_{44} x_{116} \oplus x_{39} x_{117} \oplus x_{58} x_{118} \oplus x_{17} x_{119} \oplus x_{43} x_{120} \oplus x_{19} x_{121} \oplus x_{21} x_{122}$$

$$\oplus x_{42} x_{123} \oplus x_{33} x_{124} \oplus x_{30} x_{125}$$

$$(2.1.2)$$

式中，$g(X_{\mathrm{L}}) = x_0 x_1 \cdots x_{62} \oplus x_{10} x_{23} x_{32} x_{42} \oplus x_1 x_2 x_9 x_{12} x_{18} x_{20} x_{23} x_{25} x_{26} x_{28} x_{33} x_{38} x_{41} x_{42} x_{51} x_{53} x_{59}$。

2. 代数攻击的基本思想

1949 年，Shannon 在"保密系统的通信理论"一文中指出，任何一个密码系统都可以看成关于密钥的代数方程系统，破解该密码系统等价于求解其对应的代数方程系统的根[6]。这实质就是代数攻击的基本思想。代数攻击最初是在分析 HFE(hidden field equations)公钥密码系统[7]的项目中发展而来的，后来代数攻击又用来分析 AES 算法和 Serpent 算法的安全性，但是代数攻击最成功的应用还是在序列密码的分析上。

Courtois 于 2003 年针对前馈模型提出了代数攻击[8]，该攻击主要是使用代数手段对序列密码体制进行代数结构分析，其主要思想是将 LFSR 的初态看做未知变元，建立起输入(密钥)和输出(乱数)之间的多元代数方程组，通过解超定的低次方程组来恢复密钥。

代数攻击的主要步骤如下所示。

步骤 1，通过分析利用密码算法的代数结构，把密码算法的安全性(密钥恢复)规约为一个次数尽可能低的超定多元方程组的求解问题。

步骤 2，求解步骤 1 中的多元方程组，代数攻击的复杂度主要取决于多元方程组的求解复杂度。现有的求解方法主要有 Linearization、Relinearization、XL、Gröbner Base 等。

若在步骤 2 中顺利求出了多元方程组的解，或者求解方程组的复杂度低于穷举攻击的复杂度，则说明该密码算法存在安全性问题。当待求解的方程代数次数过高时，求解方程的复杂度将超过穷举攻击的复杂度，从而使得攻击不可行。

文献[8]给出了关于布尔函数的一个较低次倍式的存在性定理。

定理 2.1.7[8]　设 $f(x)$ 为一个 n 元的布尔函数 $f: F_2^n \to F_2$，则一定存在一个次数至多为 $\lceil n/2 \rceil$ 的非零布尔函数 $g(x) \neq 0$，使得 $f(x)g(x)$ 的次数至多为 $\lceil n/2 \rceil$。

证明　记集合 A 包含所有次数小于等于 $\lceil n/2 \rceil$ 所有单项式；集合 B 包含所有次数小于等于 $\lceil n/2 \rceil$ 所有单项式与 f 的乘积。记 C=A $\bigcup$ B，若 A 和 B 不相交，则|C|=|A|+|B|。 $|A| = \sum_{i=0}^{\lceil \frac{n}{2} \rceil} C_n^i$ ， $|B| = \sum_{i=0}^{\lceil \frac{n}{2} \rceil} C_n^i$ ，则|A|+|B|$> \sum_{i=0}^{n} C_n^i = 2^n$，而 C 中元素个数不可能超过 2^n。故 A 和 B 必相交。定理得证。证毕。

Meier 等观察到布尔函数的低次倍式存在性，于 2004 年提出代数免疫度的概念[9]，它刻画了代数分析的本质特征。

定义 2.1.7[9]　一个函数 f 的代数免疫度(algebraic immunity, AI)是使 $fg=0$ 或 $(1 \oplus f)g=0$ 成立的非零函数 g 的最小次数，即

$$AI(f) = \min\{\deg(g): fg=0 \text{ 或 } (1 \oplus f)g=0, g \neq 0\}$$

一个函数的代数免疫度刻画了其抵抗代数分析的能力，是一个重要的概念。下面简单介绍关于代数免疫度的几个基本结论。

结论 2.1.1[9]　设 $f: F_2^n \to F_2$ 是一个 n 元布尔函数，则 $AI(f) \leqslant \deg(f)$。

结论 2.1.2[9]　设 $f: F_2^n \to F_2$ 是一个 n 元布尔函数，则 $AI(f) \leqslant \lceil n/2 \rceil$。

这两个结论的证明留给读者。

下面介绍针对前馈模型的快速代数攻击和标准代数攻击。

设 L 是 LFSR 的反馈多项式对应的状态转移变换；$f(x)$ 是滤波函数，待求变元个数为 n，方程个数为 N。

$$\begin{cases} b_0 = f(k_0, k_1, \cdots, k_{n-1}) \\ b_1 = f(L(k_0, k_1, \cdots, k_{n-1})) \\ b_2 = f(L^2(k_0, k_1, \cdots, k_{n-1})) \\ \quad \vdots \end{cases}$$

则上述方程组可表示为

$$b_t = f_t(k) = f(L^t(k))$$

根据定理 2.1.4，若存在较低倍数多项式 $g(x)$，使得

$$g(x)f(x) = h(x)$$

由于

$$g(L^t(k))f(L^t(k)) = g(L^t(k))b_t = h(L^t(k))$$

则当给定代数次数上界 $d < \lceil n/2 \rceil$，$d < \deg(f)$ 时，可分以下几种情况讨论。

情况 1: $\deg(g) < d$, $\deg(h) = 0$；

情况 2: $\deg(g) < d$, $\deg(h) < d$；

情况 3: $\deg(g) \geqslant d$, $\deg(h) < d$；

情况 4: $\deg(g) < d$, $\deg(h) \geqslant d$。

对于前三种情况，由于 $\deg(h) < d$，则可相应选取 $b_t = 0$ 或 1，使得方程的代数次数不超过 d。这样得到的即是标准代数攻击。

例如对于情况 1，由于

$$g(L^t(k))b_t = 0$$

需要选取相应的 $b_t = 1$，得到方程组 $g(L^t(k)) = 0$。又由于 $\deg(g) < d$，故求解方程组的数据复杂度上界 $N = O(C(n,d))$，计算复杂度上界为 $O(N^{2.376})$。

思考：对于情况 2 和情况 3，如何建立方程组使得方程的代数次数不超过 d？

对于情况 4，由于 $\deg(h) \geqslant d$，故若按照上述建立方程的方法，无论如何选取 b_t，方程组的代数次数均超过 d。观察由多项式 $h(L^t(k))$ 得到的序列 $(a_t)_{t \geqslant 0}$：

$$h(L^t(k)) = (a_t)_{t \geqslant 0}$$

序列 $(a_t)_{t \geqslant 0}$ 可看做是由原来的 LFSR（状态转移变换为 L）序列在前馈函数 $h(x)$ 的作用下得到的前馈序列，由定理 2.1.1 可知，$(a_t)_{t \geqslant 0}$ 的最大线性复杂度为 $\mathrm{LC}(\underline{a}) = \sum_{i=1}^{d_h} C_n^i$，其中 d_h 是指 $h(x)$ 的代数次数。

由 B-M 算法，可得到序列 $(a_t)_{t \geqslant 0}$ 的极小多项式，不妨记为

$$q(x) = q_0 + q_1 x + \cdots + q_l x^l$$

其中 $l \leqslant \mathrm{LC}(\underline{a}) = \sum_{i=1}^{d_h} C_n^i$。则有

$$\sum_{i=0}^{l} q_i h(L^{t+i}(k_0, k_1, \cdots, k_{n-1})) = 0$$

$$\sum_{i=0}^{l} q_i b_{t+i} g(L^{t+i}(k_0, k_1, \cdots, k_{n-1})) = 0$$

易知上述方程组的代数次数即是 $g(x)$ 的代数次数 $\deg(g) < d$，从而通过零化

$h(x)$的方法达到降次的目的。上述针对情况 4 的攻击即是快速代数攻击,在线阶段的数据复杂度上界为 $O(C(n,d))$,计算复杂度上界为 $O(N^{2.376})$。

利用 B-M 算法求极小多项式的数据复杂度和时间复杂度可归结为预计算的复杂度,并不计入总体复杂度中。

思考:利用 B-M 算法求序列 $(a_t)_{t \geq 0}$ 的极小多项式的数据复杂度和时间复杂度分别是多大?

3. 对 Toyocrypt 算法的代数攻击

Toyocrypt 算法设计至今,已经有很多学者对其进行了分析,出现了针对它的故障攻击[10]、时空交换攻击[11]和代数攻击[4]等结果。2005 年,日本科学家利用代数攻击的方法,采用并行计算技术用 27min 破解了该算法。

首先假设移位寄存器的连接多项式 L、滤波函数 f 都是公开的,从而只有移位寄存器的初态 $k = (k_0, k_1, \cdots, k_{127})$ 未知。算法的输出序列可以表示为

$$\begin{cases} b_0 = f(k_0, k_1, \cdots, k_{127}) \\ b_1 = f(L(k_0, k_1, \cdots, k_{127})) \\ b_2 = f(L^2(k_0, k_1, \cdots, k_{127})) \\ \quad \vdots \end{cases}$$

则上述方程组可表示为

$$b_t = f_t(k)$$

在已知明文攻击的假设下,由明密对的模 2 和可得输出密钥流的 m 比特 b_t 和它们在密钥流序列中的位置 t。对 Toyocrypt 算法进行代数攻击的基本思想是利用以上条件,建立关于初态 k 的方程组,然后通过解方程组来得到初态 k。

但是,算法前馈函数的代数次数为 63,这势必给代数攻击带来极大难度。观察 f 可以发现,f 的 4 次项、17 次项及 63 次项都有因子 $x_{23}x_{42}$,于是在式(2.1.2)两边同时乘以 $(x_{23} \oplus 1)$,可得

$$f(x)x_{23} \oplus f(x) = b_t(x_{23} \oplus 1)$$

由于是在二元域上进行运算,$x^2 = x$,因此等式左边就变成一个三次多项式,这样就得到了一个关于内部状态 X 的三次方程。同样,对式(2.1.2)两边同时乘以 $(x_{42} \oplus 1)$,可得关于内部状态的另一个三次方程:

$$f(x)x_{42} \oplus f(x) = b_t(x_{42} \oplus 1)$$

从以上分析可以看出,由一个密钥流比特可以得到两个关于内部状态 X 的三

次方程，也就是得到两个关于初态 k 的三次方程。如果得到足够多的密钥流，那么就可以通过解方程求得初态。

下面介绍多元高次方程组的线性化解法。

假设已知 R 个次数为 d、有 n 个变量 k_i 的方程（假设 d 不大于 $n/2$），把次数不大于 d 的单项式看成新的变量 V_i，于是有 $T \approx C_n^d$ 个次数不大于 d 的新变量 V_i，只要 $R \geqslant T$，就可以通过高斯消元的方法解这个 T 元一次方程组，进而得到 k_i。

对于 Toyocrypt 算法，$d = 3$，$n = 128$，$T \approx C_{128}^3 \approx 2^{18.4}$，所以 $R \approx 2^{18.4}$，由于一个密钥流比特可以得到两个方程，因此需要约 $m = 2^{17.4}$ 个比特的密钥流就可以解出初态。文献[12]研究表明，高斯消元的计算次数为 $7T^{\log_2 7}$ 次二元运算，而现在的处理器在一个中央处理器(central processing unit，CPU)时钟中可以进行 64 次这样的运算，因此此攻击的时间为 $7T^{\log_2 7} / 64 = 2^{49}$ 个 CPU 时钟。

对于 Toyocrypt 算法进行快速代数攻击时，若将方程组代数次数降为 1 次，则在获得连续 $2^{18.4}$ 个比特密钥流的条件下，恢复密钥需要约 $O(2^{20})$ 个 CPU 时钟和 2^{20} 比特的存储[8]。

2.2　非线性组合模型

2.2.1　非线性组合模型介绍

非线性组合模型是基于多个 LFSR 设计的前馈模型，其结构框图如图 2.2.1 所示。

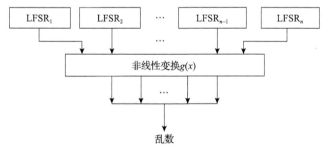

图 2.2.1　非线性组合模型的结构框图

非线性组合模型的具体描述如下。

在非线性组合模型中，共有 n 个 LFSR，分别记为 $LFSR_1$，$LFSR_2$，$\cdots$，$LFSR_n$。它们的反馈多项式一般设计为本原多项式，其反馈多项式 $f(x) = \overset{L-1}{\underset{i=0}{\oplus}} c_i x_i$ 的系数

$c_0, c_2, \cdots, c_{L-1}$ 既可能是与密钥无关的常数，也可能由密钥决定。

每个 LFSR 各产生一条二元线性递归序列，该序列可以是该 LFSR 的某个选定的寄存器在各个时刻的值构成的序列，记 $LFSR_i$ 产生的二元线性递归序列为 $(s_i^{(j)})_{j=0}^{\infty}$，则非线性组合模型将第 i 时刻的 $x^{(i)} = (s_1^{(i)}, s_2^{(i)}, \cdots, s_n^{(i)})$ 作为非线性变换 $g(x)$ 的输入向量，由此得到第 i 时刻的乱数：

$$d_i = g(x^{(i)}) = g(s_1^{(i)}, s_2^{(i)}, \cdots, s_n^{(i)})$$

在非线性组合模型中，非线性变换 $g(x)$ 又称为非线性组合函数。

对于非线性组合序列的线性复杂度，有以下结论。

定理 2.2.1　设非线性组合模型由 n 个本原 LFSR 组成，它们的级数 L_1、L_2、$\cdots$、L_n 两两不同且都大于 2，其非线性组合函数的代数正规型表示为 $g(x_1, x_2, \cdots, x_n)$，则该模型的乱数序列的线性复杂度为 $g(L_1, L_2, \cdots, L_n)$，其中 $g(L_1, L_2, \cdots, L_n)$ 的运算是将 $g(x_1, x_2, \cdots, x_n)$ 中的模 2 加和乘法都换作整数加和整数乘。

因此，如果非线性组合模型选择的 LFSR 是级数互不相同的本原 LFSR，那么该模型的乱数序列的线性复杂度是可以直接计算出来的。

2.2.2　Geffe 生成器

1. 模型描述及特点

Geffe 生成器是 1973 年由 Geffe 提出的一类序列生成器(图 2.2.2)，模型描述如下所示。

设 $\underline{a} = (a_i)_{i=0}^{\infty}, \underline{b} = (b_i)_{i=0}^{\infty}, \underline{c} = (c_i)_{i=0}^{\infty}$ 是三个级数分别为 L_1、L_2、L_3 的 m 序列，且 L_1、L_2、L_3 两两互素，非线性组合函数为

$$g(x_1, x_2, x_3) = x_1 x_2 \oplus (x_2 \oplus 1) x_3 = \begin{cases} x_1, & x_2 = 1 \\ x_3, & x_2 = 0 \end{cases}$$

则 Geffe 生成器产生的乱数序列为

$$d = (d_i)_{i=0}^{\infty}$$

式中

$$d_i = g(a_i, b_i, c_i) = \begin{cases} a_i, & b_i = 1 \\ c_i, & b_i = 0 \end{cases}$$

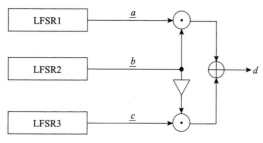

图 2.2.2　Geffe 生成器

已有结论表明，Geffe 生成器的乱数序列的周期为 $(2^{L_1}-1)(2^{L_2}-1)(2^{L_3}-1)$。由定理 2.2.1 可计算出其线性复杂度为

$$g(L_1, L_2, L_3) = L_1 L_2 + (L_2 + 1)L_3$$

Geffe 生成器的周期和线性复杂度与原来的 LFSR 相比，都得到了很大提升，但是，Geffe 生成器却是一个弱的密码模型。通过计算 $g(x_1, x_2, x_3) = x_1 x_2 \oplus (x_2 \oplus 1)x_3$ 的 Walsh 循环谱，可以得到非线性组合函数的最大 Walsh 循环谱值为 1/2。

$$
\begin{aligned}
& p(a_i = d_i) \\
&= p(a_i = d_i \mid b_i = 0)p(b_i = 0) + p(a_i = d_i \mid b_i = 1)p(b_i = 1) \\
&= p(a_i = c_i)p(b_i = 0) + p(b_i = 1) \\
&= \frac{1}{2} \times \frac{1}{2} + \frac{1}{2} = \frac{3}{4}
\end{aligned}
$$

同理可证 $p(c_i = d_i) = \dfrac{3}{4}$。

易证得，函数 $g(x_1, x_2, x_3) = x_1 x_2 \oplus (x_2 \oplus 1)x_3$ 在 $(1,0,0)$ 和 $(0,0,1)$ 两点的 Walsh 循环谱均达到最大 Walsh 循环谱值 1/2。

下面给出 Geffe 生成器的一个具体实例，并分析其密码学性质。

对于 Geffe 生成器，三个 LFSR 的反馈多项式分别为

$$f_1(x) = x^{20} \oplus x^3 \oplus 1$$

$$f_2(x) = x^{39} \oplus x^4 \oplus 1$$

$$f_3(x) = x^{17} \oplus x^3 \oplus 1$$

这里 $L_1 = 20, L_2 = 39, L_3 = 17$。此时，Geffe 生成器乱数序列的周期为 $(2^{20}-1) \times (2^{39}-1) \times (2^{17}-1)$，线性复杂度为 $20 \times 39 + 40 \times 17 = 1460$。

2. Geffe 生成器的快速相关攻击

1988 年，Meier 等提出了快速相关攻击[13]。下面介绍其基本原理。

1)快速相关攻击的基本原理

快速相关攻击的基本模型是：已知输出序列 $\underline{b}$ 、$\underline{b}$ 和未知的输入序列 $\underline{a}$ 之间的符合率 $p = p(b_i = a_i)$ ，$0.5 < p \leqslant 1$ ，目标是求解未知序列 $\underline{a}$ 。

假设序列 $\underline{b}$ 和序列 $\underline{a}$ 的长度均为 N ，那么这两条序列相等的概率为

$$p(\underline{b} = \underline{a}) = \frac{1}{N} \sum_{i=1}^{N} p(b_i = a_i) = p$$

p 的大小反映了序列 $\underline{b}$ 和序列 $\underline{a}$ 之间的相似程度。

快速相关攻击的基本原理是：首先利用已知的输出序列 $\underline{b}$ 和已知的符合率 p ，以及已知的序列 $\underline{b}$ 和序列 $\underline{a}$ 的生成多项式 $f(x)$ ，构造出对序列 $\underline{a}$ 中每一个信号 a_i 的估计值，并根据贝叶斯判决法对已知序列 $\underline{b}$ 中的每一个信号 b_i 进行修正或不修正得到 b_i' ，构造出一条新序列 $\underline{b}'$ ，并求出新序列与未知序列 $\underline{a}$ 之间的符合率 p' ；如果构造出来的新序列 $\underline{b}'$ 比未知序列 $\underline{a}$ 之间的符合率大，那么意味着新序列与未知序列 $\underline{a}$ 之间的相似程度也就越大，以此方法重复迭代多次，基本上就可以求出未知序列 $\underline{a}$ 来。

估计值的具体构造方法如下：

设 $g(x) = 1 \oplus x^{i_1} \oplus \cdots \oplus x^{i_{r-1}}$ 是 LFSR 序列 $\underline{a}$ 的生成多项式，即 $\overset{r-1}{\underset{j=0}{\oplus}} a_{i+i_j} = 0$ ，设 $p = p(b_i = a_i) = 1/2 + \varepsilon$ ，$\varepsilon > 0$ ，则称 $\sigma_{i,k}(g) = \overset{r-1}{\underset{j=0,\ j \neq k}{\oplus}} b_{i-i_k+i_j}$ 为 $g(x)$ 提供的、对信号 b_i 的第 k 个估计值，这里 $0 \leqslant k \leqslant r-1, i_0 = 0$ 。

这些估计值和 a_i 相等的概率是多大呢？假设构造出了序列 $\underline{a}$ 中第 i 个信号 a_i 的估计值 $a_i^{(k)}$ $(0 \leqslant k \leqslant r-1)$ ，下面求 $p_1 = p(a_i^{(k)} = a_i)$ 的值。可以利用堆积引理解决这个问题。

引理 2.2.1　若 $p(b_i = a_i) = p$ ，且事件 $b_1 = a_1, b_2 = a_2, \cdots, b_r = a_r (r \geqslant 2)$ 相互独立，则

$$p\left(\overset{r}{\underset{i=1}{\oplus}} b_i = \overset{r}{\underset{i=1}{\oplus}} a_i \right) = \frac{1}{2} + \frac{(2p-1)^r}{2}$$

结论 2.2.1　记 $p = p(b_i = a_i) = 1/2 + \varepsilon$ ，$\varepsilon > 0$ ，估计值 $a_i^{(k)}$ $(0 \leqslant k \leqslant r-1)$ 是按上述方法由 $g(x) = 1 \oplus x^{i_1} \oplus \cdots \oplus x^{i_{r-1}}$ 提供的关于信号 a_i 的估计值，则

$$p_1 = p(a_i^{(k)} = a_i) = \frac{1}{2} + \frac{(2\varepsilon)^{r-1}}{2}$$

证明 由于 $\overset{r-1}{\underset{j=0}{\oplus}} a_{i+i_j} = 0$，故 $a_i = \overset{r-1}{\underset{j=0,\ j\neq k}{\oplus}} a_{i-i_k+i_j}$；

又由于 $a_i^{(k)} = \sigma_{i,k}(g) = \overset{r-1}{\underset{j=0,\ j\neq k}{\oplus}} b_{i-i_k+i_j}$，故根据引理 2.2.1，易证

$$p(a_i^{(k)} = a_i) = p\Big(\overset{r-1}{\underset{j=0,\ j\neq k}{\oplus}} b_{i-i_k+i_j} = \overset{r-1}{\underset{j=0,\ j\neq k}{\oplus}} a_{i-i_k+i_j} \Big) = \frac{1}{2} + \frac{(2p-1)^{r-1}}{2} = \frac{1}{2} + \frac{(2\varepsilon)^{r-1}}{2},$$

这里 $p = p(b_i = a_i) = 1/2 + \varepsilon$。

证毕。

快速相关攻击中采用的是最优的判决方法，即贝叶斯判决法。贝叶斯判决法实质上是一种利用后验概率作为判决条件的判定方法。后验概率就是在实验结果"事件 A"发生的条件下，判断该实验结果是由"$a_i = b_i$"和"$a_i \neq b_i$"这两种原因中哪种原因造成的。

设事件 A 为"在 a_i 的 n 个估计值 $a_i^{(1)}, a_i^{(2)}, \cdots, a_i^{(n)}$ 中，有 k 个与 b_i 相等"，记：在事件 A 发生的条件下 $a_i = b_i$ 的概率为 $p_i^* = p(a_i = b_i \mid A)$，则在事件 A 发生的条件下 $a_i \neq b_i$ 的概率为 $1 - p_i^* = p(a_i \neq b_i \mid A)$。

按照贝叶斯判决法对序列 $\underline{b}$ 中的每一个 b_i 进行修正的具体方法是

$$b_i' = \begin{cases} b_i, & p_i^* \geqslant \dfrac{1}{2} \\[2mm] b_i \oplus 1, & p_i^* < \dfrac{1}{2} \end{cases}$$

因此，只要求出了后验概率 p_i^*，就可以将 b_i 修正成 b_i'。由概率论知识可得

$$p_i^* = p(a_i = b_i \mid A) = \frac{p(a_i = b_i)p(A \mid a_i = b_i)}{p(A)}$$

又由全概率公式可知

$$p(A) = p(a_i = b_i)p(A \mid a_i = b_i) + p(a_i \neq b_i)p(A \mid a_i \neq b_i)$$

由于 $a_i = b_i$ 的概率为 p，$a_i \neq b_i$ 的概率为 $1 - p$，因此有

$$p(A) = p \cdot p(A \mid a_i = b_i) + (1 - p)p(A \mid a_i \neq b_i)$$

故

$$p_i^* = \frac{p \cdot p(A \mid a_i = b_i)}{p \cdot p(A \mid a_i = b_i) + (1-p)p(A \mid a_i \neq b_i)}$$

因此，求后验概率 p_i^* 的问题就转化为求 $p(A \mid a_i = b_i)$ 和 $p(A \mid a_i \neq b_i)$ 的问题。

首先来看 $p(A \mid a_i = b_i)$ 。由于事件 A 表示"在 n 个估计值中，有 k 个与 b_i 相等"，而这里 a_i 与 $\underline{b}$ 相等，因此 $p(A \mid a_i = b_i)$ 表示在 n 个估计值中，有 k 个与 a_i 相等，有 $n-k$ 个与 a_i 不相等的概率，又因为 $p(a_i^{(t)} = a_i) = p_1$ ，所以有

$$p(A \mid a_i = b_i) = p_1^k (1-p_1)^{n-k}$$

同理可得 $p(A \mid a_i \neq b_i) = p_1^{n-k}(1-p_1)^k$ 。

因此有

$$p_i^* = \frac{p \cdot p_1^k (1-p_1)^{n-k}}{p \cdot p_1^k (1-p_1)^{n-k} + (1-p)(1-p_1)^k p_1^{n-k}}$$

这个概率 p_i^* 是否大于 1/2 判断起来并不直观，能否把 $p_i^* \geqslant \dfrac{1}{2}$ 转化为关于 k 的取值的判决呢？有以下推导：

$$p_i^* = \frac{p \cdot p_1^k (1-p_1)^{n-k}}{p \cdot p_1^k (1-p_1)^{n-k} + (1-p)(1-p_1)^k p_1^{n-k}} \geqslant \frac{1}{2}$$

等价于

$$p \cdot p_1^k (1-p_1)^{n-k} \geqslant (1-p)(1-p_1)^k p_1^{n-k}$$

即

$$\frac{(1-p_1)^{n-2k}}{p_1^{n-2k}} \geqslant \frac{1-p}{p}$$

$$k \geqslant \left\lceil \frac{n - \log_{(1-(2\varepsilon)^{r-1})/(1+(2\varepsilon)^{r-1})}^{(1-2\varepsilon)/(1+2\varepsilon)}}{2} \right\rceil$$

记 $h_{\max} = \left\lceil \dfrac{n - \log_{(1-(2\varepsilon)^{r-1})/(1+(2\varepsilon)^{r-1})}^{(1-2\varepsilon)/(1+2\varepsilon)}}{2} \right\rceil$ ，按照贝叶斯判决法对 b_i 进行修正的具体

方法即转化为下面的形式：

$$b_i' = \begin{cases} b_i, & k \geqslant h_{\max} \\ b_i \oplus 1, & k < h_{\max} \end{cases}$$

下面给出新序列 $\underline{b}'$ 与序列 $\underline{a}$ 之间的符合率。

设新序列与未知序列之间的符合率为 p'，则

$$p' = p(\underline{b}' = \underline{a}) = \frac{1}{N} \sum_{i=1}^{N} p(b_i' = a_i)$$

可以看出，只要求出每一个 b_i' 与 a_i 相等的概率，就可以求出这两个序列之间的符合率 p'。具体有下面的结论成立。

定理 2.2.2　设事件 $A = \{$在对 a_i 的 n 个估计值中，有 k 个与 b_i 相等$\}$，b_i' 为按贝叶斯判决法对 b_i 的修正结果，则有

$$p(b_i' = a_i \mid A) = \max\{p_i^*, 1 - p_i^*\}$$

证明　若 $p_i^* \geqslant \frac{1}{2}$，则 $b_i' = b_i$，从而

$$p(b_i' = a_i \mid A) = p(b_i = a_i \mid A) = p_i^* = \max\{p_i^*, 1 - p_i^*\}$$

若 $p_i^* < \frac{1}{2}$，则 $b_i' = b_i \oplus 1$，从而

$$p(b_i' = a_i \mid A) = p(b_i \neq a_i \mid A) = 1 - p_i^* = \max\{p_i^*, 1 - p_i^*\}$$

证毕。

于是

$$p' = p(\underline{b}' = \underline{a}) = \frac{1}{N} \sum_{i=1}^{N} \max\{p_i^*, 1 - p_i^*\}$$

至此，利用已知序列 $\underline{b}$ 和未知序列 $\underline{a}$ 之间的符合率 p 构造出了新序列 $\underline{b}'$，并求出了新序列 $\underline{b}'$ 与序列 $\underline{a}$ 之间的符合率 p'。

按照与构造序列 $\underline{b}'$ 相同的方法，可以构造出 $\underline{b}''$、$\underline{b}'''$ 等一系列新的序列，从而去逼近未知序列 $\underline{a}$，最终达到求出未知序列 $\underline{a}$ 的目的。

那么这样的判决是否是最优判决呢？在线性校验子攻击中，采用的是择多判决，此时的个数阈值可记做 $h = \left\lceil \dfrac{n}{2} \right\rceil$，即

$$b_i' = \begin{cases} b_i, & k \geqslant h \\ b_i \oplus 1, & k < h \end{cases}$$

与贝叶斯判决法相比,哪种判决更优呢? 有以下结论。

设正确修正率 $F_0(h)$ 是指原本 $b_i \neq a_i$,按照阈值为 h 进行修正后 $b_i' \neq b_i$ 的概率期望值,则 $F_0(h) = (1-p)\sum_{i=0}^{h-1} C_n^i (1-p_1)^i (p_1)^{n-i}$ 。

错误修正率是指原本 $b_i = a_i$,按照阈值为 h 进行修正后 $b_i' \neq b_i$ 的概率期望值,则 $F_1(h) = p\sum_{i=0}^{h-1} C_n^i (p_1)^i (1-p_1)^{n-i}$ 。

结论 2.2.2 设 $F_0(h)$ 是阈值为 h 时的正确修正率,$F_1(h)$ 是阈值为 h 时的错误修正率,$I(h) = F_0(h) - F_1(h)$,则当且仅当 $h = h_{\max}$ 时,$I(h)$ 达到极大值 $I_{\max}$。

证明 由于 $I(h+1) - I(h) = (1-p)C_n^h (1-p_1)^h (p_1)^{n-h} - pC_n^h (1-p_1)^{n-h} (p_1)^h$,只需证明 $I(h)$ 在 $h < h_{\max}$ 时是单调递增函数,$h \geqslant h_{\max}$ 时是单调递减函数即可证明此结论。

情况 1:当 $h < h_{\max}$ 时,易证 $I(h+1) - I(h) > 0$。

情况 2:当 $h \geqslant h_{\max}$ 时,易证 $I(h+1) - I(h) \leqslant 0$。

至此,结论得证。

上述结论说明,阈值取为 $h_{\max}$ 是修正率最高效的一种取值,故此时的后验概率判决也是最优判决。

2)Geffe 生成器的快速相关攻击步骤

下面以 Geffe 生成器为例,给出快速相关攻击步骤的具体描述。

步骤 1,构造 $\underline{a}$ 中每一信号 a_i 的估计值。

以 Geffe 生成器中的 $f_3(x)$ 为例。设 $\underline{a}$ 的生成多项式 $f_3(x) = x^{17} \oplus x^3 \oplus 1$,由此可得序列 $\underline{a}$ 中第 i 个位置 a_i 满足的三个线性递推式:

$$a_i = a_{i-3} \oplus a_{i-17}$$
$$a_i = a_{i-14} \oplus a_{i+3}$$
$$a_i = a_{i+14} \oplus a_{i+17}$$

由于 $p = p(b_i = a_i)(i = 1,2,\cdots)$,将 b_i 代入等式右边,可以构造出对 a_i 的三个估计值:

$$a_i^{(1)} = b_{i-3} \oplus b_{i-17}$$
$$a_i^{(2)} = b_{i-14} \oplus b_{i+3}$$
$$a_i^{(3)} = b_{i+14} \oplus b_{i+17}$$

同理，还可以由 $g_i(x)=[f(x)]^{2^i}(i=1,2,\cdots)$ 构造出对 a_i 的一大批估计值。由于特征为 2 的域中，$g_i(x)$ 和 $f(x)$ 有相同的项数，这样构造出的估计值与 a_i 相等的概率是相同的。在 Geffe 生成器中，由于 $p(b_i=a_i)=3/4$，因此 $p_1(a_i^{(k)}=a_i)=5/8$。

对序列 $\underline{a}$ 中每一个位置上的信号 a_i，利用 3 个多项式: $f(x),f^2(x),f^4(x)$，可以构造出 9 个估计值，并且每个估计值与 a_i 相等的概率都是 5/8。

步骤 2，构造新序列。

利用公式 $h_{\max}=\left\lceil\dfrac{n-\log_{(1-(2\varepsilon)^{r-1})/(1+(2\varepsilon)^{r-1})}^{(1-2\varepsilon)/(1+2\varepsilon)}}{2}\right\rceil$，计算得到 $h_{\max}=\left\lceil\dfrac{9-2.15}{2}\right\rceil=4$，按照下式进行判决

$$b_i'=\begin{cases}b_i, & k\geqslant 4\\ b_i\oplus 1, & k<4\end{cases}$$

对已知序列 $\underline{b}$ 中的每一个 b_i 进行修正，得到新的 b_i'，最终得到新序列 $\underline{b}'$。

步骤 3，反复迭代若干次，经过验证，以接近 1 的成功率得到原序列 $\underline{a}$。

文献[13]表明，快速相关攻击对 Geffe 生成器、Pless 发生器等取得了成功，可以快速恢复 LFSR 初态(密钥)。当移位寄存器反馈多项式 $f(x)$ 的非 0 项数 t 较小(<10)时，算法攻击效果很好，但当 t 较大时，攻击效果就不明显了。此后，研究者基于译码思想又提出了多种改进的快速相关攻击算法。1999 年，Johansson 等提出基于卷积码的快速相关攻击算法[14]，打破了对项数 t 的限制，理论上适用于具有各种相关性的相关攻击问题。2002 年，Chose 等提出快速相关攻击的算法级改进方法[15]，与文献[13]相比，从数据量、时间复杂度等方面攻击效果都有较大的改进。文献[16]和文献[17]已对 LILI-128、E_0、ABCv3 等多个序列密码算法成功地进行了快速相关攻击。

2.2.3　E_0 算法

蓝牙[18]是一种低成本、低功率、短距离的无线通信技术，包括硬件规范和软件体系结构，目的是取代现有的个人计算机、打印机、传真机和移动电话等设备的有线接口。蓝牙在财务处理、汽车应用、工业控制等诸多领域具有广泛的应用前景。

蓝牙基带标准推荐了四个函数 E_0、E_1、E_2 和 E_3，它们是在蓝牙设备中产生各种密钥的函数，其中 E_0 用于数据加密，E_1 用于设备认证，E_2 分成 E_{21} 和 E_{22} 两部分，其中 E_{21} 用于生成链路密钥，E_{22} 用于生成初始密钥，E_3 用于产生加密密钥。本节将具体分析蓝牙链路层所采用的加密算法 E_0 的安全性。

E₀密码算法是一个序列密码算法，使用 128 比特的加密密钥 K_c、48 比特的主设备蓝牙地址 BD_ADDR 和 26 比特的主设备时钟 Clock 作为 E₀ 算法的输入参数，产生二进制密钥流，该密钥流与数据流进行异或运算后完成加密过程，发送到空中接口。

由于 E₀ 算法具有广泛的应用背景并被写入蓝牙网络规范，对它的安全性分析一直都是一个热点问题。蓝牙加密系统使用频繁的自同步机制来保证同步，这使得在实际应用中 E₀ 算法的一个初始状态最多只能产生 2745 比特的密钥流，这就是说，要产生多于 2745 比特的密钥流，需要更换内部状态后再使用 E₀ 算法加密产生。根据所需密钥流长度是否多于 2745 比特，通常将针对 E₀ 算法的攻击分为两种类型：长密钥流攻击和短密钥流攻击。针对 E₀ 算法的长密钥流攻击主要有代数攻击[19,20]、快速相关攻击[21]和条件相关攻击[22]。虽然攻击取得了不错的效果，但由于所需的密钥流多于 2745 比特，大多只具有理论意义，不能对 E₀ 算法构成实质性的威胁。相对于长密钥流攻击，短密钥流攻击所需的密钥流不超过 2745 比特，因而对 E₀ 算法的安全性更具威胁，遗憾的是，目前已有的短密钥流攻击的计算复杂度都较高。

文献[23]提出了一个针对 E₀ 算法的状态恢复攻击，需要 132 比特密钥流，计算复杂度为 $O(2^{100})$。文献[24]使用优化的回溯法恢复了 E₀ 算法的初始密钥，需要 132 比特密钥流，计算复杂度降为 $O(2^{84})$。文献[25]将二元决策图(binary decision diagram，BDD)的思想引入流密码分析中，对 E₀ 算法进行了分析，需要 128 比特密钥流，所需计算复杂度和存储复杂度分别为 $O(2^{81})$ 和 $O(2^{77})$。文献[26]对文献[23]和文献[24]的分析方法进行了深入分析，恢复全部 132 比特密钥流内部状态需要 128 比特密钥流和 $O(2^{86})$ 的计算量。文献[27]对文献[25]的攻击方法进行了优化，仍需要 128 比特密钥流，所需计算复杂度和存储复杂度分别为 $O(2^{87})$ 和 $O(2^{23})$。根据文献[28]，本节对 E₀ 算法进行了猜测确定攻击，取得了较好的攻击效果，攻击的计算复杂度为 $O(2^{76})$，需要约 988 比特密钥流。

1. E₀ 算法描述

下面给出 E₀ 算法密钥流生成器的描述。

E₀ 算法的密钥流生成器主要由两部分组成：四个 LFSR 和一个 FSM，具体如图 2.2.3 所示。

四个 LFSR 的长度分别为 25、31、33 和 39，其反馈多项式都是本原多项式，分别为

$$p_1(x) = x^{25} \oplus x^{20} \oplus x^{12} \oplus x^8 \oplus 1$$

$$p_2(x) = x^{31} \oplus x^{24} \oplus x^{16} \oplus x^{12} \oplus 1$$

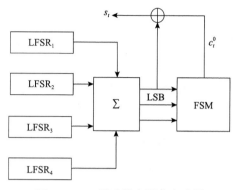

图 2.2.3　E$_0$ 算法的密钥流生成器

LSB 表示最低有效位 (least significant bit)

$$p_3(x) = x^{33} \oplus x^{28} \oplus x^{24} \oplus x^4 \oplus 1$$

$$p_4(x) = x^{39} \oplus x^{36} \oplus x^{28} \oplus x^4 \oplus 1$$

FSM 中包含 4 比特的内部记忆单元，记为 $C_t = (c_t, c_{t-1})$，其中 t 表示时钟，$c_t = (c_t^0, c_t^1)$，c_t^0 和 c_t^1 都表示 1 比特记忆单元。在 FSM 的状态刷新变换中还用到两个中间比特，表示为 $s_t = (s_t^0, s_t^1)$。$(z_t)_{t \geqslant 0}$ 表示 E$_0$ 算法的输出密钥流序列，则 FSM 的状态刷新变换和 E$_0$ 算法的密钥流输出变换可表示如下：

$$(s_{t+1}^0, s_{t+1}^1) = \left\lfloor \frac{x_t^1 + x_t^2 + x_t^3 + x_t^4 + 2c_t^1 + c_t^0}{2} \right\rfloor \qquad (2.2.1)$$

$$c_{t+1}^0 = s_{t+1}^0 \oplus c_t^0 \oplus c_{t-1}^0 \oplus c_{t-1}^1 \qquad (2.2.2)$$

$$c_{t+1}^1 = s_{t+1}^1 \oplus c_t^1 \oplus c_{t-1}^0 \qquad (2.2.3)$$

$$z_t = x_t^1 \oplus x_t^2 \oplus x_t^3 \oplus x_t^4 \oplus c_t^0 \qquad (2.2.4)$$

根据以上描述可以看出，E$_0$ 算法的内部状态规模为 132 比特，其中 4 个 LFSR 共 128 比特、FSM 中的内部记忆单元共 4 比特，E$_0$ 算法的初始化使用 128 比特的加密密钥 K_c、48 比特的主设备蓝牙地址 BD_ADDR 和 26 比特的主设备时钟 Clock 作为输入参数，经过 239 个时钟，完成 E$_0$ 算法的初始化过程，进入密钥流生成过程，产生密钥流序列用于对数据流的加密。

文献[29]还给出了一个由算法四个连续时刻的内部状态建立的方程，该方程不依赖于记忆单元 C_t。在进行猜测确定攻击时，可以用这个方程对候选状态进行筛选，以达到减少候选状态数量的目的。该方程如下：

$$0 = z_t \oplus z_{t+1} \oplus z_{t+2} \oplus z_{t+3}$$
$$\oplus \Pi_{t+1}^1(z_{t+1}z_t \oplus z_{t+1}z_{t+2} \oplus z_{t+1}z_{t+3} \oplus z_t \oplus z_{t+1} \oplus z_{t+2} \oplus z_{t+3})$$
$$\oplus \Pi_{t+1}^2(z_t \oplus z_{t+1} \oplus z_{t+2} \oplus z_{t+3}) \oplus \Pi_{t+1}^3 z_{t+1} \oplus \Pi_{t+1}^4$$
$$\oplus \Pi_t^1 \oplus \Pi_{t+1}^1 \Pi_t^1(1 \oplus z_{t+1}) \oplus \Pi_{t+1}^2 \Pi_t^1$$
$$\oplus \Pi_{t+2}^1 z_{t+2} \oplus \Pi_{t+1}^1 \Pi_{t+2}^1 z_{t+2}(1 \oplus z_{t+1}) \oplus \Pi_{t+1}^2 \Pi_{t+2}^1 z_{t+2}$$
$$\oplus \Pi_{t+2}^2 \oplus \Pi_{t+2}^2 \Pi_{t+1}^1(1 \oplus z_{t+1}) \oplus \Pi_{t+1}^2 \Pi_{t+2}^2$$
$$\oplus \Pi_{t+3}^1 \oplus \Pi_{t+3}^1 \Pi_{t+1}^1(1 \oplus z_{t+1}) \oplus \Pi_{t+3}^1 \Pi_{t+1}^2$$

式中

$$\Pi_t^1 = x_t^1 \oplus x_t^2 \oplus x_t^3 \oplus x_t^4$$

$$\Pi_{t+1}^1 = x_{t+1}^1 \oplus x_{t+1}^2 \oplus x_{t+1}^3 \oplus x_{t+1}^4$$

$$\Pi_{t+1}^2 = x_{t+1}^1 x_{t+1}^2 \oplus x_{t+1}^1 x_{t+1}^3 \oplus x_{t+1}^1 x_{t+1}^4 \oplus x_{t+1}^2 x_{t+1}^3 \oplus x_{t+1}^2 x_{t+1}^4 \oplus x_{t+1}^3 x_{t+1}^4$$

$$\Pi_{t+1}^3 = x_{t+1}^1 x_{t+1}^2 x_{t+1}^3 \oplus x_{t+1}^1 x_{t+1}^2 x_{t+1}^4 \oplus x_{t+1}^1 x_{t+1}^3 x_{t+1}^4 \oplus x_{t+1}^2 x_{t+1}^3 x_{t+1}^4$$

$$\Pi_{t+1}^4 = x_{t+1}^1 x_{t+1}^2 x_{t+1}^3 x_{t+1}^4$$

$$\Pi_{t+2}^1 = x_{t+2}^1 \oplus x_{t+2}^2 \oplus x_{t+2}^3 \oplus x_{t+2}^4$$

$$\Pi_{t+2}^2 = x_{t+2}^1 x_{t+2}^2 \oplus x_{t+2}^1 x_{t+2}^3 \oplus x_{t+2}^1 x_{t+2}^4 \oplus x_{t+2}^2 x_{t+2}^3 \oplus x_{t+2}^2 x_{t+2}^4 \oplus x_{t+2}^3 x_{t+2}^4$$

$$\Pi_{t+3}^1 = x_{t+3}^1 \oplus x_{t+3}^2 \oplus x_{t+3}^3 \oplus x_{t+3}^4$$

2. 对 E_0 序列密码的猜测确定攻击

本节对 E_0 算法进行了猜测确定攻击, 攻击中利用线性逼近的方法做出了一个巧妙的假设, 降低了攻击所需的猜测量, 并用一个检验方程来对候选状态进行筛选, 攻击的计算复杂度为 $O(2^{76})$, 需要约 988 比特密钥流。

1)攻击过程介绍

下面介绍对 E_0 算法中使用的非线性变换进行线性逼近的结果。可以看出, E_0 算法的密钥流生成器中唯一的非线性函数就是式(2.2.1), 即刷新变换:

$$(s_{t+1}^0, s_{t+1}^1) = \left\lfloor \frac{x_t^1 + x_t^2 + x_t^3 + x_t^4 + 2c_t^1 + c_t^0}{2} \right\rfloor$$

该变换是一个 6 比特输入、2 比特输出的非线性函数。下面考察变换式(2.2.1)中输入与输出之间的线性相关性。

设 $w = (w_0, w_1, \cdots, w_5)$ 是一个 6 比特非零系数, $u = (u_0, u_1)$ 是一个 2 比特非零

系数，令 $x = (x_0, x_1, \cdots, x_5) = (x_t^1, x_t^2, x_t^3, x_t^4, c_t^1, c_t^0)$，$y = (y_0, y_1) = (s_{t+1}^0, s_{t+1}^1)$，则变换式 (2.2.2) 中输入与输出之间的线性相关性可用如下概率来刻画：

$$p(w, u) = \frac{\#\{x \mid w \cdot x \oplus u \cdot y = 0\}}{64}$$

式中，$w \cdot x = \bigoplus\limits_{i=0}^{5} w_i \cdot x_i$，$u \cdot y = \bigoplus\limits_{j=0}^{1} u_j \cdot y_j$。通过编程穷举可以得到概率 $p(w, u)$ 的具体分布情况，可得最大概率为

$$p(000010, 01) = \frac{52}{64}$$

这意味着，变换式 (2.2.1) 中输入与输出之间存在线性逼近式 $s_{t+1}^1 \oplus c_t^1 = 0$，该线性逼近式成立的概率为 52/64。利用该线性逼近式，可以做出一个攻击假设，降低攻击所需的猜测量。

假设攻击者已经得到长度为 N 的密钥流 $(z_t)_{t=1}^{N}$（其中 $N \leqslant 2745$）。为降低猜测量，做出如下假设。

$$s_{t+1+i}^1 \oplus c_{t+i}^1 = 0, \quad i = 0, 1, \cdots, 32$$

式 (2.2.1) 中，若 $\text{FSM}(x_{t+i}^1, x_{t+i}^2, x_{t+i}^3, x_{t+i}^4, c_{t+i}^1, c_{t+i}^0)$ 的输入比特是均匀分布的，则假设成立的概率为

$$\left(\frac{52}{64}\right)^{33} \approx 2^{-9.89}$$

因此，要找到满足上面假设的内部状态，约需要尝试 $2^{9.89}$ 个 t 的取值。若假设是错误的，则下面所做的猜测就无法得到算法正确的内部状态，进而无法得到正确的密钥流序列。

当假设满足时，由式 (2.2.3) 可得

$$c_{t+1+i}^1 = c_{t-1+i}^0, \quad i = 0, 1, \cdots, 32 \tag{2.2.5}$$

针对 E_0 算法的攻击可以分为 4 个步骤。

步骤 1，在时刻 t，猜测 c_{t-1}^0、c_t^0、c_{t+1}^0、$x_t^1 \oplus x_t^2$、c_{t-1}^1、c_t^1 这 6 个比特，这样就可以决定以下的内部状态比特：

$$c_{t-1}^0 \xrightarrow{\ \text{式}(2.2.5)\ } c_{t+1}^1$$

$$c_t^1 \xrightarrow{\quad 假设 \quad} s_{t+1}^1$$

$$c_{t+1}^0, c_t^0, c_{t-1}^0, c_{t-1}^1 \xrightarrow{\quad 式(2.2.2) \quad} s_{t+1}^0$$

$$z_t, x_t^1 \oplus x_t^2, c_t^0 \xrightarrow{\quad 式(2.2.4) \quad} x_t^3 \oplus x_t^4$$

令 $a = x_t^1 \oplus x_t^2$, $b = x_t^3 \oplus x_t^4$, 式 (2.2.1)可以表示为

$$(s_{t+1}^0, s_{t+1}^1) = \left\lfloor \frac{x_t^1 + (x_t^1 \oplus a) + x_t^3 + (x_t^3 \oplus b) + 2c_t^1 + c_t^0}{2} \right\rfloor \tag{2.2.6}$$

方程中 x_t^1 和 x_t^3 为未知变量, 很容易证明此时方程解个数的期望为 104/64 。

在时刻 $t+i(i=1,2)$, 通过猜测 c_{t+1+i}^0 和 $x_{t+i}^1 \oplus x_{t+i}^2$, 可以得到以下的内部状态比特:

$$c_{t-1+i}^0 \xrightarrow{\quad 式(2.2.5) \quad} c_{t+1+i}^1$$

$$c_{t+i}^1 \xrightarrow{\quad 假设 \quad} s_{t+1+i}^1$$

$$c_{t+1+i}^0, c_{t+i}^0, c_{t-1+i}^0, c_{t-1+i}^1 \xrightarrow{\quad 式(2.2.2) \quad} s_{t+1+i}^0$$

$$z_{t+i}, x_{t+i}^1 \oplus x_{t+i}^2, c_{t+i}^0 \xrightarrow{\quad 式(2.2.4) \quad} x_{t+i}^3 \oplus x_{t+i}^4$$

同样, 将式(2.2.6)中的 t 替换成 $t+i$, 可以得到关于 x_{t+i}^1 和 x_{t+i}^3 的方程, 解个数的期望为 104/64 。

在时刻 $t+i(i=3,4,\cdots,24)$, 首先采用相同的方法确定内部状态。然后将 $t+i$ 及前 3 个时刻所确定的 $(x_t^1, x_t^2, x_t^3, x_t^4)$ 代入式(2.2.5)进行检验, 通过检验的概率约为 11/13 。

步骤 1 中共猜测了 $6 + 2 \times 24 = 54$ 比特, 因此候选状态的个数为

$$2^6 \times \frac{104}{64} \times \left(2^2 \times \frac{104}{64} \right) \times \left(2^2 \times \frac{104}{64} \times \frac{11}{13} \right)^{22} \approx 2^{63.5}$$

此时已经恢复出 $x_t^1, x_{t+1}^1, \cdots, x_{t+24}^1$, 就可以通过 LFSR_1 的反馈多项式确定 $x_{t+i}^1 (i \geqslant 25)$ 。

步骤 2, 在时刻 $t+i(i=25,26,\cdots,30)$, 需要猜测 c_{t+1+i}^0 来确定以下比特:

$$c_{t-1+i}^0 \xrightarrow{\quad 式(2.2.5) \quad} c_{t+1+i}^1$$

$$c_{t+i}^1 \xrightarrow{\quad 假设 \quad} s_{t+1+i}^1$$

$$c_{t+1+i}^0, c_{t+i}^0, c_{t-1+i}^0, c_{t-1+i}^1 \xrightarrow{\ \text{式}(2.2.2)\ } s_{t+1+i}^0$$

$$z_{t+i}, x_{t+i}^1, c_{t+i}^0 \xrightarrow{\ \text{式}(2.2.4)\ } x_{t+i}^2 \oplus x_{t+i}^3 \oplus x_{t+i}^4$$

令 $c = x_{t+i}^1 \oplus c_{t+i}^0 \oplus z_{t+i}$，可以得到如下非线性方程：

$$(s_{t+1+i}^0, s_{t+1+i}^1) = \left\lfloor \frac{x_{t+i}^1 + x_{t+i}^2 + x_{t+i}^3 + (x_{t+i}^2 \oplus x_{t+i}^3 \oplus c) + 2c_{t+i}^1 + c_{t+i}^0}{2} \right\rfloor$$

式中，x_{t+i}^2 和 x_{t+i}^3 未知，同样方程解个数的期望也是 $104/64$，将其代入式 $(2.2.1)$ 检验，通过概率是 $124/169$。执行步骤 2 后，候选状态的个数为

$$2^{63.5} \times \left(2 \times \frac{104}{64} \times \frac{124}{169} \right)^6 \approx 2^{71.02}$$

此时已经恢复出 $x_t^2, x_{t+1}^2, \cdots, x_{t+30}^2$，这样就可以根据 LFSR$_2$ 的反馈多项式决定 $x_{t+i}^2 (i \geqslant 31)$ 的取值。

步骤 3，在时刻 $t + i (i = 31, 32)$，此前已经猜测了 c_{t+31}^0 而且确定了 c_{t+31}^1，因此在本步骤中已不需要猜测任何比特，就可以确定以下内部比特的取值：

$$c_{t-1+i}^0 \xrightarrow{\ \text{式}(2.2.5)\ } c_{t+1+i}^1$$

$$c_{t+i}^1 \xrightarrow{\ \text{假设}\ } s_{t+1+i}^1$$

$$z_{t+i}, x_{t+i}^1, x_{t+i}^2, c_{t+i}^0 \xrightarrow{\ \text{式}(2.2.4)\ } x_{t+i}^3 \oplus x_{t+i}^4$$

此时，令 $d = x_{t+i}^1 \oplus x_{t+i}^2 \oplus c_{t+i}^0 \oplus z_{t+i}$，即得到如下方程：

$$(s_{t+1+i}^0, s_{t+1+i}^1) = \left\lfloor \frac{x_{t+i}^1 + x_{t+i}^2 + x_{t+i}^3 + (x_{t+i}^3 \oplus d) + 2c_{t+i}^1 + c_{t+i}^0}{2} \right\rfloor$$

方程中的未知变量为 x_{t+i}^3 和 s_{t+1+i}^0，此时方程解个数的期望为 $52/64$，将其代入式 $(2.2.5)$ 进行检验，通过的概率为 $11/16$，并且根据

$$s_{t+1+i}^0, c_{t+i}^0, c_{t-1+i}^0, c_{t-1+i}^1 \xrightarrow{\ \text{式}(2.2.2)\ } c_{t+1+i}^0$$

可以确定 c_{t+1+i}^0 的取值，将 x_{t+i}^3 代入式 $(2.2.4)$ 中可以求出 $x_{t+i}^4 (i = 31, 32)$。

在步骤 3 中，恢复出 $x_t^3, x_{t+1}^3, \cdots, x_{t+32}^3$ 的取值，当 $i \geqslant 33$ 时，根据 LFSR$_3$ 的反馈多项式就可以确定 x_{t+i}^3 的值。此时，候选状态的个数为

$$2^{71.02} \times \left(\frac{52}{64} \times \frac{11}{16} \right)^2 \approx 2^{69.34}$$

步骤 4，因为已经确定了 c_{t+33}^0 和 c_{t+33}^1 的取值，所以在时刻 $t+i(i=33,34,\cdots,38)$，直接就可以确定以下比特：

$$z_{t+i}, x_{t+i}^1, x_{t+i}^2, x_{t+i}^3, c_{t+i}^0 \xrightarrow{\text{式}(2.2.4)} x_{t+i}^4$$

$$x_{t+i}^1, x_{t+i}^2, x_{t+i}^3, x_{t+i}^4, c_{t+i}^1, c_{t+i}^0 \xrightarrow{\text{式}(2.2.1)} s_{t+1+i}^0, s_{t+1+i}^1$$

$$s_{t+1+i}^0, c_{t+i}^0, c_{t-1+i}^0, c_{t-1+i}^1 \xrightarrow{\text{式}(2.2.2)} c_{t+1+i}^0$$

$$s_{t+1+i}^1, c_{t+i}^1, c_{t-1+i}^0 \xrightarrow{\text{式}(2.2.3)} c_{t+1+i}^1$$

这样就可以获得 $x_{t+i}^4(i=33,34,\cdots,38)$ 的取值，将其代入式 (2.2.5) 检验，通过的概率为 11/16。候选状态的个数为

$$2^{69.34} \times \left(\frac{11}{16} \right)^6 \approx 2^{66.10}$$

至此，已经恢复出 E_0 算法所有 132 比特内部状态。表 2.2.1 对猜测确定攻击过程进行了总结。

表 2.2.1　对 E_0 算法的猜测确定攻击过程

步骤	时刻 $t+i$	假设	猜测比特	决定比特	候选状态个数
1	$i=0,1,\cdots,24$	$s_{t+1+i}^1 \oplus c_{t+i}^1 = 0$	$c_{t-1}^0, c_t^0, \cdots, c_{t+25}^0, c_{t-1}^1, c_t^1$ $x_t^1 \oplus x_t^2, x_{t+1}^1 \oplus x_{t+1}^2, \cdots, x_{t+24}^1 \oplus x_{t+24}^2$	$x_{t+i}^1, x_{t+i}^2, x_{t+i}^3, x_{t+i}^4$	$2^{63.5}$
2	$i=25,26,\cdots,30$	$s_{t+1+i}^1 \oplus c_{t+i}^1 = 0$	$c_{t+26}^0, c_{t+27}^0, \cdots, c_{t+31}^0$	$x_{t+i}^2, x_{t+i}^3, x_{t+i}^4$	$2^{71.02}$
3	$i=31,32$	$s_{t+1+i}^1 \oplus c_{t+i}^1 = 0$	—	x_{t+i}^3, x_{t+i}^4	$2^{69.34}$
4	$i=33,34,\cdots,38$	—	—	x_{t+i}^4	$2^{66.10}$

2)计算复杂度分析

回顾攻击开始时所做的假设条件：

$$s_{t+1+i}^1 \oplus c_{t+i}^1 = 0, \quad i=0,1,\cdots,32$$

若 $\text{FSM}(x_{t+i}^1, x_{t+i}^2, x_{t+i}^3, x_{t+i}^4, c_{t+i}^1, c_{t+i}^0)$ 的输入比特是均匀分布的，则假设成立的概率为 $2^{-9.89}$。本节进行了 10^5 次实验，每次实验随机选取 LFSR 与 FSM 的内部状态比特，

结果显示满足假设的实验次数为 113，则假设正确的概率为 $113/100000 \approx 2^{-9.79}$，非常接近 $2^{-9.89}$，证明本节的攻击方法是正确的。在对 E_0 算法的猜测确定攻击中，攻击者需要尝试约 $2^{9.89}$ 个 t 的取值才能找到满足攻击假设的时刻；同时，在攻击过程中，四个阶段共需要 39 比特密钥流 $(z_t, z_{t+1}, \cdots, z_{t+38})$。因此，对 E_0 算法的猜测确定攻击所需的数据量为 $2^{9.89} + 39 \approx 988$ 比特密钥流。由于该密钥流长度未超过 2745 比特，本节对 E_0 算法的猜测确定攻击是一种实际可行的短密钥流攻击。

在完成了 4 个攻击步骤后，利用剩下的候选状态来生成密钥流序列，与正确的密钥流进行比较来检验其正确性。如果所有候选状态均不正确，则需要增加 t 的取值来重新开展攻击。因此，本节中针对 E_0 算法的猜测确定攻击的计算复杂度为

$$2^{66.10} \times 2^{9.89} \approx 2^{76}$$

因为每个候选状态是依次进行尝试的，所以攻击的存储复杂度可以忽略不计。表 2.2.2 给出了目前已有的针对 E_0 算法的短密钥流攻击结果。

表 2.2.2　E_0 算法的短密钥流攻击结果

攻击方法	所需密钥流比特	计算复杂度	存储复杂度
Pillai 等[29]	132	$O(2^{100})$	—
Fluhrer 等[24]	132	$O(2^{84})$	—
Levy 等[26]	128	$O(2^{86})$	—
Shaked 等[27]	128	$O(2^{87})$	$O(2^{23})$
Krause[25]	128	$O(2^{81})$	$O(2^{77})$
郭锋等[30]	1146	$O(2^{83})$	—
本节	988	$O(2^{78.69})$	—

对于猜测确定攻击而言，本节所使用的利用线性逼近的方法做攻击假设的思想具有一定的普适性，可以考虑将其应用于其他的序列密码算法。

2.3　钟控模型

钟控模型的主要思想是：利用一条由密钥决定的未知序列（如初态由密钥决定的一个 LFSR 的输出序列等），决定一个 LFSR 在输出一个乱数后连续动作的次数，从而为 LFSR 引入非线性因素，阻止基于动作次数已知的 LFSR 的攻击方法。

钟控模型主要有它控、自控和互控三种模型。它控模型是指由一个 LFSR 的输出序列控制其他 LFSR 连续动作的次数；自控模型是指由一个 LFSR 的输出序

列控制该 LFSR 自身连续动作的次数；互控模型是指由两个或多个 LFSR 的输出序列共同控制自身及其他 LFSR 连续动作的次数。

2.3.1 "停走"型钟控模型

它控模型的结构框图如图 2.3.1 所示。

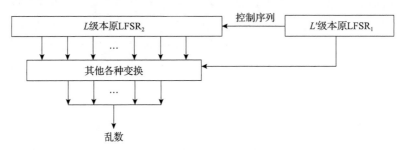

图 2.3.1 它控模型的结构框图

LFSR$_1$ 的输出序列称为控制序列，LFSR$_2$ 的输出序列称为被控序列，对于它控模型，最基本的攻击方法是穷举控制序列，从而将破译问题归结为 LFSR$_2$ 的动作次数已知的模型。因此，如果控制序列的变化量太小，那么它控模型是没有意义的。

下面介绍它控模型的两个例子，它们的周期和线性复杂度都已有相应的结论。

1. 停走生成器

停走生成器工作步骤描述如下。

步骤 1，LFSR$_1$ 动作 1 次。

步骤 2，若 LFSR$_1$ 的输出比特是 1，则 LFSR$_2$ 动作 1 次且输出 1 个比特；若 LFSR$_1$ 的输出比特是 0，则 LFSR$_2$ 不动作但重复上一步输出的比特。

停走生成器的结构框图如图 2.3.2 所示。

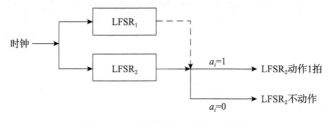

图 2.3.2 停走生成器的结构框图

设 LFSR$_1$ 和 LFSR$_2$ 的输出序列分别是 $(a_i)_{i=0}^{\infty}$ 和 $(b_i)_{i=0}^{\infty}$，并设停走生成器产生的乱数序列为 $(d_i)_{i=0}^{\infty}$，则停走生成器的数学描述如下：

$$d_t = b_{G(t)}, \quad G(t) = \sum_{i=0}^{t-1} a_i \, (G(0)=0); t \geqslant 0$$

当停走生成器的控制和被控的两个 LFSR 的级数相同时，有以下结论。

定理 2.3.1[31]　设 LFSR$_1$ 是级数为 m、生成多项式为 $f_1(x)$ 的本原 LFSR，LFSR$_2$ 是级数为 m、生成多项式为 $f_2(x)$ 的本原 LFSR。若 d 是停走生成器的输出序列，则有以下结论成立。

(1) 序列 d 的周期为 $(2^m-1)^2$。

(2) 序列 d 的极小多项式为 $f_2(x^{2^{m-1}})$，从而线性复杂度为 $m(2^m-1)$。

(3) 序列 d 的一个周期中 0 的个数为 $(2^{m-1}-1)(2^m-1)$，1 的个数为 $2^{m-1}(2^m-1)$。

更一般地，有以下结论。

定理 2.3.2　设 LFSR$_1$ 是生成多项式为 $f_1(x)$ 的本原 LFSR，$\deg(f_1)=m$；LFSR$_2$ 是生成多项式为 $f_2(x)$ 的本原 LFSR，$\deg(f_2)=n$。若 d 是停走生成器的输出序列，则有如下结论成立。

(1) 序列 d 的周期为 $(2^m-1)(2^n-1)$。

(2) 当 $\gcd(m,n)=1$ 时，序列 d 的极小多项式为 $f_2(x^{2^m-1})$，从而线性复杂度为 $n(2^m-1)$。

思考：上述模型中序列 d 的一个周期中 0 的个数和 1 的个数分别为多少？

停走模型具有严重的安全缺陷，仅利用停走序列的若干输出比特，就可以恢复控制序列 $(a_i)_{i=0}^{\infty}$ 和被控序列 $(b_i)_{i=0}^{\infty}$。这里假设 $(a_i)_{i=0}^{\infty}$ 和 $(b_i)_{i=0}^{\infty}$ 的生成多项式都是已知的本原多项式，分别记为 $f_1(x)$ 和 $f_2(x)$，$\deg(f_1)=m, \deg(f_2)=n$。

由于

$$d_t = b_{G(t)}$$

易得

$$p(d_t = d_{t+1}) = p(d_t = d_{t+1} \mid a_t = 0)p(a_t = 0) + p(d_t = d_{t+1} \mid a_t = 1)p(a_t = 1)$$

$$= 1 \times \frac{1}{2} + \frac{1}{2} \times \frac{1}{2} = \frac{3}{4}$$

故连续两个时刻的乱数比特相等的概率为 3/4，不相等的概率为 1/4。可由此寻找关于未知信息的信息泄露，从而恢复密钥。

$$p(a_t = 1 \mid d_t \neq d_{t+1}) = 1$$

$$p(a_t = 0 \mid d_t = d_{t+1}) = \frac{p(d_t = d_{t+1} \mid a_t = 0)p(a_t = 0)}{p(d_t = d_{t+1})} = \frac{1/2}{3/4} = \frac{2}{3}$$

若连续两个时刻的乱数比特不相等，则可以 1 的概率确定当前的控制比特为1；若连续两个时刻的乱数比特相等，则可以 2/3 的概率确定当前的控制比特为 0。

这样获得约 $4m$ 个比特的输出乱数，可恢复控制序列，继而通过解线性方程组的方法求得被控序列。

2. 交错停走生成器

交错停走生成器共有三个 LFSR，其中 $LFSR_1$ 控制着 $LFSR_2$ 和 $LFSR_3$ 是否动作，$LFSR_2$ 和 $LFSR_3$ 各输出一个序列，这两个序列的模 2 和就是交错停走生成器的输出序列。

交错停走生成器不断重复以下步骤，直到产生足够长的乱数序列。

步骤 1，$LFSR_1$ 动作 1 次。

步骤 2，若 $LFSR_1$ 的输出比特是 1，则 $LFSR_2$ 动作 1 次且输出 1 个比特，$LFSR_3$不动作但重复上一步输出的比特；若 $LFSR_1$ 的输出比特是 0，则 $LFSR_3$ 动作 1 次且输出 1 个比特，$LFSR_2$ 不动作但重复上一步输出的比特。

步骤 3，将 $LFSR_2$ 和 $LFSR_3$ 的输出比特模 2 和，结果是当前时刻输出的 1 比特乱数。

交错停走生成器产生乱数的方式可用数学语言描述如下。

设 $LFSR_1$、$LFSR_2$ 和 $LFSR_3$ 的输出序列分别是 $(a_i)_{i=0}^{\infty}$、$(b_i)_{i=0}^{\infty}$ 和 $(c_i)_{i=0}^{\infty}$，设交错停走生成器产生的乱数序列为 $(d_i)_{i=0}^{\infty}$，$\forall i \geqslant 0$，则有

$$d_t = b_{G(t)} \oplus c_{t-G(t)}, \quad G(t) = \sum_{i=0}^{t-1} a_i (G(0) = 0); t \geqslant 0$$

交错停走生成器的结构框图如图 2.3.3 所示。

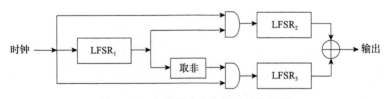

图 2.3.3　交错停走生成器的结构框图

$LFSR_1$ 的输出序列用 M 序列代替的变形下，交错停走生成器的周期、线性复杂度和输出序列的模式平衡性目前都已经有结论。

定理 2.3.3　设 $LFSR_1$ 的输出序列是周期为 2^{L_1} 的 de Bruijn 序列，$LFSR_2$ 和 $LFSR_3$ 分别是级数为 L_2 和 L_3 的本原 LFSR，且 L_2 和 L_3 互素，设 d 是交错停走生成器的输出序列，则有如下结论成立。

(1)序列 d 的周期为 $2^{L_1}(2^{L_2}-1)(2^{L_3}-1)$。

(2) 序列 d 的线性复杂度 $L(d)$ 满足

$$2^{L_1-1}(L_2 + L_3) < L(d) \leqslant 2^{L_1}(L_2 + L_3)$$

(3) 序列 d 中各种模式的分布几乎是均匀的。更精确地说，设 P 是任意一个长度为 t 的比特串且 $t \leqslant \min\{L_2, L_3\}$，若用 $d(t)$ 表示序列 d 中任意一个长度为 t 的比特块，则 $d(t) = P$ 的概率与 P 无关，其具体值为 $2^{-t} + O(2^{t-L_2}) + O(2^{t-L_3})$。

下面分析输出乱数连续 2 个比特之间的相关性。

不妨令 $G'(t) = \sum_{i=0}^{t-1}(a_i \oplus 1) = t - G(t), (G'(0) = 0), t \geqslant 0$，则

$$d_t \oplus d_{t+1} = c_{G'(t)} \oplus c_{G'(t)+1}, \quad a_t = 0$$

$$d_t \oplus d_{t+1} = b_{G(t)} \oplus b_{G(t)+1}, \quad a_t = 1$$

易推得

$$p(d_t \oplus d_{t+1} = 0) = \frac{1}{2}$$

可见，交错停走生成器输出连续 2 个比特之间不具有相关性，已经克服了停走生成器的严重安全缺陷。

对交错停走生成器的基本攻击方法是穷举 $LFSR_1$ 的初态，从而获得 $LFSR_1$ 产生的控制序列，再利用解线性方程组的方法恢复 $LFSR_2$ 和 $LFSR_3$ 的初态。由上述分析可知，建立的关于 $LFSR_2$ 和 $LFSR_3$ 初态的线性方程组共包含 L_2+L_3 个未知变量，只要获得 L_2+L_3 个信号 $d_i \oplus d_{i+1}$ 就可以建立满秩的线性方程组。再另外获得 s 个信号，可以 $1 - 2^{-s}$ 的概率恢复密钥信息。上述攻击的数据量为 $\max\{L_1, L_2+L_3\}+s$ 个输出乱数，计算复杂度为 $O(2^{L_1})$。因此，为对抗这种分割攻击方法，$LFSR_1$ 的级数不能设计得太短。

2.3.2　A5 序列密码算法

A5 序列密码算法是用于蜂窝式移动电话系统加密的算法，它有 A5/1 算法和 A5/2 算法两个版本。其中 A5/1 算法功能性强，在欧洲用于蜂窝语音和数字加密；A5/2 算法功能性弱，用于另外一个市场。

在两个手机用户通信时，基站自动在手机用户 A 和用户 B 之间建立一个通道：

用户 A →基站 1 →基站 2 →基站 3 →…→基站 n →用户 B

A5/1 算法用于用户手机和基站之间的通信加密，通信内容到基站后先解密变成明文，再进行基站到基站之间，以及基站到用户手机之间的信息加密，完成通信内容在通信过程的加密保护。

每次会话时，基站产生一个 64 比特的随机数 k，并通过基站与用户之间预置在手机 SIM 卡中的密钥利用其他密码算法将这个随机数加密传给用户手机，这个随机数就是这次通话时的密钥，该密钥的生命周期就是本次的通话时间。一旦本次通话结束，这个密钥也就不再使用。

A5/1 算法将一次通话的内容按每帧 228 比特分成若干帧后逐帧加密，其中 114 比特是用户 A 发给用户 B 的信息，另外 114 比特是用户 B 发给用户 A 的信息。每帧数据的加密采用不同的会话密钥，该会话密钥共产生 228 比特的乱数，利用它们对本帧 228 比特的通信数据按逐位模 2 加的方式加密。会话密钥就是该数据帧公开的帧序号，帧序号用 22 比特表示，因此一次通话至多允许 2^{22} 帧数据，数据量至多是 $2^{22} \times 228 \approx 1.78 \times 2^{29}$ 比特。

A5/1 算法由三个基于乘法电路设计的 LFSR 组成，这三个 LFSR 的级数分别为 19、22 和 23，这三个级数的总和是 64，恰好是密钥的比特数。LFSR_1、LFSR_2 和 LFSR_3 的反馈多项式 $f_1(x)$、$f_2(x)$ 和 $f_3(x)$ 分别为

$$f_1(x) = x^{19} \oplus x^{18} \oplus x^{17} \oplus x^{14} \oplus 1$$

$$f_2(x) = x^{22} \oplus x^{21} \oplus x^{17} \oplus x^{13} \oplus 1$$

$$f_3(x) = x^{23} \oplus x^{22} \oplus x^{19} \oplus x^{18} \oplus 1$$

它们都是项数为 5 的本原多项式。

在 A5/1 算法中，三个 LFSR 的动作方式有规则动作和不规则动作两种。在密钥参与和帧序号参与的过程中，三个 LFSR 都采取规则动作方式；在密钥参与和帧序号参与过程完成后，三个 LFSR 都采取不规则动作方式。不规则动作采取停走方式：若控制信号为 0，则 LFSR 不动，若控制信号为 1，则 LFSR 动作 1 次。

A5/1 算法的结构框图如图 2.3.4 所示。

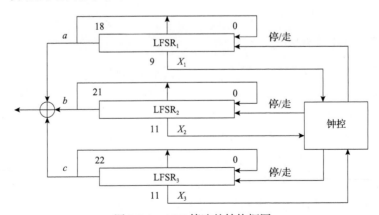

图 2.3.4　A5/1 算法的结构框图

下面介绍三个 LFSR 的钟控方式。

LFSR$_1$ 将当前时刻第 9 级寄存器的比特作为 X_1 ，LFSR$_2$ 将当前时刻第 11 级寄存器的比特作为 X_2 ，LFSR$_3$ 将当前时刻第 11 级寄存器的比特作为 X_3 ，X_1、X_2、X_3 这三个比特用于控制三个 LFSR 动作与否。控制的方式采取择多原则：若 X_1、X_2、X_3 中 1 的个数多，则 X_1、X_2、X_3 中是 1 的 LFSR 动作 1 次，是 0 的 LFSR 不动作；若 X_1、X_2、X_3 中 0 的个数多，则 X_1、X_2、X_3 中是 0 的 LFSR 动作 1 次，是 1 的 LFSR 不动作。

三个 LFSR 动作与否可用表 2.3.1 直接表示出来。

表 2.3.1　A5/1 算法中三个 LFSR 的动作方式

(X_1, X_2, X_3)	000	001	010	011	100	101	110	111
LFSR$_1$	动	动	动	不动	不动	动	动	动
LFSR$_2$	动	动	不动	动	动	不动	动	动
LFSR$_3$	动	不动	动	动	动	动	不动	动

由以上分析可得出以下推论。

推论 2.3.1　在 A5/1 算法中，若三个规则钟控的 LFSR 序列是独立、随机的，则一个 LFSR 每次动作的概率为 3/4，不动作的概率为 1/4。

下面介绍 Golić 在 1997 年的欧洲密码年会上提出的针对 A5/1 算法的攻击[32]。

攻击主要分两大步骤：第一步是攻击产生第 1 个乱数后三个 LFSR 的当前状态。在产生第 1 个乱数之前 A5/1 算法要空转 100 次，因此被攻击的状态是 A5/1 算法的第 101 个状态 $S(101)$。第二步是由 $S(101)$ 一步一步地倒推出 A5/1 算法的初态，进而求出 A5/1 算法的密钥。

Golić 在文献[32]中指出，受停走模式的限制，在第 1 个时刻以后，内部状态的所有可能数为 $2^{63.32}$，而不是 2^{64}。在第一步攻击中，首先穷举 $S(101)$ 状态中共 30 比特，它们分别是 LFSR$_1$ 的第 0～9 比特、LFSR$_2$ 的第 2～11 比特和 LFSR$_3$ 的第 2～11 比特。这 30 比特作为控制比特，由推论 2.3.1 可以建立关于 $S(101)$ 的未知比特的 $1 + 30 + 4/3 \times 10 \approx 44.3$ 个线性独立的方程；剩余 $63.32 - 44.3 = 19.02$ 比特可采用状态树的方法恢复，状态树每个节点存储着若干个 3 维二元向量，表示 3 个 LFSR 当前输出比特的所有可能状态。若每个 LFSR 需要猜测 $19.02/3$ 比特，则由推论 2.3.1 可知，状态树共有 $4/3 \times (19.02/3)$ 个节点，每个节点存储的 3 维二元向量的个数为 $3/4 \times 4 + 1/4 \times 8 = 5$，考虑到这些 3 维二元向量需要通过当前输出乱数比特产生的附加方程的校验，错误的状态通过校验的概率为 1/2，因此每个节点平均有 2.5 个分支。利用状态树的方法共需穷举 $2.5^{\frac{4 \times 19.02}{9}} \approx 2^{11.16}$ 个状态。至此，攻击所需的时间复杂度约为 $O(2^{30+11.16}) = O(2^{41.16})$，平均时间复杂度约为 $O(2^{40.16})$。

　　攻击的第二步逆推攻击的思想是由 $S(101)$ 一步一步倒推出 A5/1 算法的初态 $S(0)$，进而求出 A5/1 算法的密钥。根据推论 2.3.1，假设每个 LFSR 动作的次数符合二项分布，期望为 $0.75 \times 101 \approx 76$，方差为 $0.25 \times \sqrt{303} \approx 4.35$。这时可以将 3 个 LFSR 独立逆推，由每个 LFSR 的状态 $S(101)$ 按照猜测的钟控步数倒推得到 $S(0)$ 后，再按照 A5/1 算法运行 100 步，由乱数序列检验得到的 $S(101)$ 是否正确。第二步的时间复杂度至多为 10^6。

　　Biryukov、Biham、Ekdahl、Maximov 等及其他一些分析者针对 A5/1 算法给出的攻击结果都表明，A5/1 算法是不安全的[33-38]，其中 Biryukov 等在文献[33]中基于时间-空间交换方法提出了一个实时攻击方法，可以对通话时间在 2min 以上的手机通信实现实时窃听。

参 考 文 献

[1] 金晨辉, 郑浩然, 张少武, 等. 密码学[M]. 北京: 高等教育出版社, 2009.

[2] 冯登国, 裴定一. 密码学导引[M]. 北京: 科学出版社. 1999.

[3] Al-Saraireh J, Yousef S. Extension of authentication and key agreement protocol (AKA) for universal mobile telecommunication system (UMTS) [J]. International Journal of Theoretical and Applied Computer Sciences, 2006, 1 (1): 109-118.

[4] Courtois N T. Higher order correlation attacks, XL algorithm and cryptanalysis of Toyocrypt[C]// International Conference on Information Security and Cryptology, Seoul, 2002: 182-199.

[5] Courtois N T, Meier W. Algebraic attacks on stream ciphers with linear feedback[C]//Proceedings of International Conference on the Theory and Applications of Cryptographic Techniques, Warsaw, 2003: 345-359.

[6] Shannon C E. Communication theory of secrecy systems[J]. Bell System Technical Journal, 1949, 28 (4): 656-715.

[7] Courtois N T. The security of hidden field equations (HFE) [C]//Cryptographers' Track at the RSA Conference, San Francisco: 266-281.

[8] Courtois N. Fast algebraic attacks on stream ciphers with linear feedback[C]//Proceedings of Annual International Cryptology Conference, Santa Barbara, 2003: 176-194.

[9] Meier W, Pasalic E, Carlet C. Algebraic Attacks and Decomposition of Boolean Functions[C]// EUROCRYPT 2004 (New York), Berlin, 2004: 474-491.

[10] Naito Y, Sashida T, Negishi H, et al. Fault analysis on Toyocrypt[C]//Proceedings of the 2005 Symposium on Cryptography and Information Security, Kobe, 2005: 13-16.

[11] Biryukov A, Shamir A. Cryptanalytic time/memory/data tradeoffs for stream ciphers[C]// International Conference on the Theory and Application of Cryptology and Information Security, Berlin, 2000: 1-13.

[12] Strassen V. Gaussian elimination is not optimal[J]. Numerische Mathematik, 1969, 3: 354-356.

[13] Meier W, Staffelbach O. Fast correlation attacks on stream ciphers[C]//International Conference on the Theory and Application of Cryptographic Techniques, Davos, 1988: 301-314.

[14] Johansson T, Jonsson F. Improved fast correlation attacks on stream ciphers via convolutional codes[C]//Proceedings of International Conference on the Theory and Applications of Cryptographic Techniques, Prague,1999: 347-362.

[15] Chose P, Joux A, Mitton M. Fast correlation attacks: An algorithmic point of view[C]// Proceedings of International Conference on the Theory and Applications of Cryptographic Techniques, Amsterdam, 2002: 209-221.

[16] Zhang B, Feng D G. Improved multi-pass fast correlation attacks with applications[J]. Science China: Information Sciences, 2011, 54(8): 1635-1644.

[17] Zhang H N, Lin L, Wang X Y. Fast correlation attack on stream cipher ABCv3[J]. Science China: Information Sciences, 2008, 51(7): 936-947.

[18] Bluetooth[TM]. Bluetooth specification(version 1.2)[EB/OL]. http://www.bluetooth.com/specifications/ [2014-07-09].

[19] Armknecht F, Krause M. Algebraic attacks on combiners with memory[C]//Proceedings of Annual International Cryptology Conference, Santa Barbara, 2003: 162-175.

[20] Courtois N. Fast algebraic attacks on stream ciphers with linear feedback[C]//Proceedings of Annual International Cryptology Conference, Santa Barbara, 2003: 176-194.

[21] Lu Y, Vaudenay S. Faster correlation attack on bluetooth keystream generator E0[C]// Proceedings of Annual International Cryptology Conference, Santa Barbara, 2004: 407-425.

[22] Lu Y, Meier W, Vaudenay S. The conditional correlation attack: A practical attack on bluetooth encryption[C]//Proceedings of Annual International Cryptology Conference, Santa Barbara, 2005: 97-117.

[23] Jakobsson M, Wetzel S. Security weaknesses in bluetooth[C]//Cryptographers' Track at the RSA Conference, San Francisco, 2001: 176-191.

[24] Fluhrer S, Lucks S. Analysis of the E0 encryption system[C]//Proceedings of International Workshop on Selected Areas in Cryptography, Toronto, 2001: 38-48.

[25] Krause M. BDD-based cryptanalysis of keystream generators[C]//Proceedings of International Conference on the Theory and Applications of Cryptographic Techniques, Amsterdam, 2002: 222-237.

[26] Levy O, Wool A. A uniform framework for cryptanalysis of the bluetooth E0 cipher[C]//

Proceedings of the 1st International Conference on Security and Privacy for Emerging Areas in Communication Networks(SECURECOMM), Athens, 2005: 365-373.

[27] Shaked Y, Wool A. Cryptanalysis of the bluetooth E0 cipher using OBDD's[EB/OL]. http:// eprint.iacr.org/2006/072.pdf [2016-03-18].

[28] 詹英杰, 丁林, 关杰. 针对 E0 算法的猜测确定攻击[J]. 通信学报, 2012, 33(11): 185-190.

[29] Pillai N R, Bedi S S, Kumar S, et al. Relation for algebraic attack on E0 combiner[EB/OL]. http://eprint.iacr.org/2010/129 [2016-01-01].

[30] 郭锋, 庄弈琪. 蓝牙 E0 加密算法安全分析[J]. 电子科技大学学报, 2006, 35(2): 160-163.

[31] Beth T, Piper F C. The stop-and-go generator[C]//Proceedings of EUROCRYPT, Paris, 1984, 209: 88-92.

[32] Golić J D. Cryptanalysis of alleged A5 stream cipher[C]//International Conference on the Theory and Applications of Cryptographic Techniques, Konstanz, 1997: 239-255.

[33] Biryukov A, Shamir A, Wagner D. Real time cryptanalysis of A5/1 on a PC[C]//International Workshop on Fast Software Encryption, New York, 2000: 1-18.

[34] Biham E, Dunkelman O. Cryptanalysis of the A5/1 GSM stream cipher[C]//Proceedings of International Conference on Cryptology in India, Calcutta, 2000: 43-51.

[35] Ekdahl P, Johansson T. Another attack on A5/1[J]. IEEE Transactions on Information Theory, 2003, 49(1): 284-289.

[36] Maximov A, Johansson T, Babbage S. An improved correlation attack on A5/1[C]//Proceedings of International Workshop on Selected Areas in Cryptograpy, Waterloo, 2004: 1-18.

[37] Barkan E, Biham E, Keller N. Instant ciphertext-only cryptanalysis of GSM encrypted communication[C]// Proceedings of Annual International Cryptology Conference, San Barbara, 2003: 600-616.

[38] Keller J, Seitz B. A hardware-based attack on the A5/1 stream cipher[J]. ITG Fachbericht, 2001: 155-158.

第 3 章 基于非线性移位寄存器型序列密码

随着 LFSR 序列理论研究的成熟及相关攻击和代数攻击等方法的出现，以 LFSR 为驱动序列的密码算法开始暴露出诸多不安全问题，A5/1、E_0、Toyocrypt 和 LILI-128 等一些典型算法相继被破译，使得基于 LFSR 的序列密码算法面临着严重的安全挑战。这就促使密码学家开始转向考虑 NFSR 在序列密码设计中的应用。NFSR 作为一种新的驱动部件被用于序列密码算法的设计中，基于 NFSR 的序列密码算法的设计与分析得到了密码学界的高度关注，成为近些年序列密码研究领域的热点问题。

尽管对 NFSR 研究的历史并不短，但是关于 NFSR 序列的理论分析成果非常少，尚未找到足够有效的数学工具及系统的研究方法。近十年来，随着欧洲 NESSIE、eSTREAM 等一系列密码标准化进程的推动，基于 NFSR 的序列密码的设计研究得到了快速发展。

本书介绍的三个典型的基于 NFSR 的序列密码模型，主要来源于 eSTREAM 计划胜出算法，如 Trivium、Grain v1、MICKEY2.0 等算法，这些算法均使用二元域上 NFSR 作为乱源发生器，结构简洁，硬件实现速率高。本书将忽略算法的具体参数，从中抽象出三类模型，即 Trivium 模型、Grain 模型及 MICKEY 模型，这三类模型各自具有鲜明的结构特点，其中 Trivium 模型由三个 NFSR 相互控制更新内部状态，再经过线性组合生成乱数序列；Grain 模型使用 LFSR 级联 NFSR 作为基础乱源，经过滤波函数产生乱数序列；MICKEY 模型采用 LFSR 和 NFSR 互控生成乱数序列。

3.1 Trivium 型序列密码

3.1.1 Trivium 模型介绍

Trivium 型序列密码采用非线性反馈组合模型，由若干个 NFSR 通过一定方式相互驱动作为乱源发生器，再通过输出函数产生乱数。

Trivium 型非线性反馈组合模型由密钥和初始向量装载机制、状态刷新和输出函数三部分组成，其中模型的状态刷新部分由 n 个 NFSR 相互驱动组成，即第 i 个 NFSR 的输出作为第 $i+1$ 个 NFSR 的输入，最后一个 NFSR 的输出作为第 1 个 NFSR 的输入；从每个 NFSR 中选取若干比特进行变换作为模型的输出函数，其模型结构框图如图 3.1.1 所示。图中，f_i 表示第 i 个 NFSR 的反馈输出，g 表示模型的输出函数。

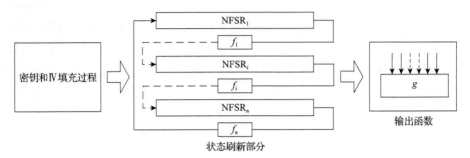

图 3.1.1　Trivium 型非线性反馈组合模型结构框图

目前针对 Trivium 算法使用传统攻击方法的安全性分析结果主要有区分攻击、滑动攻击、线性攻击、代数攻击、立方攻击和选择 IV 统计攻击等，但是至今为止还没有一种攻击方法比穷举密钥攻击有效。本节将介绍针对 Trivium 算法及修改算法的完全性分析、差分分析、线性分析和代数攻击等方面的研究成果。

3.1.2　Trivium 系列算法描述

1. Trivium 算法

Trivium 算法是基于分组密码思想的一个面向硬件实现的同步序列密码算法，同时面向软件实现也是有效的。Trivium 算法设计简洁，结构优美，密钥和初始向量 IV 规模均为 80 比特，内部状态为 288 比特，由 3 个级数分别为 93 比特、84 比特和 111 比特的 NFSR 互控更新内部状态，其结构框图如图 3.1.2 所示。

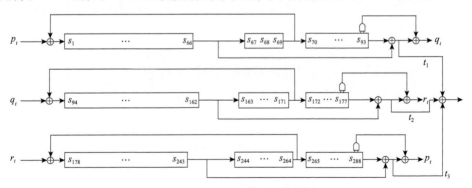

图 3.1.2　Trivium 算法结构框图

Trivium 算法分为初始化过程和密钥流生成过程两部分。在初始化过程中，首先按照算法 3.1.1 中约定的规则装载 80 比特的密钥和 80 比特的初始向量 IV，对于剩余内部状态的填充，除了寄存器最后 3 比特内部状态设置为 1 外，其余比特均设置为 0。系统在 t 时刻使用特定位置的 15 比特内部状态更新 $t+1$ 时刻的 3 比特内部状态，然后运行初始化过程（算法 3.1.1），不输出任何密钥流；在密钥流生成过程中，由 3 个 NFSR 的各 2 比特异或生成密钥流。算法 3.1.2 用伪代码描述了 Trivium 算法密钥流生成过程。

算法 3.1.1　Trivium 算法初始化过程

$(s_1, s_2, \cdots, s_{93}) \leftarrow (k_1, k_2, \cdots, k_{80}, 0, \cdots, 0)$;

$(s_{94}, s_{95}, \cdots, s_{177}) \leftarrow (\mathrm{iv}_1, \mathrm{iv}_2, \cdots, \mathrm{iv}_{80}, 0, \cdots, 0)$;

$(s_{178}, s_{179}, \cdots, s_{288}) \leftarrow (0, \cdots, 0, 1, 1, 1)$;

For $i = 1$ to 1152

　　$t_1 \leftarrow s_{66} \oplus s_{91} \cdot s_{92} \oplus s_{93} \oplus s_{171}$;

　　$t_2 \leftarrow s_{162} \oplus s_{175} \cdot s_{176} \oplus s_{177} \oplus s_{264}$;

　　$t_3 \leftarrow s_{243} \oplus s_{286} \cdot s_{287} \oplus s_{288} \oplus s_{69}$;

　　$(s_1, s_2, \cdots, s_{93}) \leftarrow (t_3, s_1, s_2, \cdots, s_{92})$;

　　$(s_{94}, s_{95}, \cdots, s_{177}) \leftarrow (t_1, s_{94}, s_{95}, \cdots, s_{176})$;

　　$(s_{178}, s_{179}, \cdots, s_{288}) \leftarrow (t_2, s_{178}, s_{179}, \cdots, s_{287})$;

End For

算法 3.1.2　Trivium 算法密钥流生成过程

For $i = 1$ to N

　　$t_1 \leftarrow s_{66} \oplus s_{93}$;

　　$t_2 \leftarrow s_{162} \oplus s_{177}$;

　　$t_3 \leftarrow s_{243} \oplus s_{288}$;

　　$z_i \leftarrow t_1 \oplus t_2 \oplus t_3$;

　　$t_1 \leftarrow s_{66} \oplus s_{91} \cdot s_{92} \oplus s_{93} \oplus s_{171}$;

　　$t_2 \leftarrow s_{162} \oplus s_{175} \cdot s_{176} \oplus s_{177} \oplus s_{264}$;

　　$t_3 \leftarrow s_{243} \oplus s_{286} \cdot s_{287} \oplus s_{288} \oplus s_{69}$;

　　$(s_1, s_2, \cdots, s_{93}) \leftarrow (t_3, s_1, s_2, \cdots, s_{92})$;

　　$(s_{94}, s_{95}, \cdots, s_{177}) \leftarrow (t_1, s_{94}, s_{95}, \cdots, s_{176})$;

　　$(s_{178}, s_{179}, \cdots, s_{288}) \leftarrow (t_2, s_{178}, s_{179}, \cdots, s_{287})$;

End For

注：本节中的"·"表示 GF(2) 上的乘法操作。

2. Trivium 算法修改版本

目前，在保持 Trivium 算法设计思想的条件下，根据分析结果或新的设计准则，人们提出多种修改版本的 Trivium 算法，主要有修改密钥和 IV 装载机制及修改 NFSR 抽头位置的两种修改方案。下面具体介绍。

1)修改密钥和 IV 装载机制的 Trivium 算法

下述两个算法仅对密钥和 IV 装载机制进行修改，其余部件的设计保持不变。

(1) Englund 等的修改方案。

文献[1]对 Trivium 算法的密钥和 IV 装载机制进行修改，提出了一个修改方案，如算法 3.1.3 所示。它采用了将 IV 和密钥 K 影响不止一个寄存器的赋值方式，可以快速提高原算法的随机性表现，而且第 1 个寄存器和第 3 个寄存器的前 80 个比特是互补的关系，可以避免在某些特殊的密钥 K 和 IV 的取值下，寄存器初态出现大量 0 或大量 1 的情况，从而为寄存器初态的赋值引入更多的随机因素。

算法 3.1.3　Englund 等提出的修改密钥和 IV 装载机制的 Trivium 算法初始化过程

$$(s_1, s_2, \cdots, s_{93}) \leftarrow (k_1 \oplus \mathrm{iv}_1, k_2 \oplus \mathrm{iv}_2, \cdots, k_{80} \oplus \mathrm{iv}_{80}, 0, \cdots, 0) ;$$

$$(s_{94}, s_{95}, \cdots, s_{177}) \leftarrow (\mathrm{iv}_1, \mathrm{iv}_2, \cdots, \mathrm{iv}_{80}, 0, \cdots, 0) ;$$

$$(s_{178}, s_{179}, \cdots, s_{288}) \leftarrow (\overline{k}_1 \oplus \mathrm{iv}_1, \overline{k}_2 \oplus \mathrm{iv}_2, \cdots, \overline{k}_{80} \oplus \mathrm{iv}_{80}, 0, \cdots, 0, 1, 1, 1) ;$$

注：$\overline{k}_i = k_i \oplus 1$。

(2) Turan 等的修改方案。

文献[2]提出了一个修改 Trivium 算法密钥和 IV 装载机制的方案，如算法 3.1.4 所示。它将 IV 重复使用了 3 次(分别填充了 3 寄存器的初态)，并将 IV 和密钥 K 异或起来为寄存器赋值，取得了更好的扩散效果，从而提高了原算法抵抗线性分析和差分分析的能力，具体见文献[2]和本书 3.1.4 部分。

算法 3.1.4　Turan 等提出的修改密钥和 IV 装载机制的 Trivium 算法初始化过程

$$(s_1, s_2, \cdots, s_{93}) \leftarrow (\mathrm{iv}_1, \mathrm{iv}_2, \cdots, \mathrm{iv}_{13}, \mathrm{iv}_{14} \oplus k_1, \mathrm{iv}_{15} \oplus k_2, \cdots, \mathrm{iv}_{80} \oplus k_{67}, k_{68}, k_{69}, \cdots, k_{80}) ;$$

$$(s_{94}, s_{95}, \cdots, s_{177}) \leftarrow (\mathrm{iv}_1 \oplus k_1, \mathrm{iv}_2 \oplus k_2, \cdots, \mathrm{iv}_{80} \oplus k_{80}, 0, \cdots, 0) ;$$

$$(s_{178}, s_{179}, \cdots, s_{288}) \leftarrow (k_1, k_2, \cdots, k_{13}, k_{14} \oplus \mathrm{iv}_1, k_{15} \oplus \mathrm{iv}_2, \cdots, k_{80} \oplus \mathrm{iv}_{67}, \mathrm{iv}_{68},$$
$$\mathrm{iv}_{69}, \cdots, \mathrm{iv}_{80}, 0, \cdots, 0, 1, 1, 1);$$

---

2)修改 NFSR 抽头位置的 Trivium 算法

(1) Trivium-128 算法。

文献[3]使用了额外的 3 个与门，提出了一个修改的 Trivium 算法，即 Trivium-128，允许使用 128 比特的密钥，希望达到 128 比特水平的安全性，但是没有给出具体的密钥和 IV 装载机制，其密钥流生成过程伪代码描述如算法 3.1.5 所示。

算法 3.1.5 修改的 Trivium 算法（Trivium-128）的密钥流生成过程

For $i = 1$ to N

$t_1 \leftarrow s_{65} \oplus s_{93}$;

$t_2 \leftarrow s_{161} \oplus s_{177}$;

$t_3 \leftarrow s_{242} \oplus s_{288}$;

$z_i \leftarrow t_1 \oplus t_2 \oplus t_3$;

$t_1 \leftarrow s_{65} \oplus s_{91} \cdot s_{92} \oplus s_{93} \oplus s_{162} \cdot s_{163} \oplus s_{171}$;

$t_2 \leftarrow s_{161} \oplus s_{175} \cdot s_{176} \oplus s_{177} \oplus s_{243} \cdot s_{244} \oplus s_{264}$;

$t_3 \leftarrow s_{242} \oplus s_{286} \cdot s_{287} \oplus s_{288} \oplus s_{66} \cdot s_{67} \oplus s_{69}$;

$(s_1, s_2, \cdots, s_{93}) \leftarrow (t_3, s_1, s_2, \cdots, s_{92})$;

$(s_{94}, s_{95}, \cdots, s_{177}) \leftarrow (t_1, s_{94}, s_{95}, \cdots, s_{176})$;

$(s_{178}, s_{179}, \cdots, s_{288}) \leftarrow (t_2, s_{178}, s_{179}, \cdots, s_{287})$;

End For

（2）Trivium-M2 算法。

文献[4]结合完全正向差集[5]的概念选取抽头位置，提出了一种修改的 Trivium 算法，本书称为 Trivium-M2 算法，该算法将二次项乘积的抽头由原算法的连续选取修改为离散选取。作者称该算法通过了美国国家标准与技术研究所（National Institute of Standard and Technology，NIST）的 16 种密码学指标检测，具有更好的抵抗相关攻击的能力，并且可以提高 Trivium 算法抵抗代数攻击的能力。它的密钥及 IV 填充过程及初始化轮数与 Trivium 算法相同，算法密钥流生成过程的伪代码描述如算法 3.1.6 所示（省略密钥及 IV 填充过程）。

算法 3.1.6 修改的 Trivium 算法（Trivium-M2）密钥流生成过程

For $i = 1$ to N

$z_i \leftarrow s_{66} \oplus s_{91} \oplus s_{160} \oplus s_{177} \oplus s_{243} \oplus s_{281}$;

$t_1 \leftarrow t_1 \oplus s_{70} \cdot s_{84} \oplus s_{169}$;

$t_2 \leftarrow t_2 \oplus s_{163} \cdot s_{176} \oplus s_{270}$;

$t_3 \leftarrow t_3 \oplus s_{257} \cdot s_{277} \oplus s_{79}$;

$$(s_1, s_2, \cdots, s_{93}) \leftarrow (t_3, s_1, s_2, \cdots, s_{92}) \text{ ;}$$

$$(s_{94}, s_{95}, \cdots, s_{177}) \leftarrow (t_1, s_{94}, s_{95}, \cdots, s_{176}) \text{ ;}$$

$$(s_{178}, s_{179}, \cdots, s_{288}) \leftarrow (t_2, s_{178}, s_{179}, \cdots, s_{287}) \text{ ;}$$

End For

3. 根据其他准则修改的 Trivium 算法

文献[6]提出 4 种修改版本的 Trivium 算法，分别记为 Trivium-S1、Trivium-S2、Trivium-S3 和 Trivium-S4，前两种没有增加额外的硬件消耗，仅对抽头位置做了修改，后两种均使用 3 个额外的与门，它们密钥流生成过程的伪代码描述如算法 3.1.7～算法 3.1.10 所示。

算法 3.1.7　Trivium-S1 算法的密钥流生成过程

For i=1 to N

$\quad t_1 \leftarrow s_{36} \oplus s_{93}$;

$\quad t_2 \leftarrow s_{126} \oplus s_{177}$;

$\quad t_3 \leftarrow s_{213} \oplus s_{288}$;

$\quad z_i \leftarrow t_1 \oplus t_2 \oplus t_3$;

$\quad t_1 \leftarrow t_1 \oplus s_{91} \cdot s_{92} \oplus s_{147}$;

$\quad t_2 \leftarrow t_2 \oplus s_{175} \cdot s_{176} \oplus s_{246}$;

$\quad t_3 \leftarrow t_3 \oplus s_{286} \cdot s_{287} \oplus s_{63}$;

$\quad (s_1, s_2, \cdots, s_{93}) \leftarrow (t_3, s_1, s_2, \cdots, s_{92})$;

$\quad (s_{94}, s_{95}, \cdots, s_{177}) \leftarrow (t_1, s_{94}, s_{95}, \cdots, s_{176})$;

$\quad (s_{178}, s_{179}, \cdots, s_{288}) \leftarrow (t_2, s_{178}, s_{179}, \cdots, s_{287})$;

End For

算法 3.1.8　Trivium-S2 算法的密钥流生成过程

For i=1 to N

$\quad t_1 \leftarrow s_{36} \oplus s_{93}$;

$\quad t_2 \leftarrow s_{126} \oplus s_{177}$;

$\quad t_3 \leftarrow s_{213} \oplus s_{288}$;

$\quad z_i \leftarrow t_1 \oplus t_2 \oplus t_3$;

$t_1 \leftarrow t_1 \oplus s_{66} \cdot s_{162} \oplus s_{147}$;

$t_2 \leftarrow t_2 \oplus s_{162} \cdot s_{243} \oplus s_{246}$;

$t_3 \leftarrow t_3 \oplus s_{243} \cdot s_{66} \oplus s_{63}$;

$(s_1, s_2, \cdots, s_{93}) \leftarrow (t_3, s_1, s_2, \cdots, s_{92})$;

$(s_{94}, s_{95}, \cdots, s_{177}) \leftarrow (t_1, s_{94}, s_{95}, \cdots, s_{176})$;

$(s_{178}, s_{179}, \cdots, s_{288}) \leftarrow (t_2, s_{178}, s_{179}, \cdots, s_{287})$;

End For

算法 3.1.9　Trivium-S3 算法的密钥流生成过程

For i=1 to N

$t_1 \leftarrow s_{66} \cdot s_{162} \oplus s_{36} \oplus s_{93}$;

$t_2 \leftarrow s_{162} \cdot s_{243} \oplus s_{126} \oplus s_{177}$;

$t_3 \leftarrow s_{243} \cdot s_{66} \oplus s_{213} \oplus s_{288}$;

$z_i \leftarrow t_1 \oplus t_2 \oplus t_3$;

$t_1 \leftarrow t_1 \oplus s_{91} \cdot s_{92} \oplus s_{147}$;

$t_2 \leftarrow t_2 \oplus s_{175} \cdot s_{176} \oplus s_{246}$;

$t_3 \leftarrow t_3 \oplus s_{286} \cdot s_{287} \oplus s_{63}$;

$(s_1, s_2, \cdots, s_{93}) \leftarrow (t_3, s_1, s_2, \cdots, s_{92})$;

$(s_{94}, s_{95}, \cdots, s_{177}) \leftarrow (t_1, s_{94}, s_{95}, \cdots, s_{176})$;

$(s_{178}, s_{179}, \cdots, s_{288}) \leftarrow (t_2, s_{178}, s_{179}, \cdots, s_{287})$;

End For

算法 3.1.10　Trivium-S4 算法的密钥流生成过程

For i=1 to N

$t_1 \leftarrow s_{66} \oplus s_{93}$;

$t_2 \leftarrow s_{162} \oplus s_{177}$;

$t_3 \leftarrow s_{243} \oplus s_{288}$;

$z_i \leftarrow t_1 \cdot t_2 \oplus t_1 \cdot t_3 \oplus t_2 \cdot t_3$;

$t_1 \leftarrow t_1 \oplus s_{91} \cdot s_{92} \oplus s_{171}$;

$t_2 \leftarrow t_2 \oplus s_{175} \cdot s_{176} \oplus s_{264}$;

$$t_3 \leftarrow t_3 \oplus s_{286} \cdot s_{287} \oplus s_{69} ;$$

$$(s_1, s_2, \cdots, s_{93}) \leftarrow (t_3, s_1, s_2, \cdots, s_{92}) ;$$

$$(s_{94}, s_{95}, \cdots, s_{177}) \leftarrow (t_1, s_{94}, s_{95}, \cdots, s_{176}) ;$$

$$(s_{178}, s_{179}, \cdots, s_{288}) \leftarrow (t_2, s_{178}, s_{179}, \cdots, s_{287}) ;$$

End For

---

4. 基于类 Trivium 算法的认证加密算法

TriviA-ck 算法是由 A. Chakraborti 和 M. Nandi 设计的一个认证加密算法，算法依靠流密码 Trivia-SC 和杂凑函数 VPV-Hash 的结合来实现认证和加密的功能。由于算法的认证流程十分复杂，安全性分析难度较大，目前学术界对该算法的分析主要集中在加密模块(即 Trivia-SC 算法)的安全性上。Trivia-SC 算法是 Trivium 算法的扩展版本，与 Trivium 相比，Trivia-SC 算法的 IV、密钥和内部状态规模都更大，且在密钥流生成函数中引入了非线性变换。CAESAR 竞赛进入到第二轮评选后，设计者提交了 TriviA-ck 算法的修改版本，其中修改了 Trivia-SC 算法密钥和 IV 注入阶段输入的常数，使算法能够更好地抵抗滑动攻击。本节中的"Trivia-SC"均指修改后的 Trivia-SC 算法。

Trivia-SC 算法的输入为 128 比特密钥和 128 比特 IV，按比特输出密钥流。算法内部状态为 384 比特，由三个长度分别为 132、105 和 147 的非线性反馈移位寄存器构成。

在 Trivia-SC 的初始化算法中，首先将 128 比特密钥和 128 比特 IV 注入内部状态中，然后状态更新算法迭代 1152 轮，这个过程中不生成密钥流。初始化算法结束之后，运行密钥流生成算法。

Trivia-SC 算法的初始化过程描述如算法 3.1.11 所示。

算法 3.1.11　Trivia-SC 算法的初始化过程

$$(s_1, s_2, \cdots, s_{132}) \leftarrow (k_1, k_2, \cdots, k_{128}, 0, 0, 0, 0) ;$$

$$(s_{133}, s_{134}, \cdots, s_{237}) \leftarrow (0, \cdots, 0, 1, 1, 1) ;$$

$$(s_{238}, s_{239}, \cdots, s_{384}) \leftarrow (iv_1, iv_2, \cdots, iv_{128}, 0, \cdots, 0) ;$$

For $i = 1$ to 1152

　　$$t_1 \leftarrow s_{66} \oplus s_{132} \oplus s_{130} \cdot s_{131} \oplus s_{228} ;$$

　　$$t_2 \leftarrow s_{201} \oplus s_{237} \oplus s_{235} \cdot s_{236} \oplus s_{357} ;$$

　　$$t_3 \leftarrow s_{303} \oplus s_{384} \oplus s_{382} \cdot s_{383} \oplus s_{75} ;$$

$(s_1, s_2, \cdots, s_{132}) \leftarrow (t_3, s_1, s_2, \cdots, s_{131})$;

$(s_{133}, s_{134}, \cdots, s_{237}) \leftarrow (t_1, s_{133}, s_{134}, \cdots, s_{236})$;

$(s_{238}, s_{239}, \cdots, s_{384}) \leftarrow (t_2, s_{238}, s_{239}, \cdots, s_{383})$;

End For

Trivia-SC 算法的密钥流生成过程如算法 3.1.12 所示。

算法 3.1.12　Trivia-SC 算法的密钥流生成过程

For i=1 to N

$z_i \leftarrow s_{66} \oplus s_{132} \oplus s_{201} \oplus s_{237} \oplus s_{303} \oplus s_{384} \oplus s_{102} \cdot s_{198}$;

$t_1 \leftarrow s_{66} \oplus s_{132} \oplus s_{130} \cdot s_{131} \oplus s_{228}$;

$t_2 \leftarrow s_{201} \oplus s_{237} \oplus s_{235} \cdot s_{236} \oplus s_{357}$;

$t_3 \leftarrow s_{303} \oplus s_{384} \oplus s_{382} \cdot s_{383} \oplus s_{75}$;

$(s_1, s_2, \cdots, s_{132}) \leftarrow (t_3, s_1, s_2, \cdots, s_{131})$;

$(s_{133}, s_{134}, \cdots, s_{237}) \leftarrow (t_1, s_{133}, s_{134}, \cdots, s_{236})$;

$(s_{238}, s_{239}, \cdots, s_{384}) \leftarrow (t_2, s_{238}, s_{239}, \cdots, s_{383})$;

End For

3.1.3　Trivium 模型的差分分析

差分分析[7]是 Biham 在欧洲密码年会上提出的一种针对迭代型分组密码的选择明文攻击方法。2007 年，Biham 等针对序列密码差分分析在序列密码中的应用给出了初步的理论分析[8]。目前构造从 (Δkey,ΔIV) 到 ΔKS 之间的差分路径

$$(\Delta key, \Delta IV) \xrightarrow{\text{初始化过程, 密钥流生成过程}} \Delta KS$$

是考察初始化过程差分扩散程度的一个重要工具。下面具体介绍针对 Trivium 模型的差分分析结果。

1. Trivium 模型的基于自动推导的差分分析算法

由 Trivium 模型的描述可以看出，Trivium 算法结构简单，这使得攻击者可以推导出 Trivium 算法的若干轮的差分传递过程。然而，由于该算法的初始化过程需要执行 1152 轮操作，手工推导差分路径显然是比较困难的。本节提出针对 Trivium 算法的自动搜索差分路径技术。其基本思想是：考察 Trivium 算法的差分传递特征，依据这些特征设计出差分传递的规则，按照设计出的规则使用差分值代替变元数值执行 Trivium 算法，得到具体的差分路径和相应的差分转移概率。

上述过程可以通过计算机自动搜索得到。

观察 Trivium 算法的迭代过程可知，虽然三个 NFSR 更新函数的输入不同，但是三个函数的结构是相同的，都具有 5 个变元，最高次数都为 2 且都只有一个最高次项。因此，可以将它们统一描述为如下函数：

$$f(x_1, x_2, x_3, x_4, x_5) = x_1 \oplus x_2 \oplus x_3 \cdot x_4 \oplus x_5$$

假设已知各变元的输入差分别为 Δ_1、Δ_2、Δ_3、Δ_4、Δ_5，记 f 函数的输出差为 Δ，则可得如下关系式：

$$\Delta = f(x_1, x_2, x_3, x_4, x_5) \oplus f(x_1 \oplus \Delta_1, x_2 \oplus \Delta_2, x_3 \oplus \Delta_3, x_4 \oplus \Delta_4, x_5 \oplus \Delta_5)$$
$$= \Delta_1 \oplus \Delta_2 \oplus \Delta_5 \oplus x_3 \cdot \Delta_4 \oplus x_4 \cdot \Delta_3 \oplus \Delta_3 \cdot \Delta_4$$

f 函数的差分传递特征描述如下：

(1)若 $\Delta_3 = 0, \Delta_4 = 0$，则 $\Delta = \Delta_1 \oplus \Delta_2 \oplus \Delta_5$。

(2)若 $\Delta_3 = 0, \Delta_4 = 1$，则 $\Delta = \Delta_1 \oplus \Delta_2 \oplus \Delta_5 \oplus x_3$。

(3)若 $\Delta_3 = 1, \Delta_4 = 0$，则 $\Delta = \Delta_1 \oplus \Delta_2 \oplus \Delta_5 \oplus x_4$。

(4)若 $\Delta_3 = 1, \Delta_4 = 1$，则 $\Delta = \Delta_1 \oplus \Delta_2 \oplus \Delta_5 \oplus x_3 \oplus x_4 \oplus 1$。

从上述特征可以看出，只有在第(1)种特征中，输出差 Δ 由输入差决定，与变元无关。在自动搜索差分路径的过程中，本节需要用差分值代替变元数值，即需要将变元消掉以使得差分路径能够传递下去。因此，本节设计出如下差分传递规则：

① 若 $\Delta_3 = \Delta_4 = 0$，则 $\Delta = \Delta_1 \oplus \Delta_2 \oplus \Delta_5$。

② 若 $\Delta_3 \vee \Delta_4 = 1$，则规定 $\Delta = 0$。

从上述两条规则可以看出，规则①成立的概率为 1；假设 x_3 和 x_4 是随机分布的(在 Trivium 算法中，x_3 和 x_4 是不同的变元，这个假设是成立的)，规则②成立的概率为 0.5。依据这两条规则，攻击者便可以推导出任意轮 Trivium 算法的差分路径。在推导过程中，依据这两条规则可对差分路径的差分转移概率进行估计。

给定一个未知的 80 比特密钥和已知 80 比特的 IV，假设攻击者只能在 IV 的 80 比特位置上引入差分，不妨设其输入差分为 $(\Delta iv_1, \Delta iv_2, \cdots, \Delta iv_{80})$，这里 $(\Delta iv_1, \Delta iv_2, \cdots, \Delta iv_{80}) \neq 0$。在完成密钥 K 和 IV 的加载后，Trivium 算法内部状态的差分可表示为

$$(\Delta s_1^1, \Delta s_2^1, \cdots, \Delta s_{93}^1)$$

$$(\Delta s_{94}^1, \Delta s_{95}^1, \cdots, \Delta s_{177}^1)$$

$$(\Delta s_{178}^1, \Delta s_{179}^1, \cdots, \Delta s_{288}^1)$$

其中，Δs_j^i 表示变元 s_j 在第 i 个时刻的差分，$j=1,2,\cdots,288$。

按照以上设计的差分传递的规则，Trivium 算法的差分传递过程可以描述为如下的自动搜索算法。

算法 3.1.13　针对 Trivium 算法的差分自动搜索算法

Set　counter $\leftarrow 0$ ；

For　$i=1$　to　R

　　If　$\Delta s_{91}^i = \Delta s_{92}^i = 0$，$\Delta t_1^i \leftarrow \Delta s_{66}^i \oplus \Delta s_{93}^i \oplus \Delta s_{171}^i$ ；

　　Else　$\Delta t_1^i \leftarrow 0$，counter $\leftarrow$ counter $+1$ ；

　　If　$\Delta s_{175}^i = \Delta s_{176}^i = 0$，$\Delta t_2^i \leftarrow \Delta s_{162}^i \oplus \Delta s_{177}^i \oplus \Delta s_{264}^i$ ；

　　Else　$\Delta t_2^i \leftarrow 0$，counter $\leftarrow$ counter $+1$ ；

　　If　$\Delta s_{286}^i = \Delta s_{287}^i = 0$，$\Delta t_3^i \leftarrow \Delta s_{243}^i \oplus \Delta s_{288}^i \oplus \Delta s_{69}^i$ ；

　　Else　$\Delta t_3^i \leftarrow 0$，counter $\leftarrow$ counter $+1$ ；

　　$(\Delta s_1^{i+1}, \Delta s_2^{i+1}, \cdots, \Delta s_{93}^{i+1}) \leftarrow (\Delta t_3^i, \Delta s_1^i, \cdots, \Delta s_{92}^i)$ ；

　　$(\Delta s_{94}^{i+1}, \Delta s_{95}^{i+1}, \cdots, \Delta s_{177}^{i+1}) \leftarrow (\Delta t_1^i, \Delta s_{94}^i, \cdots, \Delta s_{177}^i)$ ；

　　$(\Delta s_{178}^{i+1}, \Delta s_{179}^{i+1}, \cdots, \Delta s_{288}^{i+1}) \leftarrow (\Delta t_2^i, \Delta s_{178}^i, \Delta s_{179}^i, \cdots, \Delta s_{288}^i)$ ；

End For

Set　$m \leftarrow$ counter ；

通过如上自动搜索算法可知，在给定输入差的情况下，攻击者可以得到任意轮 Trivium 算法的差分路径。由于规则 A 成立的概率为 1 且规则 B 成立的概率为 0.5，因此 m 的数值就对应差分路径的差分转移概率，即差分转移概率为

$$(0.5)^m = 2^{-m}$$

2. Trivium 系列算法的差分分析结果

因为 Trivium 算法的结构简单，对其进行安全性分析的结果已经不少，然而至今仍没有得到一个比穷举攻击好的分析结果。为了更好地理解和分析 Trivium 算法，攻击者提出了各种简化版本。在本节中，利用给出的自动搜索算法对简化版本进行差分分析，得到具体的差分路径，据此给出了针对简化版 Trivium 算法的区分攻击。

1）Trivium 算法的差分分析

首先要设置选取输入差分的取值。为保证攻击在选择 IV 的条件下进行，仅在

IV 比特上引入差分，由于 IV 有 80 比特，非零输入差有 $2^{80}-1$ 种，这样的量显然是很难穷尽的。事实上，经过大量的实验，本节发现为了得到具有较高差分转移概率的差分路径，应使得输入差分的汉明重量尽可能小，即差分值为 1 的个数要尽可能少。当输入差分的汉明重量为 1，即差分只出现在某一个 IV 比特时得到的差分转移概率是较大的。因此，只需要穷尽这 80 种情况即可。

经过模拟实验发现，当差分出现在倒数第二个 IV 比特上，即

$$\Delta iv_{79} = 1$$

时，得到的差分转移概率是最大的，为 2^{-22}，即

$$\max\{p \mid w(\Delta IV) = 1\} = 2^{-22}$$

式中，p 表示差分转移概率；$w(\Delta IV)$ 表示 ΔIV 的汉明重量，即 80 个比特中 1 的个数。

具体的实验结果描述如下。

输入差分为

$$(\Delta s_1^1, \Delta s_2^1, \cdots, \Delta s_{93}^1) \leftarrow (0, 0, \cdots, 0)$$

$$(\Delta s_{94}^1, \Delta s_{95}^1, \cdots, \Delta s_{171}^1, \Delta s_{172}^1, \Delta s_{173}^1, \Delta s_{174}^1, \Delta s_{175}^1, \Delta s_{176}^1, \Delta s_{177}^1) \leftarrow (0, 0, \cdots, 0, 1, 0, 0, 0, 0, 0)$$

$$(\Delta s_{178}^1, \Delta s_{179}^1, \cdots, \Delta s_{288}^1) \leftarrow (0, 0, \cdots, 0)$$

输出差分的具体取值参见表 3.1.1。表中的第 i 行第 j 列的数值指内部状态差分 Δs_{24i+j}^{288} 的值，差分转移概率为 2^{-22}。

经过 288 轮的初始化过程后，Trivium 算法开始输出密钥流。记完成初始化过程时 Trivium 算法的内部状态为 $S^{288} = (s_1^{288}, s_2^{288}, \cdots, s_{288}^{288})$，通过考察 Trivium 算法的输出函数可知，在完成初始化过程后的 66 个时刻内输出的密钥流可以由 S^{288} 线性表示。

在输出第一个密钥流比特时，由表 3.1.1 可得

$$\Delta s_{66}^{288} = \Delta s_{93}^{288} = \Delta s_{162}^{288} = \Delta s_{177}^{288} = \Delta s_{243}^{288} = \Delta s_{288}^{288} = 0$$

因此，可得

$$\Delta z_1 = \Delta s_{66}^{288} \oplus \Delta s_{93}^{288} \oplus \Delta s_{162}^{288} \oplus \Delta s_{177}^{288} \oplus \Delta s_{243}^{288} \oplus \Delta s_{288}^{288} = 0$$

类似地，可以得到如下关系式：

$$\Delta Z = \Delta z_1 \| \cdots \| \Delta z_{66} = (1C800824024807E2)_4 (01)_2 \tag{3.1.1}$$

表 3.1.1　当 $\Delta iv_{79}=1$ 时，288 轮 Trivium 算法输出差分的取值（ $p=2^{-22}$ ）

i\j	1	2	3	4	5	6	7	8	9	10	11	12	13	14	15	16	17	18	19	20	21	22	23	24
0	1	0	0	0	0	0	0	0	0	1	0	0	0	0	0	0	0	0	0	0	0	0	0	0
1	0	0	0	0	0	0	0	0	0	0	0	0	0	0	0	0	0	0	1	0	0	0	0	0
2	0	0	0	0	0	0	0	0	0	0	0	0	1	0	0	0	0	0	0	0	0	0	0	0
3	0	0	0	0	0	0	1	0	0	0	0	0	1	1	0	1	0	0	0	0	0	1	1	1
4	1	0	0	0	0	0	0	0	1	1	1	0	0	0	0	0	0	0	0	0	0	0	0	0
5	1	0	0	0	0	0	0	0	1	0	0	0	0	0	0	1	0	0	1	0	0	0	0	0
6	0	0	0	0	0	1	0	0	0	0	0	0	1	0	0	0	0	0	0	1	0	1	0	0
7	0	0	0	1	1	1	1	0	0	0	0	0	1	0	0	0	0	0	1	1	0	1	0	0
8	0	0	0	1	1	0	0	0	0	0	0	0	0	0	0	1	1	0	0	1	0	1	1	0
9	1	1	0	0	0	0	0	0	0	0	0	0	0	0	0	0	0	0	1	0	0	0	0	0
10	0	0	0	1	0	0	0	0	0	0	0	0	0	0	0	0	0	0	0	1	0	0	0	0
11	0	0	0	0	0	0	0	0	0	0	0	0	0	0	0	0	0	0	0	0	0	1	0	0

式中，$(\cdot)_4$ 为十六进制表示，$(\cdot)_2$ 为二进制表示。

　　将关系式(3.1.1)记为事件 L，若上述差分路径成立，则输出的前 66 比特密钥流以 1 的概率满足关系式(3.1.1)，即

$$p(L) = 2^{-22}$$

　　根据这一结论可以对该简化版本进行区分攻击。在选择 IV 的攻击模型下，给定一个未知的密钥 K，任意选择一个 80 比特 IV，将其中的 1 比特 iv_{79} 取补得到 IV^*。将 (K, IV) 和 (K, IV^*) 分别加载到简化版的 Trivium 算法中，经过 288 轮的初始化过程，生成 66 比特密钥流，分别记为 Z 和 Z^*，检测关系式(3.1.1)是否成立。若攻击者随机选择 M 个 (K, IV) 和相应的 (K, IV^*) 进行检测，且有 $p(L) = 2^{-22}$ 成立，则 M 次检测中事件 L 至少发生一次的概率为

$$P_1 = 1 - (1 - 2^{-22})^M$$

在随机情况下，事件 L 发生的概率为 2^{-66}，M 次检测中事件 L 至少发生一次的概率为

$$P_2 = 1 - (1 - 2^{-66})^M$$

已知 $\lim\limits_{n \to \infty} \left(1 - \dfrac{1}{n}\right)^n = e^{-1}$，则可得

$$P_2 \approx 1 - e^{-\frac{M}{2^{66}}}$$

　　为了使得区分攻击具有较高的区分优势，M 的选择应使得 P_1 十分接近于 1 且远远大于 P_2。表 3.1.2 中给出了 M 的取值与相应 P_1、P_2 的取值。

表 3.1.2　M 的取值与相应 P_1、P_2 的取值

M	2^{22}	2^{23}	2^{24}	2^{25}
P_1	0.632121	0.864665	0.981684	0.999665
P_2	$1 - e^{-2^{-44}}$	$1 - e^{-2^{-43}}$	$1 - e^{-2^{-42}}$	$1 - e^{-2^{-41}}$

　　由表 3.1.2 可以看出，当选择 2^{25} 个 (K, IV) 和相应的 (K, IV^*) 对简化版的 Trivium 算法进行区分攻击时，P_1 十分接近于 1 且远远大于 P_2，将事件 L 发生作为判据，2^{26} 个选择 IV 的数据量可以保证事件 L 以接近 1 的概率发生。当事件 L 发生时，攻击者判断该输出序列为简化版的 Trivium 的密钥流；当事件 L 不发生

时，攻击者判断该输出序列为随机序列。有可能发生的误判有如下两种。

误判 1：事件 L 发生，而输出序列为随机序列。

误判 2：事件 L 不发生，而输出序列为简化版 288 轮 Trivium 的密钥流。

误判 1 发生意味着在输出序列随机的情况下事件 L 发生，误判 2 发生意味着在输出序列为密钥流的情况下事件 L 不发生。因此，易知误判 1 发生的概率为 $\alpha = 1 - e^{-2^{-41}}$，而误判 2 发生的概率为 $\beta = 1 - 0.999665 = 0.000335$。易知区分攻击的区分优势为

$$\text{Adv} = 1 - (\alpha + \beta) = e^{-2^{-41}} - 0.000335 \approx 0.999665$$

因此，本节提出的对 288 轮 Trivium 算法的区分攻击所需的数据量为 2^{26} 个选择 IV，区分优势为 0.999665。为了验证以上攻击的正确性，本节进行了实验，结果如下所示。

实验环境：Microsoft Visual C++（SP6），Windows XP Pro SP3，Pentium（R）-4，CPU 2.5GHz，1.0GB RAM。

实验过程：随机选择 2^{25} 个 (K,IV) 和相应的 (K,IV^*)，运用初始化轮数为 288 的 Trivium 算法分别产生 66 比特密钥流，检验其输出密钥流差分是否满足式 (3.1.1)，最后输出满足该式的个数 10。

以上实验表明，选择 2^{25} 个 (K,IV) 和相应的 (K,IV^*) 进行区分攻击，能以很高的概率使事件 L 发生，进而保证本节攻击的正确性。

Trivium 算法的初始化过程共有 1152 轮，因此有必要对更多轮的 Trivium 算法进行差分分析，以考察该算法抵抗差分分析的能力。利用本节给出的自动搜索算法，可对更多轮 Trivium 算法进行分析，分析结果如表 3.1.3 所示。

表 3.1.3　更多轮 Trivium 算法的差分分析

初始化轮数	输入差分位置	差分转移概率	数据量	区分优势
310	iv_1	2^{-36}	2^{41}	0.99999989
340	iv_{79} 或 iv_{80}	2^{-49}	2^{54}	0.99999989
359	iv_{79}	2^{-61}	2^{66}	0.77880089
360	iv_{79}	2^{-62}	2^{67}	0.36787889
500	iv_{79} 或 iv_{80}	2^{-178}	—	—
800	iv_1	2^{-492}	—	—
1152	iv_1	2^{-897}	—	—

由表 3.1.3 可以看出，随着初始化轮数的增加，差分转移概率逐渐减小。当初

始化轮数为 359 时，差分转移概率为 2^{-61}，攻击者需要 2^{66} 的选择 IV 便能以 0.77880089 的区分优势攻击成功。由于数据量和区分优势间存在折中关系，当初始化轮数超过 359 时，攻击者需要考虑这一关系进行选择。因此，本节的攻击方法对初始化轮数不大于 359 的简化版 Trivium 算法是有效的。这一分析结果表明，虽然 Trivium 算法结构简单且只采用 2 次的非线性函数，由于非线性反馈交叉机制的使用和初始化轮数较高，仍然具有很好的抵抗差分分析的能力。

2) 修改 Trivium 算法的差分分析

为了得到更好的混乱和扩散效果，Turan 等在文献[2]中提出了一个修改 Trivium 算法密钥和 IV 装载机制的方案，具体如算法 3.1.4 所示。其密钥流产生方式与原 Trivium 算法相同，初始化轮数也是 1152。Turan 等认为这种方案中密钥 K 和 IV 的扩散效果更好，能够更好地抵抗线性攻击。同时也指出，修改后 Trivium 算法的安全性仍是一个公开问题。本节将利用自动搜索算法对修改 Trivium 算法进行差分分析。

由于修改 Trivium 算法的密钥流产生方式与原 Trivium 算法相同，自动搜索算法可以直接应用到该算法上，无需修改。表 3.1.4 给出了分析结果，并与原 Trivium 算法进行了对比。

表 3.1.4　Trivium 算法及 Turan 等修改算法的差分分析对比

初始化轮数	Trivium 算法		Turan 等修改后的 Trivium 算法	
	输入差分位置	差分转移概率	输入差分位置	差分转移概率
288	iv_{79}	2^{-22}	iv_{79}	2^{-65}
359	iv_{79}	2^{-61}	iv_{79}	2^{-134}
500	iv_{79} 或 iv_{80}	2^{-178}	iv_{79}	2^{-272}
800	iv_{1}	2^{-492}	iv_{79}	2^{-574}
1152	iv_{1}	2^{-897}	iv_{79}	2^{-922}

从表 3.1.4 可以看出，相同的初始化轮数，修改 Trivium 算法的差分转移概率要低于原 Trivium 算法的差分转移概率。这一结果表明，由于修改 Trivium 算法在加载 IV 和 K 的过程中将 IV 重复使用了 3 次并将 IV 和密钥 K 的信息混合在一起，差分扩散效果更好，能够更好地抵抗差分分析。

3.1.4　Trivium 模型的线性分析

线性密码分析[9]是由 Matsui 在 1993 年的欧洲密码年会上提出的一种对迭代型分组密码算法的已知明文攻击方法，其基本思想是通过寻找密码算法的一个有效线性逼近来破译密码系统。

Trivium 型密码算法代数结构简单，每个 NFSR 的反馈输出函数仅由两比特乘积提供非线性因素。文献[2]中，Turan 等将 Trivium 算法的初始化过程由 1152 轮降低为 288 轮，得到了一个简化版本，并对该简化版进行了线性逼近，找到了一个逼近优势为 2^{-31} 的线性逼近，并利用此线性逼近提出了针对 288 轮 Trivium 算法的区分攻击。随后，文献[10]运用多线性密码分析，对文献[2]的结果进行了改进。需要指出的是，在以上两个攻击中，攻击者都需要将 Trivium 算法 80 比特密钥中的 10 比特固定为 0。因此，它们的区分攻击只有在攻击者能够选择密钥的前提下才能进行，这样的攻击条件是比较苛刻的，也是很难达到的。

本节给出了针对 Trivium 型密码算法更一般的线性攻击[11]和一些改进的线性攻击结果[12]。

1. 基础知识

给定一个密码算法，线性攻击就是要寻找具有下列形式的“有效的”线性表达式：

$$P_{[i_1,i_2,\cdots,i_a]} \oplus C_{[j_1,j_2,\cdots,j_b]} = K_{[k_1,k_2,\cdots,k_c]} \tag{3.1.2}$$

式中，$i_1,i_2,\cdots,i_a$、$j_1,j_2,\cdots,j_b$ 和 $k_1,k_2,\cdots,k_c$ 表示固定的比特位置；$P_{[i_1,i_2,\cdots,i_a]}=P_{i_1} \oplus P_{i_2} \oplus \cdots \oplus P_{i_a}$；$C_{[j_1,j_2,\cdots,j_b]}$ 与 $K_{[k_1,k_2,\cdots,k_c]}$ 有类似的约定，并且对随机给定的明文 P 和相应的密文 C，式(3.1.2)成立的概率 $p \neq 1/2$，用 $|p-1/2|$ 来刻画式(3.1.2)的有效性，称 $|p-1/2|$ 为线性偏差 ε。如果 $|p-1/2|$ 是最大的，那么将对应的线性表达式称为最佳线性逼近式。

针对多轮的分组密码算法，首先对不同轮的非线性函数进行逼近，然后将各个逼近有效地组合，最终得到有效的线性逼近。分组密码线性逼近的概率与每一轮线性逼近的概率都有关，可由下面的堆积引理来计算。

引理 3.1.1(堆积引理)[9]　设 $X_i(1 \leqslant i \leqslant n)$ 是独立的随机变量，$p(X_i = 0) = p_i$，$p(X_i = 1) = 1 - p_i$，则

$$p(X_1 \oplus X_2 \oplus \cdots \oplus X_n = 0) = \frac{1}{2} + 2^{n-1} \cdot \prod_{i=1}^{n} (p_i - 1/2)$$

任意一个序列密码都可以看成布尔函数

$$F_i : \{0,1\}^k \times \{0,1\}^v \to \{0,1\}, \quad i = 1,2,\cdots$$

的集合，其中 F_i 为由 k 比特密钥和 v 比特 IV 生成第 i 个输出密钥流比特 z_i 的函数。目前已经有学者把针对分组密码算法提出的线性分析方法用于序列密码算

法的分析上。其基本思路如下：序列密码算法的初始化过程一般都是由相同的状态函数迭代一定圈数实现内部状态变量的更新，为了便于寻找 F_i 的线性逼近，将初始化过程分成 n 部分，其中第 i 部分有 t_i 个时钟，对每一部分进行线性逼近，然后将每一部分的线性逼近进行有效组合，最终得到整个密码算法的线性逼近，如图 3.1.3 所示。

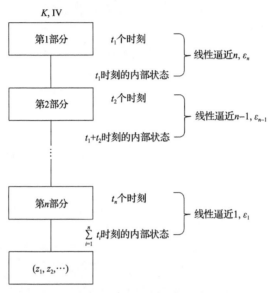

图 3.1.3　序列密码的线性分析

在找到一个有效的线性逼近式后，使用算法 3.1.14[9]能够恢复线性逼近式中涉及的 1 比特联合密钥信息。

算法 3.1.14　线性攻击密钥恢复算法

T 表示使得式(3.1.2)等号左边等于 0 的明密文对数(总数为 N)。

$T > N/2$ 时：

若 $p > 1/2$，则猜测 $K_{[k_1,k_2,\cdots,k_c]}=0$；否则，猜测 $K_{[k_1,k_2,\cdots,k_c]}=1$。

$T \leqslant N/2$ 时：

若 $p > 1/2$，则猜测 $K_{[k_1,k_2,\cdots,k_c]}=1$；否则，猜测 $K_{[k_1,k_2,\cdots,k_c]}=0$。

根据 Matsui 的线性密码分析理论[9]，线性密码分析的成功率为

$$\gamma = \frac{1}{\sqrt{2\pi}} \int_{-2\sqrt{N}\left|p-\frac{1}{2}\right|}^{\infty} e^{-x^2/2} \, dx$$

式中，成功率 γ 与数据量 N 和线性偏差 $\varepsilon = |p - 1/2|$ 都有关。

2. Trivium 型密码算法的线性攻击

1) 基于一般线性化技术的线性攻击

本节采用了一般的线性化技术对 Trivium 型密码算法进行线性攻击[11]。一般的线性化技术是将一个非线性表达式变成线性表达式。对于一个非线性表达式，如果它的各变量是均匀随机选取的，那么可以对它进行线性化处理，一种自然的想法是把非线性项当成是相互独立的，然后只保留线性项，将其当作线性逼近式，线性偏差用堆积引理求得；如果非线性项较多，那么攻击者预先令一些变量为 0，减少非线性单项式的个数，再利用堆积引理求得线性偏差。

Trivium 型密码算法代数结构简单，具有 1152 轮的初始化过程，本节仅对初始化为 288 轮 (288 个时钟) 的 Trivium 算法及两个修改版的 Trivium 算法，即 Trivium-S1 算法、Trivium-M2 算法进行线性攻击。

以下线性逼近式中的 "+" 均指二元域上的异或加。

对于初始化为 288 轮的简化版 Trivium 算法，有式 (3.1.3) 成立[10]：

$$z_1 = s_{288}(66) + s_{288}(93) + s_{288}(162) + s_{288}(177) + s_{288}(243) + s_{288}(288) \qquad (3.1.3)$$

通过迭代，z_1 关于第 144 轮内部状态的方程如下所示：

$$\begin{aligned}
z_1 = {} & s_{144}(6) + s_{144}(16) \cdot s_{144}(17) + s_{144}(31) \cdot s_{144}(32) + s_{144}(33) + s_{144}(57) \\
& + s_{144}(82) \cdot s_{144}(83) + s_{144}(84) + s_{144}(96) + s_{144}(97) \cdot s_{144}(98) \\
& + s_{144}(99) + s_{144}(111) + s_{144}(129) + s_{144}(142) \cdot s_{144}(143) + s_{144}(144) \\
& + s_{144}(150) + s_{144}(162) + s_{144}(163) \cdot s_{144}(164) + s_{144}(165) + s_{144}(186) \\
& + s_{144}(192) + s_{144}(208) \cdot s_{144}(209) + s_{144}(210) + s_{144}(231) + s_{144}(235) \cdot s_{144}(236) \\
& + s_{144}(237) + s_{144}(252)
\end{aligned}$$

$$(3.1.4)$$

由堆积引理，式 (3.1.4) 以 $2^7 \times 0.25^8 = 2^{-9}$ 的线性偏差逼近式 (3.1.5)：

$$\begin{aligned}
z_1 = {} & s_{144}(6) + s_{144}(33) + s_{144}(57) + s_{144}(84) + s_{144}(96) + s_{144}(99) + s_{144}(111) \\
& + s_{144}(129) + s_{144}(144) + s_{144}(150) + s_{144}(162) + s_{144}(165) + s_{144}(186) \\
& + s_{144}(192) + s_{144}(210) + s_{144}(231) + s_{144}(237) + s_{144}(252) \qquad (3.1.5)
\end{aligned}$$

对于式 (3.1.5)，将等式左边的密钥流比特 z_1 通过迭代用密钥和初始向量 (K, IV) 比特表示出来，有式 (3.1.6)。由于式 (3.1.6) 过于复杂，具体描述见附录。经过观察发现，式 (3.1.6) 中共有 79 个非线性项：57 个二次项和 22 个三次项。若令

式 (3.1.6) 中所有的非线性项均为 0，则可以找到该式的一个线性逼近：

$$z_1 = 1 + k_3 + k_6 + k_{15} + k_{21} + k_{27} + k_{30} + k_{39} + k_{54} + k_{57} + k_{67} + k_{68} + k_{69} + k_{72}$$
$$+ \mathrm{iv}_3 + \mathrm{iv}_6 + \mathrm{iv}_{21} + \mathrm{iv}_{24} + \mathrm{iv}_{30} + \mathrm{iv}_{33} + \mathrm{iv}_{39} + \mathrm{iv}_{45} + \mathrm{iv}_{51} + \mathrm{iv}_{72} + \mathrm{iv}_{78} \qquad (3.1.7)$$

由堆积引理，式 (3.1.7) 由式 (3.1.6) 逼近的线性偏差为

$$2^{78} \times (0.25)^{57} \times (0.375)^{22} = 2^{-67.13}$$

综合式 (3.1.3)～式 (3.1.6)，由堆积引理，式 (3.1.7) 成立的线性偏差为 $\varepsilon = 2 \times 2^{-9} \times 2^{-67.13} = 2^{-75.13} < 2^{-|K|/2} = 2^{-40}$，其中 $|K|$ 表示密钥规模。但是这个偏差太小，对于线性密码分析没有意义。

此时，本节可以通过选择特殊的密钥和 IV 的方法来增大式 (3.1.7) 成立的线性偏差。设 $\Omega_K = \{k_i \mid k_i = 0, 1 \leqslant i \leqslant 80\}$ 表示取值为 0 的密钥比特组成的集合，$|\Omega_K|$ 表示 Ω_K 的规模；$\Omega_V = \{\mathrm{iv}_i \mid \mathrm{iv}_i = 0, 1 \leqslant i \leqslant 80\}$ 表示取值为 0 的 IV 比特组成的集合，$|\Omega_V|$ 表示 Ω_V 的规模；n_1 和 n_2 分别表示选择 $\{\Omega_K, \Omega_V\}$ 之后式 (3.1.6) 中二次项和三次项的数量，则式 (3.1.7) 成立的线性偏差 ε 为

$$\varepsilon = 2 \times 2^{-9} \times 2^{(n_1 + n_2) - 1} \times \left(\frac{1}{4}\right)^{n_1} \times \left(\frac{3}{8}\right)^{n_2} = \left(\frac{1}{2}\right)^{n_1 + 9} \times \left(\frac{3}{4}\right)^{n_2} \qquad (3.1.8)$$

经分析，选择不同的 Ω_K 和 Ω_V 将会影响式 (3.1.6) 中二次项数量 n_1 和三次项数量 n_2，进而影响式 (3.1.7) 成立的线性偏差 ε 的大小。经研究，表 3.1.5 给出了不同的 $|\Omega_K|$ 和 $|\Omega_V|$ 对应的线性偏差。

表 3.1.5　针对 288 轮 Trivium 算法，$(|\Omega_K|, |\Omega_V|)$ 对应的线性偏差 ε（部分）

$|\Omega_V|$ ＼ $|\Omega_K|$	0	1	2	3	4	5	6	7	8	9	10
10	—	—	—	—	$2^{-38.41}$	2^{-35}	2^{-32}	2^{-30}	2^{-28}	2^{-26}	2^{-25}
11	—	—	—	$2^{-39.41}$	$2^{-37.41}$	2^{-34}	2^{-31}	2^{-29}	2^{-27}	2^{-25}	2^{-24}
12	—	—	—	$2^{-38.41}$	$2^{-36.41}$	2^{-33}	2^{-30}	2^{-28}	2^{-26}	2^{-24}	2^{-23}
13	—	—	—	$2^{-37.41}$	$2^{-35.41}$	2^{-32}	2^{-29}	2^{-27}	2^{-25}	2^{-23}	2^{-22}
14	—	—	$2^{-39.49}$	$2^{-36.41}$	$2^{-34.41}$	2^{-31}	2^{-28}	2^{-26}	2^{-24}	2^{-22}	2^{-21}
15	—	—	$2^{-38.49}$	$2^{-35.41}$	$2^{-33.41}$	2^{-30}	2^{-27}	2^{-25}	2^{-23}	2^{-21}	2^{-20}
16	—	—	$2^{-37.49}$	$2^{-34.41}$	$2^{-32.41}$	2^{-29}	2^{-26}	2^{-24}	2^{-22}	2^{-21}	2^{-20}
17	—	$2^{-39.15}$	$2^{-36.49}$	$2^{-33.41}$	$2^{-31.41}$	2^{-29}	2^{-25}	2^{-24}	2^{-22}	2^{-21}	2^{-20}

续表

$\|\Omega_V\|$ \ $\|\Omega_K\|$	0	1	2	3	4	5	6	7	8	9	10
18	—	$2^{-38.15}$	$2^{-35.49}$	$2^{-32.41}$	$2^{-30.41}$	2^{-29}	2^{-25}	2^{-24}	2^{-22}	2^{-21}	2^{-20}
19	—	$2^{-37.15}$	$2^{-34.49}$	$2^{-31.41}$	$2^{-29.41}$	2^{-29}	2^{-25}	2^{-24}	2^{-22}	2^{-21}	2^{-20}
20	$2^{-39.98}$	$2^{-36.15}$	$2^{-33.49}$	$2^{-30.41}$	$2^{-28.41}$	2^{-29}	2^{-25}	2^{-24}	2^{-22}	2^{-21}	2^{-20}

注："—"表示在 $|\Omega_K|$ 和 $|\Omega_{\mathrm{IV}}|$ 取相应值时的偏差 $\varepsilon < 2^{-40}$。

选择如下 10 个特定的密钥比特和 10 个特定的 IV 比特时，有表 3.1.6 所示结论。

表 3.1.6　针对 288 轮 Trivium 算法，$(|\Omega_K| = 10, |\Omega_{\mathrm{IV}}| = 10)$ 对应的最佳 $(\Omega_K, \Omega_{\mathrm{IV}})$ 及 ε

$(|\Omega_K|, |\Omega_V|)$	Ω_{IV}	Ω_K		线性偏差 ε
$(10, 10)$	$\{\mathrm{iv}_{25}, \mathrm{iv}_{31}, \mathrm{iv}_{40}, \mathrm{iv}_{50}, \mathrm{iv}_{54},$ $\mathrm{iv}_{58}, \mathrm{iv}_{62}, \mathrm{iv}_{67}, \mathrm{iv}_{70}, \mathrm{iv}_{73}\}$	$\{k_{13}, k_{19}, k_{38}, k_{40},$ $k_{45}, k_{46}, k_{58}, k_{64}, k_{65}\}$	k_5 k_{67} k_{68}	2^{-25} 2^{-25} 2^{-25}

根据表 3.1.6 中 Ω_K 的不同选择，可以找到如下 3 个线性逼近式，其线性偏差均为 2^{-25}：

$$z_1 = 1 + k_3 + k_6 + k_{15} + k_{21} + k_{27} + k_{30} + k_{39} + k_{54} + k_{57} + k_{68} + k_{69} + k_{72}$$
$$+ \mathrm{iv}_3 + \mathrm{iv}_6 + \mathrm{iv}_{21} + \mathrm{iv}_{24} + \mathrm{iv}_{30} + \mathrm{iv}_{33} + \mathrm{iv}_{39} + \mathrm{iv}_{45} + \mathrm{iv}_{51} + \mathrm{iv}_{72} + \mathrm{iv}_{78}$$

$$z_1 = 1 + k_3 + k_6 + k_{15} + k_{21} + k_{27} + k_{30} + k_{39} + k_{54} + k_{57} + k_{67} + k_{69} + k_{72}$$
$$+ \mathrm{iv}_3 + \mathrm{iv}_6 + \mathrm{iv}_{21} + \mathrm{iv}_{24} + \mathrm{iv}_{30} + \mathrm{iv}_{33} + \mathrm{iv}_{39} + \mathrm{iv}_{45} + \mathrm{iv}_{51} + \mathrm{iv}_{72} + \mathrm{iv}_{78}$$

$$z_1 = 1 + k_3 + k_6 + k_{15} + k_{21} + k_{27} + k_{30} + k_{39} + k_{54} + k_{57} + k_{67} + k_{68} + k_{69} + k_{72}$$
$$+ \mathrm{iv}_3 + \mathrm{iv}_6 + \mathrm{iv}_{21} + \mathrm{iv}_{24} + \mathrm{iv}_{30} + \mathrm{iv}_{33} + \mathrm{iv}_{39} + \mathrm{iv}_{45} + \mathrm{iv}_{51} + \mathrm{iv}_{72} + \mathrm{iv}_{78}$$

利用同样的方法对 288 轮 Trivium-S1 算法和 Trivium-M2 算法进行基于一般线性化技术的线性攻击。结果见表 3.1.7 和表 3.1.8。

表 3.1.7　针对 288 轮 Trivium-S1 算法，(Ω_K, Ω_V) 对应的线性偏差 ε

$(|\Omega_K|, |\Omega_V|)$	Ω_K	Ω_V	线性偏差 ε
$(10, 10)$	$\{k_{32}, k_{34}, k_{41}, k_{43}, k_{45},$ $k_{49}, k_{53}, k_{55}, k_{63}, k_{76}\}$	$\{\mathrm{iv}_4, \mathrm{iv}_8, \mathrm{iv}_{10}, \mathrm{iv}_{16}, \mathrm{iv}_{23},$ $\mathrm{iv}_{38}, \mathrm{iv}_{50}, \mathrm{iv}_{58}, \mathrm{iv}_{63}, \mathrm{iv}_{72}\}$	$2^{-93.06}$
$(10, 13)$	$\{k_{32}, k_{34}, k_{41}, k_{43}, k_{45},$ $k_{49}, k_{53}, k_{55}, k_{63}, k_{76}\}$	$\{\mathrm{iv}_4, \mathrm{iv}_8, \mathrm{iv}_{10}, \mathrm{iv}_{16}, \mathrm{iv}_{23}, \mathrm{iv}_{25},$ $\mathrm{iv}_{38}, \mathrm{iv}_{39}, \mathrm{iv}_{44}, \mathrm{iv}_{50}, \mathrm{iv}_{58}, \mathrm{iv}_{63}, \mathrm{iv}_{72}\}$	$2^{-87.06}$

表 3.1.8　针对 288 轮 Trivium-M2 算法，(Ω_K, Ω_V) 对应的线性偏差 ε

$(|\Omega_K|, |\Omega_V|)$	Ω_K	Ω_V	线性偏差 ε
$(10, 10)$	$\left\{\begin{array}{l} k_7, k_{18}, k_{25}, k_{32}, k_{36}, \\ k_{43}, k_{45}, k_{60}, k_{63}, k_{70} \end{array}\right\}$	$\left\{\begin{array}{l} \mathrm{iv}_4, \mathrm{iv}_6, \mathrm{iv}_{17}, \mathrm{iv}_{20}, \mathrm{iv}_{28}, \\ \mathrm{iv}_{29}, \mathrm{iv}_{32}, \mathrm{iv}_{34}, \mathrm{iv}_{46}, \mathrm{iv}_{70} \end{array}\right\}$	$2^{-51.48}$
$(10, 13)$	$\left\{\begin{array}{l} k_7, k_{18}, k_{25}, k_{32}, k_{36}, \\ k_{43}, k_{45}, k_{60}, k_{63}, k_{70} \end{array}\right\}$	$\left\{\begin{array}{l} \mathrm{iv}_4, \mathrm{iv}_6, \mathrm{iv}_{17}, \mathrm{iv}_{20}, \mathrm{iv}_{21}, \mathrm{iv}_{28}, \\ \mathrm{iv}_{29}, \mathrm{iv}_{32}, \mathrm{iv}_{34}, \mathrm{iv}_{46}, \mathrm{iv}_{55}, \mathrm{iv}_{66}, \mathrm{iv}_{70} \end{array}\right\}$	$2^{-44.24}$

2)基于改进线性化技术的线性攻击

在一般的线性化技术中，对一个非线性表达式进行线性化处理的做法是，令某些非线性项为 0。经过研究发现，这种做法存在一些缺陷，首先是计算线性偏差所用的堆积引理是在非线性项相互独立的条件下得到的，如果在某些情况下各个非线性项之间并不相互独立，计算的偏差与实际值会有较大差距。此外，当非线性项较多时，利用这种方法计算出来的线性偏差会非常小。

例3.1.1　利用一般线性化方法给出非线性表达式

$$f(x_1, x_2, x_3, x_4, x_5) = x_1 + x_5 + x_1 x_2 + x_1 x_4 + x_2 x_3 + x_2 x_5 + x_3 x_4 + x_2 x_4 x_5$$

的线性逼近式。

解：利用一般线性化方法将 $f(x_1, x_2, x_3, x_4, x_5)$ 中所有非线性项置 0，即令 $x_2 = x_4 = 0$ 时，有

$$x_1 x_2 = x_1 x_4 = x_2 x_3 = x_2 x_5 = x_3 x_4 = x_2 x_4 x_5 = 0$$

可得到线性逼近式 $x_1 + x_5$。按照文献[10]中的做法，将非线性项看成是相互独立的，得到线性偏差为 $2^{-4.42}$，即线性逼近式

$$f(x_1, x_2, x_3, x_4, x_5) = x_1 + x_5$$

成立的概率为 $1/2 + 2^{-4.42}$。

但是可以看出，上式中各非线性项间有公共元素，并不是相互独立的。若令

$$N(x_1, x_2, x_3, x_4, x_5) = x_1 x_2 + x_1 x_4 + x_2 x_3 + x_2 x_5 + x_3 x_4 + x_2 x_4 x_5$$

可编程验证 $N(x_1, x_2, x_3, x_4, x_5) = 0$ 的概率为 $3/4$，即上述线性逼近式成立的偏差应为 $1/2$。

针对这种方法的不足，本节提出一种新的因式分解消项线性化方法[12]，简称分解消项线性化法。在寻找非线性表达式 $f(x_1, x_2, \cdots, x_r)$ 的线性逼近式的过程中，首先将 $f(x_1, x_2, \cdots, x_r)$ 的表达式分为两个部分：线性部分为 $L(x_1, x_2, \cdots, x_r)$ 和非线

性部分为 $N(x_1, x_2, \cdots, x_r)$ ，再将 $f(x_1, x_2, \cdots, x_r)$ 的非线性项按照所包含变量分成尽可能多的不相交的 s 个组，即

$$N_1(x_{1,1}, x_{1,2}, \cdots, x_{1,r_1}), N_2(x_{2,1}, x_{2,2}, \cdots, x_{2,r_2}), \cdots, N_s(x_{s,1}, x_{s,2}, \cdots, x_{s,r_s})$$

对每个组 $N_i(x_{i,1}, x_{i,2}, \cdots, x_{i,r_i})$ 进行因式分解，化成下述形式：

$$N_i(x_{i,1}, x_{i,2}, \cdots, x_{i,r_i}) = p(x_{i,1}, x_{i,2}, \cdots, x_{i,r_i})q(x_{i,1}, x_{i,2}, \cdots, x_{i,r_i}) + r(x_{i,1}, x_{i,2}, \cdots, x_{i,r_i})$$

这里因式分解的目的是使 $r(x_{i,1}, x_{i,2}, \cdots, x_{i,r_i})$ 的项数尽可能少，从而达到消项的目的，最好的情况是 $r(x_{i,1}, x_{i,2}, \cdots, x_{i,r_i})$ 等于 0，即一组多项式变为一个非线性项，最差的情况是不能进行分解，多项式的项数不变。通过因式分解，往往能够减少非线性项的个数，从而有效提高线性偏差。下面举例说明这种方法。

例 3.1.2　利用因式分解消项法给出非线性表达式

$$f(x_1, x_2, x_3, x_4, x_5) = x_1 + x_5 + x_1 x_2 + x_1 x_4 + x_2 x_3 + x_2 x_5 + x_3 x_4 + x_2 x_4 x_5$$

的线性逼近式。

解：将非线性项 $x_1 x_2 + x_1 x_4 + x_2 x_3 + x_2 x_5 + x_3 x_4 + x_2 x_4 x_5$ 分为一个组，即

$$N_1(x_1, x_2, x_3, x_4, x_5) = x_1 x_2 + x_1 x_4 + x_2 x_3 + x_2 x_5 + x_3 x_4 + x_2 x_4 x_5$$

对该分组进行因式分解，可得

$$N_1(x_1, x_2, x_3, x_4, x_5) = (x_2 + x_4)(x_1 + x_3 + x_2 x_5)$$

这时将括号里面的两个表达式分别看成两个变量，经验证它们是相互独立的，故 $N_1(x_1, x_2, x_3, x_4, x_5) = 0$ 的概率为 3/4，于是得到线性逼近式

$$f(x_1, x_2, x_3, x_4, x_5) = x_1 + x_5$$

成立的概率为 3/4，即线性偏差为 1/2。

可见，因式分解消项法和编程验证的结果一致，是一种更优的寻找线性逼近式的方法。

下面给出因式分解消项法的主要步骤。

算法 3.1.15　因式分解消项法

目的：寻找非线性表达式 $f(x_1, x_2, \cdots, x_r)$ 的线性逼近式。

输入：$f(x_1, x_2, \cdots, x_r)$ 。

输出：线性逼近式 $L(x_1, x_2, \cdots, x_r)$ 和对应的线性偏差 ε 。

步骤 1，令 $f(x_1, x_2, \cdots, x_r)$ 的线性部分为 $L(x_1, x_2, \cdots, x_r)$ ，将 $f(x_1, x_2, \cdots, x_r)$ 的非线性项按照所包含变量分成尽可能多的不相交的 s 组，即

$$N_1(x_{1,1}, x_{1,2}, \cdots, x_{1,r_1}), N_2(x_{2,1}, x_{2,2}, \cdots, x_{2,r_2}), \cdots, N_s(x_{s,1}, x_{s,2}, \cdots, x_{s,r_s})$$

步骤 2，执行以下操作：

For $i=1$ to s

Loop1　对 $N_i(x_{i,1}, x_{i,2}, \cdots, x_{i,r_i})$ 进行因式分解，化成下述形式：

$$N_i(x_{i,1}, x_{i,2}, \cdots, x_{i,r_i}) = p(x_{i,1}, x_{i,2}, \cdots, x_{i,r_i})q(x_{i,1}, x_{i,2}, \cdots, x_{i,r_i})$$
$$+ r(x_{i,1}, x_{i,2}, \cdots, x_{i,r_i})$$

If $p(x_{i,1}, x_{i,2}, \cdots, x_{i,r_i}) = 1$ or $q(x_{i,1}, x_{i,2}, \cdots, x_{i,r_i}) = 1$

　　　i++;

Else If　$r(x_{i,1}, x_{i,2}, \cdots, x_{i,r_i}) = 0$

　　　i++;

Else

　　记录 $p(x_{i,1}, x_{i,2}, \cdots, x_{i,r_i})$ 和 $q(x_{i,1}, x_{i,2}, \cdots, x_{i,r_i})$ ；

　　$N_i(x_{i,1}, x_{i,2}, \cdots, x_{i,r_i}) \leftarrow r(x_{i,1}, x_{i,2}, \cdots, x_{i,r_i})$ ；

　　Goto Loop1 ；

End If

End for

步骤 3，分别计算 $N_i(x_{i,1}, x_{i,2}, \cdots, x_{i,r_i})$ 等于 0 的概率 p_i ，其中 $1 \leqslant i \leqslant s$ 。

若 $p_i = 1/2$ ，则在 $N_i(x_{i,1}, x_{i,2}, \cdots, x_{i,r_i})$ 中添加部分线性项得到 $N_i'(x_{i,1}, x_{i,2}, \cdots, x_{i,r_i})$ ，使 $p_i' \neq 1/2$ ，并在 $L(x_1, x_2, \cdots, x_r)$ 中添加相同的线性项。若取遍所有可能的线性项，都有 $p_i' = 1/2$ ，则输出 $L(x_1, x_2, \cdots, x_r)$ 和 $\varepsilon = 0$ 。

步骤 4，得到线性逼近式 $L(x_1, x_2, \cdots, x_r)$ ，并由堆积引理计算得到线性偏差为

$$\varepsilon = 2^{s-1} \prod_{i=1}^{s} \left(p_i - \frac{1}{2} \right)$$

注：步骤 3 中计算概率 p_i 时，对于组内各项独立的情况可以先算出各个项等于 0 的概率，再用堆积引理算出这个分组等于 0 的概率；若组内各项不独立且情况较复杂，则可利用统计方法算出其等于 0 的概率。

下面给出应用分解消项线性化技术寻找 288 轮 Trivium 算法线性逼近式的具体过程。

利用一般线性技术在计算式(3.1.6)的线性偏差时把非线性项都当成是相互独

立的，而实际上非线性项并不是相互独立的，于是计算结果与实际值会有一定差距。本节采用因式分解消项线性化法可以得到下面的结论。

将式(3.1.6)分为 22 组，前面 18 组每组均为一个非线性项，对最后 4 组进行因式分解，即可得到式(3.1.9)，具体见附录。

下面选择 10 个 IV 比特 iv_{10}、iv_{13}、iv_{34}、iv_{37}、iv_{40}、iv_{55}、iv_{58}、iv_{61}、iv_{76}、iv_{77} 和 10 个密钥比特 k_4、k_{16}、k_{22}、k_{25}、k_{28}、k_{34}、k_{40}、k_{43}、k_{46}、k_{49} 为 0，经过分组后表达式变为如下形式，由于项与项之间没有相交的变量，因此每一个非线性项为一组：

$$
\begin{aligned}
z_1 = {} & 1 + s_0(3) + s_0(6) + s_0(15) + s_0(21) + s_0(27) + s_0(30) + s_0(39) + s_0(54) \\
& + s_0(57) + s_0(67) + s_0(68) + s_0(69) + s_0(72) + s_0(96) + s_0(99) + s_0(114) + s_0(117) \\
& + s_0(123) + s_0(126) + s_0(132) + s_0(138) + s_0(144) + s_0(165) + s_0(171) \\
& + s_0(52) \cdot s_0(53) + s_0(61) \cdot s_0(62) + s_0(67) \cdot s_0(68) + s_0(70) \cdot s_0(71) + s_0(160) \cdot s_0(161) \\
& + s_0(166) \cdot s_0(167) + [s_0(13) + s_0(118) + s_0(38) \cdot s_0(39)][s_0(14) + s_0(41) + s_0(119)] \\
& + [s_0(19) + s_0(124) + s_0(44) \cdot s_0(45)][s_0(20) + s_0(47) + s_0(125)] + [s_0(37) + s_0(64) \\
& + s_0(142) + s_0(62) \cdot s_0(63)][s_0(38) + s_0(65) + s_0(143) + s_0(63) \cdot s_0(64)] + [s_0(148) \\
& + s_0(146) \cdot s_0(147)][s_0(134) + s_0(149)] + [s_0(58) + s_0(163)][s_0(59) + s_0(164)]
\end{aligned}
$$

$$(3.1.10)$$

由式(3.1.10)可以看出，每个非线性项两个括号中的表达式都是相互独立的，因此每个非线性项为 0 的概率为 3/4。

将线性部分转化成密钥和 IV 的表达式，最后得到如下线性逼近式：

$$
\begin{aligned}
z_1 = {} & 1 + k_3 + k_6 + k_{15} + k_{21} + k_{27} + k_{30} + k_{39} + k_{54} + k_{57} + k_{67} + k_{68} + k_{69} + k_{72} + iv_3 \\
& + iv_6 + iv_{21} + iv_{24} + iv_{30} + iv_{33} + iv_{39} + iv_{45} + iv_{51} + iv_{72} + iv_{78}
\end{aligned}
$$

总的线性偏差为 $\varepsilon = 2 \times 2^{-9} \times 2^{11-1} \times (1/4)^{11} = 2^{-20}$。

同样，针对 Trivium-S1 算法和 Trivium-M2 算法，利用分解消项线性化技术进行线性攻击，得到如下结果。

针对 Trivium-S1 算法，选择 k_{19}、k_{25}、k_{28}、k_{29}、k_{34}、k_{37}、k_{47}、k_{49}、k_{52}、k_{62} 共 10 个密钥比特及 iv_{13}、iv_{16}、iv_{29}、iv_{52}、iv_{55}、iv_{58}、iv_{65}、iv_{73}、iv_{76}、iv_{79} 共 10 个 IV 比特为 0 后，得到 15 个分组，其中有 3 个分组包含多个非线性项，对应的线性偏差为 $\varepsilon = 2^{-43}$。

最后得到线性逼近式如下：

$$
\begin{aligned}
z_1 = {} & 1 + k_3 + k_9 + k_{12} + k_{15} + k_{18} + k_{21} + k_{24} + k_{27} + k_{33} + k_{39} + k_{42} + k_{45} + k_{48} + k_{54} + k_{57} + k_{61} + k_{62} + k_{63} \\
& + k_{66} + k_{72} + k_{75} + k_{78} + iv_9 + iv_{12} + iv_{15} + iv_{24} + iv_{33} + iv_{36} + iv_{45} + iv_{54} + iv_{57} + iv_{60} + iv_{66} + iv_{75} + iv_{78}
\end{aligned}
$$

针对 Trivium-M2 算法，选择 k_1、k_5、k_6、k_{19}、k_{21}、k_{23}、k_{32}、k_{43}、k_{44}、k_{48} 共 10 个密钥比特及 iv_6、iv_{11}、iv_{31}、iv_{32}、iv_{36}、iv_{45}、iv_{47}、iv_{56}、iv_{57}、iv_{60} 共 10 个 IV 比特为 0 后，得到 8 个分组，其中有 6 个分组只包含一个非线性项，剩余两个分组分别包含 6 个和 4 个非线性项，对应的线性偏差为 $\varepsilon = 2^{-27}$。

最后得到线性逼近式如下：

$$z_1 = k_3 + k_7 + k_{12} + k_{14} + k_{15} + k_{17} + k_{20} + k_{22} + k_{27} + k_{39} + k_{40} + k_{42} + k_{45} + k_{46} + k_{50} + k_{59} + k_{63} + k_{65}$$
$$+ k_{66} + k_{73} + k_{76} + k_{78} + k_{79} + iv_4 + iv_{15} + iv_{16} + iv_{24} + iv_{25} + iv_{28} + iv_{32} + iv_{35} + iv_{37} + iv_{41} + iv_{44}$$
$$+ iv_{46} + iv_{48} + iv_{53} + iv_{55} + iv_{59} + iv_{63} + iv_{66} + iv_{69} + iv_{70} + iv_{71} + iv_{73} + iv_{74} + iv_{75} + iv_{78}$$

综上所述，针对 288 轮 Trivium 算法、Trivium-S1 算法和 Trivium-M2 算法的比较结果如表 3.1.9 所示。

表 3.1.9　因式分解消项线性化法相应的 (Ω_K, Ω_{IV}) 及 ε $(|\Omega_K| = 10, |\Omega_V| = 10)$

算法	Ω_K	Ω_{IV}	线性偏差 ε
288 轮的 Trivium 算法	$\{k_4, k_{16}, k_{22}, k_{25}, k_{28},$ $k_{34}, k_{40}, k_{43}, k_{46}, k_{49}\}$	$\{iv_{10}, iv_{13}, iv_{34}, iv_{37}, iv_{40},$ $iv_{55}, iv_{58}, iv_{61}, iv_{76}, iv_{77}\}$	2^{-20}
288 轮的 Trivium-S1 算法	$\{k_{19}, k_{25}, k_{28}, k_{29}, k_{34},$ $k_{37}, k_{47}, k_{49}, k_{52}, k_{62}\}$	$\{iv_{13}, iv_{16}, iv_{29}, iv_{52}, iv_{55},$ $iv_{58}, iv_{65}, iv_{73}, iv_{76}, iv_{79}\}$	2^{-43}
288 轮的 Trivium-M2 算法	$\{k_1, k_5, k_6, k_{19}, k_{21},$ $k_{23}, k_{32}, k_{43}, k_{44}, k_{48}\}$	$\{iv_6, iv_{11}, iv_{31}, iv_{32}, iv_{36},$ $iv_{45}, iv_{47}, iv_{56}, iv_{57}, iv_{60}\}$	2^{-27}

可以看出，无论是采用一般线性化技术的线性攻击，还是采用因式分解消项法的线性攻击，上述结果均表明：对于简化版 288 轮的 Trivium 算法、Trivium-S1 算法和 Trivium-M2 算法，从抵抗线性攻击的角度来看，Trivium-S1 算法的抗线性攻击能力最强，其次为 Trivium-M2 算法，最弱的为 Trivium 算法。

文献[13]将立方分析的技术与线性分析技术相结合，提出了一种立方-线性分析方法，取得了较好的分析效果，感兴趣的读者可具体查阅文献[13]。

3.1.5　Trivium 模型的代数分析

相对于以统计为主要手段的攻击方法，代数攻击的主要思想是建立起输入和输出之间的多元代数方程组，通过求解超定低次方程组来恢复密钥或内部状态。本节对 Trivium 型密码算法抵抗代数攻击的能力进行评估，把恢复算法内部状态问题转化为一个布尔可满足性问题(Boolean satisfiability problem，SAT)，使用 MiniSAT 2.0 求解器进行求解。

目前，针对 Trivium 算法，主要有基于图论、SAT 问题、Gröbner 基、模拟退火算法、混合整数线性规划和无乘法特征列 MFCS(multiplication-free characteristic set)方法等的代数攻击结果，但所有结果都差于穷举攻击。具体如下：

2006 年，在 eSTREAM 计划中，Raddum[14]利用图论技术提出一种求解稀疏二次非线性方程的方法并应用到 Trivium 算法中，以内部状态为未知变量建立算法的代数方程组，但该方法未能攻破 Trivium 算法，计算复杂度为 $O(2^{164})$，数据量为 288 比特密钥流。

2007 年，在 SAC(Selected Area in Cryptology)会议上，Maximov 等[3]通过猜测部分密钥比特之间的乘积，使用高斯消元法得到 Trivium 算法的线性方程组，计算复杂度为 $O(2^{99.5})$，数据量为 $2^{61.5}$ 比特密钥流。

2008 年，在 eSTREAM 计划中，McDonald 等[15]把恢复 Trivium 算法内部状态的代数方程求解问题转化为一个 SAT 问题，在猜测合取范式(conjunctive normal form，CNF)语句中最高频次变量的策略下，使用 MiniSAT 求解器进行求解，计算时间估计为 $2^{159.9}$s。

2010 年，在 SAC 会议上，Borghoff 等[16]利用模拟退火算法求解 Trivium 算法代数方程，计算复杂度为 $O(2^{203})$，数据量为 288 比特密钥流。

2011 年，Borghoff 在其博士论文中[17]提出一种新的代数攻击方法——混合整数线性规划攻击，并给出两种将布尔方程转化为混合整数规划问题的方法，恢复 Trivium 算法的时间估计为 $2^{171.3}$s，数据量为 293 比特密钥流。

2011 年，在 AFRICACRYPT(Africa Cryptology)会议上，Huang 等[18]使用无乘法特征列 MFCS 方法求解 Trivium 算法代数方程，计算时间估计为 $2^{114.27}$s，数据量为 288 比特密钥流。

文献[19]指出，使用基于 SAT 问题的代数攻击方法转化效率极高，在方程稀疏的情况下远远快于穷举求解，同时避免了 Gröbner 基方法中出现的多项式膨胀导致内存需求过高的问题。特别地，在 eSTREAM2007 报告[20]和 SAT2008 会议[21]上，McDonald 等和 Eibach 等把恢复算法内部状态问题转化为 SAT 问题，分别在不同猜测策略下使用 SAT 求解器对 Bivium 算法(Trivium 算法的一个简化版本)进行攻击。结果表明，Bivium 算法不能抵抗该攻击，但是均没有给出 Trivium 算法的攻击结果。

根据文献[22]和[23]，本节使用基于 SAT 问题的代数攻击方法，把恢复 Trivium 型密码算法的内部状态问题转化为一个可满足性问题，主要对修改的 Trivium-S1 算法和 Trivium-M2 算法抵抗代数攻击的能力与 Trivium 算法进行比较。为了在合理的时间内返回求解结果，需要猜测部分变量。猜测策略的不同会导致求解时间有较大偏差，本节综合采用了上述文献中的 6 种猜测策略，使用 MiniSAT 2.0 求解器进行求解。

1. SAT 问题

给定一个布尔公式,确定是否存在公式的一种变量赋值使其为逻辑真的问题,称为逻辑可满足性问题。如果布尔公式中的运算操作仅含有"与""或"和"非"3 种逻辑运算,则称其为命题布尔公式。确定一个命题布尔公式的逻辑可满足性问题即为 SAT 问题。SAT 问题是第一个得到证明的 NP-完全问题。

在密码分析过程中,尤其是在代数攻击中,通常需要求解大量多元非线性方程组。目前,常见的求解非线性方程组的算法有 Linearization 方法[24]、XL 方法[24]、Relinearization 方法[25]和 Gröbner 基[26]方法等。2007 年,Bard 等[19]提出了先将多元二次方程组的求解问题(MQ(multivariate quadratic)问题)转化为 SAT 问题,再利用 SAT 代数求解器求解的方法。文献[19]指出这种方式转化效率极高,并且在方程稀疏的情况下该方法远远快于穷举攻击,同时也会避免 Gröbner 基方法中产生的多项式膨胀导致内存需求过高的问题。

SAT 问题[19]是以 CNF 语句为基础的异或逻辑表达式,将一个代数方程组的求解问题转化为一个 SAT 问题,主要包括线性化方程组和线性方程组转化为 CNF 语句两个步骤。

步骤 1,线性化方程组。

以多元非线性布尔方程组中一个高次单项式 $x_1 x_2 x_3 x_4$ 为例,为了达到降幂的目的,引进一个未知变元(哑元)a,使得 $a = x_1 x_2 x_3 x_4$,将其转化为如下 CNF 语句:

$$(x_1 \vee \overline{a}) \wedge (x_2 \vee \overline{a}) \wedge (x_3 \vee \overline{a}) \wedge (x_4 \vee \overline{a}) \wedge (\overline{x_1} \vee \overline{x_2} \vee \overline{x_3} \vee \overline{x_4} \vee a)$$

通过观察可知,上式新增了 5 个 CNF 子句,总长度为 13。因此,针对方程组中的每一个次数 $d > 1$ 的单项式,需要为其引入一个哑元和 $d+1$ 个 CNF 子句,子句的总长度为 $3d+1$,并且相应的高次单项式用哑元代替。另外,由于 CNF 语句中不包含常数项,因此需要引进哑元 T 代替常数项 1,同时新增 1 个长度为 1 的子句。这样,每个高次方程就变成了以初始变元和哑元为未知变元的多元线性布尔方程。

步骤 2,线性方程组转化为 CNF。

以 4 个单项式的线性布尔方程 $x_1 \oplus x_2 \oplus x_3 \oplus x_4 = 0$ 为例,将其转化为 CNF 语句如下所示:

$$(\overline{x_1} \vee x_2 \vee x_3 \vee x_4) \wedge (x_1 \vee \overline{x_2} \vee x_3 \vee x_4) \wedge (x_1 \vee x_2 \vee \overline{x_3} \vee x_4) \wedge (x_1 \vee x_2 \vee x_3 \vee \overline{x_4})$$
$$\wedge (\overline{x_1} \vee \overline{x_2} \vee \overline{x_3} \vee x_4) \wedge (\overline{x_1} \vee \overline{x_2} \vee x_3 \vee \overline{x_4}) \wedge (\overline{x_1} \vee x_2 \vee \overline{x_3} \vee \overline{x_4}) \wedge (x_1 \vee \overline{x_2} \vee \overline{x_3} \vee \overline{x_4})$$

通过观察可知,上述 CNF 语句中的 8 个子句是 4 个变元中分别取 0、2 和 4

个否定变元(即小于等于 4 的所有奇数)相互析取的所有组合，则对于单项式数量为l的线性方程，需要

$$\binom{l}{0}+\binom{l}{2}+\binom{l}{4}+\cdots+\binom{l}{j}=2^{l-1}, \quad j=2\lfloor l/2 \rfloor$$

个 CNF 子句，子句的总长度为$l \times 2^l - 1$。但是当l较大时，转化为 CNF 子句的数量以指数级递增，这给 SAT 求解器的运算造成了很大困难，因此需要把长的方程分割成许多短的方程，每个短方程中的单项式数量l可以为 3、4 和 5 或者更长。下面以$l=4$为例，$x_1 \oplus x_2 \oplus x_3 \oplus \cdots \oplus x_{n-1} \oplus x_n = 0$等价于

$$x_1 \oplus x_2 \oplus x_3 \oplus c_1 = 0$$
$$c_1 \oplus x_4 \oplus x_5 \oplus c_2 = 0$$
$$\vdots$$
$$c_k \oplus x_{n-2} \oplus x_{n-1} \oplus x_n = 0$$

通过上述分割方法，引进了$\lceil n/2 \rceil - 2$ $(n>2)$个哑元，将单项式数量为$l=n$的长方程分割成了$\lceil n/2 \rceil - 1$ $(n>2)$个$l=4$的短方程，然后将各个短方程化为 CNF 语句。

通过上述转化，对于一个多元非线性布尔方程组，假设原始代数方程组中单项式个数为m_{mon}，方程个数为m_{equ}，各个方程中单项式的平均数量为m_{term}，单项式的平均代数次数为d，则按照上述方法将其转化为 CNF 语句后，变元总数为

$$n_{mon} + n_{equ} \cdot (\lceil n_{term}/2 \rceil - 2)$$

CNF 子句总数为

$$n_{mon} \cdot (d+1) + n_{equ} \cdot (\lceil n_{term}/2 \rceil - 1) \cdot 8$$

CNF 子句总长度为

$$n_{mon} \cdot (3d+1) + n_{equ} \cdot (\lceil n_{term}/2 \rceil - 1) \cdot 32$$

在代数方程组转化为 CNF 语句后，需要表示成 DIMACS[27]形式再使用 SAT 求解器进行求解。例如，对于一个二次方程$x_1 \oplus x_2 \oplus x_1 x_2 = 0$，在转化 CNF 时需要引进一个新的变元$x_3$代替二次项$x_1 x_2$，此时

$$x_1 \oplus x_2 \oplus x_1 x_2 = 0 \Leftrightarrow \begin{cases} x_1 \oplus x_2 \oplus x_3 = 0 \\ x_1 x_2 = x_3 \end{cases}$$

按照线性方程和非线性方程转化 CNF 的方法，分别进行 CNF 转化，可得

$$x_1 \oplus x_2 \oplus x_3 = 0 \Leftrightarrow (\overline{x_1} \vee x_2 \vee x_3) \wedge (x_1 \vee \overline{x_2} \vee x_3) \wedge (x_1 \vee x_2 \vee \overline{x_3}) \wedge (\overline{x_1} \vee \overline{x_2} \vee \overline{x_3})$$
$$x_1 x_2 = x_3 \Leftrightarrow (x_1 \vee \overline{x_3}) \wedge (x_2 \vee \overline{x_3}) \wedge (\overline{x_1} \vee \overline{x_2} \vee x_3)$$

下面把转化后的 CNF 语句写成如下的 DIMACS(series in discrete mathematics and theoretical computer science)形式：

P	CNF	3	7
−1	2	3	0
1	−2	3	0
1	2	−3	0
−1	−2	−3	0
1	−3	0	
2	−3	0	
−1	−2	3	0

其中，表头的 P 和 CNF 表示一个用 CNF 语句描述的问题，3 和 7 分别表示用 CNF 语句描述问题的变元数量和子句数量；表中的非 0 数字表示对应的变元，0 表示一个 CNF 子句的结束。

2. Trivium 型密码算法基于 SAT 问题的代数攻击

针对 Trivium 型密码算法基于 SAT 问题的代数攻击，攻击目标是恢复算法的内部状态，攻击过程包括下面 3 个步骤。

步骤 1，构建 Trivium 型密码算法的代数方程组(代数正规型 ANF 表示)。

步骤 2，把代数方程组转化为 CNF 语句，并表示成 DIMACS 形式。

步骤 3，使用 SAT 求解器求解。

1)构建算法代数方程

在文献[14]中，Raddum 描述了 Trivium 算法的代数方程。令开始输出密钥流的时刻对应的寄存器状态为 Trivium 算法的初始状态 $s_1, s_2, \cdots, s_{288}$，以这 288 比特初始状态为未知变量建立代数方程组。每一时刻，Trivium 算法更新 3 比特内部状态，由于内部状态刷新函数是一个二次布尔函数，为了保证建立的代数方程组次数足够低、方程足够稀疏，为每个更新比特引进一个新的变量。例如，在第一时刻，得到下面 3 个内部状态更新方程：

$$s_{289} = s_{66} \oplus s_{91} \cdot s_{92} \oplus s_{93} \oplus s_{171}$$
$$s_{290} = s_{162} \oplus s_{175} \cdot s_{176} \oplus s_{177} \oplus s_{264}$$
$$s_{291} = s_{243} \oplus s_{286} \cdot s_{287} \oplus s_{288} \oplus s_{69}$$

此外，从输出的密钥流比特 z_1 中能够得到一个方程：

$$z_1 = s_{66} \oplus s_{93} \oplus s_{162} \oplus s_{177} \oplus s_{243} \oplus s_{288}$$

这样，每个时刻得到 4 个方程，在观察 288 比特密钥流后，能够得到一个由 1152 个方程、1152 个变量构成的代数方程组。经过分析，对于最后 66 个时刻的状态更新比特，由于没有出现在输出的密钥流方程中，不予考虑，因此最终得到了 Trivium 算法的一个由 954 个方程、954 个变量构成的代数方程组。

类似地，对于 Trivium-S1 算法，得到了一个由 1053 个方程、1053 个变量构成的代数方程组；对于 Trivium-M2 算法，得到了一个由 954 个方程、954 个变量构成的代数方程组。

2) ANF 转化为 CNF 语句

在构建的 Trivium 型密码算法的代数方程组中有两类方程：一类是线性的密钥流输出方程；另一类是二次的内部状态更新方程。

针对密钥流输出方程，每个方程有 7 个变量（包含引进的表示密钥流比特的变量），在转化为 CNF 语句时对方程进行“3 分割”，即通过引进新的变量使得分割后的每个方程不超过 3 个变量，这样为每个密钥流方程引进了 4 个新变量（包含引进的表示密钥流比特的变量）和 21 个子句。

针对内部状态更新方程，首先需要为二次项引进一个新变量，其次对方程进行“3 分割”，这样为每个内部状态更新方程引进了 3 个新变量和 15 个子句。

类似地，Trivium-S1 算法和 Trivium-M2 算法可做对应转化。

3) 使用 SAT 求解器求解

下面给出使用 MiniSAT 2.0 求解器求解的实验结果（使用的计算平台是 CPU T6570, 2.10 MHz, 2GB RAM, Windows 7 32 位个人计算机）。MiniSAT 求解器是一种基于分支回溯的冲突驱动型求解器，由 Niklas Eén 和 Niklas Sörensson 于 2003 年设计开发，该求解器自 2005 年连续几年占据了国际 SAT 竞赛的头名。由于 SAT 求解器使用的是启发式算法，具有不可预知的行为和复杂度，因此本节所有结果都是通过 100 个随机实验获得的平均值，时间单位是 s。

为了使 SAT 求解器在合理的时间（3600s）内给出求解结果，需要猜测一些变量，若猜测 n 比特变量，求解时间为 t，则最终的求解时间为 $2^n t$。本书使用的猜测策略如下所示。

CL1：猜测 CNF 语句中出现频次最高的变量集合，记该策略为 H。

CL2：猜测初始状态的前 n 比特变量集合，记该策略为 B。

CL3：猜测初始状态的后 n 比特变量集合，记该策略为 E。

CL4：猜测每个寄存器状态的前 n 比特变量集合，记该策略为 B_3。

CL5：猜测每个寄存器状态的后 n 比特变量集合，记该策略为 E_3。

当猜测不同规模的变量时，表 3.1.10 给出了各猜测策略下的求解时间。

表 3.1.10　不同猜测规模、不同猜测策略下的求解时间

算法	猜测规模/比特	H/s	B/s	E/s	B_3/s	E_3/s
Trivium	150	0.49	2.63	32.13	2.46	3.70
	148	1.92	11.75	78.05	11.2	9.6
	146	4.58	181.9	937.6	85.3	57.1
	144	22.41	363.5	2342	57.6	42.5
	142	100.9	1400	—	146.8	150.2
	140	353.6	—	—	427.4	585.6
	138	1980	—	—	2732	3163
	136	—	—	—	—	—
	134	—	—	—	—	—
Trivium- S1	168	3.95	12.30	—	209.4	34.53
	166	5.77	120.2	—	1316	467
	164	27.26	599.9	—	—	—
	162	69.72	2800	—	—	—
	160	106.5	—	—	—	—
	158	585.7	—	—	—	—
	156	1500	—	—	—	—
	154	—	—	—	—	—
	152	—	—	—	—	—
Trivium- M2	146	0.76	102.6	—	2819	—
	144	1.87	637	—	—	—
	142	4.78	2034	—	—	—
	140	23.8	—	—	—	—
	138	91.8	—	—	—	—
	136	221.7	—	—	—	—
	134	1192	—	—	—	—
	132	—	—	—	—	—
	130	—	—	—	—	—

注："—"表示求解器未能在 3600s 之内返回求解结果；加灰部分表示最优猜测策略。

由表 3.1.10 可知，当猜测 CNF 语句中出现频次最高的变量集合时，即 H 猜

测策略下求解时间最短。本节使用该猜测策略，寻找最佳的猜测规模，即最终求解时间最少所对应的猜测变量的数量。表 3.1.11 给出了在 H 猜测策略下不同猜测规模对应的求解时间。

表 3.1.11　H 猜测策略下的求解时间

猜测规模/比特	150	148	146	144	142	140	138	136	134
Trivium/s	0.49	1.92	4.58	22.41	100.88	353.63	1980	—	—
猜测规模/比特	168	166	164	162	160	158	156	154	152
Trivium-S1/s	3.95	5.77	27.26	69.72	106.47	585.70	1500	—	—
猜测规模/比特	146	144	142	140	138	136	134	132	130
Trivium-M2/s	0.76	1.87	4.78	23.82	91.82	221.67	1192	—	—

注："—"表示求解器未能在 3600s 之内返回求解结果；加灰部分表示求解最短时间对应的猜测规模。

根据表 3.1.11，对于 Trivium 算法，当猜测 146 比特变量时，求解时间最短，为 $4.58 \times 2^{146} \approx 2^{148.20}$ (s)；对于 Trivium-S1 算法，当猜测 156 比特变量时，求解时间最短，为 $1500 \times 2^{156} \approx 2^{166.55}$ (s)；对于 Trivium-M2 算法，当猜测 136 比特变量时，求解时间最短，为 $221.67 \times 2^{136} \approx 2^{143.79}$ (s)。根据求解结果，有以下结论。

结论 3.1.1　以求解时间来刻画 Trivium 型密码算法抵抗基于 SAT 问题的代数攻击能力，则各 Trivium 算法抵抗该攻击能力的强弱顺序为 Trivium-S1 算法、Trivium 算法、Trivium-M2 算法。

由上述分析结果可知，在保持非线性抽头位置不变的条件下，适当把线性抽头位置前移能够提高算法抵抗代数攻击的能力。这是因为，当把线性抽头位置前移时，能够加速 Trivium-S1 算法的非线性因素扩散，导致算法代数次数增长加快，提高了算法抵抗代数攻击的能力。

尽管 Trivium-M2 算法的设计者声称 Trivium-M2 算法具有更好的密码学性质，能够抵抗猜测攻击，但是本节的分析结果表明，与 Trivium 算法相比，Trivium-M2 算法并没有提高抵抗代数攻击的能力，该算法将非线性抽头位置修改为两离散比特乘积并适当前移的方案在设计上仍存在一定的安全隐患。

3.1.6　Trivium 模型小结

Trivium 算法是欧洲 eSTREAM 计划最终胜选的标准序列密码算法之一。该算法设计简洁，实现灵活、高效，结构上采用的非线性交叉反馈机制使 Trivium 算法在抵抗完全性分析、差分分析、线性分析、代数分析方面具有较高的安全性。本节总结了 Trivium 型密码算法的设计特点，给出了 Trivium 型非线性反馈组合模型的定义，通过对 Trivium 算法及其变形算法安全性的分析，有助于掌握 Trivium

型 NFSR 密码的设计思想和设计理念，加深对基于 NFSR 设计的序列密码的理解和掌握。

为了研究 Trivium 模型的差分扩散性，本节提出的针对 Trivium 的差分路径自动搜索算法[28]，可以得到任意轮 Trivium 算法的差分路径和差分概率估计，具有一定的普适性，有望进一步推广适用于其他类型的序列密码，为初始化过程的轮数选择及算法结构的设置提供有效的理论指导。

从抵抗线性攻击和代数攻击能力表现上看，Trivium-S1 算法均比原 Trivium 算法的表现好，这也为设计者选取非线性移存器的抽头位置提供了参考依据，适当将反馈函数中线性部分的抽头位置移前时，可以取得更好的效果。但是这种修改方式抵抗其它攻击的能力还有待进一步评估。对于其他修改版本的 Trivium 算法，由于其修改设计准则不尽相同，对这些修改算法的安全性进行全面评估也是一项亟待进行的工作。

针对 Trivium 算法立方攻击方面取得了一系列突破性的成果。Ye 等于 2021 年亚密会上提出了针对 805 轮 Trivium 算法的实际密钥恢复攻击[29]，比之前的结果提升了 21 轮，获得 1000 个立方集合，可得到 42 个线性独立方程，以在线时间复杂度 $O(2^{41.40})$ 的计算代价可以恢复 80 比特的密钥，这些结果可在 PC 机 (GTX-1080 GPU) 上几个小时内完成。

Wang 等首次将三子集可分性与立方攻击结合，提出了基于三子集可分性的立方攻击方法，将 2017 美密会上恢复 832 轮 Trivium 超级多项式的理论计算复杂度从 2^{77} 降为实际可实现，将 2018 年美密会上恢复 839 轮 Trivium 超级多项式的理论计算复杂度从 2^{79} 降为实际可实现，同时首次给出了 841 轮 Trivium 超级多项式的理论恢复攻击。详细结果请参见文献[30]。

目前，已经有多种攻击方法应用到对 Trivium 算法的分析中，接下来可以尝试将新的攻击方法或现有攻击复合而成的攻击方法应用到对 Trivium 算法的分析中，如旁道立方攻击和代数故障攻击等，研究 Trivium 算法抵抗这些攻击方法的安全强度。

值得一提的是，当前旁道攻击给密码设备的安全带来了严重威胁。研究结果表明，除了基于 ASIC 实现的 Trivium 型密码算法外，基于微控制器实现的 Trivium 型密码算法均不能抵抗代数旁道攻击。先前的研究工作也表明，Trivium 算法不能抵抗差分功耗分析、相关功耗分析和差错故障攻击等旁道攻击方法，因此非常有必要在算法理论设计时融入抵抗旁道攻击的设计部件。目前，这类研究主要集中在分组密码算法上，例如，为分组密码算法进行伪装设计能够有效抵抗旁道攻击，但是几乎没有针对序列密码算法的伪装设计，这也是需要进一步研究的问题。

3.2　Grain 型序列密码

3.2.1　Grain 模型介绍

Grain[31]序列密码算法是 eSTREAM 计划最终胜选的面向硬件实现的算法之一，目前包括 Grain v1、Grain-128 和 Grain-128a 三个版本的算法。可将 Grain 系列算法采用的结构抽象成一个数学模型，称为 Grain 模型，具体结构如图 3.2.1 所示。

Grain 模型是一类前馈模型，将基础乱源发生器的内部状态抽头后再经过非线性滤波函数变换进而输出乱数，其中基础乱源部分采用了一种级联模型，该模型包括一个 LFSR 的输出参数与一个 NFSR 的状态更新，称为 Grain 级联模型，具体结构如图 3.2.2 所示。

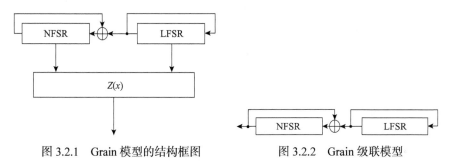

图 3.2.1　Grain 模型的结构框图　　　图 3.2.2　Grain 级联模型

设 $t \geqslant 0$ ，第 t 时刻 n 级 LFSR 的状态为

$$S_t = (s_t, s_{t+1}, \cdots, s_{t+n-1})$$

m 级 NFSR 的状态为

$$B_t = (b_t, b_{t+1}, \cdots, b_{t+m-1})$$

LFSR 的反馈函数 $f(x)$ 是非退化的，NFSR 的反馈函数为

$$g(x) = x_0 + \varphi(x_1, x_2, \cdots, x_{m-1})$$

式中，$\varphi(x)$ 为 $m-1$ 元布尔函数。

记图 3.2.2 级联模型生成的序列为 $(b_{i+m})_{i \geqslant 0}$，具体表达式为

$$b_{t+m} = s_t + b_t + \varphi(b_{t+1}, b_{t+2}, \cdots, b_{t+m-1})$$

Grain 算法中这样的级联结构称为 Grain 级联模型：

$$\{n, S_0, f(x); m, B_0, g(x)\}$$

称 (B_t, S_t) 是级联模型第 t 时刻的状态。Grain 模型的输出序列 $(z_t)_{t>0}$ 表示为

$$z_t = Z(B_t, S_t)$$

式中， $Z(x)$ 为非线性滤波函数。

3.2.2 Grain 系列算法描述

Grain v1 算法是由 Hell、Johansson 和 Meier 设计的一个面向硬件的序列密码算法，是欧洲 eSTREAM 计划中最终胜选的七个序列密码算法之一。原始的版本，即 Grain v0 序列密码算法，在提出之后便被发现存在安全性漏洞，文献[32]和[33]分别提出了针对 Grain v0 算法的有效区分攻击和密钥恢复攻击。针对这些攻击结果，设计者对 Grain v0 算法进行了有针对性的改进，提出了 Grain v1 序列密码算法。在 Grain v1 算法之后，为了使得 Grain 序列密码算法能够达到更高的安全性，Grain-128 算法被提出，其提供的是 128 比特的安全性，随后被提出的改进版本 Grain-128a 算法在提升算法安全性的基础上赋予了算法认证的功能。

1. Grain v0 算法

Grain v0 算法主要包括三部分：一个 80 比特的 LFSR，一个 80 比特的 NFSR 与一个非线性滤波函数。Grain 模型的初始输入为 80 比特的密钥与 64 比特的初始化向量IV。最终得到的输出是 L 比特的密钥流序列 $(z_t)_{t=0}^{L-1}$。

1) Grain v0 算法的密钥流生成过程

LFSR 的反馈多项式是一个本原多项式，其反馈函数 f 对应的线性递推式为

$$s_{t+80} = s_{t+62} \oplus s_{t+51} \oplus s_{t+38} \oplus s_{t+23} \oplus s_{t+13} \oplus s_t$$

式中， $(s_t, s_{t+1}, \cdots, s_{t+79})$ 表示 LFSR 在时刻 t 的 80 比特内部状态。

NFSR 的状态更新受 LFSR 输出的影响，可表示为

$$b_{t+80} = s_t \oplus \varphi(x_t, x_{t+1}, \cdots, x_{t+79})$$

式中，非线性反馈函数 φ 可由下式表示：

$$\varphi(x_t, x_{t+1}, \cdots, x_{t+79})$$
$$= x_{t+63} \oplus x_{t+60} \oplus x_{t+52} \oplus x_{t+45} \oplus x_{t+37}$$
$$\oplus x_{t+33} \oplus x_{t+28} \oplus x_{t+21} \oplus x_{t+15} \oplus x_{t+9} \oplus x_t \oplus x_{t+63}x_{t+60}$$
$$\oplus x_{t+37}x_{t+33} \oplus x_{t+15}x_{t+9} \oplus x_{t+60}x_{t+52}x_{t+45} \oplus x_{t+33}x_{t+28}x_{t+21}$$
$$\oplus x_{t+63}x_{t+45}x_{t+28}x_{t+9} \oplus x_{t+60}x_{t+52}x_{t+37}x_{t+33}$$
$$\oplus x_{t+63}x_{t+60}x_{t+21}x_{t+15} \oplus x_{t+63}x_{t+60}x_{t+52}x_{t+45}x_{t+37}$$
$$\oplus x_{t+33}x_{t+28}x_{t+21}x_{t+15}x_{t+9} \oplus x_{t+52}x_{t+45}x_{t+37}x_{t+33}x_{t+28}x_{t+21}$$

经过非线性滤波函数 $Z(x)$ 的作用，得到密钥流输出 z_t：

$$z_t = b_t \oplus h(s_{t+3}, s_{t+25}, s_{t+46}, s_{t+64}, s_{t+63})$$

其中

$$h(x_0, x_1, x_2, x_3, x_4) = x_1 \oplus x_4 \oplus x_0x_3 \oplus x_2x_3 \oplus x_3x_4 \oplus x_0x_1x_2 \oplus x_0x_2x_3$$
$$\oplus x_0x_2x_4 \oplus x_1x_2x_4 \oplus x_2x_3x_4$$

式中，$h(\cdot)$ 为一阶相关免疫函数。

2）Grain v0 算法的初始化过程

记 80 比特密钥 K 为 $(k_i)_{i=0}^{79}$，64 比特 IV 为 $(\mathrm{iv}_i)_{i=0}^{63}$，其密钥和 IV 加载过程如下：

$$\begin{cases} b_i = k_i, & 0 \leqslant i \leqslant 79 \\ s_i = \mathrm{iv}_i, & 0 \leqslant i \leqslant 63 \\ s_i = 1, & 64 \leqslant i \leqslant 79 \end{cases}$$

在完成密钥和 IV 加载后，Grain v1 算法执行 160 轮的空转，在此期间不输出密钥流序列，密钥流输出函数的输出反馈回去参与 LFSR 和 NFSR 的更新。

2. Grain v1 算法

Grain v1 算法主要包含三部分：80 比特的 NFSR、80 比特的 LFSR 和非线性滤波函数。其初始输入为 80 比特的密钥和 64 比特的 IV。初始化过程和密钥流生成过程有所不同，需要将输出反馈到 LFSR 和 NFSR，参与状态更新过程，称为带反馈的 Grain 模型。

1）Grain v1 算法的密钥流生成过程

Grain v1 算法密钥流生成过程如图 3.2.3 所示。

LFSR 的反馈多项式是一个本原多项式，其反馈函数 f 对应的线性递推式为

$$s_{t+80} = s_{t+62} \oplus s_{t+51} \oplus s_{t+38} \oplus s_{t+23} \oplus s_{t+13} \oplus s_t$$

其中，$(s_t, s_{t+1}, \cdots, s_{t+79})$ 表示 LFSR 在时刻 t 的 80 比特内部状态。

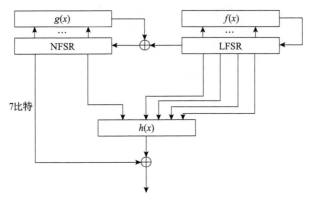

图 3.2.3　Grain v1 算法的密钥流生成过程

NFSR 的状态更新受 LFSR 输出的影响，可表示为

$$b_{t+80} = s_t \oplus \varphi(x_t, x_{t+1}, \cdots, x_{t+79})$$

式中，非线性反馈函数 $\varphi(x_t, x_{t+1}, \cdots, x_{t+79})$ 可由下式表示：

$$
\begin{aligned}
&\varphi(x_t, x_{t+1}, \cdots, x_{t+79}) \\
&= x_{t+62} \oplus x_{t+60} \oplus x_{t+52} \oplus x_{t+45} \oplus x_{t+37} \oplus x_{t+33} \oplus x_{t+28} \oplus x_{t+21} \oplus x_{t+14} \\
&\oplus x_{t+9} \oplus x_t \oplus x_{t+63}x_{t+60} \oplus x_{t+37}x_{t+33} \oplus x_{t+15}x_{t+9} \oplus x_{t+60}x_{t+52}x_{t+45} \oplus x_{t+33}x_{t+28}x_{t+21} \\
&\oplus x_{t+63}x_{t+45}x_{t+28}x_{t+9} \oplus x_{t+60}x_{t+52}x_{t+37}x_{t+33} \oplus x_{t+63}x_{t+60}x_{t+21}x_{t+15} \oplus x_{t+63}x_{t+60}x_{t+52} \\
&\cdot x_{t+45}x_{t+37} \oplus x_{t+33}x_{t+28}x_{t+21}x_{t+15}x_{t+9} \oplus x_{t+52}x_{t+45}x_{t+37}x_{t+33}x_{t+28}x_{t+21}
\end{aligned}
$$

对比 Grain v1 算法和 Grain v0 算法的函数 $\varphi(x_t, x_{t+1}, \cdots, x_{t+79})$ 发现，两者的非线性项相同，区别只发生在函数的线性部分，将 Grain v0 算法 φ 函数中 x_{t+63} 替换为 x_{t+62}，同时将 x_{t+15} 替换为 x_{t+14}，即得到 Grain v1 算法的 φ 函数。

为方便描述，在此将 NFSR 的状态更新表示为如下形式：

$$b_{t+80} = s_t \oplus b_t \oplus g'(b_{t+9}, b_{t+14}, b_{t+15}, b_{t+21}, b_{t+28}, b_{t+33}, b_{t+37}, b_{t+45}, b_{t+52}, b_{t+60}, b_{t+62}, b_{t+63})$$

式中，函数 $g'(\cdot)$ 是一个代数次数为 6 的包含 12 个变量的非线性函数，这里记 $B_t = (b_t, b_{t+1}, \cdots, b_{t+79})$ 是 NFSR 在时刻 t 的 80 比特内部状态。

非线性滤波函数具体如下：

$$z_t = \oplus_{a \in A} b_{t+a} \oplus h(s_{t+3}, s_{t+25}, s_{t+46}, s_{t+64}, b_{t+63})$$

式中

$$A = \{1, 2, 4, 10, 31, 43, 56\}$$

$$h(x_0, x_1, x_2, x_3, x_4) = x_1 \oplus x_4 \oplus x_0 x_3 \oplus x_2 x_3 \oplus x_3 x_4 \oplus x_0 x_1 x_2 \oplus x_0 x_2 x_3$$
$$\oplus x_0 x_2 x_4 \oplus x_1 x_2 x_4 \oplus x_2 x_3 x_4$$

2）Grain v1 算法的初始化过程

在生成密钥流序列之前，Grain v1 算法需要执行初始化过程。记 80 比特密钥 K 为 $(k_i)_{i=0}^{79}$ ，64 比特 IV 为 $(\mathrm{iv}_i)_{i=0}^{63}$ ，其密钥和 IV 加载过程如下：

$$\begin{cases} b_i = k_i, & 0 \leqslant i \leqslant 79 \\ s_i = \mathrm{iv}_i, & 0 \leqslant i \leqslant 63 \\ s_i = 1, & 64 \leqslant i \leqslant 79 \end{cases}$$

在完成密钥和 IV 加载过程后，Grain v1 算法执行 160 轮的空转过程，在此期间不输出密钥流序列，密钥流输出函数的输出反馈回去参与 LFSR 和 NFSR 的更新，如图 3.2.4 所示。

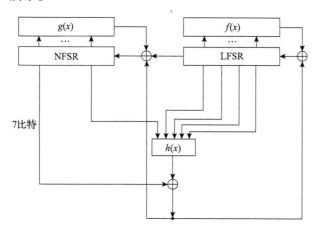

图 3.2.4　Grain v1 算法的初始化过程

3. Grain-128 算法

在原有 Grain v1 算法的基础上，设计者提出密钥规模为 128 比特的新算法。Grain-128 算法的密钥流生成过程如图 3.2.5 所示。它不仅保持了 Grain v1 算法设计上的优势，而且保持了在硬件实现上占用资源更少、实现速率更快的原则。

1）Grain-128 算法的密钥流生成过程

Grain-128 算法中移位寄存器的规模是 128 比特。LFSR 的反馈多项式同样是一个本原多项式，对应的线性递推式为

$$s_{t+128} = s_{t+96} \oplus s_{t+81} \oplus s_{t+70} \oplus s_{t+38} \oplus s_{t+7} \oplus s_t$$

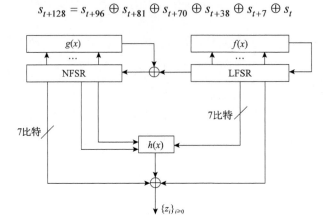

图 3.2.5　　Grain-128 算法的密钥流生成过程

NFSR 的反馈函数对应的状态递推式为

$$b_{t+128} = s_t \oplus b_{t+96} \oplus b_{t+91} \oplus b_{t+56} \oplus b_{t+26} \oplus b_t \oplus b_{t+84}b_{t+68} \oplus b_{t+65}b_{t+61}$$
$$\oplus b_{t+48}b_{t+40} \oplus b_{t+59}b_{t+27} \oplus b_{t+18}b_{t+17} \oplus b_{t+13}b_{t+11} \oplus b_{t+67}b_{t+3}$$

非线性滤波函数为

$$z_t = \oplus_{a \in A} b_{t+a} \oplus s_{i+93} \oplus h(b_{t+12}, s_{t+8}, s_{t+13}, s_{t+20}, b_{t+95}, s_{t+42}, s_{t+60}, s_{t+79}, s_{t+95})$$

式中

$$A = \{2, 15, 36, 45, 64, 73, 89\}$$

$$h(x) = x_0x_1 \oplus x_2x_3 \oplus x_4x_5 \oplus x_6x_7 \oplus x_0x_4x_8$$

2) Grain-128 算法的初始化过程

Grain-128 算法的密钥和 IV 加载过程如下:

$$\begin{cases} b_i = k_i, & 0 \leqslant i \leqslant 127 \\ s_i = \mathrm{iv}_i, & 0 \leqslant i \leqslant 95 \\ s_i = 1, & 96 \leqslant i \leqslant 127 \end{cases}$$

在完成密钥和 IV 加载过程后,算法执行 256 轮的空转过程而不输出序列,密钥流输出函数的输出反馈回去参与 LFSR 和 NFSR 的更新,如图 3.2.6 所示。

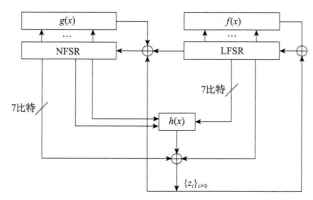

图 3.2.6　Grain-128 算法的初始化过程

3.2.3　级联模型的周期性质

Grain 级联模型采用的基础乱源部分级联模型是一个具有鲜明特色和优势的模型，其特色在于将 LFSR 最左端的输出参与到 NFSR 的反馈更新中，使得两个移位寄存器之间产生了联系，进而使混乱和扩散效果更好。与单纯采用 LFSR 作为基础乱源相比，该级联模型具有很大的优势，不仅提升了算法的非线性程度，而且周期可控。

文献[34]中给出了 Grain 级联模型的周期性质，具体结论如下。

引理 3.2.1[34]　设 $(s_t)_{t \geqslant 0}$ 为 Grain 级联模型中 LFSR 的输出序列，$(b_t)_{t \geqslant 0}$ 为 Grain 级联模型的输出序列，设 $(s_t)_{t \geqslant 0}$ 的周期为 T_1，$(b_t)_{t \geqslant 0}$ 的预周期为 T_0，最小周期为 T_2。若 $(s_t)_{t \geqslant 0}$ 不为全零序列，则有 $T_1 | T_2$ 且 $T_0 = 0$。

证明　(1)证明 $T_1 | T_2$。

由于 $b_{i+m+T_2} = b_{i+m} (m \geqslant 0)$ 对于任意的 $i \geqslant T_0$ 成立，因此可以得到

$$
\begin{aligned}
b_{i+n} &= s_i + b_i + g(b_{i+1}, b_{i+2}, \cdots, b_{i+n-1}) = b_{i+n+T_2} \\
&= s_{i+T_2} + b_{i+T_2} + g(b_{i+1+T_2}, b_{i+2+T_2}, \cdots, b_{i+n+T_2}) \\
&= s_{i+T_2} + b_i + g(b_{i+1+T_2}, b_{i+2+T_2}, \cdots, b_{i+n+T_2})
\end{aligned}
$$

式中，$i \geqslant T_0$，因此

$$
s_i = s_{i+T_2}
$$

对任意的 $i \geqslant T_0$ 成立，即对任意的 $i \geqslant 0$ 成立。

当 $(s_t)_{t \geqslant 0}$ 不为全零状态且 T_1 存在且不为零时，可得 $T_1 | T_2$。

(2)证明 $T_0 = 0$。

假设 $T_0 > 0$。由(1)的证明可知 $b_{T_0+n-1} = b_{T_0+n-1+T_2}$ 成立，则可得

$$b_{T_0+n-1} = s_{T_0-1} + b_{T_0-1} + g(b_{T_0}, b_{T_0+1}, \cdots, b_{T_0+n-2})$$
$$= b_{T_0+n-1+T_2} = s_{T_0-1+T_2} + b_{T_0-1+T_2} + g(b_{T_0+T_2}, b_{T_0+2+T_2}, \cdots, b_{T_0+n-2+T_2})$$
$$= s_{T_0-1+T_2} + b_{T_0-1+T_2} + g(b_{T_0}, b_{T_0+1}, \cdots, b_{T_0+n-2})$$

因此，$s_{T_0-1} + b_{T_0-1} = s_{T_0-1+T_2} + b_{T_0-1+T_2}$ 对 $T_0 > 0$ 成立。

由 (1) 的证明可知，当 $(s_t)_{t \geqslant 0}$ 不为全零状态时，$T_1 | T_2$，则可得

$$s_{T_0-1} = s_{T_0-1+T_2}$$

因此可得

$$b_{T_0-1} = b_{T_0-1+T_2}$$

即对于任意的 $i \geqslant T_0-1$ 有 $b_i = b_{i+T_2}$ 成立。显然与 $(b_t)_{t \geqslant 0}$ 的预周期为 T_0 矛盾，因此 $T_0 = 0$。

证毕。

文献[34]提出的关于 Grain 级联模型的最小周期判定问题至今仍然是一个未能解决的问题。

Grain 级联模型最小周期判定问题是指对于给定的 NFSR 和 LFSR 的反馈函数，判断该 Grain 级联模型的输出序列是否可以达到最小周期，并在最小周期可达的情况下给出反馈寄存器的初态对 (S_0, B_0)。

1. 多 FSR 级联模型的周期性质

根据文献[35]，本节将 Grain 算法中级联结构的概念进行扩展，引入多 FSR 级联模型，并对其周期性质进行分析。

将 $d(d \geqslant 2)$ 个 FSR 按照 Grain 模型中 LFSR 与 NFSR 的级联方式进行串联，可得到多 FSR 级联模型，具体结构如图 3.2.7 所示。

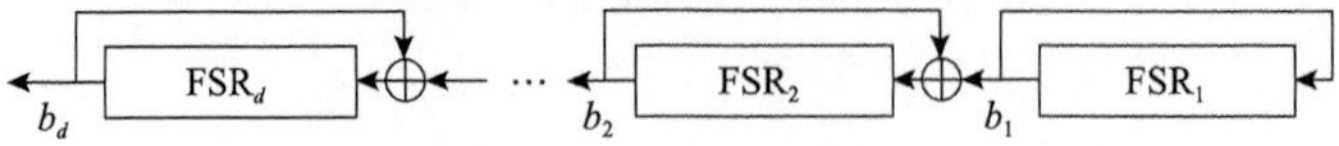

图 3.2.7　多 FSR 级联模型

设 $\mathrm{FSR}_k(1 \leqslant k \leqslant d)$ 的级数为 n_k，反馈函数为

$$g_k(x) = x_0 + \varphi(x_1, x_2, \cdots, x_{n_k-1})$$

将 $\mathrm{FSR}_1, \mathrm{FSR}_2, \cdots, \mathrm{FSR}_d$ 按照从右向左的顺序依次级联起来，级联后 FSR_k 的输出依次记为

$$b_1, b_2, \cdots, b_d$$

式中，$b_1 = g_1(x)$，当 $k \geqslant 2$ 时，有

$$b_k(t + n_k) = b_{k-1}(t) + g_k(b_k(t), b_k(t+1), \cdots, b_k(t + n_k - 1)), \quad t \geqslant 0$$

最左端的输出序列 $(b_d(t))_{t \geqslant 0}$ 为该模型的输出序列。FSR_k 的初态记为

$$B_k(0) = (b_k(0), b_k(1), \cdots, b_k(n_k - 1))$$

定理 3.2.1　多 FSR 级联模型中，设 $\mathrm{FSR}_k (1 \leqslant k \leqslant d)$ 的级数为 n_k，初态为 $B_k(0) = (b_k(0), b_k(1), \cdots, b_k(n_k - 1))$ 时各 FSR_k 输出序列的周期为 T_k，预周期为 R_k，则有

$$T_k \mid T_{k+1} \text{ 且 } R_k \leqslant R_{k+1}$$

特别地，当 $R_1 = 0$ 时，有 $R_2 = R_3 = \cdots = R_d$。

证明　考虑任意两个 FSR 级联的模型，即 FSR_{k-1} 级联 FSR_k，$2 \leqslant k \leqslant d$。
由于 $(b_k(t))_{t \geqslant 0}$ 是（终归）周期序列，设其周期为 T_k，预周期为 R_k，则

$$b_k(t) = b_k(t + T_k), \quad t \geqslant R_k$$

于是有

$$
\begin{aligned}
&b_{k-1}(t) + b_k(t) + \varphi_k(b_k(t+1), b_k(t+2), \cdots, b_k(t + n_k - 1)) \\
&= b_{k-1}(t + T_k) + b_k(t + T_k) + \varphi_k(b_k(t+1+T_k), b_k(t+2+T_k), \cdots, b_k(t + n_k - 1 + T_k)) \\
&= b_{k-1}(t + T_k) + b_k(t) + \varphi_k(b_k(t+1), b_k(t+2), \cdots, b_k(t + n_k - 1))
\end{aligned}
$$

因此 $b_{k-1}(t) = b_{k-1}(t + T_k), t \geqslant R_k$，则 T_k 也是 $(b_{k-1}(t))_{t \geqslant 0}$ 的一个周期，且 $R_k \geqslant R_{k-1}$，即有

$$T_k \mid T_{k+1} \text{ 且 } R_k \leqslant R_{k+1}$$

若 $R_1 = 0$，不妨假设 $R_2 > 0$，因为

$$b_2(t + R_2) = b_2(t + R_2 + T_2), \quad t \geqslant 0$$

所以 $t = n_2 - 1$ 时，有

$$
\begin{aligned}
&b_1(R_2 - 1) + b_2(R_2 - 1) + \varphi_2(b_2(R_2), b_2(R_2 + 1), \cdots, b_2(R_2 + n_2 - 2)) \\
&= b_1(R_2 - 1 + T_2) + b_2(R_2 - 1 + T_2) + \varphi_2(b_2(R_2 + T_2), b_2(R_2 + 1 + T_2), \cdots, b_2(R_2 + n_2 - 2 + T_2)) \\
&= b_1(R_2 - 1 + T_2) + b_2(R_2 - 1 + T_2) + \varphi_2(b_2(R_2), b_2(R_2 + 1), \cdots, b_2(R_2 + n_2 - 2))
\end{aligned}
$$

因此

$$b_1(R_2 - 1) + b_2(R_2 - 1) = b_1(R_2 - 1 + T_2) + b_2(R_2 - 1 + T_2)$$

又因为 $R_1 = 0$ 且 $T_1 | T_2$，所以 $b_1(t) = b_1(t + T_2)$ 对任意 $t \geqslant 0$ 都成立，故

$$b_1(R_2 - 1) = b_1(R_2 - 1 + T_2)$$

于是 $b_2(R_2 - 1) = b_2(R_2 - 1 + T_2)$，即 $b_2(t) = b_2(t + T_2), t \geqslant R_2 - 1$，这与预周期的假设矛盾。因而

$$R_2 = 0$$

故 $(b_2(t))_{t \geqslant 0}$ 为周期序列。以此类推，对 $3 \leqslant k \leqslant d$，都有 $R_k = 0$。

综上所述，对任意初态和 $2 \leqslant k \leqslant d$，每个符合上述条件的 FSR_{k-1} 级联 FSR_k 的模型都满足

$$T_k | T_{k+1} \text{ 且 } R_k \leqslant R_{k+1}$$

由上述证明易推得：$T_1 | T_d$ 且 $R_1 \leqslant R_d$。特别地，若 $R_1 = 0$，则 $R_k = 0(2 \leqslant k \leqslant d)$，即若 FSR_1 的输出是预周期为 0 的周期序列，则模型同样输出预周期为 0 的周期序列，且周期是最右端 FSR_1 输出序列周期的倍数。

证毕。

2. 级联模型的等价结构

根据文献[36]，下面分析 Grain 基础乱源的输出序列状态图中圈的一一对应性，并进一步考察级联模型输出序列的等价性。

1)基本概念和符号说明

定义 3.2.1[36]　设有一非退化的 n 级 FSR，它的反馈函数是 $f(x)$，其状态图记为 G_f。移位寄存器序列的圈结构是指 G_f 中圈的分布。若 G_f 都是由一些没有枝的圈构成，且由 n_1 个周期等于 1 的圈、n_2 个周期等于 2 的圈、$\cdots$、n_i 个周期等于 i 的圈组成，那么形式地记

$$\sum_f = n_1[1] + n_2[2] + \cdots + n_i[i] + \cdots$$

式中，$\sum_f$ 是个有限和，称为 G_f 的圈元。

定义 3.2.2　设有两个非退化的反馈多项式 $f(x)$ 和 $g(x)$。若 $\sum_f = \sum_g$，则称这两个序列的圈结构等价，记为 $G_f \cong G_g$；否则，称它们的圈结构互异，记为 $G_f \neq G_g$。

下面介绍针对序列的三种基本变换。

对偶变换 D：设 $(\underline{a}) = (a_1, a_2, \cdots, a_T, \cdots)$ 为 f 产生的任意一条周期为 T 的序列，$D(\underline{a}) = (a_1 \oplus 1, a_2 \oplus 1, \cdots, a_T \oplus 1, \cdots)$。

对称变换 R：$R(\underline{a}) = (a_T, a_{T-1}, \cdots, a_1, \cdots)$。

组合变换 RD：$\mathrm{RD}(\underline{a}) = (a_T \oplus 1, a_{T-1} \oplus 1, \cdots, a_1 \oplus 1, \cdots)$。

为便于描述，引入下述定义。

定义 3.2.3　设任一移位寄存器的状态 $\theta = (\theta_0, \theta_1, \cdots, \theta_{n-1}) \in F_2^n$，称

$$\theta^{-1} = (\theta_{n-1}, \cdots, \theta_1, \theta_0)$$

为状态 θ 的逆状态。称

$$\overline{\theta} = (\overline{\theta_0}, \overline{\theta_1}, \cdots, \overline{\theta_{n-1}})$$

为状态 θ 的补状态。称

$$\overline{\theta^{-1}} = (\overline{\theta_{n-1}}, \cdots, \overline{\theta_1}, \overline{\theta_0}) = \overline{\theta}^{-1}$$

为状态 θ 的逆补状态。

此外，约定 $[\theta]^a = (\theta_0^a, \theta_1^a, \cdots, \theta_{n-1}^a)$，其中

$$[\theta]^a = (\theta_0^a, \theta_1^a, \cdots, \theta_{n-1}^a), \quad \theta_i^0 = \overline{\theta_i}, \theta_i^1 = \theta_i$$

引理 3.2.2　设非奇异 n 级布尔函数的多项式表示为

$$f = x_1 \oplus f_0(x_2, x_3, \cdots, x_n)$$

若分别用 $D(f)$、$R(f)$ 和 $\mathrm{RD}(f)$ 表示以 $D(G_f)$、$R(G_f)$ 和 $\mathrm{RD}(G_f)$ 为状态图的 n 级移位寄存器反馈布尔函数，则

$$D(f) = x_1 \oplus f_0(\overline{x_2}, \overline{x_3}, \cdots, \overline{x_n})$$

$$R(f) = x_1 \oplus f_0(x_n, x_{n-1}, \cdots, x_2)$$

$$\mathrm{RD}(f) = x_1 \oplus f_0(\overline{x_n}, \overline{x_{n-1}}, \cdots, \overline{x_2})$$

例 3.2.1　下列两个布尔函数

$$f(x) = x_0 + x_1 + x_2 + x_1 \cdot x_3 + x_3 \cdot x_4$$

$$g(x) = x_0 + x_1 + x_3 + x_1 \cdot x_2 + x_2 \cdot x_4$$

的状态圈等价。

解：易知 $g(x_0, x_1, x_2, x_3, x_4) = f(x_0, \overline{x_4}, \overline{x_3}, \overline{x_2}, \overline{x_1})$，即 $g = \mathrm{RD}(f)$，则 $f(x)$ 的状态图 G_f 见图 3.2.8。

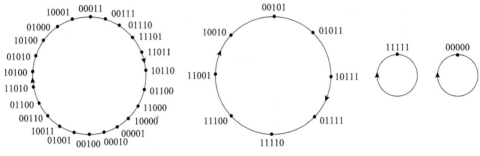

图 3.2.8　$f(x)$ 的状态图

$g(x)$ 的状态图 G_g 见图 3.2.9。

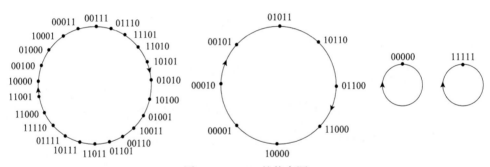

图 3.2.9　$g(x)$ 的状态图

因此，G_f 中的圈与 G_g 中的圈一一对应，$f(x)$ 的圈结构与 $g(x)$ 的圈结构仍然是等价的，即 $G_f \cong G_g$ 恒成立。

2) 级联模型圈结构的等价性

下面考察 Grain 级联模型的圈结构性质。级联模型 $\{n, S_0, f(x); m, B_0, g(x)\}$ 的状态图是指遍历 NFSR 和 LFSR 的初态生成序列的状态图，记作 $G_{\{f,g\}}$。有以下结论成立。

定理 3.2.2　设级联模型 $\{n, S_0, f^{(1)}(x); m, B_0, g^{(1)}(x)\}$ 和 $\{n, S_0^{(2)}, f^{(2)}(x); m, B_0^{(2)}, g^{(2)}(x)\}$ 的状态图分别为 $G_{\{f^{(1)}, g^{(1)}\}}$ 和 $G_{\{f^{(2)}, g^{(2)}\}}$。$\forall a, b \in F_2$，当这两个模型满足以下两种情形之一时，这两个级联模型的圈结构等价。

情形 (1)：$B_0^{(2)} = [B_n^{-1}]^b, S_0^{(2)} = [S_0^{-1}]^a$，$f^{(1)}(x)$ 和 $f^{(2)}(x)$ 满足

$$f^{(2)}(x_0, x_1, \cdots, x_{n-1}) = f^{(1)}(x_0, x_{n-1}^a, \cdots, x_1^a)$$

$g^{(1)}(x)$ 和 $g^{(2)}(x)$ 满足

$$g^{(2)}(x_0, x_1, \cdots, x_{m-1}) = g^{(1)}(x_0, x_{m-1}^b, \cdots, x_1^b) + \overline{a}$$

情形 (2)：$B_0^{(2)} = [B_0]^b, S_0^{(2)} = [S_0]^a$，$f^{(1)}(x)$ 和 $f^{(2)}(x)$ 满足

$$f^{(2)}(x_0, x_1, \cdots, x_{n-1}) = f^{(1)}(x_0, x_1^a, \cdots, x_{n-1}^a)$$

$g^{(1)}(x)$ 和 $g^{(2)}(x)$ 满足

$$g^{(2)}(x_0, x_1, \cdots, x_{m-1}) = g^{(1)}(x_0, x_1^b, \cdots, x_{m-1}^b) + \overline{a}$$

证明　记 $\{s_i\}_{i \geqslant 0}$ 的周期为 N，$\{b_i\}_{i \geqslant 0}$ 的周期为 M。

情形 (1)：$f^{(1)}(x)$ 和 $f^{(2)}(x)$ 满足

$$f^{(2)}(x_0, x_1, \cdots, x_{n-1}) = f^{(1)}(x_0, x_{n-1}^a, \cdots, x_1^a)$$

令级联模型 $\{n, S_0, f^{(1)}(x); m, B_0, g^{(1)}(x)\}$ 中 LFSR 的状态序列为

$$S_0, S_1, \cdots, S_{N-1}, S_0, \cdots$$

当 $S_0^{(2)} = [S_0^{-1}]^a$ 时，根据引理 3.2.2，级联模型 $\{n, S_0^{(2)}, f^{(2)}(x); m, B_0^{(2)}, g^{(2)}(x)\}$ 中 LFSR 的状态序列为

$$[S_0^{-1}]^a, [S_{N-1}^{-1}]^a, [S_{N-2}^{-1}]^a, \cdots, [S_1^{-1}]^a, \cdots$$

若 $g^{(1)}(x)$ 和 $g^{(2)}(x)$ 满足

$$g^{(2)}(x_0, x_1, \cdots, x_{m-1}) = g^{(1)}(x_0, x_{m-1}^b, \cdots, x_1^b) + \overline{a}$$

不考虑 a 的影响和 LFSR 的级联作用，由引理 3.2.2，级联模型 $\{n, S_0, f^{(1)}(x); m, B_0, g^{(1)}(x)\}$ 中 NFSR 的状态转移与级联模型 $\{n, S_0^{(2)}, f^{(2)}(x); m, B_0^{(2)}, g^{(2)}(x)\}$ 中 NFSR 的状态转移有如下一一对应关系：

$$(b_i, b_{i+1}, \cdots, b_{i+m-1}) \rightarrow (b_{i+1}, b_{i+2}, \cdots, b_{i+m-1}, g^{(1)}(b_i, b_{i+1}, \cdots, b_{i+m-1}))$$
$$\Updownarrow$$
$$(g^{(1)}(b_i, b_{i+1}, \cdots, b_{i+m-1})^b, b_{i+m-1}^b, b_{i+m-2}^b, \cdots, b_{i+1}^b) \rightarrow (b_{i+m-1}^b, b_{i+m-2}^b, \cdots, b_{i+1}^b, b_i^b)$$

令级联模型 $\{n, S_0, f^{(1)}(x); m, B_0, g^{(1)}(x)\}$ 中 NFSR 的状态序列为 $(B_0, B_1, \cdots,$ $B_{M-1}, B_0, B_1, \cdots)$。由对应关系，当 $B_0^{(2)} = [B_n^{-1}]^b$ 时，级联模型 $\{n, S_0^{(2)}, f^{(2)}(x); m, B_0^{(2)},$ $g^{(2)}(x)\}$ 中 NFSR 的状态序列为

$$[B_n^{-1}]^b, [B_{n-1}^{-1}]^b, \cdots, [B_0^{-1}]^b, [B_{M-1}^{-1}]^b, \cdots, [B_{n+1}^{-1}]^b$$

当级联模型 $\{n, S_0, f^{(1)}(x); m, B_0, g^{(1)}(x)\}$ 在第 i 时刻的状态是 (B_i, S_i) 时，级联模型 $\{n, S_0^{(2)}, f^{(2)}(x); m, B_0^{(2)}, g^{(2)}(x)\}$ 的 NFSR 中与 B_i 对应的状态是 $[B_i^{-1}]^b$。由于 $B_0^{(2)} = [B_n^{-1}]^b$，$S_0^{(2)} = [S_0^{-1}]^a$，由引理 3.2.1 知 $N \mid M$，在第二个模型中，当 NFSR 的状态是 $[B_{i+1}^{-1}]^b$ 时，LFSR 的状态是 $[S_{(i+1+N-n) \bmod n}^{-1}]^a = (s_i^a, s_{(i+N-1) \bmod N}^a,$ $s_{(i+N-2) \bmod N}^a, \cdots, s_{(i+N-n+1) \bmod N}^a)$，因此反馈比特为 s_i^a。基于此，级联模型 $\{n, S_0,$ $f^{(1)}(x); m, B_0, g^{(1)}(x)\}$ 的状态转移与级联模型 $\{n, S_0^{(2)}, f^{(2)}(x); m, B_0^{(2)}, g^{(2)}(x)\}$ 的状态转移存在如下一一对应关系：

$$(b_i, b_{i+1}, \cdots, b_{i+m-1}) \rightarrow (b_{i+1}, b_{i+2}, \cdots, b_{i+m-1}, g^{(1)}(b_i, b_{i+1}, \cdots, b_{i+m-1}) + s_i)$$
$$\Updownarrow$$
$$((g^{(1)}(b_i, b_{i+1}, \cdots, b_{i+m-1}) + s_i)^b, b_{i+m-1}^b, \cdots, b_{i+1}^b) \rightarrow (b_{i+m-1}^b, b_{i+m-2}^b, \cdots, b_{i+1}^b, b_i^b)$$

这是因为

$$g^{(2)}((g^{(1)}(b_i, b_{i+1}, \cdots, b_{i+m-1}) + s_i)^b, b_{i+m-1}^b, b_{i+m-2}^b, \cdots, b_{i+1}^b) + s_i^a$$
$$= g^{(1)}(b_i, b_{i+1}, \cdots, b_{i+m-1}) + s_i + \overline{b} + g_1^{(2)}(b_{i+m-1}^b, b_{i+m-2}^b, \cdots, b_{i+1}^b) + s_i + \overline{a}$$
$$= g^{(2)}(b_i, b_{i+m-1}^b, \cdots, b_{i+1}^b) + \overline{a} + g_1^{(2)}(b_{i+m-1}^b, b_{i+m-2}^b, \cdots, b_{i+1}^b) + \overline{a} + \overline{b} = b_i + \overline{b}$$
$$= b_i^b$$

情形(2)：$f^{(1)}(x)$ 和 $f^{(2)}(x)$ 满足

$$f^{(2)}(x_0, x_1, \cdots, x_{n-1}) = f^{(1)}(x_0, x_1^a, \cdots, x_{n-1}^a)$$

根据引理 3.2.2 中的对应关系，级联模型 $\{n, S_0^{(2)}, f^{(2)}(x); m, B_0^{(2)}, g^{(2)}(x)\}$ 中 LFSR 的状态序列为 $[S_0]^a, [S_1]^a, \cdots, [S_{N-1}]^a, [S_0]^a, \cdots$。

设 $f^{(3)}(x_0, x_1, \cdots, x_{n-1}) = f^{(1)}(x_0, x_{n-1}^a, \cdots, x_1^a)$ 且 $g^{(3)}(x_0, x_1, \cdots, x_{m-1}) = g^{(1)}(x_0,$ $x_{m-1}^b, \cdots, x_1^b) + \overline{a}$，由上述讨论可知，级联模型 $\{n, S_0, f^{(1)}(x); m, B_0, g^{(1)}(x)\}$ 的状态转移与级联模型 $\{n, [S_0^{-1}]^a, f^{(3)}(x); m, [B_n^{-1}]^b, g^{(3)}(x)\}$ 的状态转移存在如下一一对应

关系：

$$(b_i, b_{i+1}, \cdots, b_{i+m-1}) \to (b_{i+1}, b_{i+2}, \cdots, b_{i+m-1}, g^{(1)}(b_i, b_{i+1}, \cdots, b_{i+m-1}) + s_i)$$

$$\Updownarrow$$

$$((g^{(1)}(b_i, b_{i+1}, \cdots, b_{i+m-1}) + s_i)^b, b_{i+m-1}^b, \cdots, b_{i+1}^b) \to (b_{i+m-1}^b, b_{i+m-2}^b, \cdots, b_{i+1}^b, b_i^b)$$

若

$$g^{(2)}(x_0, x_1, \cdots, x_{m-1}) = g^{(1)}(x_0, x_1^b, \cdots, x_{m-1}^b) + \overline{a}$$

则有

$$f^{(2)}(x_0, x_1, \cdots, x_{n-1}) = f^{(3)}(x_0, x_{n-1}, \cdots, x_1)$$

且 $g^{(2)}(x_0, x_1, \cdots, x_{m-1}) = g^{(3)}(x_0, x_{m-1}, \cdots, x_1)$，它属于情形 (1) 四种情况中的一种：$a = 1$，$b = 1$。此时，LFSR 的反馈比特为 s_i，于是级联模型 $\{n, S_0, f^{(1)}(x); m, B_0, g^{(1)}(x)\}$ 的状态转移与级联模型 $\{n, S_0^{(2)}, f^{(2)}(x); m, B_0^{(2)}, g^{(2)}(x)\}$ 的状态转移存在如下一一对应关系：

$$((g^{(1)}(b_i, b_{i+1}, \cdots, b_{i+m-1}) + s_i)^b, b_{i+m-1}^b, \cdots, b_{i+1}^b) \to (b_{i+m-1}^b, b_{i+m-2}^b, \cdots, b_{i+1}^b, b_i^b)$$

$$\Updownarrow$$

$$(b_i^b, b_{i+1}^b, \cdots, b_{i+m-1}^b) \to (b_{i+1}^b, b_{i+m-2}^b, \cdots, b_{i+m-1}^b, (g^{(1)}(b_i, b_{i+1}, \cdots, b_{i+m-1}) + s_i)^b)$$

因此，级联模型 $\{n, S_0, f^{(1)}(x); m, B_0, g^{(1)}(x)\}$ 的状态转移与级联模型 $\{n, [S_0]^a, f^{(2)}(x); m, [B_0]^b, g^{(2)}(x)\}$ 的状态转移存在如下一一对应关系：

$$(b_i, b_{i+1}, \cdots, b_{i+m-1}) \to (b_{i+1}, b_{i+2}, \cdots, b_{i+m-1}, g^{(1)}(b_i, b_{i+1}, \cdots, b_{i+m-1}) + s_i)$$

$$\Updownarrow$$

$$(b_i^b, b_{i+1}^b, \cdots, b_{i+m-1}^b) \to (b_{i+1}^b, b_{i+2}^b, \cdots, b_{i+m-1}^b, (g^{(1)}(b_i, b_{i+1}, \cdots, b_{i+m-1}) + s_i)^b)$$

由于 $B_0^{(2)} = [B_0]^b$，$S_0^{(2)} = [S_0]^a$，当 NFSR 的状态是 $[B_i]^b$ 时，LFSR 的状态是 $[S_i]^a$，因此级联中 LFSR 的反馈比特是 s_i^a，进而需要验证

$$g^{(2)}(b_i^b, b_{i+1}^b, \cdots, b_{i+m-1}^b) + s_i^a = (g^{(1)}(b_i, b_{i+1}, \cdots, b_{i+m-1}) + s_i)^b$$

是否成立，有

$$g^{(2)}(b_i^b, b_{i+1}^b, \cdots, b_{i+m-1}^b) + s_i^a = b_i + \overline{b} + g_1^{(2)}(b_{i+1}^b, b_{i+2}^b, \cdots, b_{i+m-1}^b) + s_i + \overline{a}$$

$$= (b_i + g_1^{(2)}(b_{i+1}^b, b_{i+2}^b, \cdots, b_{i+m-1}^b) + \overline{a}) + s_i + \overline{b}$$

$$= g^{(1)}(b_i, b_{i+1}, \cdots, b_{i+m-1}) + s_i + \overline{b}$$

$$= (g^{(1)}(b_i, b_{i+1}, \cdots, b_{i+m-1}) + s_i)^b$$

综上所述，当满足定理中的两种情形之一时，级联模型 $\{n, S_0, f^{(1)}(x); m, B_0, g^{(1)}(x)\}$ 的状态转移变换与级联模型 $\{n, S_0^{(2)}, f^{(2)}(x); m, B_0^{(2)}, g^{(2)}(x)\}$ 的状态转移变换是一一对应的。根据引理 3.2.1 可知，Grain 级联模型输出序列是周期序列。因为状态圈是由状态转移组成的，所以状态转移间的双射对应意味着状态图中圈的等价性。设 $G_{\{f^{(1)}, g^{(1)}\}}$ 的圈元为

$$\sum\nolimits_{\{f^{(1)}, g^{(1)}\}} = p_1[1] + p_2[2] + \cdots + p_i[i] + \cdots$$

$G_{\{f^{(2)}, g^{(2)}\}}$ 的圈元为

$$\sum\nolimits_{\{f^{(2)}, g^{(2)}\}} = q_1[1] + q_2[2] + \cdots + q_i[i] + \cdots$$

由上述讨论可知，$p_i = q_i (i \geq 1)$，即 $\sum_{\{f^{(1)}, g^{(1)}\}} = \sum_{\{f^{(2)}, g^{(2)}\}}$，则 $G_{\{f^{(1)}, g^{(1)}\}} \cong G_{\{f^{(2)}, g^{(2)}\}}$，故这两个级联模型的圈结构是等价的。

证毕。

定理 3.2.2 中，因为 $a, b \in F_2$，所以每一种情形包括四种圈结构等价的模型。换句话说，任意给定一个级联模型，本节能够得到 7 类与原模型的圈结构等价的级联模型(原模型是情形 (2) 中 $a = 1, b = 1$ 的情形)，并且它们中任意两类状态圈中的状态转移是一一对应的。这个结论可以从另外一个角度回答文献[34]提出的关于 Grain 级联模型的最小周期判定问题，即如果级联模型 $\{n, S_0, f(x); m, B_0, g(x)\}$ 的输出序列(不)能达到最小周期，那么根据定理 3.2.2 构造的其他 7 类级联模型，它们的输出序列也(不)能达到最小周期。

下面给出一个实例，由 Grain v1 算法的基础乱源部分构造出 3 类等价的圈结构。

例 3.2.2　在 Grain v1 算法中，设 LFSR 和 NFSR 的初态分别为 S_0 和 B_0，LFSR 的反馈多项式为

$$f(x_0, x_1, \cdots, x_{79}) = x_0 + x_{13} + x_{23} + x_{38} + x_{51} + x_{62}$$

NFSR 的反馈多项式为

$$g(x_0, x_1, \cdots, x_{79}) = x_0 + x_9 + x_{14} + x_{21} + x_{28} + x_{33} + x_{37} + x_{45} + x_{52} + x_{60} + x_{62}$$
$$+ g_1(x_9, x_{15}, x_{21}, x_{28}, x_{33}, x_{37}, x_{45}, x_{52}, x_{60}, x_{63}) + 1$$

式中，$g_1(x)$ 是 $g(x)$ 的非线性部分，具体见 Grain v1 算法的描述部分。

$\forall a, b \in F_2$，对算法进行如下 3 类改变，其中"$'$"表示改变后的初态或反馈函数。

(1) 初态为 $B_0' = \overline{B_0}$ 和 $S_0' = \overline{S_0}$，反馈函数为

$$f'(x_0, x_1, \cdots, x_{79}) = x_0 + x_{13} + x_{23} + x_{38} + x_{51} + x_{62} + 1$$

$$g'(x_0, x_1, \cdots, x_{79}) = x_0 + x_9 + x_{14} + x_{21} + x_{28} + x_{33} + x_{37} + x_{45} + x_{52} + x_{60} + x_{62}$$
$$+ g_1(\overline{x_9}, \overline{x_{15}}, \overline{x_{21}}, \overline{x_{28}}, \overline{x_{33}}, \overline{x_{37}}, \overline{x_{45}}, \overline{x_{52}}, \overline{x_{60}}, \overline{x_{63}}) + 1$$

(2) 初态为 $B_0' = [B_{80}]^{-1}$ 和 $S_0' = [S_0]^{-1}$，反馈函数为

$$f'(x_0, x_1, \cdots, x_{79}) = x_0 + x_{18} + x_{29} + x_{42} + x_{57} + x_{67}$$

$$g'(x_0, x_1, \cdots, x_{79}) = x_0 + x_{18} + x_{20} + x_{28} + x_{35} + x_{43} + x_{47} + x_{52} + x_{59} + x_{66} + x_{71}$$
$$+ g_1(x_{71}, x_{65}, x_{59}, x_{52}, x_{47}, x_{43}, x_{35}, x_{28}, x_{20}, x_{17})$$

(3) 初态为 $B_0' = \overline{[B_{80}]^{-1}}$ 和 $S_0' = \overline{[S_0]^{-1}}$，反馈函数为

$$f'(x_0, x_1, \cdots, x_{79}) = x_0 + x_{18} + x_{29} + x_{42} + x_{57} + x_{67} + 1$$

$$g'(x_0, x_1, \cdots, x_{79}) = x_0 + x_{18} + x_{20} + x_{28} + x_{35} + x_{43} + x_{47} + x_{52} + x_{59} + x_{66} + x_{71}$$
$$+ g_1(\overline{x_{71}}, \overline{x_{65}}, \overline{x_{59}}, \overline{x_{52}}, \overline{x_{47}}, \overline{x_{43}}, \overline{x_{35}}, \overline{x_{28}}, \overline{x_{20}}, \overline{x_{17}}) + 1$$

根据引理 3.2.2 和定理 3.2.2，变换之后的级联模型的圈结构与原 Grain v1 算法中级联模型的圈结构是等价的。

本节从 Grain 模型原有基础乱源部分出发，将其推广并一般化为多个 FSR 依次级联的模型，研究此类模型输出序列的周期性；针对 Grain 模型的级联模型，对其圈结构的等价性进行研究。目前，级联模型的最小周期判定性问题还没有被彻底解决，本节关于级联模型圈结构的等价性研究可以提供另外一种思路，对于此问题的解决有一定参考和借鉴意义。

3.2.4　Grain v0 算法的线性逼近攻击

文献[33]中提出了一种针对 Grain v0 算法的线性逼近攻击，通过结合 NFSR 和滤波函数中反馈函数的线性逼近得到包含密钥流和 LFSR 初始状态的线性逼近

方程,据此可以对 Grain v0 算法进行密钥恢复,计算复杂度为 $O(2^{43})$,需要 2^{38} 个密钥流比特。在下面的攻击中,为方便描述,令 LFSR 第 t 时刻的初态为

$$Y^t = (y_t, y_{t+1}, \cdots, y_{t+79})$$

令 NFSR 的初态为

$$X^t = (x_t, x_{t+1}, \cdots, x_{t+79})$$

攻击的目的是通过对应于未知密钥 K 和已知 IV 值的密钥流序列 $(z_t)_{t=0,1,\cdots,L-1}$ 来恢复密钥 K。

1. 线性逼近方程的建立

攻击初始,需要建立足够数量的 N 个关于 80 位 LFSR 的初始状态 $Y^0 = (y_0, y_1, \cdots, y_{79})$ 的线性逼近方程。

在 Grain v0 算法中,由于

$$z_t = b_t \oplus h(s_{t+3}, s_{t+25}, s_{t+46}, s_{t+64}, b_{t+63})$$

为方便描述,$\forall t > 0$,不妨令 $b_t = x_t$,$s_t = y_t$,则有

$$\begin{aligned} z_t &= x_t \oplus h(y_{t+3}, y_{t+25}, y_{t+46}, y_{t+64}, x_{t+63}) \\ &= h'(y_{t+3}, y_{t+25}, y_{t+46}, y_{t+64}, x_t, x_{t+63}) \end{aligned}$$

式中

$$\begin{aligned} h(x_0, x_1, x_2, x_3, x_4) = {}& x_1 \oplus x_4 \oplus x_0 x_3 \oplus x_2 x_3 \oplus x_3 x_4 \oplus x_0 x_1 x_2 \oplus x_0 x_2 x_3 \\ & \oplus x_0 x_2 x_4 \oplus x_1 x_2 x_4 \oplus x_2 x_3 x_4 \end{aligned}$$

为了化简 z_t 的表达式,不妨令 p_t 和 q_t 是关于 y_{t+3}、y_{t+25}、y_{t+46}、y_{t+64} 的函数,具体如下:

$$p_t = 1 \oplus y_{t+46} \oplus y_{t+46}(y_{t+3} \oplus y_{t+25} \oplus y_{t+64})$$

$$q_t = y_{t+25} \oplus y_{t+3} y_{t+46}(y_{t+25} \oplus y_{t+64}) \oplus y_{t+64}(y_{t+3} \oplus y_{t+46})$$

则有

$$z_t = x_t \oplus x_{t+63} p_t \oplus q_t$$

尽管 NFSR 的反馈函数 g 是平衡的,但是由

$$g'(X^t) = g(X^t) \oplus x_t$$

得到的 g' 是不平衡的，有

$$p(g'(X^t) = 1) = \frac{522}{1024} = \frac{1}{2} + \varepsilon_{g'}$$

式中，$\varepsilon_{g'} = 5/512$。

值得注意的是，当限制的 g' 输入值 X^t 使 $x_{t+63} = 0$ 时，g' 是平衡的，g' 的不平衡性只会出现在输入值 X^t 中 $x_{t+63} = 1$ 时，这相当于寻求 $p_t \oplus q_t$ 的线性近似。

由于

$$z_t \oplus z_{t+80} = g'(X^t) \oplus y_t \oplus h(y_{t+3}, y_{t+25}, y_{t+46}, y_{t+64}, x_{t+63})$$
$$\oplus h(y_{t+83}, y_{t+105}, y_{t+126}, y_{t+144}, x_{t+143})$$

假设 $x_{t+63} = 1$，得到以下 16 个 $z_t \oplus z_{t+80}$ 的线性逼近，即

$$z_t \oplus z_{t+80} = y_t \oplus l_1(y_{t+3}, y_{t+25}, y_{t+46}, y_{t+64}) \oplus l_2(y_{t+83}, y_{t+105}, y_{t+126}, y_{t+144}) \qquad (3.2.1)$$

式 (3.2.1) 中的 $l_1 \in L_1$ 且 $l_2 \in L_2$，其中

$$L_1 = \left\{ y_{t+3} \oplus y_{t+25} \oplus y_{t+64} \oplus 1; y_{t+25} \oplus y_{t+46} \oplus y_{t+64} \oplus 1 \right\}$$

L_1 的每一个线性式和 $h(y_{t+3}, y_{t+25}, y_{t+46}, y_{t+64}, x_{t+63})$ 相等的概率为 $1/2 + \varepsilon_1$，这里 $\varepsilon_1 = 1/4$，而

$$L_2 = \{ y_{t+83} \oplus y_{t+144} \oplus 1, \, y_{t+83} \oplus y_{t+105} \oplus y_{t+126} \oplus y_{t+144} \oplus 1,$$
$$y_{t+83} \oplus y_{t+126} \oplus y_{t+144}, \, y_{t+83} \oplus y_{t+105} \oplus y_{t+126},$$
$$y_{t+83} \oplus y_{t+105}, \, y_{t+83} \oplus y_{t+105} \oplus y_{t+144} \oplus 1,$$
$$y_{t+105} \oplus y_{t+144}, \, y_{t+105} \oplus y_{t+126} \oplus y_{t+144} \oplus 1 \}$$

L_2 的每一个线性式和 $h(y_{t+3}, y_{t+25}, y_{t+46}, y_{t+64}, x_{t+63})$ 相等的概率为 $1/2 + \varepsilon_2$，这里 $\varepsilon_2 = 1/8$。

因此，式 (3.2.1) 成立的概率为 $1/2 + \varepsilon$，其中 ε 由 $\varepsilon_{g'}$、ε_1 和 ε_2 用堆积引理推得

$$\varepsilon = \frac{1}{2} \times 2^3 \cdot \varepsilon_{g'} \cdot \varepsilon_1 \cdot \varepsilon_2 = \frac{5}{4096} \approx 2^{-9.67}$$

2. 恢复 LFSR 的初态

在得到足够数量的密钥流比特的情况下，由前面所述方法可以 $\varepsilon \approx 2^{-9.67}$ 的偏

差得到 N 个关于 LFSR 的 80 比特初态 $Y^0 = (y_0, y_1, \cdots, y_{79})$ 的线性逼近方程，表达示为

$$\mathop{\oplus}\limits_{i=0}^{n-1} \alpha_i^j \cdot y_i = b^j, \quad j = 1, 2, \cdots, N$$

式中，$n = 80$；y_i 表示初态；b^j 表示密钥流比特。

利用相关攻击或解含错方程的方法可得到未知的 80 比特初态。文献[33]利用快速 Walsh 变换，提高了相关攻击的计算效率，攻击复杂度为 $O(2^{43})$，存储复杂度为 $O(2^{42})$，需要的密钥流比特约为 2^{38}。

3. 恢复 NFSR 的初态

在 LFSR 的初态 $Y^0 = (y_0, y_1, \cdots, y_{79})$ 已知的情况下，只要恢复 NFSR 的初态 $X^0 = (x_0, x_1, \cdots, x_{79})$，就恢复了密钥 K。由于 LFSR 消除了输出函数的非线性特性，因此可以由 LFSR 初态确定建立下面四个方程之一：

$$z_i = x_i, \quad z_i = x_i \oplus 1, \quad z_i = x_i \oplus x_{63+i}, \quad z_i = x_i \oplus x_{63+i} \oplus 1$$

每一个方程都以相同概率出现。文献[33]利用密钥流比特链的技术，构造 64 条不同的密钥流比特链，仅需要少量的密钥流比特和少量的操作就恢复了 NFSR 的初态，与恢复 LFSR 的初态阶段的复杂度相比可忽略不计。

文献[33]作者提出了针对 Grain v0 算法的修改意见，例如，增加密钥流输出函数中 NFSR 的变元个数，修改 g 函数使得相应的 g' 函数是平衡的，等等。这些都在 Grain v1 算法中有所体现。

3.2.5　Grain 算法的弱 Key-IV 对区分攻击

LFSR 的初态若是全零状态，将导致 LFSR 的输出为全零序列。在 Grain 模型的初始化填充中，将 LFSR 的高位强制赋值了若干个 1，就是为了避免全零状态的出现。但是，文献[37]指出，Grain 模型初始化反馈机制使经过若干圈的初始化更新后，LFSR 仍然可能导致全零状态出现，这样模型中只有 NFSR 作为基础乱源，将导致 Grain 算法无法抵抗区分攻击。若对于某些 (Key, IV) 对，经过初始化更新后，可以导致 LFSR 为全零状态，则称这些 (Key, IV) 对为 Grain 算法的弱 Key-IV 对。

1. Grain v1 算法中弱 Key-IV 对的存在性

记 $U_0 = (S_0, B_0)$ 为 Grain v1 算法完成密钥和 IV 加载过程得到的 160 比特内部

状态，记 $U_{160} = (S_{160}, B_{160})$ 为 Grain v1 算法完成初始化得到的 160 比特内部状态。由 Grain v1 算法的工作原理可知，Grain v1 算法的初始化过程是可逆的，这样当初始化完成后 LFSR 为全零状态，即 $S_{160} = 0$ 时，B_{160} 可取任意值，则一步一步倒推得到 LFSR 和 NFSR 的初态，若此初态符合 Grain v1 算法的初态填充规则，则得到弱 Key-IV 对。根据这一特点，可设计如下算法用于搜索 Grain v1 算法中的弱 Key-IV 对。

算法 3.2.1　Grain v1 算法中弱 Key-IV 对的搜索过程

步骤 1，将 S_{160} 设置为全零状态 $(0, 0, \cdots, 0)$，B_{160} 取任意值。

步骤 2，从 $t = 159$ 到 $t = 0$，执行如下步骤：

步骤 2.1，计算 $z_t = \oplus_{a \in A} b_{t+a} \oplus h(s_{t+3}, s_{t+25}, s_{t+46}, s_{t+64}, b_{t+63})$；

步骤 2.2，计算 $s_t = z_t \oplus s_{t+80} \oplus s_{t+62} \oplus s_{t+51} \oplus s_{t+38} \oplus s_{t+23} \oplus s_{t+13}$；

步骤 2.3，计算

$$b_t = z_t \oplus s_t \oplus b_{t+80} \oplus g'(b_{t+9}, b_{t+14}, b_{t+15}, b_{t+21}, b_{t+28}, b_{t+33},$$
$$b_{t+37}, b_{t+45}, b_{t+52}, b_{t+60}, b_{t+62}, b_{t+63})$$

步骤 3，检测 $s_j = 1$ 对 $j = 64, 65, \cdots, 79$ 是否都成立。若成立，则输出 $U_0 = (S_0, B_0)$；否则尝试下一个 B_{160}。

由算法 3.2.1 可知，当 B_{160} 取任意值时，共有 2^{80} 种可能，对于 $j = 64, 65, \cdots, 79$，需要满足 $s_j = 1$，故在所有 $2^{80+64} = 2^{144}$ 个 Key-IV 对中，共有 2^{64} 个弱 Key-IV 对。表 3.2.1 给出了利用算法 3.2.1 搜索到的 Grain 系列算法的弱 Key-IV 对的一个实例。

表 3.2.1　Grain 系列算法的弱 Key-IV 对实例

版本	Grain v0
Key	0x6f22a2a70e1c363b62af
IV	0x44b604a4d4479eb4
B_{160}	0xc2ced7db3189a9ad94b8
S_{160}	0x00000000000000000000

版本	Grain v1
Key	0xf57e358ecae6b3dc683d
IV	0x97652a7f1a112415
B_{160}	0xd99ea5abb8d0129212c7
S_{160}	0x00000000000000000000

续表

版本	Grain-128
Key	0xfd6af0ff0ad9bdad7037b91ef1b9cc13
IV	0x014d3e274f8d3528ddad4310
B_{160}	0xc1bc1c087a79b533f9018d230df2e744
S_{160}	0x0000000000000000000000000000000000000000

2. 基于弱 Key-IV 对的区分攻击

记 $x = (x_0, x_1, \cdots, x_{n-1}) \in F_2^n, \omega = (\omega_0, \omega_1, \cdots, \omega_{n-1}) \in F_2^n$ ，有

$$x \cdot \omega = x_0 \omega_0 + x_1 \omega_1 + \cdots + x_{n-1} \omega_{n-1}$$

对于给定的 ω ，可以通过下式计算布尔函数 f 的 Walsh 循环谱值：

$$W_{(f)}(\omega) = \frac{1}{2^n} \sum_{x=0}^{2^n-1} (-1)^{f(x)} (-1)^{x \cdot \omega}$$

从概率的角度来考察，易知有如下结论成立：

$$p(f(x) = x \cdot \omega) = \frac{1 + W_{(f)}(\omega)}{2}$$

$$p(f(x) \neq x \cdot \omega) = \frac{1 - W_{(f)}(\omega)}{2}$$

函数 $f(x)$ 在 ω 点的 Walsh 循环谱就是 $f(x)$ 与线性函数 $x \cdot \omega$ 的相关系数，因此 Walsh 循环谱的大小直接反映了函数 $f(x)$ 的输出与线性逼近 $x \cdot \omega$ 之间的相关性。因此，攻击者可以通过遍历 ω 找到 $f(x)$ 的最佳线性逼近。

首先，对 NFSR 的反馈函数 $g(x) = x_0 + \varphi(x_1, x_2, \cdots, x_{12})$ 进行线性逼近。NFSR 反馈函数对应的递推式为

$$b_{t+80} = b_t \oplus g'(b_{t+9}, b_{t+14}, b_{t+15}, b_{t+21}, b_{t+28}, b_{t+33}, b_{t+37}, b_{t+45}, b_{t+52}, b_{t+60}, b_{t+62}, b_{t+63})$$

通过遍历 ω ，可得其最佳线性逼近为

$$\max\left\{ W_{(g)}(\omega) \right\} = \frac{1312}{2^{13}}$$

此时， $\omega = (1, 0, 1, 0, 1, 1, 0, 1, 1, 1, 1, 1, 0)$ 。

以下反馈函数就是 NFSR 的反馈函数 g 的最佳线性逼近式：

$$b_{t+80} = b_{t+62} \oplus b_{t+60} \oplus b_{t+52} \oplus b_{t+45} \oplus b_{t+37} \oplus b_{t+28} \oplus b_{t+21} \oplus b_{t+14} \oplus b_t$$

该线性逼近式成立的概率为

$$p(g(x) = x \cdot \omega) = \frac{1 + W_{(g)}(\omega)}{2} = \frac{1}{2} + \frac{656}{2^{13}}$$

对弱 Key-IV 对而言，其密钥流输出函数被简化为

$$z_t = \oplus_{a \in A_1} b_{t+a}$$

式中，$A_1 = \{1, 2, 4, 10, 31, 43, 56, 63\}$。

根据线性逼近式和简化的密钥流输出函数可知：

$$\sum_{i \in A_2} z_{t+i} = \oplus_{i \in A_2} \oplus_{j \in A_1} b_{t+i+j} = 0 \tag{3.2.2}$$

式中，$A_2 = \{0, 14, 21, 28, 37, 45, 52, 60, 62, 80\}$。

根据堆积引理，式 (3.2.2) 成立的概率为

$$\frac{1}{2} + 2^7 \times \left(\frac{656}{2^{13}}\right)^8 = \frac{1}{2} + 2^{-22.1}$$

因此，针对弱 Key-IV 对的区分攻击需要约 $2^{44.2}$ 个密钥流比特，计算量约为 $2^{47.5}$ 个异或操作。

同样，针对 Grain v0 算法和 Grain-128 算法，可利用上述方法进行区分攻击，结果如表 3.2.2 所示。

表 3.2.2　Grain 系列算法的弱 Key-IV 对区分攻击结果

版本	Grain v0	Grain v1	Grain-128
所需 Key 比特数	$2^{12.6}$	$2^{44.2}$	2^{86}
所需异或操作次数	$2^{15.8}$	$2^{47.5}$	$2^{104.2}$
弱 Key-IV 对的个数	2^{64}	2^{64}	2^{96}

3.2.6　Grain 算法的条件差分攻击

在 ASIACRYPT 2010 上，Knellwolf 等[38]提出了条件差分分析并将其应用于 Grain v1 序列密码算法中，对初始化过程轮数为 104（全轮为 160）的简化版 Grain v1 算法进行了区分攻击。本节对 107 轮简化版 Grain v1 进行改进的条件差分攻击，降低了区分攻击的复杂度。

1. 条件差分攻击基本原理

条件差分分析方法最早是在分析杂凑函数时提出的，2010 年 Simon Knellwolf 和 Willi Meier 等受到这个思想的启发，提出了对基于 NFSR 的条件差分分析[38]，并在分析 Trivium 和 Grain 系列算法时取得了较好的分析效果。

条件差分分析的基本原理为通过对初始状态中的某些比特添加约束条件，控制寄存器中差分的扩散，得到一条差分转移概率更大或轮数更多的差分传递链，并在输出差分中表现出来，可以用此差分来建立区分器，进一步，当约束条件中涉及密钥时，可以利用此差分区分器来恢复密钥的信息。

根据文献[38]中的描述，在条件差分攻击中，添加的约束条件可以分为 3 种类型：

Type0 型：条件中只包含 IV 比特。

Type1 型：条件中既包含 IV 比特也包含密钥比特。

Type2 型：条件中只包含密钥比特。

这三种类型对应着选择 IV、相关密钥以及弱密钥等攻击假设。

在相同的输入输出差分对应下，当 Type1 型条件的个数增加时，输出密钥流的偏差保持不变，而攻击的计算复杂度会发生指数级的增加。

条件添加策略 1：在使 Type1 型条件最少的同时，使所有条件的总个数尽可能少。

条件添加策略 2：在使 Type1 型条件最多的同时，使所有条件的总个数尽可能少。

策略 1 给出的区分攻击的计算复杂度更低，但是能够恢复的密钥比特也较少。

在条件差分攻击中，攻击者需要首先分析得到内部状态差分的传递方式。为了控制输出差分 Δz_i，必须知道用来计算输出 z_i 的内部状态的差分。Grain 模型序列密码的差分推导算法记为 $\Delta_\phi - \text{Grain}$。目前，已经出现多种推导差分的方法。Banik 在文献[39]中提出一种推导 Grain 模型序列密码的差分链的方法，而后 Ma 等[40]考虑了常数的情况，改进了此方法。具体可参见上述文献以及[41]。

假设初始差分、需要添加的条件及输出密钥流差分的偏差已知，现在的问题是如何进行区分攻击及恢复密钥表达式以及如何确定攻击的复杂度及成功率等各项指标。攻击的主要思想是随机选择足够数量的 IV 对，猜测密钥表达式的值，正确的猜测值对应的输出密钥流的偏差将显著地大于错误猜测值对应的输出密钥流的偏差，从而可以将正确的猜测值与错误猜测值区分开来。这一思想是很自然的，关键问题是给出密钥流的偏差、攻击的复杂度及成功率之间的关系。

假设 R 轮 Grain 模型序列密码输出密钥流的偏差为 ε_0，需要猜测的密钥表达式为 $f_t(K)$，其中 $0 \leq t < Y$，初始差分为 ΔS_1。

算法 3.2.2 给出了利用条件差分进行区分攻击及恢复密钥表达式的方法，算法 3.2.2 中的参数具体取值选择及理论依据将在算法后面给出说明。

算法 3.2.2　对 R 轮 Grain 模型的条件差分攻击

输入：2^D 对选择 IV。

输出：密钥表达式的正确值。

设置计数器 $\text{Counter}_j = 0 (1 \leqslant j \leqslant 2^Y - 1)$

For i=1 to 2^D

　For j=0 to $2^Y - 1$

　　For $t = 0$ to $Y-1$

　　　$f_t(K) = j|_t$

End

根据密钥表达式的值，将条件 IV 设置成合适的值，计算

初始差分 ΔS_I 产生的 Δz_R。

　　若 $\varepsilon_0 > 0$ 且 $\Delta z_R = 0$，则令 $\text{Counter}_j = \text{Counter}_j + 1$

　　否则，若 $\varepsilon_0 < 0$ 且 $\Delta z_R = 1$，则令 $\text{Counter}_j = \text{Counter}_j + 1$

End

$\text{sum}_{\max} = \max\{\text{Counter}_j \mid 1 \leqslant j \leqslant 2^Y - 1\}$

　　若 $\text{sum}_{\max} / 2^D - 0.5 \geqslant \varepsilon_1$，其中 $0 < \varepsilon_1 \lhd \varepsilon_0|$，则输出 $\text{sum}_{\max}$ 对应的密钥表达式的值。

　　否则，判断此为随机数，算法失败。

假设对于密钥表达式的错误猜测值，R 轮密钥流输出差分服从随机分布，则定理 3.2.3 描述了算法 3.2.2 的成功率。

定理 3.2.3　算法 3.2.2 的成功率记为 P_s，则

$$P_s \geqslant \left[\Phi\left(\varepsilon_1 \cdot 2^{\frac{D}{2}+1} \right) \right]^{2^Y - 1} \cdot \Phi\left((|\varepsilon_0| - \varepsilon_1) \cdot 2^{\frac{D}{2}+1} \right)$$

其中 $\Phi(x)$ 表示标准正态分布

$$\Phi(x) = \frac{1}{\sqrt{2\pi}} \int_{-\infty}^{x} e^{-(1/2)u^2} du$$

证明　这里只考虑 $\varepsilon_0 > 0$ 的情形，对于 $\varepsilon_0 < 0$ 的情形原理与此相同。

根据随机性假设及算法 3.2.2 的过程，对于错误的猜测值和正确的猜测值输出

密钥流的 0 差分的概率分别为 $P_w = \dfrac{1}{2}$ 和 $P_r = \dfrac{1}{2} + \varepsilon_0$。假设在算法 3.2.2 中,每个错误的猜测值和正确的猜测值对应的计数器的值分别为 C_w 和 C_r。由于 2^D 一般比较大,因此 C_w 和 C_r 分别近似服从正态分布 $N(2^D P_w, 2^D P_w(1 - P_w))$ 和 $N(2^D P_r, 2^D P_r(1 - P_r))$。

故一个错误猜测值对应的计数器满足 $C_w/2^D - 0.5 < \varepsilon_1$ 的概率为

$$P_1 = \Pr(C_w/2^D - 0.5 < \varepsilon_1) = \Pr\left(\frac{C_w - 0.5 \cdot 2^D}{2^D} < \varepsilon_1\right) = \Pr\left(\frac{C_w - P_w \cdot 2^D}{\sqrt{2^D P_w(1 - P_w)}} < \varepsilon_1 \cdot 2^{\frac{D}{2}+1}\right)$$

$$= \Phi\left(\varepsilon_1 \cdot 2^{\frac{D}{2}+1}\right)$$

假设不同的猜测值对应的 C_w 相互独立,则每个错误的猜测值对应的计数器都满足 $C_w/2^D - 0.5 < \varepsilon_1$ 的概率为 $P_1' = P_1^{2^\gamma - 1}$。

而正确的猜测值对应的计数器满足 $C_r/2^D - 0.5 \geqslant \varepsilon_1$ 的概率为

$$P_2 = \Pr(C_r/2^D - 0.5 \geqslant \varepsilon_1) = \Pr\left(\frac{C_r - (0.5 + \varepsilon_0) \cdot 2^D}{2^D} \geqslant (\varepsilon_1 - \varepsilon_0)\right)$$

$$= \Pr\left(\frac{C_w - P_r \cdot 2^D}{\sqrt{2^D \dfrac{1}{2}\left(1 - \dfrac{1}{2}\right)}} \geqslant (\varepsilon_1 - \varepsilon_0) \cdot 2^{\frac{D}{2}+1}\right)$$

$$\approx \Pr\left(\frac{C_w - P_r \cdot 2^D}{\sqrt{2^D P_r \cdot (1 - P_r \cdot)}} \geqslant (\varepsilon_1 - \varepsilon_0) \cdot 2^{\frac{D}{2}+1}\right) = \Phi\left((\varepsilon_0 - \varepsilon_1) \cdot 2^{\frac{D}{2}+1}\right)$$

因此,没有错误猜测值对应的计数器满足同时正确的猜测值对应的计数器满足的概率为

$$P_0 = P_1' \cdot P_2 = \left[\Phi\left(\varepsilon_1 \cdot 2^{\frac{D}{2}+1}\right)\right]^{2^\gamma - 1} \cdot \Phi\left((|\varepsilon_0| - \varepsilon_1) \cdot 2^{\frac{D}{2}+1}\right)$$

当这一事件发生时算法 3.2.2 将会成功。

考虑到有可能存在这种情况,即对于某些 C_w,满足 $C_w/2^D - 0.5 \geqslant \varepsilon_1$,但是对所有 C_w 均有 $C_w < C_r$。这一事件的概率没有包含在其中,但是算法 3.2.2 仍然能够成功。因此算法 3.2.2 的成功率将不小于

$$\left[\Phi\left(\varepsilon_1 \cdot 2^{\frac{D}{2}+1}\right)\right]^{2^Y-1} \cdot \Phi\left((|\varepsilon_0|-\varepsilon_1) \cdot 2^{\frac{D}{2}+1}\right)$$

证毕。

根据 ε_0 的不同,本节选择了一些使算法 3.2.2 成功率较大的算法参数,表 3.2.3 给出了一些具体的参数选择。

表 3.2.3　算法 3.2.2 的一些具体参数取值

ε_0	P_s	ε_1	Y	D
0.000143	93%	0.000100	12	28.75
0.000245	94%	0.000133	6	27
0.000478	96%	0.000301	6	25

2. 对 107 轮 Grain v1 算法的条件差分攻击

对 107 轮 Grain v1 算法,发现当 $\Delta v_{63}=1$ 时,有

$$\Pr(\Delta z_{107}=0 \mid \Delta z_{17}=0 \,\&\, \Delta z_{35}=0 \,\&\, \Delta z_{38}=0 \,\&\, \Delta z_{41}=0)=0.500246$$

因此在条件差分攻击时引入单比输入特差分 v_{63},利用上述条件差分攻击原理,添加 Type0 型和 Type1 型条件进行密钥恢复,最终得到 22 个 Type0 型条件和 6 个 Type1 型条件(记为 $F_1 \sim F_6$),具体如下:

$$v_{42}=v_{60}=1, v_j=0, j \in \{21,22,24,27,43,46,47,48,49,50,51,52,53,54\}$$

$$v_{15}=v_2+v_{25}+v_{40}+v_5,$$

$$v_{26}=v_1+v_4,$$

$$v_{29}=v_4+v_7,$$

$$v_{56}=v_{18}+v_{28}+v_{30}+v_5+v_8,$$

$$v_{59}=v_{11}+v_{31}+v_{33}+v_8,$$

$$v_{58}=v_0+v_{25}+v_3+v_{30}+v_{45}$$

$$F_1: v_{20}=v_0+v_{25}+v_3+G_1,$$

$$F_2: v_{38}=v_0+v_{25}+v_3+v_{18}+G_2,$$

$$F_3: v_{41}=v_{28}+v_3+v_6+G_3,$$

$$F_4: v_9=v_0+v_{25}+v_3+v_{31}+v_{44}+v_6+G_4,$$

$$F_5: v_{17}=v_{27}+v_{55}+G_5, \text{ 其中 } G_5=k_{14}+k_{35}+k_{47}+k_5+k_6+k_{60}+k_8+1,$$

$$F_6: v_{10} = v_{20} + v_{30} + v_{32} + v_{45} + v_{58} + v_7 + G_6$$

其中

$$G_6 = k_{11} + k_{17} + k_{38} + k_{50} + k_{63} + k_8 + k_9 + 1$$

本节需要设置的条件的总个数是 28，还有 35 个自由 IV 变量，考虑到输出密钥流 Δz_{107} 的偏差为 0.000246，自由 IV 所提供的数据量足够恢复出 6 个密钥表达式的值。

下面给出针对 107 轮 Grain v1 算法的攻击算法。

算法 3.2.3　对 107 轮 Grain v1 算法的条件差分攻击

步骤 1，设置 64 个寄存器对应于 $G_1 \sim G_6$ 的 64 种取值，随机选择 2^{27} 个自由 IV 将与 Type0 和 Type1 型条件相关的 IV 设置为合适的值。

步骤 2，令 $\Delta v_{63} = 1$，计算 Δz_{107}。如果 Δz_{107} 为 0，将对应于 $G_1 \sim G_6$ 的当前取值的寄存器加 1。

步骤 3，找出 64 个计数器的最大值记为 $\text{sum}_{\max}$。

如果　$\text{sum}_{\max} / 2^{27} \geqslant 0.500133$

则将与 $\text{sum}_{\max}$ 对应的 $F_1 \sim F_6$ 的值作为密钥表达式的正确值输出。

否则

对所选取的这 2^{27} 个 IV，$G_1 \sim G_6$ 的正确值不能被恢复，算法失败。

此攻击的数据复杂度为 $O(2^{27})$，计算复杂度为 $2^{27} \cdot 2^6 \cdot 2 = O(2^{34})$。下面给出攻击的成功率。由于数据量较大，正确猜测值和错误猜测值对应的输出的偏差分别近似服从正态分布 $N\left(\dfrac{N}{2}, \dfrac{N}{4}\right)$ 和正态分布 $N(N \cdot \rho_1, N \cdot \rho_1 \cdot (1 - \rho_1))$，其中 $\rho_1 = 0.500246$。算法 3.2.3 中所取的判定临界值是根据定理 3.2.3 计算得到的，由定理 3.2.3，63 个错误猜测值均不能通过检测的概率为 $\left(\phi\left(\dfrac{0.500133 \cdot 2^{27} - 0.5 \cdot 2^{27}}{\sqrt{2^{27}/4}}\right)\right)^{63} \approx 0.939$。正确猜测值通过检测的概率为 $\phi\left(\dfrac{0.500133 \cdot 2^{27} - \rho_1 \cdot 2^{27}}{\sqrt{2^{27}/4}}\right) \approx 0.998$。因此算法 3.2.3 的成功率为 $0.998 \cdot 0.939 \approx 0.937$。

本节随机选取了 100 组密钥进行实验，其中 95 次实验利用算法 3.2.3 成功恢复所有密钥表达式，成功率为 95%。完成一次实验需要大约 1.1 小时(本节的实验环境为 3.2 GHz Intel Core i5 处理器，4GB 内存)。

3.2.7　Grain 模型小结

Grain 模型的胜选表明,FSR 级联作为一种序列密码算法设计方式得到了广泛的认可。作为一种新颖的序列密码算法设计方式，级联结构受到了越来越多的关注,目前 Grain 模型的密码学性质研究及 Grain 系列密码算法安全性分析已经成为序列密码研究领域的热点问题之一。

本节介绍了针对 Grain 算法区分攻击、线性逼近攻击等结果，给出了一种构造输出序列达到最小周期级联模型的方法。但是，这种方法有一定的局限性，需要在已有一个达到最小周期的级联模型基础上由对偶、对称等变换构造得到，级联模型的最小周期判定性问题还没有被彻底解决，值得进一步研究。

本节还介绍了针对 Grain 算法的条件差分攻击，结合不同类型的条件选取准则，给出了对简化版 Grain v1 的改进的条件差分攻击，降低了区分攻击的复杂度。提出的条件差分攻击中恢复密钥表达式的方法及成功率等指标的计算方法，完善了该方法的理论基础。

在针对 Grain 系列算法的其它攻击方法方面，Banik 在文献[42]中给出了针对初始化过程轮数为 105 的简化版 Grain v1 算法的动态立方攻击；文献[37]和[43]分别给出了针对 Grain v1 算法的相关密钥攻击和弱密钥攻击；在 2013 年的 FSE (Fast Software Encryption)会议上，Zhang 等在文献[44]中给出了针对 Grain v1 算法的新的状态恢复攻击，命名为近似碰撞攻击。另外，张斌等提出了针对 Grain 系列算法快速相关攻击，以及变形算法(缩减版)Friut 算法的密钥恢复攻击；文献[45]首次在单密钥条件下完成对 120 轮简化版 Grain v1 算法的高级条件差分攻击。

目前针对 Grain 算法的安全性进行全面评估以及给出 Grain 模型各密码环节的设计准则等问题，仍然是相关研究人员关注的热点问题，值得进一步研究。

3.3　MICKEY 型序列密码

3.3.1　MICKEY 模型介绍

MICKEY 2.0 算法[46]是欧洲 eSTREAM 计划中胜选的 3 个面向硬件实现的序列密码算法之一。MICKEY 系列算法主要有三个版本：MICKEY 1.0、MICKEY 2.0 和 MICKEY-128 2.0。本节将其主要结构抽象出来命名为 MICKEY 模型。MICKEY 模型由一个 NFSR 和一个 LFSR 相互控制构成，是一个典型的互控模型，如图 3.3.1 所示。MICKEY 模型设计结构简洁，硬件实现效率很高，互控结构的采用使得 MICKEY 模型具有很高的安全性。

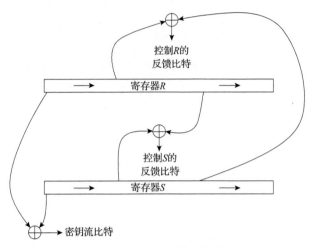

图 3.3.1　MICKEY 模型结构图

3.3.2　MICKEY 系列算法描述

2005 年 4 月，英国的 Babbage 等设计了 MICKEY 序列密码算法，即 MICKEY 1.0 算法，其密钥规模为 80 比特。MICKEY-128 算法[47]是其密钥规模为 128 比特的版本。在 2005 年的 INDOCRYPT 会议上，Hong 等指出 MICKEY 算法和 MICKEY-128 算法中存在 3 个潜在的安全性弱点，并对它们进行了时间存储数据折中攻击[48]。2006 年 6 月，Babbage 等对 MICKEY 算法和 MICKEY-128 算法进行了改进，给出了改进版本，分别为 MICKEY 2.0 算法和 MICKEY-128 2.0 算法。本节具体给出 MICKEY 2.0 算法的描述，针对 MICKEY 1.0 算法和 MICKEY-128 2.0 算法，只是给出它们和 MICKEY 2.0 算法的区别。

1. MICKEY 2.0 算法

MICKEY 2.0 算法的输入参数有两个：80 比特的密钥 K 和长度可变的初始向量 IV ，其中 IV 的长度可以为 0~80 比特中的任意值。需要注意的是，每一对 (K, IV) 最长生成 2^{40} 比特长的密钥流。

密钥流生成器包括两个寄存器 R 和 S ，每个寄存器长度是 100，分别表示为 $r_0, r_1, \cdots, r_{99}$ 和 $s_0, s_1, \cdots, s_{99}$ ， R 是一个线性寄存器， S 是一个非线性寄存器。

1) 寄存器 R

寄存器 R 的更新方式定义如下：

CLOCK_$R(R$, INPUT_BIT_R, CONTROL_BIT_$R)$

{

　　令 $(r_0, r_1, \cdots, r_{99})$ 表示 R 在动作之前的状态， $(r'_0, r'_1, \cdots, r'_{99})$ 表示 R 动作一次

之后的状态。

FEEDBACK_BIT = $r_{99} \oplus$ INPUT_BIT_R；

对于 $1 \leqslant i \leqslant 99$，$r_i' = r_{i-1}, r_0' = 0$；

对于 $0 \leqslant i \leqslant 99$，若 $i \in$ RTAPS，则 $r_i' = r_i' \oplus$ FEEDBACK_BIT；

若 CONTROL_BIT_R=1：则对于 $0 \leqslant i \leqslant 99$，$r_i' = r_i' \oplus r_i$。

}

其中

RTAPS={0,1,3,4,5,6,9,12,13,16,19,20,21,22,25,28,37,38,41,42,45,46,50,52,54, 56,58,60,61,63,64,65,66,67,71,72,79,80,81,82,87,88,89,90,91,92,94,95,96,97}

MICKEY 算法中采用的线性部件 R，其 FSR 在二值序列控制下的动态更新方式是一类层叠跳转 FSR 的思想。层叠跳转 FSR 的核心思想是：利用一个易于实现的寄存器 B，使其一次更新等价于完成另外一个寄存器 A 的多步更新，而不需要经历所有连续的中间状态，从而大大提高寄存器 A 在钟控方式下动态更新的实现效率。

设 T 是一个 F_2 上 n 级线性自动机的状态转移矩阵。令 $f(x)$ 是矩阵 T 的特征多项式，即 $f(x) = \det(xI + T)$，其中 I 为 $n \times n$ 单位矩阵。如果存在整数 J 满足 $T^J = T + I$，那么就可以利用 $T + I$ 代替 T^J 作为状态转移矩阵进行更新，从而不再需要经历所有的中间状态，同时 $T + I$ 也容易实现。这就是此类层叠跳转 FSR 的工作原理。

定义 3.3.1[49]　设 $f(x)$ 是 F_2 上的不可约多项式，如果存在整数 J 满足

$$x^J \equiv (x+1) \bmod f(x)$$

那么 J 称为多项式 f 的跳转指数或层叠跳转指数。

如果 $f(x)$ 是本原多项式，那么其跳转指数一定存在。

MICKEY 2.0 算法采用 Galois 型寄存器 R(此寄存器为 FSR)，当控制比特为 0 时，其特征多项式为

$$C_R(x) = x^{100} + \sum_{i \in \text{RTAPS}} x^i$$

式中，RTAPS 表示 R 的抽头位置。其结构图如图 3.3.2 所示。

MICKEY 2.0 算法选取的该特征多项式满足

$$C_R(x) \big| x^J + x + 1$$

式中，$J = 2^{50} - 157$，故多项式 $C_R(x)$ 的层叠跳转指数为 $2^{50} - 157$。

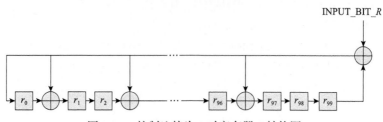

图 3.3.2　控制比特为 0 时寄存器 R 结构图

当控制比特为 1 时，寄存器 R 动作方式如图 3.3.3 所示，等价于按照以 $C_R(x)$ 为特征多项式的移位寄存器动作方式连续动作 $J = 2^{50} - 157$ 拍。

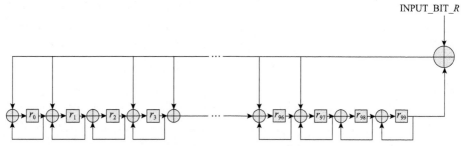

图 3.3.3　控制比特为 1 时寄存器 R 结构图

2) 寄存器 S

寄存器 S 的结构图如图 3.3.4 所示。

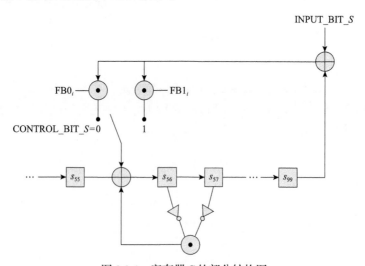

图 3.3.4　寄存器 S 的部分结构图

寄存器 S 的钟控方式定义如下：

CLOCK$\_S(S,\ \text{INPUT\_BIT\_}S,\ \text{CONTROL\_BIT\_}S)$

{

　　令 $(s_0, s_1, \cdots, s_{99})$ 表示 S 在动作之前的状态，$(s_0', s_1', \cdots, s_{99}')$ 表示 S 动作一次之后的状态，$(s_0^*, s_1^*, \cdots, s_{99}^*)$ 表示中间状态。

　　$\text{FEEDBACK\_BIT} = s_{99} \oplus \text{INPUT\_BIT\_}S$；

　　对于 $1 \leqslant i \leqslant 98$，$s_i^* = s_{i-1} \oplus \big((s_i \oplus \text{COMP0}_i) \cdot (s_{i+1} \oplus \text{COMP1}_i)\big)$，$s_0^* = 0$，$s_{99}^* = s_{98}$；

　　若 $\text{CONTROL\_BIT\_}S = 0$，则有

　　　　对于 $0 \leqslant i \leqslant 99, s_i' = s_i^* \oplus (\text{FB0}_i \cdot \text{FEEDBACK\_BIT})$；

　　若 $\text{CONTROL\_BIT\_}S = 1$，则有

　　　　对于 $0 \leqslant i \leqslant 99, s_i' = s_i^* \oplus (\text{FB1}_i \cdot \text{FEEDBACK\_BIT})$；

}

其中，常数 COMP0、COMP1、FB0、FB1 的取值如表 3.3.1 所示。

表 3.3.1　常数 COMP0、COMP1、FB0、FB1 的取值

i	0	1	2	3	4	5	6	7	8	9	10	11	12	13	14	15	16	17	18	19	20	21	22	23	24
COMP0$_i$		0	0	0	1	1	0	0	0	1	0	1	1	1	1	0	1	0	0	1	0	1	0	1	0
COMP1$_i$		1	0	1	1	0	0	1	0	1	1	1	1	1	0	0	1	0	1	0	0	0	1	1	0
FB0$_i$	1	1	1	1	0	1	0	1	1	1	1	1	1	1	0	0	1	0	1	1	1	1	1	1	1
FB1$_i$	1	1	1	0	1	1	1	0	0	0	0	1	1	1	0	1	0	0	1	1	0	0	0	1	0

i	25	26	27	28	29	30	31	32	33	34	35	36	37	38	39	40	41	42	43	44	45	46	47	48	49
COMP0$_i$	1	0	1	0	1	1	0	1	0	0	1	0	0	0	0	0	0	0	0	1	0	1	0	1	0
COMP1$_i$	0	1	1	1	0	1	1	1	0	0	0	1	1	1	1	1	1	0	0	0	0	1	1	0	1
FB0$_i$	1	1	1	1	0	0	1	1	0	0	0	0	0	0	0	1	1	1	0	0	1	0	0	1	0
FB1$_i$	0	1	1	0	0	1	0	1	1	0	0	0	1	1	0	0	0	0	0	1	1	0	1	1	0

i	50	51	52	53	54	55	56	57	58	59	60	61	62	63	64	65	66	67	68	69	70	71	72	73	74
COMP0$_i$	0	0	0	0	1	0	1	0	0	1	1	1	1	0	0	1	0	1	0	1	0	1	1	1	1
COMP1$_i$	0	0	0	1	0	1	1	1	0	0	0	1	1	1	1	1	1	1	0	1	0	1	0	1	1
FB0$_i$	0	1	0	0	1	1	1	1	1	0	0	0	0	0	0	0	0	0	0	0	0	0	0	0	0
FB1$_i$	0	0	1	0	0	0	1	0	0	1	0	0	1	0	1	1	0	1	0	1	0	1	0	0	1

续表

i	75	76	77	78	79	80	81	82	83	84	85	86	87	88	89	90	91	92	93	94	95	96	97	98	99
COMP0$_i$	1	1	1	0	1	0	1	1	1	1	1	1	1	0	1	0	1	0	0	0	0	0	0	1	1
COMP1$_i$	1	1	1	0	0	0	1	0	0	0	0	1	1	1	0	0	0	1	0	0	1	1	0	0	
FB0$_i$	1	1	0	1	0	0	0	1	1	0	1	1	1	0	0	1	1	1	0	0	1	1	0	0	0
FB1$_i$	0	0	0	1	1	1	1	0	1	1	1	1	1	0	0	0	0	0	0	1	0	0	0	0	1

3) R 和 S 的互控型状态刷新变换

定义变换 CLOCK_KG$(R, S, \text{MIXING}, \text{INPUT\_BIT})$

{

    CONTROL_BIT_$R = s_{34} \oplus r_{67}$；

    CONTROL_BIT_$S = s_{67} \oplus r_{33}$；

    若 MIXING = TRUE ， 则 INPUT_BIT_R = INPUT_BIT $\oplus s_{50}$；

    若 MIXING = FALSE ， 则 INPUT_BIT_R = INPUT_BIT ；

    INPUT_BIT_S = INPUT_BIT ；

    CLOCK_$R(R, \text{INPUT\_BIT}\_R, \text{CONTROL\_BIT}\_R)$；

    CLOCK_$S(S, \text{INPUT\_BIT}\_S, \text{CONTROL\_BIT}\_S)$；

}

4) 初始化过程

将寄存器 R 和 S 的状态初始化为全零状态；

(载入 IV) 对于 $0 \leqslant i \leqslant \text{IVLENGTH} - 1$ ，

        CLOCK_KG$(R, S, \text{MIXING} = \text{TRUE}, \text{INPUT\_BIT} = \text{iv}_i)$；

(载入 K) 对于 $0 \leqslant i \leqslant 79$ ，

        CLOCK_KG$(R, S, \text{MIXING} = \text{TRUE}, \text{INPUT\_BIT} = k_i)$；

(空转 100 圈) 对于 $0 \leqslant i \leqslant 99$ ，

        CLOCK_KG$(R, S, \text{MIXING} = \text{TRUE}, \text{INPUT\_BIT} = 0)$；

5) 密钥流生成过程

密钥流生成方式如下：

对于 $0 \leqslant i \leqslant \text{Len} - 1$ ，

{

    $z_i = r_0 \oplus s_0$；

$$CLOCK\_KG(R, S, MIXING=FALSE, INPUT\_BIT = 0);$$

}

2. MICKEY-128 2.0 算法和 MICKEY 1.0 算法

MICKEY-128 2.0 算法、MICKEY 1.0 算法与 MICKEY 2.0 算法结构相同，不同之处仅在于输入参量。下面给出各个输入参量的符号说明。

l：寄存器（R 和 S）的规模（两者规模相同）。

m：IV 的规模。

n：密钥的规模。

p：初始化过程中空转的轮数。

a：参与 R 寄存器输入比特 INPUT_BIT_R 生成时，S 寄存器的比特位置。

b：参与 R（或 S）寄存器控制比特 CONTROL_BIT_R（或 CONTROL_BIT_S）生成时，S（或 R）寄存器的比特位置。

c：参与 R（或 S）寄存器控制比特 CONTROL_BIT_R（或 CONTROL_BIT_S）生成时，R（或 S）寄存器的比特位置。

J：寄存器 R 的层叠跳转指数；

Len：一对 (K, IV) 的最大输出密钥流比特数。

为方便描述，将寄存器 R 和 S 的内部状态分别记为 $(r_0, r_1, \cdots, r_{l-1})$ 和 $(s_0, s_1, \cdots, s_{l-1})$。

寄存器 R 和 S 的更新由函数

$$CLOCK\_KG(R, S, MIXING, INPUT\_BIT)$$

实现，其具体过程描述如下：

CLOCK_KG (R, S, MIXING, INPUT_BIT)

{

　　若 MIXING = TRUE，则

　　　　CLOCK _ R (R, INPUT_BIT_R = INPUT_BIT $\oplus s_a$, CONTROL_BIT_R

　　　　　　$= s_b \oplus r_c$)

　　若 MIXING = FALSE，则

　　CLOCK _ R(R, INPUT_BIT_R = INPUT_BIT, CONTROL_BIT_R $= s_b \oplus r_c$)

　　CLOCK _ S(S, INPUT_BIT_S = INPUT_BIT, CONTROL_BIT_S $= s_c \oplus r_{b-1}$)

}

MICKEY 1.0 算法的寄存器 R 的结构参数（反馈位置）集合为

$$RTAPS = \{0, 2, 4, 6, 7, 8, 9, 13, 14, 16, 17, 20, 22, 24, 26, 27, 28, 34, 35, 37,$$
$$39, 41, 43, 49, 51, 52, 54, 56, 62, 67, 69, 71, 73, 76, 78, 79\}$$

对应的特征多项式为

$$C_R(x) = x^{80} + \sum_{i \in RTAPS} x^i$$

层叠跳转指数 $J = 2^{40} - 23$ 。

MICKEY-128 2.0 算法的寄存器 R 的结构参数(反馈位置)集合为

$$RTAPS = \{0, 4, 5, 8, 10, 11, 14, 16, 20, 25, 30, 32, 35, 36, 38, 42, 43, 46, 50, 51, 53, 54, 55, 56,$$
$$57, 60, 61, 62, 63, 65, 66, 69, 73, 74, 76, 79, 80, 81, 82, 85, 86, 90, 91, 92, 95, 97,$$
$$100, 101, 105, 106, 107, 108, 109, 111, 112, 113, 115, 116, 117, 127, 128, 129, 130,$$
$$131, 133, 135, 136, 137, 140, 142, 145, 148, 150, 152, 153, 154, 156, 157\}$$

对应的特征多项式为

$$C_R(x) = x^{160} + \sum_{i \in RTAPS} x^i$$

层叠跳转指数 $J = 2^{80} - 255$ 。

函数 CLOCK_S 的具体描述及常数 COMP0 、COMP1 、FB0 、FB1 的取值请参见文献[47]。

在密钥流生成过程开始之前,需要执行 MICKEY 算法的初始化过程,具体过程描述如下:

将寄存器 R 和 S 置为全零状态;

(IV 加载过程)对于 $0 \le i \le m-1$,有

$$CLOCK\_KG(R,\ S,\ MIXING\ =\ TRUE,\ INPUT\_BIT\ =iv_i)$$

(密钥加载过程)对于 $0 \le i \le n-1$,有

$$CLOCK\_KG(R,\ S,\ MIXING\ =\ TRUE,\ INPUT\_BIT\ =k_i)$$

(空转过程)对于 $0 \le i \le p-1$,有

$$CLOCK\_KG(R,\ S,\ MIXING = TRUE,\ INPUT\_BIT\ =0)$$

在执行完初始化过程之后便进入密钥流生成过程,密钥流序列 $z_0, z_1, \cdots, z_{Len-1}$ 的生成过程描述如下:

对于 $0 \le i \le Len-1$,有

```
{
    z_i = s_0 ⊕ r_0 ;
    CLOCK_KG (R, S, MIXING = FALSE, INPUT_BIT = 0);
}
```

表 3.3.2 给出了 MICKEY 1.0 算法、MICKEY 2.0 算法和 MICKEY-128 2.0 算法中各参量的取值。

表 3.3.2　MICKEY 系列算法中各参量的取值

版本	l	a	b	c	m	n	p	J	Len
MICKEY 1.0	80	40	27	53	[0, 80]	80	80	2^{40}–23	2^{40}
MICKEY 2.0	100	50	34	67	[0, 80]	80	100	2^{50}–157	2^{40}
MICKEY-128 2.0	160	80	54	106	[0, 128]	128	160	2^{80}–255	2^{64}

3.3.3　MICKEY 算法的相关密钥攻击

根据文献[50]，本小节分析 MICKEY 初始化过程的信息泄露，利用 MICKEY 算法中的滑动特征，给出针对 MICKEY 算法的相关密钥攻击，可以恢复若干比特的密钥信息。下面以 MICKEY 2.0 算法为例进行说明。

1. 相关密钥对的选取

首先，选择 (K, IV) 和 (K', IV')（称为一个相关密钥对），使之满足如下关系：

$$K = k_0 \| k_1 \| \cdots \| k_{79} \leftrightarrow K' = k_1 \| k_2 \| \cdots \| k_{79} \| k_0 \oplus d$$

$$\mathrm{IV} = \mathrm{iv}_0 \| \mathrm{iv}_1 \| \cdots \| \mathrm{iv}_{n-1} \leftrightarrow \mathrm{IV}' = \mathrm{iv}_0 \| \mathrm{iv}_1 \| \cdots \| \mathrm{iv}_{n-1} \| \mathrm{iv}_n$$

式中，$d \in \{0,1\}$ 为常值；n 为正整数且 $0 < n < 80$。

在初始化过程中，对于 (K, IV)［或者 (K', IV')］而言，记 A_i（或者 A_i'）为 MICKEY 2.0 算法在时刻 i（或者 j）的内部状态。由于在载入密钥和 IV 之前，需要将寄存器 R 和 S 的状态初始化为全零，因此有 $A_0 = A_0'$ 成立，当 $0 \leqslant i \leqslant n + 180$ 时，A_i 和 A_i' 的输入如表 3.3.3 所示。

表 3.3.3　$0 \leqslant i \leqslant n + 180$ 时 A_i 和 A_i' 的输入取值

时刻 t	0	1	...	$n-1$	n	$n+1$	...
A_i 的输入 INPUT_BIT	iv_0	iv_1	...	iv_{n-1}	k_0	k_1	...
A_i' 的输入 INPUT_BIT	iv_0	iv_1	...	iv_{n-1}	iv_n	k_1	...

时刻 t	$n+79$	$n+80$	$n+81$	$\cdots$	$n+179$	$n+180$	$\cdots$
A_t 的输入 INPUT_BIT	k_{79}	0	0	0	0	NULL	$\cdots$
A_t' 的输入 INPUT_BIT	k_{79}	$k_0 \oplus d$	0	0	0	0	$\cdots$

注：NULL 表示初始化过程结束。

由表 3.3.3 可知，$A_{n+179} = A_{n+179}'$ 成立的充分条件是 $k_0 = \mathrm{iv}_n$ 和 $k_0 \oplus d = 0$ 两个条件同时成立；若这两个条件不同时成立，$A_{n+179} = A_{n+179}'$ 成立的概率极低，等价于随机碰撞发生的概率。

现假设 $A_{n+179} = A_{n+179}'$ 成立，当 $t = n+180$ 时，$A_{n+180} = A_{n+180}'$ 不一定成立，因为前者是通过密钥流生成过程得到的，后者是通过初始化过程得到的，但两者之间的差别仅在于 MIXING 参量的赋值方式不同。因此，当 $A_{n+179} = A_{n+179}'$ 和 $s_{50}^{180+n} = 0$ 同时成立时，$A_{n+180} = A_{n+180}'$ 便以 1 的概率成立，其中 $s_{50}^{n+180} = 0$ 表示在时刻 $t = n+180$ 时寄存器 S 的内部状态比特 s_{50} 的取值。

当 $A_{n+180} = A_{n+180}'$ 成立时，易知 (K, IV) 和 (K', IV') 分别产生的密钥流序列 Z 和 Z' 满足 1 比特平移等价关系，即 Z 左移 1 比特后与 Z' 完全相同。因此，有如下结论成立。

结论 3.3.1　在 MICKEY 2.0 算法中，对于任意的满足 $\mathrm{iv}_n = d$ 的 (K, IV)，当 $k_0 = d$ 和 $s_{50}^{n+180} = 0$ 两个条件同时满足时，都存在一个相关的 (K', IV')，使两者分别产生的密钥流序列满足 1 比特平移等价关系。

因为 k_0 是初始密钥，而 s_{50}^{n+180} 是经历整个初始化过程更新得到的内部状态比特，所以可认为上述关系 $k_0 = d$ 和 $s_{50}^{n+180} = 0$ 是相互独立的。因此，在 MICKEY 2.0 算法中，对于任意的满足 $k_0 = \mathrm{iv}_n = d$ 的 (K, IV)，都以 2^{-1} 的概率存在一个相关的 (K', IV')，使得两者分别产生的密钥流序列满足 1 比特平移等价关系。

2. MICKEY 算法的相关密钥选择 IV 攻击

记 $z[m+1] = \{z_0, z_1, \cdots, z_m\}$ 为 (K, IV) 产生的 $m+1$ 比特密钥流序列，$z'[m] = \{z_0', z_1', \cdots, z_{m-1}'\}$ 为 (K', IV') 产生的 m 比特密钥流序列。

下面以 $\mathrm{iv}_n = d = 0$ 为例说明如何恢复密钥比特。

令事件 L 为

$$L = \{k_0 = 0 \text{成立}\}$$

其补事件记 L^c 为

$$L^c = \{k_0 = 1 \text{成立}\}$$

令事件 Ω 为

$$\Omega = \{z_{i+1} = z_i' \text{ 对于 } 0 \leqslant i \leqslant m-1 \text{都成立}\}$$

其补事件 Ω^c 为

$$\Omega^c = \{z_{i+1} = z_i' \text{对于 } 0 \leqslant i \leqslant m-1 \text{不同时成立}\}$$

当事件 L 不发生时，经过 180 轮的初始化过程后，(K, IV) 和 (K', IV') 分别产生的内部状态之间的关系已经非常复杂，可以认为是相互独立的，因此有 $p(\Omega \mid L^c) = 2^{-m}$ 成立，需要注意的是，此处要求 $m < 80$。

同时，有

$$p(L) = p(L^c) = 2^{-1}$$

$$p(\Omega \mid L) = p(s_{50}^{n+180} = 0) = 2^{-1}$$

由以上概率 $p(\Omega \mid L)$ 的计算可知，当事件 L 发生时，每个满足 $\text{iv}_n = 0$ 的选择 IV、事件 Ω 发生的概率都是 2^{-1}。当尝试 N 个满足 $\text{iv}_n = 0$ 的选择 IV 时，事件 Ω 发生的概率为 $1 - 2^{-N}$。本节设计一种算法，用于恢复密钥比特 k_0，具体描述如下。

算法 3.3.1　恢复最低密钥比特算法

步骤 1，猜测 $k_0 = 0$。

步骤 2，对 N 个满足 $\text{iv}_n = 0$ 的选择 IV 中每一个 IV，执行如下步骤。

步骤 2.1，将 (K, IV) 加载到 MICKEY 2.0 算法中，产生长度为 $m+1$ 的密钥流序列 $z[m+1] = \{z_0, z_1, \cdots, z_m\}$。

步骤 2.2，将 (K', IV') 加载到 MICKEY 2.0 算法中，产生长度为 m 的密钥流序列 $z'[m] = \{z_0', z_1', \cdots, z_{m-1}'\}$。

步骤 2.3，检测事件 $\Omega = \{z_{i+1} = z_i', 0 \leqslant i \leqslant m-1\}$ 是否成立，若成立，则进入步骤 3；若不成立，则返回步骤 2，选择下一个 IV 执行步骤 2.1～步骤 2.3。

步骤 3，输出 $k_0 = 0$。

步骤 4，若 N 个选择 IV 使得事件 Ω 均不成立，则输出 $k_0 = 1$。

根据以上的恢复最低密钥比特算法可知，该算法存在两种误判，如表 3.3.4 所示。

表 3.3.4　恢复最低密钥比特算法中存在的两种误判

事实/判断	接受 L	拒绝 L
L	正确接受 L	第一种误判
L^c	第二种误判	正确拒绝 L

在此，$L=\{k_0=0\}$，$L^c=\{k_0=1\}$。记第一种误判和第二种误判发生的概率分别为 $p(\alpha)$ 和 $p(\beta)$，则有

$$p(\alpha)=2^{-N}$$

$$p(\beta)=1-(1-2^{-m})^N$$

当 $k_0=0$ 时，该算法判断正确的概率为 $1-p(\alpha)$；当 $k_0=1$ 时，该算法判断正确的概率为 $1-p(\beta)$。因此，以上恢复最低密钥比特算法的成功率将高于 $1-p(\alpha)-p(\beta)$。

为了保证攻击的高成功率，对于 MICKEY 2.0 算法，本节选择 $m=16$ 且 $N=16$。此时，在恢复最低密钥比特算法中，对于每一个选择 IV，需要加密两次，产生 $m+1+m=33$ 个密钥流比特。因此，恢复最低密钥比特算法所需的加密次数为 $2N=2^5$，需要一个相关密钥对、$N=2^4$ 个选择 IV 和 $(2m+1)\cdot N\approx 2^9$ 个密钥流比特，成功率高于 0.999741。

事实上，当攻击者获得更多的相关密钥时，可以恢复更多的密钥比特。假设攻击者得到了 $c+1$ 个相关密钥对 $K_0,K_1,\cdots,K_c$，其中 $K_0=K$。对于 $1\leqslant i\leqslant c$，K 和 K_i 之间及相应的 IV 和 IV_i 之间满足如下关系：

$$K=k_0\|k_1\|\cdots\|k_{79}\Leftrightarrow K_i=k_i\|k_{i+1}\|\cdots\|k_{79}\|k_0\|k_1\|\cdots\|k_{i-1}$$
$$\mathrm{IV}=\mathrm{iv}_0\|\mathrm{iv}_1\|\cdots\|\mathrm{iv}_{n-1}\Leftrightarrow \mathrm{IV}_i=\mathrm{iv}_0\|\mathrm{iv}_1\|\cdots\|\mathrm{iv}_{n-1}\|\mathrm{iv}_n\|\mathrm{iv}_{n+1}\|\cdots\|\mathrm{iv}_{n+i-1}$$

由于 IV 的规模最多为 80 比特，因此要求 $n+c\leqslant 80$。

攻击过程共分 c 步，每步使用 (K_i,IV_i) 和 $(K_{i+1},\mathrm{IV}_{i+1})$，其中 $0\leqslant i\leqslant c-1$，利用上述的恢复最低密钥比特算法，可以恢复出最低密钥比特 k_i。经过 c 步后，攻击者恢复出了密钥比特 $(k_0,k_1,\cdots,k_{c-1})$，剩余的 $80-c$ 比特可以通过穷举得到。

因此，在获得 $c+1$ 个相关密钥对的情况下，恢复 MICKEY 2.0 算法全部 80 密钥比特的计算复杂度为 $O(2^{80-c}+2^5\cdot c)$，需要 $2^4\cdot c$ 个选择 IV 和 $2^9\cdot c$ 个密钥流比特，成功率高于 0.999741^c。表 3.3.5 给出了在 c 取不同值的情况下，本节对 MICKEY 2.0 算法的攻击结果。

表 3.3.5　对 MICKEY 2.0 算法的相关密钥选择 IV 攻击结果

恢复密钥比特数 c	相关密钥对的个数	计算复杂度	选择 IV 个数	密钥流比特数	成功率 $\geqslant$
1	2	2^{79}	2^4	2^9	0.999741
2	3	2^{78}	2^5	2^{10}	0.999481
4	5	2^{76}	2^6	2^{11}	0.998963
8	9	2^{72}	2^7	2^{12}	0.997927
16	17	2^{64}	2^8	2^{13}	0.995858
32	33	2^{48}	2^9	2^{14}	0.991733
64	65	2^{16}	2^{10}	2^{15}	0.983535

由于 MICKEY-128 2.0 算法与 MICKEY 2.0 算法的结构相同,仅存在参数上的区别,因此以上针对 MICKEY 2.0 算法的相关密钥选择 IV 攻击都适用于 MICKEY-128 2.0 算法。具体的攻击过程与 MICKEY 2.0 算法类似,在此不再赘述,表 3.3.6 给出在 c 取不同值的情况下针对 MICKEY-128 2.0 算法的相关密钥攻击结果。

表 3.3.6　对 MICKEY-128 2.0 算法的相关密钥攻击结果

恢复密钥比特数 c	相关密钥对的个数	计算复杂度	选择 IV 个数	密钥流比特数	成功率 $\geqslant$
1	2	2^{127}	2^4	2^9	0.999741
2	3	2^{126}	2^5	2^{10}	0.999481
4	5	2^{124}	2^6	2^{11}	0.998963
8	9	2^{120}	2^7	2^{12}	0.997927
16	17	2^{112}	2^8	2^{13}	0.995858
32	33	2^{96}	2^9	2^{14}	0.991733
64	65	2^{64}	2^{10}	2^{15}	0.983535
96	97	2^{32}	2^{11}	2^{16}	0.975405
112	113	2^{16}	2^{12}	2^{17}	0.971365

对以上分析结果进行实验验证,实验环境为 Pentium (R)-4, CPU 为 2.5GHz, RAM 为 1.0GB,操作系统为 Windows XP Pro SP3。结果表明,对于 MICKEY 2.0 算法与 MICKEY-128 2.0 算法,在攻击者分别得到 65 个和 113 个相关密钥对的情况下,攻击者可以在 3min 以内实时破解 MICKEY 2.0 算法与 MICKEY-128 2.0 算法。

3.3.4　MICKEY 模型小结

MICKEY 模型设计新颖、简洁,特点鲜明,它主要由一个 LFSR(这里用 R 表示)和一个 NFSR(这里用 S 表示)相互控制构成，其中 R 被控制的是寄存器的状态更新方式，状态更新方式采用了易于软硬件实现的 Galois 型层叠跳转寄存器的方式；非线性移位寄存器被控制的是反馈比特参与寄存器 S 的反馈位置。

MICKEY 系列序列密码算法自提出至今已有近二十年的时间，但已有的分析结果却屈指可数。在 MICKEY 1.0 算法提出之后，文献[48]基于 BSW Sampling (BSW 的全称为 Biryukov-Shamir-Wagner)对 MICKEY 1.0 算法进行了 TMDTO 攻击。作为回应，MICKEY 1.0 算法的设计者将 MICKEY 1.0 算法的内部状态规模提升到了 200 比特，从而提出了 MICKEY 2.0 算法，由于 MICKEY 2.0 算法的内部状态规模较大，因此已有的 TMDTO 攻击无法获得良好的攻击效果。基于非光滑性优化技术，文献[51]提出了一种新的针对对称密码的分析方法，但是当将该方法应用于 MICKEY 2.0 算法时，攻击的时间复杂度高于穷举攻击。在文献[52]中，Helleseth 等考察了 MICKEY 系列序列密码算法的逆推特性，即假设攻击者知道 MICKEY 系列序列密码算法在初始化过程或密钥流生成过程中某个已知时刻全部的内部状态，显然该攻击假设太强，只具有理论研究意义。文献[53]提出了基于 BSW Sampling 技术的新 TMDTO 攻击，针对 MICKEY 系列序列密码算法中密钥加载方式的设计，提出了首个优于穷举攻击的密钥恢复攻击。

正如 MICKEY 系列序列密码算法的设计者所言，MICKEY 系列序列密码算法能够抵抗已知的典型密码分析方法并拥有强安全性。这一方面说明 MICKEY 模型采用的互控结构使得其对于传统的密码分析方法具有很强的抵抗力；另一方面也说明当前的密码学界对 MICKEY 模型尤其是 NFSR 的结构特性缺乏深入研究，因此对 MICKEY 模型的结构特性进行系统、深入的研究，以及对 MICKEY 系列序列密码算法进行全面的安全性分析具有重要意义。

参 考 文 献

[1] Englund H, Johansson T, Turan M S. A framework for chosen IV statistical analysis of stream ciphers[C]//Proceedings of INDOCRYPT, Chennai, 2007: 268-281.

[2] Turan M S, Kara O. Linear approximations for 2-round Trivium[C]//Proceedings of the First International Conference on Security of Information and Networks, Gazimagusa, 2007: 96-105.

[3] Maximov A, Biryukov A. Two trivial attacks on Trivium[C]//Proceedings of SAC, Ottawa, 2007: 36-55.

[4] Raj A S, Srinivasan C. Analysis of algebraic attack on Trivium and minute modification to Trivium[C]//Proceedings of International Conference on Network Security and Applications, Berlin, 2011: 35-42.

[5] Renauld M, Standaert F X. Algebraic side-channel attacks[C]//Proceedings of INSCRYPT, Beijing, 2009: 393-410.

[6] Afzal M, Masood A. Modifications in the design of trivium to increase its security level[J]. Pakistan Acad, 2010, 47(1): 51-63.

[7] Biham E. New types of cryptanalytic attacks using related keys[J]. Journal of Cryptology, 1994, 7(4): 229-246.

[8] Biham E, Dunkelman O. Differential cryptanalysis in stream ciphers[R]. Haifa: Technion Computer Science Department, 2007.

[9] Matsui M. Linear cryptanalysis method for DES cipher[C]//Proceedings of EUROCRYPT, Lofthus, 1993: 386-397.

[10] 贾艳艳, 胡予濮, 杨文峰, 等. 2 轮 Trivium 的多线性密码分析[J]. 电子与信息学报, 2011, 33(1): 223-227.

[11] 孙文龙, 关杰, 刘建东. 针对简化版 Trivium 算法的线性分析[J]. 计算机学报, 2012, 35(9): 1890-1896.

[12] 李俊志, 关杰. 一种改进的线性化技术及其应用[J]. 密码学报, 2014, 1(5): 491-503.

[13] Sun W L, Guan J. Novel technique in linear cryptanalysis[J]. ETRJ Journal, 2015, 37(1): 165-174.

[14] Raddum H. Cryptanalytic results on Trivium[EB/OL]. http://www.ecrypt.eu.org/stream/papersdir/ 2006/039. ps[2015-08-06].

[15] McDonald C, Charnes C, Pieprzyk J. An algebraic analysis of Trivium ciphers based on the Boolean satisfiability problem[C]//Proceedings of the 4th International Workshop on Boolean Functions: Cryptography and Applications, Copenhagen, 2008: 173-184.

[16] Borghoff J, Knudsen L R, Matusiewicz K. Hill climbing algorithms and Trivium[C]//The 17th International Workshop on Selected Areas in Cryptography, Ontario, 2010: 57-73.

[17] Borghoff J. Cryptanalysis of lightweight ciphers[D]. Kongens Lyngby: Technical University of Denmark, 2011.

[18] Huang Z, Lin D. Attacking Bivium and Trivium with the characteristic set method[C]// Proceedings of AFRICACRYPT, Dakar, 2011: 77-91.

[19] Bard G, Courtois N, Jefferson C. Efficient methods for conversion and solution of sparse systems of low-degree multivariate polynomials over GF(2) via SAT-solvers[EB/OL]. http://eprint. iscr.org/2007/024[2015-08-06].

[20] McDonald C, Charnes C, Pieprzyk J. Attacking Bivium with MiniSat[R]. Barcelona: ECRYPT Stream Cipher Project, 2007.

[21] Eibach T, Pilz E, Vlkel G. Attacking Bivium using SAT solvers[C]//International Conference on Theory and Applications of Satisfiability Testing, Edinburgh, 2008: 63-76.

[22] 孙文龙. Trivium 型非线性反馈模型的安全性分析[D]. 郑州: 信息工程大学, 2012.

[23] 孙文龙, 关杰. 针对 Trivium 型密码算法的代数攻击[J]. 上海交通大学学报, 2014, 48(10):

1434-1439.

[24] Courtois N, Pieprzyk J, Shamir A. Efficient algorithms for solving overdefined systems of multivariate polynomial equations[C]//Proceedings of EUROCRYPT, Bruges, 2000: 392-407.

[25] Kipnis A, Shamir A. Cryptanalysis of the HFE public key cryptosystem by relinearization[C]// Proceedings of CRYPTO, Santa Barbara, 1999: 19-30.

[26] Adams W, Loustaunau P. An Introduction to Gröbner Bases[M]. New York: American Mathematical Society, 1994.

[27] CNF Files[EB/OL]. https://people.sc.fsu.edu/~jburkardt/data/cnf/cnf.html[2015-08-06].

[28] 丁林, 关杰. Trivium 流密码的基于自动推导的差分分析[J]. 电子学报, 2014, 42(8): 1647-1652.

[29] Ye C D, Tian T. A practical key-recovery attack on 805-round trivium[C]//International Conference on the Theory and Application of Cryptology and Information Security, Singapore, 2021: 187-213.

[30] Wang S P, Hu B, Guan J, et al. MILP-aided Method of Searching Division Property Using Three Subsets and Applications[C]//The 25th International Conference on the Theory and Application of Cryptology and Information Security, Kobe, 2019: 398-428.

[31] Hell M, Johansson T, Maximov A, et al. The Grain Family of Stream Ciphers[M]. Berlin: Springer, 2008.

[32] Khazaei S, Hassanzadeh M, Kiaei M. Distinguishing attack on grain[EB/OL]. http://www.ecrypt. eu.org/stream[2015-08-06].

[33] Berbain C, Gilbert H, Maximov A. Cryptanalysis of grain[C]//Proceedings of FSE, Graz, 2006: 15-29.

[34] Hu H G, Gong G. Periods on two kinds of nonlinear feedback shift registers with time varying feedback functions[J]. International Journal of Foundations of Computer Science, 2011, 22(6): 1317-1329.

[35] Wang H, Guan J. Properties on periods of cascade model of multi-FSR[J]. Journal of Residuals Science &Technology, 2016, 13(8): 1-8.

[36] 万哲先. 现代数学基础: 代数与编码[M]. 3 版. 北京: 高等教育出版社, 2007.

[37] Zhang H N, Wang X Y. Cryptanalysis of stream cipher grain family[J]. IACR Cryptology ePrint Archive, 2009: 109.

[38] Knellwolf S, Meier W, Naya-Plasencia M. Conditional differential cryptanalysis of NFSR-based cryptosystems[C]//Proceedings of ASIACRYPT, Singapore, 2010: 130-145.

[39] Banik S. Some insights into differential cryptanalysis of grain v1[C]//Australasian Conference on Information Security and Privacy, Wollongong, 2014: 34-49.

[40] Ma Z, Tian T, Qi W F. Improved conditional differential attacks on Grain v1[J]. IET Information

Security, 2016, 11(1): 46-53.

[41] 张凯. 三类典型混合对称密码算法的安全性分析[D]. 郑州: 信息工程大学, 2013.

[42] Banik S. A dynamic cube attack on 105 round Grain v1[EB/OL]. Journal of Applied Statics, 2014, 34(2): 49-50.

[43] Lee Y, Jeong K, Sung J, et al. Related-key chosen IV attacks on Grain v1 and Grain-128[C]// Proceedings of ACISP, Wollongong, 2008: 321-335.

[44] Zhang B, Li Z Q, Feng D G, et al. Near collision attack on the Grain v1 stream cipher[C]// Proceedings of FSE, Singapore, 2013: 518-538.

[45] 李俊志. 若干对称密码的新型分析方法研究[D]. 郑州: 信息工程大学, 2018.

[46] Babbage S, Dodd M. The MICKEY Stream Ciphers[M]. Berlin: Springer, 2008.

[47] Babbage S, Dodd M. The stream cipher MICKEY-128[EB/OL]. http://www.ecrypt.eu.org/stream/ papers.html[2015-08-06].

[48] Hong J, Kim W H. TMD-tradeoff and state entropy loss considerations of stream cipher MICKEY[C]//Proceedings of INDOCRYPT, Bangalore, 2005: 169-182.

[49] Jansen C J A. Stream cipher design: Make your LFSRs jump[C]//Proceedings of the State of the Art of Stream Ciphers, Workshop Record, ECRYPT Network of Excellence in Cryptology, Brugge, 2004: 94-108.

[50] Ding L, Guan J. Cryptanalysis of MICKEY family of stream ciphers[J]. Security and Communication Networks, 2013, 6(8): 936-941.

[51] Tischhauser E. Nonsmooth cryptanalysis, with an application to the stream cipher MICKEY[J]. Journal of Mathematical Cryptology, 2010, 4(4): 317-348.

[52] Helleseth T, Jansen C J A, Kazymyrov O, et al. State space cryptanalysis of the MICKEY cipher[C]//Proceedings of Information Theory and Applications Workshop, San Diego, 2013: 1-10.

[53] Ding L, Jin C, Guan J, et al. New treatment of the BSW sampling and its applications to stream ciphers[C]//Proceedings of AFRICACRYPT, Marrakesh, 2014: 136-146.

第4章 表驱动型序列密码

自从 RC4 序列密码算法被提出后，基于表驱动的序列密码算法的设计与分析成为序列密码研究领域的一个重要方向，一些基于表驱动的序列密码算法相继被提出，如 Py[1]、HC-128[2]、HC-256[3] 和 MV3[4] 等。RC4 算法的设计十分简洁，通过查找一个动态表的方式生成伪随机密钥流序列，也称为单表驱动型序列密码。在 eSTREAM 计划[5]中，为了提高表驱动型序列密码算法的安全强度，设计者将驱动表增加为多个，提出多表驱动型序列密码，如 Py 和 HC-128 等。为方便描述，本书将单表驱动型序列密码和多表驱动型序列密码统称为表驱动型序列密码。

4.1 概　　述

从实现效率上讲，表驱动型序列密码算法的软件实现效率较高，RC4 仍是目前为止速度最快的序列密码算法之一。近十几年的密码分析研究表明，该类序列密码算法中驱动表的规模都较大，这使得它们能够抵抗大多数密码分析方法，目前较为有效的密码分析方法仅有区分攻击等。总体上，针对该类型序列密码算法的安全性分析比较缺乏，许多算法至今仍具有很高的安全性，其中 HC-128 序列密码算法成为 eSTREAM 计划的 7 个最终胜选序列密码算法之一。

与其他类型的序列密码算法相比，表驱动型序列密码算法具有如下三个显著特征。

(1)驱动表规模大。相比于其他类型的序列密码算法，表驱动型序列密码算法的状态规模都很大，例如，RC4 算法使用 256 字节的内部状态，Py 算法使用 261 个 32 比特和 256 字节作为内部状态，HC-128 算法则使用 1024 个 32 比特作为内部状态,大规模的内部状态大大增加了攻击者恢复内部状态乃至密钥的困难程度。

(2)初始化过程比较复杂。对表驱动型序列密码算法而言，输出密钥流序列的伪随机性高度依赖于完成初始化过程后驱动表的伪随机性,由于驱动表的规模大，表驱动型序列密码算法的初始化过程都设计得比较复杂，以保证密钥和 IV 在初始化过程达到充分的混乱和扩散。

(3)软件实现效率高。在生成密钥流序列时，由于表驱动型序列密码算法的更新轮函数相对简洁，密码算法的软件运行效率都很高。例如,Py 算法在 Pentium M 处理器上的速度可达到 2.9 时钟/字节，比 RC4 算法还快 2.5 倍,HC-256 算法在 Pentium M 处理器上的速度高达 5.09 时钟/字节，是目前软件运行效率最高的序列密码算法之一。

　　按照表驱动型序列密码算法中所使用的驱动表的个数，可将该类型序列密码算法分为单表驱动型序列密码算法和多表驱动型序列密码算法，前者仅使用一个驱动表，以 RC4 算法为代表；后者使用两个以上驱动表，以 Py 算法和 HC-128 算法为代表。

4.2　单表驱动型序列密码算法

　　单表驱动型序列密码算法 RC4 由美国密码学家 Rivest 于 1987 年设计，是应用最广泛的序列密码算法之一。起初该序列密码算法作为商业机密并没有公开，直到 1994 年 9 月，算法才通过 Cypherpunks 匿名邮件列表匿名地公开于网络上。由于 RC4 序列密码算法具有良好的伪随机性和软件实现效率，该算法在众多领域的安全模块得到了广泛应用，如国际著名的安全协议标准 SSL/TLS（安全套接字层协议/传输层安全协议）和无线局域网标准 IEEE 802.11 的有线等效保密（wired equivalent privacy，WEP）协议和 Wi-Fi 网络安全接入（Wi-Fi protected access，WPA）协议；同时，RC4 序列密码算法也被集成于 Windows、Lotus Notes 和 Oracle Secure SQL 等应用中。

　　RC4 是一个典型的单表驱动型序列密码算法，其基于驱动表的设计思想虽然很简单，但却十分有效。它使用一个包含 256 字节的驱动表作为内部状态，使用简单的两字节互换操作实现内部状态的更新，而互换操作的输入字节由非线性的模加运算确定；采用这种更新方式，每轮只能实现两字节的更新，其余 254 字节在本轮是不变的，算法的混乱扩散效率较低，因而导致 RC4 序列密码算法输出密钥流序列的随机性较差，不能抵抗区分攻击。

　　针对 RC4 序列密码算法的已有攻击主要有区分攻击、相关密钥攻击、状态恢复攻击[2]等。在 2008 年的 CRYPTO 会议上，Maximov 等对 RC4 算法进行了状态恢复攻击[2]，恢复全部 1024 比特的内部状态所需的计算复杂度为 2^{241}，在抵抗密钥恢复攻击和状态恢复攻击方面，密钥规模为 128 比特的 RC4 算法在单密钥攻击条件下至今仍是安全的。

4.2.1　RC4 序列密码算法介绍

　　RC4 是一个面向字节的单表驱动型序列密码算法，所使用的驱动表包含 256 字节，分别记为 $S[0], S[1], \cdots, S[255]$，算法中的 "+" 表示模 256 加法，$\ell$ 表示密钥包含的字节数。该算法非常简单，由以下两部分构成。

　　（1）密钥调度算法（key scheduling algorithm，KSA）。该算法由输入的随机密钥 K（规模为 64 比特或 128 比特）生成一个由元素 $0, 1, \cdots, N-1$ 组成的初始排列

$S\{0,1,\cdots,N-1\}$，N一般为 256。RC4 序列密码算法的 KSA 的具体步骤如下所示。

步骤 1，对于 $i(0 \leqslant i \leqslant 255)$，$S[i] \leftarrow i$。

步骤 2，将 j 赋值为 0。

步骤 3，对于 $i(0 \leqslant i \leqslant 255)$，$j \leftarrow j + S[i] + K[i \bmod \ell]$，执行 $\text{swap}(S[i], S[j])$，即交换 i 和 j 指向的值。

(2)伪随机生成算法(pseudo-random generation algorithm，PRGA)。该算法利用 KSA 生成的驱动表 S 生成长度为 L 的伪随机密钥流序列 $\{z_t\}_{t=0}^{L-1}$，最终与明文相异或产生密文。

RC4 序列密码算法的 PRGA 的具体步骤如下所示。

步骤 1，将 i、j 分别赋值为 0。

步骤 2，对于 $t(0 \leqslant t \leqslant L-1)$，$i \leftarrow i+1$，$\text{IV}_0$，执行 $\text{swap}(S[i], S[j])$，即交换 i 和 j 指向的值，输出 $z_t = S[S[i] + S[j]]$。

4.2.2 RC4 变形序列密码算法介绍

为了提高 RC4 序列密码算法的安全性，2004 年，Zoltak 在 FSE 会议上提出了一个 RC4 序列密码算法的改进版，即序列密码算法 VMPC-n[3]，这也是一个面向字节的序列密码算法，其中 $n=8$。其算法的具体步骤描述如下。

(1)KSA：

步骤 1，将 j 赋值为 0。

步骤 2，利用密钥对 j 和 P 进行赋值。

(2)PRGA：

对于 $t(0 \leqslant t \leqslant L-1)$，$j = P[j + P[i]]$，输出 $z_t = P[P[P[j]] + 1]$，执行 $\text{swap}(S[i], S[j])$，即交换 i 和 j 指向的值，$i = (i+1) \bmod 256$。

其中内部变量 i 和 j 是在区间 $[0, q-1]$ 内的整数，P 是一个包含 256 字节的驱动表，是整数 $(0, 1, \cdots, q-1)$ 的置换。

与 RC4 序列密码算法相比，VMPC-n 序列密码算法在位置 j 的更新变换和密钥流字节的输出变换上都增加了一次查表运算，内部状态更新变换更为复杂，因而可以达到更高的安全强度。近些年，针对 VMPC-n 序列密码算法有线性区分攻击[4]等攻击结果出现。

4.3 多表驱动型序列密码算法

在提交到 eSTREAM 计划的序列密码算法中，有许多算法采用表驱动的设计思想，如 HC 系列和 Py 系列等序列密码算法。

4.3.1　HC-128 序列密码算法介绍

HC 系列序列密码算法是新加坡学者 Wu 提交的面向软件实现的快速同步序列密码算法，其设计借鉴了 RC4 算法的思想，同时引入了面向 32 比特的非线性函数来更新内部状态。HC 系列序列密码算法有 HC-256 和 HC-128 两个版本，其中 HC-256 支持 256 比特密钥和 256 比特 IV，运行速度比 SNOW 2.0 算法更快，在 Pentium M 处理器上可达 5.09 时钟/字节；HC-128 序列密码算法支持 128 比特密钥和 128 比特 IV，是 HC-256 序列密码算法的简化版本，在 Pentium M 处理器上的运行速度可达 3.52 时钟/字节。虽然 HC-256 序列密码算法比 HC-128 序列密码算法实现更快，但鉴于 eSTREAM 计划的设计原则，最终 HC-128 序列密码算法获选。

1. HC-128 序列密码算法描述

下面给出 HC-128 序列密码算法中的符号说明。

"+"：模 2^{32} 加法运算，$x+y$ 表示 $(x+y)\bmod 2^{32}$。

"⊟"：模 512 减法运算，$x \boxminus y$ 表示 $(x-y)\bmod 512$。

"⊕"：逐比特异或。

"‖"：比特串联。

"≫"：右移位算子，$x \gg n$ 表示 x 向右移位 n 比特。

"≪"：左移位算子，$x \ll n$ 表示 x 向左移位 n 比特。

"⋙"：右循环移位算子，$x \ggg n$ 表示 x 向右循环移位 n 比特。

"⋘"：左循环移位算子，$x \lll n$ 表示 x 向左循环移位 n 比特。

HC-128 序列密码算法使用的重要变量描述如下：

P：一个包含 512 个 32 比特的驱动表，记为 $P[i]$，$0 \leqslant i \leqslant 511$。

Q：一个包含 512 个 32 比特的驱动表，记为 $Q[i]$，$0 \leqslant i \leqslant 511$。

K：HC-128 序列密码算法的 128 比特密钥。

IV：HC-128 序列密码算法的 128 初始向量。

$(s_i)_{i=0}^{\infty}$：HC-128 序列密码算法的密钥流输出序列。

HC-128 序列密码算法使用 6 个函数，用于更新内部状态和输出密钥流序列，具体描述如下：

$$f_1(x) = (x \ggg 7) \oplus (x \ggg 18) \oplus (x \gg 3)$$

$$f_2(x) = (x \ggg 17) \oplus (x \ggg 19) \oplus (x \gg 10)$$

$$g_1(x, y, z) = ((x \ggg 10) \oplus (z \ggg 23)) + (y \ggg 8)$$

$$g_2(x, y, z) = ((x \lll 10) \oplus (z \lll 23)) + (y \lll 8)$$

$$h_1(x) = Q[x_0] + Q[256 + x_2]$$

$$h_2(x) = P[x_0] + P[256 + x_2]$$

其中 $x = x_3 \| x_2 \| x_1 \| x_0$ 是一个 32 比特, x_i $(i=0, 1, 2, 3)$ 表示一个字节, x_3 和 x_0 分别表示最高和最低字节。

1)HC-128 序列密码算法的初始化过程

HC-128 序列密码算法的初始化过程包含如下三部分。

(1) 将 128 比特密钥 $K = K_3 \| K_2 \| K_1 \| K_0$ 和 128 初始向量 $IV = IV_3 \| IV_2 \| IV_1 \| IV_0$ 扩展成一个数组 $W_i (0 \leqslant i \leqslant 1279)$:

$$W_i = \begin{cases} K_i, & 0 \leqslant i \leqslant 7 \\ IV_{i-8}, & 8 \leqslant i \leqslant 15 \\ f_2(W_{i-2}) + W_{i-7} + f_1(W_{i-15}) + W_{i-16} + i, & 16 \leqslant i \leqslant 1279 \end{cases}$$

(2)利用数组 $W_i (0 \leqslant i \leqslant 1279)$ 更新驱动表 P 和 Q:

$$P[i] = W_{i+256}, \quad 0 \leqslant i \leqslant 511$$

$$Q[i] = W_{i+768}, \quad 0 \leqslant i \leqslant 511$$

(3)运行 1024 步, 更新驱动表 P 和 Q。

对于前 512 步, 执行

$$P[i] = \big(P[i] + g_1(P[i \boxminus 3], P[i \boxminus 10], P[i \boxminus 511])\big) \oplus h_1(P[i \boxminus 12]), \quad 0 \leqslant i \leqslant 511$$

对于后 512 步, 执行

$$Q[i] = \big(Q[i] + g_2(Q[i \boxminus 3], Q[i \boxminus 10], Q[i \boxminus 511])\big) \oplus h_2(Q[i \boxminus 12]), \quad 0 \leqslant i \leqslant 511$$

2)HC-128 序列密码算法的密钥流生成过程

初始化过程结束后进入密钥流生成过程, 在该过程的每一步中, HC-128 序列密码算法更新驱动表中的一个元素并输出一个密钥流字, 具体过程描述如下:

$i = 0$;

重复以下步骤(直到产生足够多的密钥流字)

{

　　$j = i \bmod 512$;

若 $(i \bmod 1024) < 512$

{

$\qquad P[j] = P[j] + g_1(P[j \boxminus 3], P[j \boxminus 10], P[j \boxminus 511])$;

$\qquad s_i = h_1(P[j \boxminus 12]) \oplus P[j]$;

}

否则

{

$\qquad Q[j] = Q[j] + g_2(Q[j \boxminus 3], Q[j \boxminus 10], Q[j \boxminus 511])$;

$\qquad s_i = h_2(Q[j \boxminus 12]) \oplus Q[j]$;

}

$i = i + 1$;

}

2. HC-128 序列密码算法的安全性分析现状

针对 HC 系列序列密码算法，由于其运行速度快、安全性高，只有区分攻击和旁道攻击的少量结果出现，至今未见有效的分析成果。设计者 Wu[5]将 HC-128 序列密码算法的密钥流长度限制为 2^{64} 比特，并指出在最低位比特对 HC-128 序列密码算法进行区分攻击需要 2^{164} 密钥流比特才能将密钥流序列和随机序列区分出来。Maitra 等[6]研究在任意比特位对 HC-128 序列密码算法的区分攻击需要 2^{175} 密钥流比特。Paul 等[7]在假设两个驱动表有一个已知的前提下，利用 2^{16} 个密钥流比特可恢复出另一个驱动表，所需的时间复杂度为 2^{42}。Kircanski 等[8]对 HC-128 序列密码算法进行了差分故障攻击，该攻击需要插入 7968 个错误，通过求解包含 1024 个变量的线性方程组来恢复内部状态。Stankovski 等[9]通过在密钥流字低 ω 比特上建立区分器，该区分攻击需要 $2^{152.537}$ 个密钥流字，可将密钥流序列和随机序列区分出来。

4.3.2 Py 系列算法介绍

2005 年，Biham 等提出 Py 及其简化版 Py6，并提交到 eSTREAM 计划参与评选，软件实现速度约为 RC4 的 2.5 倍。在 2006 年的 FSE 会议上，Paul 等[10]提出了对 Py 的区分攻击，所需数据量为 $2^{89.2}$；随后，Crowley[11]利用隐 Markov 模型将数据量降为 2^{72}。在同年的 ASIACRYPT 会议上，Paul 等[12]提出对 Py6 的区分攻击，所需数据量为 $2^{68.6}$。针对已有的区分攻击，Biham 等[13]设计了 Py 的改进版本，即 Pypy 序列密码算法。在 2007 年的 EUROCRYPT 会议上，Wu 等[14]提出对 Py、Pypy 和 Py6 的差分分析，指出 Py、Pypy 和 Py6 的初始化过程存在信息泄漏。随后，Isobe 等[15]改进了文献[14]的分析结果。同年，针对已有的分析结果，Biham

等[16]设计了 Tpypy、Tpy 和 Tpy6,分别作为 Pypy、Py 和 Py6 的改进算法。同年,Sekar 等[17]针对 Py、Pypy、Tpy 和 TPypy 进行了区分攻击,所需数据量为 2^{281}。在同年的 ISC(Information Security Conference)会议上,Sekar 等[18]发现了 Tpy 和 Py 中存在的弱点,基于此弱点进行了区分攻击,所需数据量为 $2^{268.6}$。在同年的 SAC 会议上,Tsunoo 等[19]对 TPypy 进行了区分攻击,所需数据量为 2^{199}。在同年的 WEWoRC(Western European Workshop on Research in Cryptology)会议上,Sekar 等[20]对 Tpy6 和 Py6 进行了区分攻击,所需数据量为 $2^{224.6}$,并设计两个改进算法 Tpy6-A 和 Tpy6-B。在同年的 INDOCRYPT 会议上,Sekar 等[21]提出了针对 Py、Pypy、Tpy 和 TPypy 的相关密钥-区分攻击,所需数据量为 $2^{193.7}$,区分优势大于 0.5,并对 Tpy 和 TPypy 进行了改进,提出了 RCR-64 和 RCR-32 序列密码算法,称 RCR 系列序列密码算法(包括 RCR-32 和 RCR-64)可以抵抗相关密钥-区分攻击。

　　Py 系列序列密码算法(包括 Py、Pypy、Tpy、TPypy、RCR-32 和 RCR-64)的密钥规模和 IV 规模是可变的,密钥规模为 1~256 字节,IV 规模为 1~64 字节,每种算法都包含两个驱动表 P 和 Y,其中驱动表 P 是一个包含 256 字节的置换,每个字节取值范围为 0~255,驱动表 Y 包含 260 个字,记为 $Y[i], i = -3, -2, \cdots, 256$,每个字为 32 比特。

　　Py 系列序列密码算法中的每一种算法都由三部分组成:密钥加载(key setup,KS)算法、IV 加载(IV setup,IVS)算法和圈函数(round function,RF)。密钥加载算法和 IV 加载算法的作用在于将密钥和 IV 加载到算法的内部状态中,并达到充分的混乱与扩散。在执行这两种算法的过程中,需要用到两组中间值:一个固定的包含 256 字节的置换 internal_permutation 和一个与 IV 规模相同的数组 EIV。执行完这两种算法后,密码算法的内部状态包括三部分:包含 256 字节的置换 P、260 个字的表 Y 和一个 32 比特的变量 s,将这些内部状态作为圈函数的输入,密码算法利用圈函数对内部状态进行更新并输出密钥流序列。算法结构参见表 4.3.1。

表 4.3.1　Py 系列序列密码算法结构

算法	RCR-32	RCR-64	TPypy	Tpy	Pypy	Py
密钥加载算法	KS	KS	KS	KS	KS	KS
IV 加载算法	IVS_1	IVS_1	IVS_1	IVS_1	IVS_2	IVS_2
圈函数	RF_3	RF_4	RF_1	RF_2	RF_1	RF_2

　　Py 系列序列密码算法的密钥加载算法 KS、Py 系列序列密码算法的 IV 加载算法 IVS_1 和 IVS_2,以及 Py 系列序列密码算法的圈函数 RF_1、RF_2、RF_3、RF_4 的具体描述如下。

算法 4.3.1　Py 系列序列密码算法的密钥加载算法 KS

输入：key、IV 和初始置换（initial_permutation）。

定义：数组 $Y[-3, -2, \cdots, 256]$、32 比特变量 s。

YMININD$= -3$;

YMAXIND$=256$;

$s =$ internal_permutation[keysizeb-1];

$s = (s \ll 8) \mid$ internal_permutation[$(s \char`\^ (\text{ivsizeb}-1)) \& 0\text{xFF}$];

$s = (s \ll 8) \mid$ internal_permutation[$(s\char`\^\text{key}[0]) \& 0\text{xFF}$];

$s = (s \ll 8) \mid$ internal_permutation[$(s\char`\^\text{key}[\text{keysizeb}-1]) \& 0\text{xFF}$];

For $(j=0; j<\text{keysizeb}; j{+}{+})$

{

    $s = s + \text{key}[j]$;

    $s0 =$ internal_permutation[$s\&0\text{xFF}$];

    $s = \text{ROTL32}(s, 8)\char`\^(\text{u32})s0$;

}

For $(j=0; j<\text{keysizeb}; j{+}{+})$

{

    $s = s + \text{key}[j]$;

    $s0 =$ internal_permutation[$s\&0\text{xFF}$];

    $s \char`\^= \text{ROTL32}(s, 8) + (\text{u32})s0$;

}

For $(i=\text{YMININD}, j=0; i<=\text{YMAXIND}; i{+}{+})$

{

    $s = s + \text{key}[j]$;

    $s0 =$ internal_permutation[$s\&0\text{xFF}$];

    $Y(i) = s = \text{ROTL32}(s, 8)\char`\^(\text{u32})s0$;

    $j = j+1 \bmod \text{keysizeb}$;

}

其中 keysizeb 指密钥的字节规模，ivsizeb 指 IV 的字节规模。

算法 4.3.2　Py 系列序列密码算法的 IV 加载算法 IVS₁ 和 IVS₂

输入：Y、s、IV。

定义：数组 $P[0, 1, \cdots, 255]$、EIV$[0, 1, \cdots, \text{ivsizeb}-1]$、32 比特变量 s。

u8 $v=$ iv[0]$\char`\^((Y(0) \gg 16)\&0\text{xFF})$;

u8 $d=($iv[1 mod ivsizeb]$\char`\^((Y(1) \gg 16)\&0\text{xFF}))\mid1$;

For $(i=0; i<256; i{+}{+})$

{

    $P(i)=$internal_permutation[v];

    $v{+}{=}d$;

}

$s = ((\text{u32}) \, v \ll 24) \wedge ((\text{u32}) \, d \ll 16) \wedge ((\text{u32}) \, P(254) \ll 8) \wedge ((\text{u32}) \, P(255));$

$s \,{\wedge}{=}\, Y(\text{YMININD}) + Y(\text{YMAXIND});$

For $(i{=}0; \, i{<}\text{ivsizeb}; \, i{+}{+})$

$\{$

　　　$s = s + \text{iv}[i] + Y(\text{YMININD}+i);$

　　　u8 s0 $= P(s\&0x\text{FF});$

　　　EIV $(i) = \text{s0};$

　　　$s = \text{ROTL32}(s, 8) \wedge (\text{u32}) \, \text{s0};$

$\}$

For $(i{=}0; \, i{<}\text{ivsizeb}; \, i{+}{+})$

$\{$

　　　$s = s + \text{iv}[i] + Y(\text{YMAXIND}{-}i);$

　　　/*$s = s + \text{EIV}((i{+}\text{ivsizeb}{-}1) \bmod \text{ivsizeb}) + Y(\text{YMAXIND}{-}i);$ for IVS$_1$.*/

　　　u8 s0 $= P(s\&0x\text{FF});$

　　　EIV $(i) \mathrel{+}= \text{s0};$

　　　$s = \text{ROTL32}(s, 8) \wedge (\text{u32}) \, \text{s0};$

$\}$

For $(i{=}0; \, i{<}260; \, i{+}{+})$

$\{$

　　　u32 x0 $= \text{EIV}(0) = \text{EIV}(0) \wedge (s\&0x\text{FF});$

　　　rotate $(\text{EIV});$

　　　swap $(P(0), P(\text{x0}));$

　　　rotate $(P);$

　　　$Y(\text{YMININD}) {=} s {=} (s \wedge Y(\text{YMININD})) + Y(\text{x0});$

　　　/*$s{=}\text{ROTL32}(s,8){+}Y(\text{YMAXIND}); Y(\text{YMININD}){+}{=}s{\wedge}Y(\text{x0});$ for IVS$_1$.*/

　　　rotate $(Y);$

$\}$

$s{=}s{+}Y(26){+}Y(153){+}Y(208);$

if $(s{=}{=}0) \, s{=} (\text{keysizeb}{*}8) + ((\text{ivsizeb}{*}8) \ll 16) + 0x87654321;$

算法 4.3.3　Py 系列序列密码算法的圈函数 RF₁ 和 RF₂

输入：$Y[-3, -2, \cdots, 256]$、$P[0, 1, \cdots, 255]$、32 比特变量 s。

定义：对于 RF$_1$，输出 32 比特；对于 RF$_2$，输出 64 比特。

swap $(P[0], P[Y[185]\&255]);$

rotate $(P);$

$s{+}= Y[P[72]] - Y[P[239]];$

$s = \text{ROTL32}(s, ((P[116] + 18)\&31));$

output $((\text{ROTL32}(s, 25) \oplus Y[256]) + Y[P[26]]);$ /*对于 RF$_1$，此步骤被省略*/

output $((s \oplus Y[-1]) + Y[P[208]]);$

$Y[-3] = (\text{ROTL32}(s, 14) \oplus Y[-3]) + Y[P[153]];$
$\text{rotate}(Y);$

算法 4.3.4　RCR-32 和 RCR-64 序列密码算法的圈函数 RF$_3$、RF$_4$

输入：$Y[-3, -2, \cdots, 256]$、$P[0, 1, \cdots, 255]$、32 比特变量 s。

输出：对于 RCR-32，输出 32 比特；对于 RCR-64，输出 64 比特。

$\text{swap}(P[0], P[Y[185]\&255]);$
$\text{rotate}(P);$
$s += Y[P[72]] - Y[P[239]];$
$s = \text{ROTL32}(s, 19);$
$\text{output}((\text{ROTL32}(s, 25) \oplus Y[256]) + Y[P[26]]);$ /*对于 RF$_3$，此步骤被省略*/
$\text{output}(((s \oplus Y[-1]) + Y[P[208]]);$
$Y[-3] = (\text{ROTL32}(s, 14) \oplus Y[-3]) + Y[P[153]];$
$\text{rotate}(Y);$

4.3.3　针对 Py 系列序列密码算法的区分攻击

本小节将结合差分分析，通过构造更好的条件集，对 RCR-32 序列密码算法和 RCR-64 序列密码算法进行相关密钥-区分攻击。同时，对已有的针对 Py、Pypy、Tpy 和 TPypy 等算法的相关密钥-区分攻击进行改进。

1. 符号说明

为方便描述，这里给出本小节用到的符号。

(1) 记使用密钥 K_1 和 K_2 产生的密钥流序列分别为 O 和 Z。

(2) 记 $O^a_{(b)}$（或 $Z^a_{(b)}$）为密钥 K_1（或 K_2）产生的第 a 个输出密钥流字的第 b 比特，$b=0$ 时为最低比特，用 $\text{lsb}(O^a)$（或 $\text{lsb}(Z^a)$）表示。

(3) 对于密钥 K_1，记 P^a_1、Y^a_1 和 s^a_1 为圈函数在第 a 轮的输入。同理，对于密钥 K_2，记 P^a_2、Y^a_2 和 s^a_2 为圈函数在第 a 轮的输入。

(4) 对于密钥 K_1，记 $P^a_1[b]$、$Y^a_1[b]$ 分别为表 P^a_1 和 Y^a_1 的第 b 个存储单元。同理，对于密钥 K_2，记 $P^a_2[b]$、$Y^a_2[b]$ 分别为表 P^a_2 和 Y^a_2 的第 b 个存储单元。

(5) 对于密钥 K_1，记 $P^a_1[b]_{(i)}$、$Y^a_1[b]_{(i)}$ 分别为存储单元 $P^a_1[b]$ 和 $Y^a_1[b]$ 的第 i 个比特。同理，对于密钥 K_2，记 $P^a_2[b]_{(i)}$、$Y^a_2[b]_{(i)}$ 分别为存储单元 $P^a_2[b]$ 和 $Y^a_2[b]$ 的第 i 个比特。

(6) 记运算 "+"、"−" 和 "⊕" 分别为模 2^{32} 加、模 2^{32} 减和逐比特异或运算，

"∩"和"∪"分别表示集合的交和并。

2. Sekar 等的针对 Py 系列序列密码算法的相关密钥-区分攻击

在 2007 年的 INDOCRYPT 会议上，Sekar 等对 Py、Pypy、Tpy 和 TPypy 进行了相关密钥-区分攻击，所需的数据量为 $2^{193.7}$。在他们的攻击中，Sekar 等选用两个密钥和 IV 对 (K_1, IV) 与 (K_2, IV)，其中密钥 K_1 和 K_2 的规模皆为 256 字节，IV 的规模为 16 字节，K_1 和 K_2 满足如下关系。

(1) $K_1[16] \oplus K_2[16] = 1$。

(2) $K_1[17] \neq K_2[17]$。

(3) $K_1[i] = K_2[i]$，$\forall i \notin \{16,17\}$。

当 K_1 和 K_2 满足如上关系时，Sekar 等发现 Py、Pypy、Tpy 和 TPypy 的密钥加载算法存在安全性弱点，通过推导构造了一条初始输入到输出密钥流的差分路径。

记事件 $D = \{$IV 加载算法结束时，K_1 和 K_2 分别生成的表 Y_1 和 Y_2 满足关系 $Y_1[i] = Y_2[i] (-3 \leqslant i \leqslant 12)\}$，则存在如下结论。

结论 4.3.1[21]　K_1 和 K_2 同时满足关系 C1、C2 和 C3 时，事件 D 发生的概率为

$$p(D) = 2^{-28.4} \times \left(\frac{255}{256}\right)^{16} = 2^{-28.5}$$

通过以上构造的差分路径，Sekar 等在第 1 轮和第 3 轮的输出密钥流字的最低比特建立了一个线性逼近式，该逼近式存在一定的线性偏差，为

$$p\left(O_{(0)}^1 \oplus O_{(0)}^3 \oplus Z_{(0)}^1 \oplus Z_{(0)}^3 = 0\right) = \frac{1}{2}\left(1 + \frac{1}{2^{96.4}}\right)$$

Paul 等在文献[10]中给出了如下推论。

推论 4.3.1[10,21]　在给定线性逼近 $f(\{Z\}) = \frac{1}{2} + p$ 及线性偏差 p 的情况下，当构造区分器所需的样本量 n 与 p 满足如下关系时，区分攻击的区分优势大于 0.5：

$$n = 0.4624 \cdot \frac{1}{p^2}$$

式中，$\{Z\}$ 为输出密钥流序列；$f(\{Z\})$ 为密钥流序列 $\{Z\}$ 上的线性关系。

根据推论 4.3.1，当区分优势不小于 0.5 时，Sekar 等计算出区分攻击所需的数据量为 $2^{193.7}$。在这里，数据量是指构造区分器所需的样本量，每个样本是指两个满足关系(C1-C3)的 (K_1, IV) 和 (K_2, IV)。

3. RCR-32 序列密码算法和 RCR-64 序列密码算法的相关密钥-区分攻击

RCR-32 序列密码算法和 RCR-64 序列密码算法分别是 TPypy 和 Tpy 的改进版本，Sekar 等在设计 RCR-32 序列密码算法和 RCR-64 序列密码算法时考虑了针对 Py 系列序列密码算法的相关密钥-区分攻击，他们期望通过改进算法的圈函数提高算法抵抗相关密钥-区分攻击的能力，并称 RCR-32 序列密码算法和 RCR-64 序列密码算法能够抵抗已有的针对 Py 系列序列密码算法的攻击。值得注意的是，Sekar 等并未对密钥加载算法和 IV 加载算法做修改，这使得 Py 系列序列密码算法中密钥加载算法存在的安全性弱点在 RCR-32 序列密码算法和 RCR-64 序列密码算法中依然存在，依然能够构造出从初始输入到输出密钥流的具有高概率的差分路径。

由于 RCR-32 序列密码算法的圈函数中每一轮的前一个输出密钥流字被丢弃，只输出后一个密钥流字，而 RCR-64 序列密码算法每一轮输出 2 个密钥流字，因此针对 RCR-32 序列密码算法的攻击必然同样适用于 RCR-64 序列密码算法。在此，考察针对 RCR-32 序列密码算法进行相关密钥-区分攻击。

记 s_1^1、P_1^1、Y_1^1（或 s_2^1、P_2^1、Y_2^1）为密钥 K_1（或 K_2）经过密钥加载算法和 IV 加载算法后 s、P 和 Y 的内部状态；对于 K_1，记 s_1^i、P_1^i、Y_1^i 和 s_1^{i+1}、P_1^{i+1}、Y_1^{i+1} 分别为第 $i(i \geqslant 1)$ 轮之前和之后的内部状态；同理，对于密钥 K_2，记 s_2^i、P_2^i、Y_2^i 和 s_2^{i+1}、P_2^{i+1}、Y_2^{i+1} 分别为第 $i(i \geqslant 1)$ 轮之前和之后的内部状态。

与 Sekar 等的攻击不同，本节的攻击将在第 1 轮和第 2 轮的输出密钥流字的最低比特建立线性逼近式，而非第 1 轮和第 3 轮。根据对 RCR-32 圈函数的描述，可得

$$O_{(0)}^1 = s_{1(0)}^2 \oplus Y_1^1[-1]_{(0)} \oplus Y_1^1[P_1^2[208]]_{(0)} \tag{4.3.1}$$

$$O_{(0)}^2 = s_{1(0)}^3 \oplus Y_1^2[-1]_{(0)} \oplus Y_1^2[P_1^3[208]]_{(0)} \tag{4.3.2}$$

$$Z_{(0)}^1 = s_{2(0)}^2 \oplus Y_2^1[-1]_{(0)} \oplus Y_2^1[P_2^2[208]]_{(0)} \tag{4.3.3}$$

$$Z_{(0)}^2 = s_{2(0)}^3 \oplus Y_2^2[-1]_{(0)} \oplus Y_2^2[P_2^3[208]]_{(0)} \tag{4.3.4}$$

易知，当事件 D 发生时，等式 $Y_1^1[-1] = Y_2^1[-1]$ 和 $Y_1^2[-1] = Y_2^2[-1]$ 成立。因此，有

$$Y_1^1[-1] = Y_2^1[-1] \Rightarrow Y_1^1[-1]_{(0)} = Y_2^1[-1]_{(0)}$$

$$Y_1^2[-1] = Y_2^2[-1] \Rightarrow Y_1^2[-1]_{(0)} = Y_2^2[-1]_{(0)}$$

记 $C_1 = Y_1^1[P_1^2[208]]_{(0)}, C_2 = Y_1^2[P_1^3[208]]_{(0)}, C_3 = Y_2^1[P_2^2[208]]_{(0)}, C_4 = Y_2^2[P_2^3[208]]_{(0)}$。

为了使等式 $C_1 \oplus C_2 \oplus C_3 \oplus C_4 = 0$(记为事件 G)以较高概率成立,P_1 和 P_2 需要满足一定的关系。实验结果表明,当等式 $P_1^2[208] = P_1^3[208] + 1$(记为事件 U_1)和 $P_2^2[208] = P_2^3[208] + 1$(记为事件 U_2)同时成立时,事件 G 以接近于 1 的概率发生。因此可得

$$p(G) = p(U_1 \bigcap U_2) \approx 2^{-8} \times 2^{-8} = 2^{-16}$$

根据对 RCR-32 圈函数的描述,可得

$$s_1^3 = \text{RTOTL32}(s_1^2 + Y_1^2[P_1^3[72]] - Y_1^2[P_1^3[239]], 19) \tag{4.3.5}$$

$$s_2^3 = \text{RTOTL32}(s_2^2 + Y_2^2[P_2^3[72]] - Y_2^2[P_2^3[239]], 19) \tag{4.3.6}$$

记 $c_1 = Y_1^2[P_1^3[72]] - Y_1^2[P_1^3[239]]$,$c_2 = Y_2^2[P_2^3[72]] - Y_2^2[P_2^3[239]]$,$\delta$ 和 γ 分别为式(4.3.5)和式(4.3.6)中模 2^{32} 加运算产生的进位向量。因此,有 $s_1^2 + c_1 = s_1^2 \oplus c_1 \oplus \delta$ 和 $s_2^2 + c_2 = s_2^2 \oplus c_2 \oplus \gamma$ 成立,故

$$
\begin{aligned}
& s_{1(0)}^2 \oplus s_{1(0)}^3 \oplus s_{2(0)}^2 \oplus s_{2(0)}^3 \\
= {}& s_{1(0)}^2 \oplus s_{1(19)}^2 \oplus c_{1(19)} \oplus \delta_{(19)} \oplus s_{2(0)}^2 \oplus s_{2(19)}^2 \oplus c_{2(19)} \oplus \gamma_{(19)} \\
= {}& s_{1(0)}^2 \oplus s_{1(19)}^2 \oplus s_{2(0)}^2 \oplus s_{2(19)}^2 \oplus c_{1(19)} \oplus c_{2(19)} \oplus \delta_{(19)} \oplus \gamma_{(19)}
\end{aligned}
$$

式中,$\delta_{(19)} = s_{1(18)}^2 c_{1(18)} \oplus \delta_{(18)} s_{1(18)}^2 \oplus \delta_{(18)} c_{1(18)}$;$\gamma_{(19)} = s_{2(18)}^2 c_{2(18)} \oplus \gamma_{(19)} s_{2(18)}^2 \oplus \gamma_{(19)} c_{2(18)}$。

基于如上推导,可得出以下结论。

结论 4.3.2　当如下三个条件满足时,$s_{1(0)}^2 \oplus s_{1(0)}^3 \oplus s_{2(0)}^2 \oplus s_{2(0)}^3 = 0$ 成立。

(1)事件 D 发生。

(2) $s_{1(0)}^2 \oplus s_{1(19)}^2 \oplus s_{2(0)}^2 \oplus s_{2(19)}^2 \oplus \delta_{(19)} \oplus \gamma_{(19)} = 0$(条件 E_1)。

(3) $P_1^3[72] = P_2^3[72] = a \in \{-3, -2, \cdots, 11\}$,$P_1^3[239] = P_2^3[239] = b \in \{-3, -2, \cdots, 11\}$ 且 $b \neq a$(条件 E_2)。

证明:当事件 D 发生时,有 $Y_1[i] = Y_2[i] (-3 \leqslant i \leqslant 12)$ 成立;当条件 E_2 满足时,显然有如下等式成立:

$$Y_1^2[P_1^3[72]] = Y_2^2[P_2^3[72]], \quad Y_1^2[P_1^3[239]] = Y_2^2[P_2^3[239]]$$

故有 $c_1 = c_2$ 成立，进而 $c_1 = c_2 \Rightarrow c_{1(19)} = c_{2(19)}$。

因此有

$$s_{1(0)}^2 \oplus s_{1(0)}^3 \oplus s_{2(0)}^2 \oplus s_{2(0)}^3$$
$$= s_{1(0)}^2 \oplus s_{1(19)}^2 \oplus c_{1(19)} \oplus \delta_{(19)} \oplus s_{2(0)}^2 \oplus s_{2(19)}^2 \oplus c_{2(19)} \oplus \gamma_{(19)}$$
$$= s_{1(0)}^2 \oplus s_{1(19)}^2 \oplus s_{2(0)}^2 \oplus s_{2(19)}^2 \oplus \delta_{(19)} \oplus \gamma_{(19)}$$

当条件 E_1 满足时，便有 $s_{1(0)}^2 \oplus s_{1(0)}^3 \oplus s_{2(0)}^2 \oplus s_{2(0)}^3 = 0$ 成立。

因此，当以上三个条件满足时，$s_{1(0)}^2 \oplus s_{1(0)}^3 \oplus s_{2(0)}^2 \oplus s_{2(0)}^3 = 0$ 成立。

证毕。

由于 P、s 和 $Y[i]\,(13 \leqslant i \leqslant 256)$ 经过密钥加载算法和 IV 加载算法后，已经达到了充分的混乱和扩散，可以将它们看成是随机的，则有

$$p(E_1) \approx 2^{-1} \text{ 且 } p(E_2) \approx 2^{-8} \times \frac{15}{256} \times 2^{-8} \times \frac{14}{256} = 2^{-24.3}$$

令 $E = E_1 \bigcap E_2$，可得

$$p(E) = p(E_1 \bigcap E_2) \approx p(E_1) \cdot p(E_2) = 2^{-25.3}$$

由以上的推导过程可知，当 D、G 和 E 三个事件同时发生时，必然有如下等式成立：

$$O_{(0)}^1 \oplus O_{(0)}^2 \oplus Z_{(0)}^1 \oplus Z_{(0)}^2 = 0$$

令 $L = D \bigcap G \bigcap E$，则有

$$p(L) \approx p(D) \cdot p(G) \cdot p(E) = 2^{-28.5} \times 2^{-16} \times 2^{-25.3} = 2^{-69.8}$$

假设 L 不发生时，$O_{(0)}^1 \oplus O_{(0)}^2 \oplus Z_{(0)}^1 \oplus Z_{(0)}^2$ 的取值满足随机分布，则有

$$p\left(O_{(0)}^1 \oplus O_{(0)}^2 \oplus Z_{(0)}^1 \oplus Z_{(0)}^2 = 0\right) = 2^{-69.8} \times 1 + \frac{1}{2} \times \left(1 - 2^{-69.8}\right) = \frac{1}{2}\left(1 + 2^{-69.8}\right)$$

根据推论 4.3.1 可知，当要求区分攻击的区分优势大于 0.5 时，针对 RCR-32 序列密码算法和 RCR-64 序列密码算法的相关密钥-区分攻击所需的数据量为 $2^{140.5}$。

4. Py、Pypy、Tpy 和 TPypy 的相关密钥-区分攻击

由于 Pypy 和 TPypy 的圈函数中每一轮的前一个输出密钥流字被丢弃，只输出后一个密钥流字，而 Py 和 Tpy 每一轮输出 2 个密钥流字，因此针对 Pypy 和 TPypy 的攻击必然同样适用于 Py 和 Tpy。本书仅考虑针对 Pypy 和 TPypy 进行相关密钥-区分攻击。

与对 RCR-32 序列密码算法和 RCR-64 序列密码算法的攻击相同，本书的攻击将在第 1 轮和第 2 轮的输出密钥流字的最低比特建立线性逼近式。对事件 G 的构造和概率估计与前面相同，在此不再重复。

根据对 Pypy 和 TPypy 圈函数的描述，可得如下关系式：

$$s_1^3 = \text{RTOTL32}(s_1^2 + Y_1^2[P_1^3[72]] - Y_1^2[P_1^3[239]], (P_1^3[116] + 18) \bmod 32) \qquad (4.3.7)$$

$$s_2^3 = \text{RTOTL32}(s_2^2 + Y_2^2[P_2^3[72]] - Y_2^2[P_2^3[239]], (P_2^3[116] + 18) \bmod 32) \qquad (4.3.8)$$

记

$$e_1 = Y_1^2[P_1^3[72]] - Y_1^2[P_1^3[239]], \quad e_2 = Y_1^2[P_1^3[72]] - Y_1^2[P_1^3[239]]$$

$$d_1 = (P_1^3[116] + 18) \bmod 32, \quad d_2 = (P_2^3[116] + 18) \bmod 32$$

记 β 和 ε 分别为式(4.3.7)和式(4.3.8)中模 2^{32} 加运算产生的进位向量。因此，有 $s_1^2 + e_1 = s_1^2 \oplus e_1 \oplus \beta$ 和 $s_2^2 + e_2 = s_2^2 \oplus e_2 \oplus \varepsilon$ 成立。记 $\beta_{(0)}$ 和 $\varepsilon_{(0)}$ 分别为 β 和 ε 的最低比特，为不失一般性，令 $\beta_{(0)} = \varepsilon_{(0)} = 0$，故

$$s_{1(0)}^2 \oplus s_{1(0)}^3 \oplus s_{2(0)}^2 \oplus s_{2(0)}^3$$
$$= s_{1(0)}^2 \oplus s_{1(d_1)}^2 \oplus e_{1(d_1)} \oplus \beta_{(d_1)} \oplus s_{2(0)}^2 \oplus s_{2(d_2)}^2 \oplus e_{2(d_2)} \oplus \varepsilon_{(d_2)}$$
$$= s_{1(0)}^2 \oplus s_{1(d_1)}^2 \oplus s_{2(0)}^2 \oplus s_{2(d_2)}^2 \oplus e_{1(d_1)} \oplus e_{2(d_2)} \oplus \beta_{(d_1)} \oplus \varepsilon_{(d_2)}$$

式中

$$\beta_{(d_1)} = \begin{cases} 0, & d_1 = 0 \\ s_{1(d_1-1)}^2 e_{1(d_1-1)} \oplus \beta_{(d_1-1)} s_{1(d_1-1)}^2 \oplus \beta_{(d_1-1)} e_{1(d_1-1)}, & 1 \leqslant d_1 \leqslant 31 \end{cases}$$

$$\varepsilon_{(d_2)} = \begin{cases} 0, & d_2 = 0 \\ s_{1(d_2-1)}^2 e_{1(d_2-1)} \oplus \varepsilon_{(d_2-1)} s_{1(d_2-1)}^2 \oplus \varepsilon_{(d_2-1)} e_{1(d_2-1)}, & 1 \leqslant d_2 \leqslant 31 \end{cases}$$

基于如上推导，可得以下结论。

结论 4.3.3 当如下四个条件满足时，$s_{1(0)}^2 \oplus s_{1(0)}^3 \oplus s_{2(0)}^2 \oplus s_{2(0)}^3 = 0$ 成立。

(1) 事件 D 发生。

(2) $d_1 = d_2$（条件 F_1）。

(3) $s_{1(0)}^2 \oplus s_{1(d_1)}^2 \oplus s_{2(0)}^2 \oplus s_{2(d_2)}^2 \oplus \beta_{(d_1)} \oplus \varepsilon_{(d_2)} = 0$（条件 F_2）。

(4) $P_1^3[72] = P_2^3[72] = a \in \{-3, -2, \cdots, 11\}$，$P_1^3[239] = P_2^3[239] = b \in \{-3, -2, \cdots, 11\}$ 且 $b \neq a$（条件 F_3）。

证明：当事件 D 同时发生时，有 $Y_1[i] = Y_2[i]$ $(-3 \leqslant i \leqslant 12)$ 成立，此时，当条件 F_2 满足时，显然有等式 $Y_1^2[P_1^3[72]] - Y_1^2[P_1^3[239]] = Y_2^2[P_2^3[72]] - Y_2^2[P_2^3[239]]$ 成立。当条件 F_1 和 F_3 满足时，有 $e_{1(d_1)} \oplus e_{2(d_2)} = 0$，因此有

$$
\begin{aligned}
&s_{1(0)}^2 \oplus s_{1(0)}^3 \oplus s_{2(0)}^2 \oplus s_{2(0)}^3 \\
&= s_{1(0)}^2 \oplus s_{1(d_1)}^2 \oplus s_{2(0)}^2 \oplus s_{2(d_2)}^2 \oplus c_{1(d_1)} \oplus c_{2(d_2)} \oplus \delta_{(d_1)} \oplus \gamma_{(d_2)} \\
&= s_{1(0)}^2 \oplus s_{1(d_1)}^2 \oplus s_{2(0)}^2 \oplus s_{2(d_2)}^2 \oplus \delta_{(d_1)} \oplus \gamma_{(d_2)}
\end{aligned}
$$

因此，当以上四个条件满足时，$s_{1(0)}^2 \oplus s_{1(0)}^3 \oplus s_{2(0)}^2 \oplus s_{2(0)}^3 = 0$ 成立。

证毕。

由于 P、s 和 $Y[i]$ $(13 \leqslant i \leqslant 256)$ 经过密钥加载算法和 IV 加载算法后，已经达到了充分的混乱和扩散，可以将它们看成是随机的，则有

$$
p(F_1) \approx 2^{-5}, \quad p(F_2) \approx 2^{-1} \text{ 且 } p(F_3) \approx 2^{-8} \times \frac{15}{256} \times 2^{-8} \times \frac{14}{256} = 2^{-24.3}
$$

令 $F = F_1 \bigcap F_2 \bigcap F_3$，则有

$$
p(F) = p(F_1 \bigcap F_2 \bigcap F_3) \approx p(F_1) \cdot p(F_2) \cdot p(F_3) = 2^{-30.3}
$$

由以上的推导过程可知，当 D、G 和 F 三个事件同时发生时，必然有如下等式成立。

$$
O_{(0)}^1 \oplus O_{(0)}^2 \oplus Z_{(0)}^1 \oplus Z_{(0)}^2 = 0
$$

令 $Q = D \bigcap G \bigcap F$，则有

$$
p(Q) \approx p(D) \cdot p(G) \cdot p(F) = 2^{-28.5} \times 2^{-16} \times 2^{-30.3} = 2^{-74.8}
$$

假设 L 不发生时，$O_{(0)}^1 \oplus O_{(0)}^2 \oplus Z_{(0)}^1 \oplus Z_{(0)}^2$ 的取值满足随机分布，则有

$$p\left(O_{(0)}^{1} \oplus O_{(0)}^{2} \oplus Z_{(0)}^{1} \oplus Z_{(0)}^{2} = 0\right) = 2^{-74.8} \times 1 + \frac{1}{2} \times \left(1 - 2^{-74.8}\right) = \frac{1}{2}\left(1 + 2^{-74.8}\right)$$

由区分攻击的原理可知，当要求区分攻击的区分优势大于 0.5 时，针对 Py、Pypy、Tpy 和 TPypy 的相关密钥-区分攻击所需的数据量为 $2^{150.5}$。

表 4.3.2 列出了目前针对 Py 系列序列密码算法的已有分析结果。在文献[21]中，Sekar 等对 Py、Pypy、Tpy 和 TPypy 进行了相关密钥-区分攻击，并对 Tpy 和 TPypy 的圈函数进行了改进，提出了 RCR-64 和 RCR-32 序列密码算法，称 RCR-64 和 RCR-32 序列密码算法能够抵抗相关密钥-区分攻击。然而，4.3 节的攻击结果却表明，仅对圈函数进行改进无法弥补 Py 系列序列密码算法中密钥建立算法的弱点，RCR-32 和 RCR-64 序列密码算法依然无法抵抗相关密钥-区分攻击。因此，Sekar 等对 Tpy 和 TPypy 所做的改进是不成功的。回顾 Py 系列序列密码算法的密钥建立过程可知，数组 Y 中的每个元素仅被更新了一次，这直接影响了密钥差分在数组 Y 中的扩散效果。下一步可尝试对 RCR-32 和 RCR-64 序列密码算法进行改进，例如，可以采用增加密钥建立算法中数组 Y 中的每个元素的更新次数等方法，设计出安全性更高的多表驱动型序列密码算法。

表 4.3.2　与已有的针对 Py 系列序列密码算法的分析结果的比较

攻击	Py6	Py	Pypy	TPy6	TPy	TPypy	RCR-32	RCR-64
Paul 等[10]	X	$2^{89.2}$	X	X	$2^{89.2}$	X	X	X
Crowley[11]	X	2^{72}	X	X	2^{72}	X	X	X
Wu 等[14]	$<2^{24}$	2^{24}	2^{24}	X	X	X	X	X
Isobe 等[15]	$<2^{24}$	2^{24}	2^{24}	X	X	X	X	X
Paul 等[12]	$2^{68.6}$	X	X	$2^{68.6}$	X	X	X	X
Sekar 等[17]	X	2^{281}	2^{281}	X	2^{281}	2^{281}	X	X
Sekar 等[18]	X	$2^{268.6}$		X	$2^{268.6}$	X	X	X
Tsunoo 等[19]	X	X	X	X	X	2^{199}	X	X
Sekar 等[20]	$2^{224.6}$	X	X	$2^{224.6}$	X	X	X	X
Sekar 等[21]	X	$2^{193.7}$	$2^{193.7}$	X	$2^{193.7}$	$2^{193.7}$	X	X
本书	X	$2^{150.5}$	$2^{150.5}$	X	$2^{150.5}$	$2^{150.5}$	$2^{140.5}$	$2^{140.5}$

注：X 表示攻击对算法无效。

4.4　小　　结

RC4 等表驱动型序列密码算法由于结构简洁、软件实现效率高等优点受到密码设计者的青睐，但是已有研究结果表明，RC4 算法存在输出序列随机性较差等安全方面的问题，研究者将目光转向安全强度更高的多表驱动型序列密码算法。现有的分析结果表明，针对多表驱动型序列密码算法，其安全性分析一直以来都是个难点问题，比较有效的攻击方法仅有区分攻击和旁道攻击等。

参 考 文 献

[1] Keller N, Miller S D, Mironov I, et al. MV3: A new word based stream cipher using rapid mixing and revolving buffers[C]//Proceedings of the Cryptographers' Track at the RSA Conference, San Francisco, 2007: 1-19.

[2] Maximov A, Khovratovich D. New state recovery attack on RC4[C]//Proceedings of the 28th Annual International Cryptology Conference, Santa Barbara, 2008: 297-316.

[3] Zoltak B. VMPC one-way function and stream cipher[C]//Proceedings of the 11th International Workshop on Fast Software Encryption, Delhi, 2004: 210-225.

[4] Maximov A. Two linear distinguishing attacks on VMPC and RC4A and weakness of RC4 family of stream ciphers[C]//Proceedings of the 12th International Workshop on Fast Software Encryption, Paris, 2005: 342-358.

[5] Wu H J. The stream cipher HC-128[EB/OL]. https://www. ecrypt.eu.org/stream/p3ciphers/hc/hc 128-p3. pdf[2015-04-29].

[6] Maitra S, Paul G, Raizada S, et al. Some observations on HC-128[J]. Designs, Codes and Cryptography, 2011, 59(1/3): 231-245.

[7] Paul G, Maitra S, Raizada S. A theoretical analysis of the structure of HC-128[C]//Proceedings of the 6th International Workshop on Security, Tokyo, 2011: 161-177.

[8] Kircanski A, Youssef A M. Differential fault analysis of HC-128[C]//Proceedings of the International Conference on Cryptology in Africa, Stellenbosch, 2010: 261-278.

[9] Stankovski P, Ruj S, Hell M, et al. Improved distinguishers for HC-128[J]. Designs, Codes and Cryptography, 2012, 63(2): 225-240.

[10] Paul S, Preneel B, Sekar G. Distinguishing attacks on the stream cipher Py[C]//Proceedings of the 13th International Workshop on Fast Software Encryption, Graz, 2006: 405-421.

[11] Crowley P. Improved cryptanalysis of Py[C]//Proceedings of the State of the Art of Stream Ciphers Workshop, Leuven, 2006: 52-60.

[12] Paul S, Preneel B. On the (in)security of stream ciphers based on arrays and modular addition[C]//Proceedings of the 12th International Conference on the Theory and Application of Cryptology and Information Security, Shanghai, 2006: 69-83.

[13] Biham E, Seberry J. Pypy (Roopy): Another version of Py[EB/OL]. https://www.ecrypt.eu.org/ stream/papersdir/20061038.pdf[2016-03-27].

[14] Wu H J, Preneel B. Differential cryptanalysis of the stream ciphers Py, Py6 and Pypy[C]// Proceedings of the 26th Annual International Conference on Advances in Cryptology, Barcelona, 2007: 276-290.

[15] Isobe T, Ohigashi T, Kuwakado H, et al. How to break Py and Pypy by a chosen-IV attack [EB/OL]. https://www.ecrypt.eu.org/stream /papersdir/2006/060.pdf[2016-06-30].

[16] Biham E, Seberry J. Tweaking the IV setup of the Py family of ciphers-The ciphers Tpy, TPypy, and TPy6[EB/OL]. https://www.ecrypt.eu.org/stream/papersdir/2007/038.ps[2016-03-27].

[17] Sekar G, Paul S, Preneel B. Weaknesses in the pseudorandom bit generation algorithms of the stream ciphers TPypy and TPy[EB/OL]. https://eprint.iacr.org/2007/075.pdf[2017-02-25].

[18] Sekar G, Paul S, Preneel B. New weaknesses in the keystream generation algorithms of the stream ciphers TPy and Py[C]//Proceedings of the 10th International Conference on Information Security, Valparaíso, 2007: 249-262.

[19] Tsunoo Y, Saito T, Kawabata T, et al. Distinguishing attack against TPypy[C]//Proceedings of the 14th International Workshop on Selected Areas in Cryptography, Ottawa, 2007: 396-407.

[20] Sekar G, Paul S, Preneel B. New attacks on the stream cipher TPy6 and design of new ciphers the TPy6-A and the TPy6-B[C]//Proceedings of the Second Western European Workshop on Research in Cryptology, Bochum, 2007: 127-141.

[21] Sekar G, Paul S, Preneel B. Related-key attacks on the Py-family of ciphers and an approach to repair the weaknesses[C]//Proceedings of 8th International Conference on Cryptology in India, Chennai, 2007: 58-72.

第 5 章　类分组型序列密码

5.1　概　　述

在 eSTREAM 计划候选算法中，有一类序列密码算法采用了分组密码成熟的结构环节或设计思想，本书称为类分组型序列密码。例如，Mir-1 算法[1]利用分组密码的 Feistel 密码结构进行设计；Phelix 算法[2]采用分组密码的轮函数迭代的结构且设计仅采用模 2^{32} 加、逐位异或和循环左移三种运算；Salsa20 算法[3]和 Chacha20 算法[4]不但采用了轮函数迭代的设计结构，而且利用了 AES 中的行移位和列混合的思想；LEX 算法[5]基于 AES 分组密码算法进行设计，直接输出了加密过程中的一些内部状态作为密钥流，也可以看成分组密码的输出反馈模式的演变。

本章将介绍 Salsa20、LEX 等典型的类分组型序列密码算法，同时将结合分组密码的差分分析等方法对这类密码算法进行安全性分析。

5.2　Salsa20 类算法

Salsa20 算法由 Bernstein 设计，是 eSTREAM 计划最终胜出的 7 个算法之一，面向软件实现。目前对该算法的安全性分析方面的结果主要有滑动攻击[6]、第二原象攻击[7]、差分分析[8]等。其中，差分分析的结果更被大家关注。

5.2.1　Salsa20 算法介绍

针对算法安全性的不同要求，Salsa20 算法的密钥长度采用两种规模，分别为 128 比特和 256 比特。该算法主要以字为单位进行运算，初始输入、输出和内部状态都为 16 个字。这里将第 i 轮输出的第 j 个字表示为 $m_j^i (0 \leqslant i \leqslant 20, 0 \leqslant j \leqslant 15)$。

1. 轮函数

下面首先介绍算法中采用的一些函数：quarterround 函数、columnround 函数、rowround 函数和 doubleround 函数，具体如下。

1）quarterround 函数

记 quarterround 函数的输入为 128 比特的 y，不妨记 $y = (y_0, y_1, y_2, y_3)$；输出为 128 比特的 z，不妨记 $z = (z_0, z_1, z_2, z_3)$，则有

$$\begin{bmatrix} z_0 \\ z_1 \\ z_2 \\ z_3 \end{bmatrix} = \text{quarterround} \begin{bmatrix} y_0 \\ y_1 \\ y_2 \\ y_3 \end{bmatrix}$$

quarterround 函数的表达式为

$$\begin{cases} z_1 = y_1 \oplus ((y_0 \boxplus y_3) \lll 7) \\ z_2 = y_2 \oplus ((z_1 \boxplus y_0) \lll 9) \\ z_3 = y_3 \oplus ((z_2 \boxplus z_1) \lll 13) \\ z_0 = y_0 \oplus ((z_3 \boxplus z_2) \lll 18) \end{cases}$$

这里的 "$\boxplus$" 表示模 2^{32} 加法运算。 Salsa20 算法中的 quarterround 函数见图 5.2.1。

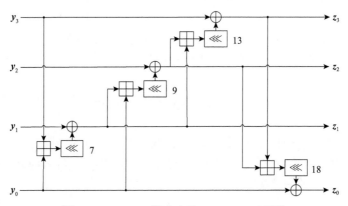

图 5.2.1　Salsa20 算法中的 quarterround 函数

2) columnround 函数

记 columnround 函数的输入为 16 个 32 比特 x, 不妨记
$x = (x_0, x_1, x_2, x_3, \cdots, x_{15})$, 其输出为 16 个 32 比特 y, 不妨记
$y = (y_0, y_1, y_2, y_3, \cdots, y_{15})$, 则有

$$\text{columnround}(x) = (y_0, y_1, y_2, y_3, \cdots, y_{15})$$

这里

$$(y_0, y_4, y_8, y_{12}) = \text{quarterround}(x_0, x_4, x_8, x_{12})$$

$$(y_5, y_9, y_3, y_1) = \text{quarterround}(x_5, x_9, x_3, x_1)$$

$$(y_{10}, y_{14}, y_2, y_6) = \text{quarterround}(x_{10}, x_{14}, x_2, x_6)$$

$$(y_{15}, y_3, y_7, y_{11}) = \text{quarterround}\,(x_{15}, x_3, x_7, x_{11})$$

3) rowround 函数

记 rowround 函数的输入为 16 个 32 比特 y，不妨记 $y = (y_0, y_1, y_2, y_3, \cdots, y_{15})$，其输出为 16 个 32 比特 z，不妨记 $z = (z_0, z_1, z_2, z_3, \cdots, z_{15})$，则有

$$\text{rowround}\,(y) = (z_0, z_1, z_2, z_3, \cdots, z_{15})$$

这里

$$(z_0, z_1, z_2, z_3) = \text{quarterround}\,(y_0, y_1, y_2, y_3)$$

$$(z_5, z_6, z_7, z_4) = \text{quarterround}\,(y_5, y_6, y_7, y_4)$$

$$(z_{10}, z_{11}, z_8, z_9) = \text{quarterround}\,(y_{10}, y_{11}, y_8, y_9)$$

$$(z_{15}, z_{12}, z_{13}, z_{14}) = \text{quarterround}\,(y_{15}, y_{12}, y_{13}, y_{14})$$

4) doubleround 函数

doubleround 函数是先执行 columnround 函数，再执行 rowround 函数的复合函数：

$$\text{doubleround}\,(x) = \text{rowround}\,(\text{columnround}\,(x))$$

根据如上定义，有

$$\text{Salsa20}\,(x) = x \boxplus \text{doubleround}^{10}(x)$$

Salsa20 算法加密图如图 5.2.2 所示：

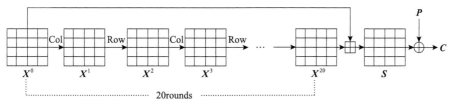

图 5.2.2　Salsa20 算法加密图

下面介绍 Salsa20 算法的等价描述。

轮函数用 R 表示，16 个字记为 GF (2^{32}) 上的一个 4×4 的矩阵

$$m = \begin{bmatrix} m_0 & m_1 & m_2 & m_3 \\ m_4 & m_5 & m_6 & m_7 \\ m_8 & m_9 & m_{10} & m_{11} \\ m_{12} & m_{13} & m_{14} & m_{15} \end{bmatrix}$$

轮函数 $R(m) = (Q'^4(m))^T$，其中

$$Q'(m) = \begin{bmatrix} m_5 & m_6 & m_7 & q_1 \\ m_9 & m_{10} & m_{11} & q_2 \\ m_{13} & m_{14} & m_{15} & q_3 \\ m_1 & m_2 & m_3 & q_0 \end{bmatrix}, \quad \begin{bmatrix} q_0 \\ q_1 \\ q_2 \\ q_3 \end{bmatrix} = \text{quarterround} \begin{bmatrix} m_0 \\ m_4 \\ m_8 \\ m_{12} \end{bmatrix}$$

第 n 轮轮函数可以表示为

$$\begin{cases} m_1^n = m_4^{n-1} \oplus ((m_0^{n-1} \boxplus m_{12}^{n-1}) \lll 7) \\ m_2^n = m_8^{n-1} \oplus ((m_1^n \boxplus m_0^{n-1}) \lll 9) \\ m_3^n = m_{12}^{n-1} \oplus ((m_1^n \boxplus m_2^n) \lll 13) \\ m_0^n = m_0^{n-1} \oplus ((m_2^n \boxplus m_3^n) \lll 18) \end{cases}, \quad \begin{cases} m_6^n = m_9^{n-1} \oplus ((m_5^{n-1} \boxplus m_1^{n-1}) \lll 7) \\ m_7^n = m_{13}^{n-1} \oplus ((m_6^n \boxplus m_5^{n-1}) \lll 9) \\ m_4^n = m_1^{n-1} \oplus ((m_6^n \boxplus m_7^n) \lll 13) \\ m_5^n = m_5^{n-1} \oplus ((m_4^n \boxplus m_7^n) \lll 18) \end{cases}$$

$$\begin{cases} m_{11}^n = m_{14}^{n-1} \oplus ((m_{10}^{n-1} \boxplus m_6^{n-1}) \lll 7) \\ m_8^n = m_2^{n-1} \oplus ((m_{11}^n \boxplus m_{10}^{n-1}) \lll 9) \\ m_9^n = m_6^{n-1} \oplus ((m_{11}^n \boxplus m_8^n) \lll 13) \\ m_{10}^n = m_{10}^{n-1} \oplus ((m_8^n \boxplus m_9^n) \lll 18) \end{cases}, \quad \begin{cases} m_{12}^n = m_3^{n-1} \oplus ((m_{15}^{n-1} \boxplus m_{11}^{n-1}) \lll 7) \\ m_{13}^n = m_7^{n-1} \oplus ((m_{12}^n \boxplus m_{15}^{n-1}) \lll 9) \\ m_{14}^n = m_{11}^{n-1} \oplus ((m_{12}^n \boxplus m_{13}^n) \lll 13) \\ m_{15}^n = m_{15}^{n-1} \oplus ((m_{13}^n \boxplus m_{14}^n) \lll 18) \end{cases}$$

相应地，可推得第 n 轮轮函数的逆变换表示为

$$\begin{cases} m_0^{n-1} = m_0^n \oplus ((m_2^n \boxplus m_3^n) \lll 18) \\ m_{12}^{n-1} = m_3^n \oplus ((m_1^n \boxplus m_2^n) \lll 13) \\ m_8^{n-1} = m_2^n \oplus ((m_1^n \boxplus m_0^{n-1}) \lll 9) \\ m_4^{n-1} = m_1^n \oplus ((m_0^{n-1} \boxplus m_{12}^{n-1}) \lll 7) \end{cases}, \quad \begin{cases} m_5^{n-1} = m_5^n \oplus ((m_4^n \boxplus m_7^n) \lll 18) \\ m_1^{n-1} = m_4^n \oplus ((m_6^n \boxplus m_7^n) \lll 13) \\ m_{13}^{n-1} = m_7^n \oplus ((m_6^n \boxplus m_5^{n-1}) \lll 9) \\ m_9^{n-1} = m_6^n \oplus ((m_5^{n-1} \boxplus m_1^{n-1}) \lll 7) \end{cases}$$

$$\begin{cases} m_{10}^{n-1} = m_{10}^n \oplus ((m_8^n \boxplus m_9^n) \lll 18) \\ m_6^{n-1} = m_9^n \oplus ((m_{11}^n \boxplus m_8^n) \lll 13) \\ m_2^{n-1} = m_8^n \oplus ((m_{11}^n \boxplus m_{10}^{n-1}) \lll 9) \\ m_{14}^{n-1} = m_{11}^n \oplus ((m_{10}^{n-1} \boxplus m_6^{n-1}) \lll 7) \end{cases}, \quad \begin{cases} m_{15}^{n-1} = m_{15}^n \oplus ((m_{13}^n \boxplus m_{14}^n) \lll 18) \\ m_{11}^{n-1} = m_{14}^n \oplus ((m_{12}^n \boxplus m_{13}^n) \lll 13) \\ m_7^{n-1} = m_{13}^n \oplus ((m_{12}^n \boxplus m_{15}^{n-1}) \lll 9) \\ m_3^{n-1} = m_{12}^n \oplus ((m_{15}^{n-1} \boxplus m_{11}^{n-1}) \lll 7) \end{cases}$$

2. 加密函数

Salsa20 算法的密钥流生成函数可以表示为

$$\text{Salsa20}_k(v, i)=H[S]=H\begin{bmatrix} c_0 & k_0 & k_1 & k_2 \\ k_3 & c_1 & v_0 & v_1 \\ i_0 & i_1 & c_2 & k_4 \\ k_5 & k_6 & k_7 & c_3 \end{bmatrix}$$

式中，$H[S]$为输出密钥流，$H[S]=S\boxplus R'(S)$，$R(S)$为轮函数，r 表示圈数（此时 $r=20$）；初始状态中 $k_0, k_1, \cdots, k_7$ 为 256 比特密钥（若选择 128 比特的密钥；$k_4, k_5, \cdots, k_7$ 重复 $k_0, k_1, \cdots, k_3$ 的值）；$c_0, c_1, \cdots, c_3$ 为常数，其中

$$c_0 = 0x61707865, c_1 = 0x3320646e, c_2 = 0x79622d32, c_3 = 0x6b206574$$

v_0、v_1 为初始向量；i_0、i_1 为分组标号。

设明文为 M，密文为 C，加密过程为 $C=M\oplus\text{Salsa20}_k(v,i)$，解密过程为 $M=C\oplus\text{Salsa20}_k(v,i)$。

在相同密钥和初始向量为$(v_0$、$v_1)$的取值下，利用 Salsa20 算法最多可加密 2^{70} 字节的明文。

Salsa20 算法密钥流生成器结构如图 5.2.3 所示。容易证明，图 5.2.2 和图 5.2.3 所示的密钥流生成器结构图是等价的。

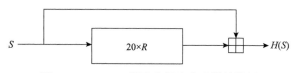

图 5.2.3　Salsa20 算法密钥流生成器结构图

5.2.2　Chacha20 算法介绍

伯恩斯坦在 2008 年提出的一个名为 ChaCha 的流密码家族是 Salsa20 的变体，旨在改善一轮 Salsa20 内的扩散，并提高了算法抵抗差分攻击的能力。谷歌在它们的加密方案中利用 ChaCha 代替了 RC4，ChaCha 也是适用于新的 TLS 1.3 的密码算法之一。另外，哈希函数 BLAKE 是 SHA-3 决赛入围者之一，其设计是基于流密码 ChaCha。

Chacha20 与 Salsa20 采用相似的算法结构，其密钥和 IV 的填充方式如下：

$$\begin{bmatrix} c_0 & c_1 & c_2 & c_3 \\ k_0 & k_1 & k_2 & k_3 \\ k_4 & k_5 & k_6 & k_7 \\ i_0 & v_0 & v_1 & v_2 \end{bmatrix}$$

其中，密钥规模为 128 的 Chacha 算法常数为

$$c_0 = 0x61707865, c_1 = 0x3120646e, c_2 = 0x79622d36, c_3 = 0x6b206574$$

(128 版本的 Chacha 中 c_1, c_2 和 Salsa20 算法中的常数略有区别)

密钥规模为 256 的 Chacha 算法常数为

$$c_0 = 0x61707865, c_1 = 0x3320646e, c_2 = 0x79622d32, c_3 = 0x6b206574$$

与 Salsa20 相比，Chacha20 算法轮函数中的 Q 函数循环移位的参数和顺序有所不同，具体举例如下：

设 Q 函数的输入为 $(x_a^{(r)}, x_b^{(r)}, x_c^{(r)}, x_d^{(r)})$，$Q$ 函数的输出为 $(x_a^{(r+1)}, x_b^{(r+1)}, x_c^{(r+1)}, x_d^{(r+1)})$

$$x_{a'}^{(r)} = x_a^{(r)} + x_b^{(r)}; x_{d'}^{(r)} = x_d^{(r)} \oplus x_{a'}^{(r)}; x_{d''}^{(r)} = x_{d'}^{(r)} \lll 16$$

$$x_{c'}^{(r)} = x_c^{(r)} + x_{d''}^{(r)}; x_{b'}^{(r)} = x_b^{(r)} \oplus x_{c'}^{(r)}; x_{b''}^{(r)} = x_{b'}^{(r)} \lll 12$$

$$x_a^{(r+1)} = x_{a'}^{(r)} + x_{b''}^{(r)}; x_{d'''}^{(r)} = x_{d''}^{(r)} \oplus x_a^{(r+1)}; x_d^{(r+1)} = x_{d'''}^{(r)} \lll 8$$

$$x_c^{(r+1)} = x_{c'}^{(r)} + x_d^{(r+1)}; x_{b'''}^{(r)} = x_{b''}^{(r)} \oplus x_c^{(r+1)}; x_b^{(r+1)} = x_{b'''}^{(r)} \lll 7$$

Chacha 算法的 Q 函数如图 5.2.4 所示。

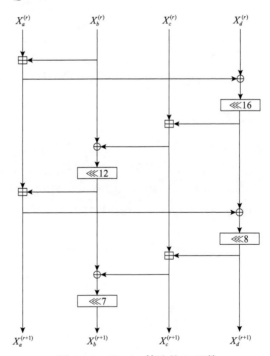

图 5.2.4　Chacha 算法的 Q 函数

据分析，这样的设计使得 Chacha20 算法比 Salsa20 算法具有更快的差分扩散性。

5.2.3　Salsa20 算法的代数-截断差分分析

根据文献[9]，本节给出 Salsa20 算法代数-截断差分分析的结果，结合求解包含模 2^n 加和逐位异或的非线性方程，对 5 轮 Salsa20 算法进行密钥恢复攻击[9]，恢复 256 比特初始密钥的计算复杂度不大于 $O(2^{105})$，数据复杂度为 $O(2^{11})$，存储复杂度为 $O(2^{11})$，成功率为 97.72%。

1. 模 2^n 加关于逐位异或的差分分布规律

由于 Salsa20 算法的轮函数是由模 2^n 加、逐位异或和循环移位三种运算构成的混合运算，因此要得到 Salsa20 算法轮函数的差分传递链，首先需要给出模 2^n 加关于逐位异或运算的差分分布规律。

设 $x \in Z/(2^n)$ 且 $x = \sum_{i=0}^{n-1} 2^i x_{(i)}$，$x_{(i)} \in \{0,1\}$，记 $x = (x_{(n-1)}, x_{(n-2)}, \cdots, x_{(0)})$ 是 x 的二进制表示，称 $x_{(i)}$ 是 x 的第 i 位，$x_{(i-1,\cdots,0)} = (x_{(i)}, x_{(i-1)}, \cdots, x_{(0)})$ 是 x 的第 0~i 位。本章均假设 x 的实数表示与其二进制表示按上述方式一一对应，因而这里不加区分地使用。约定符号"⊞"为模 2^n 加运算，"⊟"为模 2^n 减运算。

设 $z = f(x, y) = x \boxplus y$，其中 $x, y, z \in GF(2^n)$。当 $z^* = f(x^*, y^*) = x^* \boxplus y^*$，$x^*, y^*, z^* \in GF(2^n)$ 时，则 x、y、z 的异或差分别为 $\Delta x = x \oplus x^*$，$\Delta y = y \oplus y^*$，$\Delta z = z \oplus z^*$，$x_{(i)}$、$y_{(i)}$、$z_{(i)}$ 的异或差分别为 $\Delta x_{(i)} = x_{(i)} \oplus x_{(i)}^*$，$\Delta y_{(i)} = y_{(i)} \oplus y_{(i)}^*$，$\Delta z_{(i)} = z_{(i)} \oplus z_{(i)}^*$。

定义 5.2.1　对于 $0 \leqslant j \leqslant n-2$，令

$$c_{(j+1)} = (x_{(j)} \oplus y_{(j)}) c_{(j)} \oplus x_{(j)} y_{(j)}$$

并约定 $c_0 = 0$，则称 c 为 $z = x \boxplus y$ 的关于模 2^n 加的进位序列。

定义 5.2.2　对于模 2^n 加 $z = f(x, y) = x \boxplus y$，称

$$\mathrm{DP}_f(\Delta x, \Delta y, \Delta z) = (1/2^{2n})(\#\{(x, y) : f(x, y) \oplus f(x \oplus \Delta x, y \oplus \Delta y) = \Delta z\})$$

为模 2^n 加差分转移概率，简称模 2^n 加差分概率。

定义 5.2.3　模 2^n 加中第 i 比特的差分转移概率为

$$\mathrm{DP}_f(\Delta x_{(i)}, \Delta y_{(i)}, \Delta z_{(i)})$$
$$= 2^{-2}(\#\{(x_{(i)}, y_{(i)}) : f(x_{(i)}, y_{(i)}) \oplus f(x_{(i)} \oplus \Delta x_{(i)}, y_{(i)} \oplus \Delta y_{(i)}) = \Delta z_{(i)}\})$$

文献[10]中已有对模 2^n 加关于逐位异或运算的差分分布规律的一些分析结果。

引理 5.2.1[10] 当 $0 \leqslant i \leqslant n-1$ 时，有

$$\Delta z_{(i)} = \Delta x_{(i)} \oplus \Delta y_{(i)} \oplus \Delta c_{(i)}$$

引理 5.2.2[10] 当 $0 \leqslant i \leqslant n-2$ 时，$(\Delta x_{(i)}, \Delta y_{(i)}, \Delta c_{(i)})$ 和 $\Delta z_{(i)}/p$、$\Delta c_{(i+1)}/p$ 的对应关系如表 5.2.1 所示。

表 5.2.1 $(\Delta x_{(i)}, \Delta y_{(i)}, \Delta c_{(i)})$ 和 $\Delta z_{(i)}/p$、$\Delta c_{(i+1)}/p$ 的对应关系

$(\Delta x_{(i)}, \Delta y_{(i)}, \Delta c_{(i)})$	$\Delta z_{(i)}/p$		$\Delta c_{(i+1)}/p$	
	$\Delta z_{(i)}$	p	$\Delta c_{(i+1)}$	p
(0,0,0)	0	1	0	1
(0,0,1)	1	1	0/1	0.5/0.5
(0,1,0)	1	1	0/1	0.5/0.5
(0,1,1)	0	1	0/1	0.5/0.5
(1,0,0)	1	1	0/1	0.5/0.5
(1,0,1)	0	1	0/1	0.5/0.5
(1,1,0)	0	1	0/1	0.5/0.5
(1,1,1)	1	1	1	1

注：当 $i = 0$ 时，$\Delta c_{(0)} = 0$；p 表示该情形下的概率。

2. 一个非线性方程的求解

在密码分析的过程中，一般经常会遇到非线性方程的求解问题，非线性方程的一般解法是穷举未知量，这种求解方法的计算量是指数级的，若能找到一种多项式时间级的非线性方程的解法，则能大大提高攻击效率。

在对 5 轮 Salsa20 算法进行截断差分攻击时，需要求解一个关于未知量 x 的 $\mathrm{GF}(2^n)$ 上的非线性方程，即

$$a = (((b \boxplus x) \oplus d) \boxplus e) \oplus (((b' \boxplus x) \oplus d') \boxplus e') \tag{5.2.1}$$

式中，已知量 a、b、d、e、b'、d'、e' 随机，这里利用从低位开始逐比特猜测的方法求解 x，该方法的计算复杂度期望值为 $n-1$ 次简单计算，x 的个数的期望值为 1。

在式 (5.2.1) 中，设 $b \boxplus x$ 的进位序列为 c，$((b \boxplus x) \oplus d) \boxplus e$ 的进位序列为 $\tilde{c}$，$b' \boxplus x$ 的进位序列为 c'，$((b' \boxplus x) \oplus d') \boxplus e'$ 的进位序列为 $\tilde{c}'$，易知

$$c_{(i+1)} = b_{(i)} x_{(i)} \oplus b_{(i)} c_{(i)} \oplus x_{(i)} c_{(i)} \tag{5.2.2}$$

$$\tilde{c}_{(i+1)} = (b_{(i)} \oplus x_{(i)} \oplus c_{(i)} \oplus d_{(i)}) e_{(i)} \oplus (b_{(i)} \oplus x_{(i)} \oplus c_{(i)} \oplus d_{(i)}) \tilde{c}_{(i)} \oplus e_{(i)} \tilde{c}_{(i)} \tag{5.2.3}$$

$$c'_{(i+1)} = b'_{(i)}x_{(i)} \oplus b_{(i)}c'_{(i)} \oplus x_{(i)}c'_{(i)} \tag{5.2.4}$$

$$\tilde{c}'_{(i+1)} = (b'_{(i)} \oplus x_{(i)} \oplus c'_{(i)} \oplus d'_{(i)})e'_{(i)} \oplus (b'_{(i)} \oplus x_{(i)} \oplus c'_{(i)} \oplus d'_{(i)})\tilde{c}'_{(i)} \oplus e'_{(i)}\tilde{c}'_{(i)} \tag{5.2.5}$$

且 $c_{(0)} = \tilde{c}_{(0)} = c'_{(0)} = \tilde{c}'_{(0)} = 0$。

通过对式 (5.2.1) 的分析可得

$$a_{(i)} = b_{(i)} \oplus d_{(i)} \oplus e_{(i)} \oplus b'_{(i)} \oplus d'_{(i)} \oplus e'_{(i)} \oplus c_{(i)} \oplus \tilde{c}_{(i)} \oplus c'_{(i)} \oplus \tilde{c}'_{(i)} \tag{5.2.6}$$

将式 (5.2.2)～式 (5.2.5) 代入式 (5.2.6)，可得如下线性方程：

$$\alpha_{(i)} = \beta_{(i)}x_{(i)} \tag{5.2.7}$$

式中

$$\begin{aligned}
\alpha_{(i)} = {} & a_{(i+1)} \oplus b_{(i+1)} \oplus d_{(i+1)} \oplus e_{(i+1)} \oplus b'_{(i+1)} \oplus d'_{(i+1)} \oplus e'_{(i+1)} \\
& \oplus b_{(i)}c_{(i)} \oplus b_{(i)}e_{(i)} \oplus c_{(i)}e_{(i)} \oplus d_{(i)}e_{(i)} \oplus b_{(i)}\tilde{c}_{(i)} \oplus c_{(i)}\tilde{c}_{(i)} \oplus d_{(i)}\tilde{c}_{(i)} \oplus e_{(i)}\tilde{c}_{(i)} \\
& \oplus b'_{(i)}c'_{(i)} \oplus b'_{(i)}e'_{(i)} \oplus c'_{(i)}e'_{(i)} \oplus d'_{(i)}e'_{(i)} \oplus b'_{(i)}\tilde{c}'_{(i)} \oplus c'_{(i)}\tilde{c}'_{(i)} \oplus d'_{(i)}\tilde{c}'_{(i)} \oplus e'_{(i)}\tilde{c}'_{(i)}
\end{aligned} \tag{5.2.8}$$

$$\beta_{(i)} = b_{(i)}c_{(i)} \oplus e_{(i)} \oplus \tilde{c}_{(i)} \oplus b'_{(i)} \oplus c'_{(i)} \oplus e'_{(i)} \oplus \tilde{c}'_{(i)} \tag{5.2.9}$$

由此可知，求解方程 (5.2.1) 的方法可化简为求解方程 (5.2.7)，具体算法如下所示。

算法 5.2.1 求解非线性方程 $a = (((b \boxplus x) \oplus d) \boxplus e) \oplus (((b' \boxplus x) \oplus d') \boxplus e')$

输入：$GF(2^n)$ 上的变量 a、b、d、e、b'、d'、e'。

输出：所有满足上述方程的 x。

预处理：$c_{(0)} = \tilde{c}_{(0)} = c'_{(0)} = \tilde{c}'_{(0)} = 0$。

步骤 1，计算 $a_{(0)}$ 和 $b_{(0)} \oplus d_{(0)} \oplus e_{(0)} \oplus b'_{(0)} \oplus d'_{(0)} \oplus e'_{(0)}$。若两者相等，则执行步骤 2；若不相等，则算法终止，输出"无解"。

步骤 2，针对 $i = 0, 1, \cdots, n-2$，执行以下操作。

步骤 2.1，记 $\Omega_{i-1} = \{x_{(i-1, i-2, \cdots, 0)}\}$，约定 $\Omega_{-1} = \varnothing$，取一个 $x_{(i-1, i-2, \cdots, 0)}$，按照式 (5.2.8)、式 (5.2.9) 计算 $(\alpha_{(i)}, \beta_{(i)})$。

步骤 2.2，进行以下判断。

当 $(\alpha_{(i)}, \beta_{(i)}) = (0, 0)$ 时，$x_{(i)} = 0$ 或 1，返回步骤 2.1，取下一个 $x_{(i-1, i-2, \cdots, 0)}$。

当 $(\alpha_{(i)}, \beta_{(i)}) = (0, 1)$ 时，$x_{(i)} = 0$，返回步骤 2.1，取下一个 $x_{(i-1, i-2, \cdots, 0)}$。

当 $(\alpha_{(i)}, \beta_{(i)}) = (1, 1)$ 时，$x_{(i)} = 1$，返回步骤 2.1，取下一个 $x_{(i-1, i-2, \cdots, 0)}$。

当 $(\alpha_{(i)}, \beta_{(i)}) = (1,0)$ 时，抛弃该 $x_{(i-1, i-2, \cdots, 0)}$ 值，返回步骤 2.1，取下一个 $x_{(i-1, i-2, \cdots, 0)}$。

取遍所有 $x_{(i-1, i-2, \cdots, 0)}$，若都被抛弃，则 $x_{(i)}$ 无解，算法终止；若 $x_{(i)}$ 有解，则 $i{+}{+}$。

步骤 3，令 $x_{(n-1)}=0$ 或 1，输出 x，算法终止。

下面进行算法计算复杂度分析。

由上述算法可得 $x_{(i)}$ 的个数的期望值为

$$p(\alpha_{(i)} =0, \beta_{(i)} =0) \times 2 + p(\alpha_{(i)} =0, \beta_{(i)} =1) \times 1$$
$$+ p(\alpha_{(i)} =1, \beta_{(i)} =1) \times 1 + p(\alpha_{(i)} =1, \beta_{(i)} =0) \times 0$$
$$= p(\alpha_{(i)} =0, \beta_{(i)} =0) \times 2 + p(\alpha_{(i)} =0, \beta_{(i)} =1) + p(\alpha_{(i)} =1, \beta_{(i)} =1)$$

若 a、b、d、e、b'、d'、e' 的值随机，则由式 (5.2.8) 和式 (5.2.9) 可知，$\alpha_{(i)}$ 和 $\beta_{(i)}$ 的值随机，那么有

$$p(\alpha_{(i)} =0) = p(\alpha_{(i)} =1) = p(\beta_{(i)} =0) = p(\beta_{(i)} =1) = 2^{-1}$$

因 a、d、d' 随机，且 $\beta_{(i)}$ 的表达式 (5.2.9) 中不含有关于 $a_{(i)}$、$d_{(i)}$、$d'_{(i)}$ 的项，$\alpha_{(i)}$ 和 $\beta_{(i)}$ 可视为相互独立的，故

$$p(\alpha_{(i)} =0, \beta_{(i)} =0) = p(\alpha_{(i)} =0) \cdot p(\beta_{(i)} =0) = 2^{-1} \times 2^{-1} = 2^{-2}$$

$$p(\alpha_{(i)} =0, \beta_{(i)} =1) = p(\alpha_{(i)} =0) \cdot p(\beta_{(i)} =1) = 2^{-1} \times 2^{-1} = 2^{-2}$$

$$p(\alpha_{(i)} =1, \beta_{(i)} =1) = p(\alpha_{(i)} =1) \cdot p(\beta_{(i)} =1) = 2^{-1} \times 2^{-1} = 2^{-2}$$

则方程 $\alpha_{(i)} = \beta_{(i)} x_{(i)}$ 解的个数的期望值为

$$p(\alpha_{(i)} =0, \beta_{(i)} =0) \times 2 + p(\alpha_{(i)} =0, \beta_{(i)} =1) + p(\alpha_{(i)} =1, \beta_{(i)} =1) = 1$$

当 $a_{(0)}$、$s_{3(0)}$、$d_{(0)}$、$b_{(0)}$、$s'_{3(0)}$、$d'_{(0)}$、$b'_{(0)}$ 的值随机时，有

$$p(a_{(0)} = s_{3(0)} \oplus d_{(0)} \oplus b_{(0)} \oplus s'_{3(0)} \oplus d'_{(0)} \oplus b'_{(0)}) = 2^{-1}$$

由于不能确定 $x_{(n-1)}$ 的值，因此取 $x_{(n-1)}$ 为 0 或 1，进而得到 x 的计算复杂度为 $n-1$ 次简单计算，x 的个数的期望值为 $2^{-1} \times 1 \times 2 = 1$。

3.5 轮 Salsa20 算法的截断差分攻击

1) 攻击的基本思想

对于某些密码体制，寻找高概率的差分特征时，知道内部状态的全部差分取

值几乎是不可能的，但是有时只要知道几比特的差分值就足够了，这就是截断差分密码分析的基本原理。

文献[8]对 Salsa20 算法进行截断差分分析的基本思想是：首先得到 $n-2$ 轮差分特征，然后对 n 轮输出逆推两轮，对密钥进行分步穷举攻击，从而对 n 轮 Salsa20 算法进行密钥恢复。

下面以得到 Δm_{12}^{n-2} 的差分特征为例说明如何对 Salsa20 算法进行截断差分分析。本章所分析的 n 轮 Salsa20 算法密钥长度均为 256 比特。由于在对序列密码算法进行分析时一般都假设已知初始 IV 和输出密钥流，而在对分组密码算法进行分析时一般都假设已知明密文对，本章在对序列密码进行分析时仍采用明密文对的说法。

设 $n \geqslant 2$，n 轮 Salsa20 算法的轮函数输出值为 $R^n(m)=(m_0^n, m_1^n, \cdots, m_{15}^n)$，输出密钥流为 $H(m)=m \boxplus R^n(m)$。由 Salsa20 算法轮函数 R 可知，第 $n-2$ 轮的输出 Δm_{12}^{n-2} 可由第 n 轮输出的 $(m_4^n, m_6^n, m_7^n, m_8^n, m_9^n, m_{10}^n, m_{11}^n, m_{12}^n, m_{13}^n, m_{14}^n, m_{15}^n)$ 得到。

假设在攻击时，可由明密对得到密钥流 $H(m)$ 的值（一般来说，这是对序列密码攻击的可行性条件），但 m 中初始密钥 $k_0, k_1, \cdots, k_7$ 未知，$c_0, c_1, \cdots, c_3 \cdot v_{0,1}$ 和 $i_{0,1}$ 已知，则可以确定 $(m_0^n, m_5^n, m_6^n, m_7^n, m_8^n, m_9^n, m_{10}^n, m_{15}^n)$，但不能确定 $(m_1^n, m_2^n, m_3^n, m_4^n, m_{11}^n, m_{12}^n, m_{13}^n, m_{14}^n)$。那么，只需得到 $(m_4^n, m_{11}^n, m_{12}^n, m_{13}^n, m_{14}^n)$ 即可求出 Δm_{12}^{n-2}，而 $(m_4^n, m_{11}^n, m_{12}^n, m_{13}^n, m_{14}^n)$ 是由密钥流 $H(m)$ 和 $k_3, k_4, \cdots, k_7$ 得到的。

在得到满足某差分特征输入差的两对明密文时，可猜测 $k_3, k_4, \cdots, k_7$ 得到 Δm_{12}^{n-2}。选取足够多的明密对后，可以根据此差分特征对应的差分转移概率对 Δm_{12}^{n-2} 出现的个数设置一个限门 T，然后猜测 $k_3, k_4, \cdots, k_7$，若猜测正确，则有很高的可能性达到这个限门，反之，在密钥猜测错误的情况下达到这个限门的可能性很小。对于达到这个限门而又不是正确的 $k_3, k_4, \cdots, k_7$，可以通过穷举 k_0、k_1、k_2 来排除。具体可利用算法 5.2.2[8] 恢复密钥，所需穷举的密钥量为 2^{160}。

算法 5.2.2　利用截断差分分析对 Salsa20 算法进行密钥恢复

输入：N 对满足某差分特征输入差的明密对。

输出：正确密钥值。

步骤 1，猜测密钥 $k_3, k_4, \cdots, k_7$ 的一个值。

步骤 2，随机选取一组满足一定输入差的两对明密文，计算 Δm_{12}^{n-2}。

步骤 3，若步骤 2 的计算结果与差分特征中 Δm_{12}^{n-2} 相等，则计数；若不相等，则不计数，返回步骤 2。

步骤 4，当计数器中某些密钥的计数达到该限门 T 时，保留该密钥，否则抛

弃，返回步骤 1。

步骤 5，对保留的密钥，通过穷举 k_0、k_1、k_2 来排除错误的密钥，正确则输出，错误则抛弃。

当有密钥输出时，算法终止。

表 5.2.2 给出了得到第 n–2 轮的每块输出差时所需穷举的密钥块及穷举计算量。

表 5.2.2　得到第 n–2 轮的每块输出差时所需穷举密钥块及穷举计算量

第 n–2 轮的每块输出差	所需密钥块	穷举计算量
Δm_0^{n-2}	$k_1, k_2, k_4, k_5, k_6, k_7$	2^{192}
Δm_1^{n-2}	$k_0, k_1, k_2, k_4, k_5, k_6, k_7$	2^{224}
Δm_2^{n-2}	$k_0, k_1, k_2, k_3, k_5, k_6, k_7$	2^{224}
Δm_3^{n-2}	$k_0, k_1, k_2, k_3, k_4, k_6, k_7$	2^{224}
Δm_4^{n-2}	$k_1, k_2, k_3, k_4, k_5, k_6, k_7$	2^{224}
Δm_5^{n-2}	$k_0, k_1, k_2, k_3, k_5, k_6, k_7$	2^{224}
Δm_6^{n-2}	$k_0, k_1, k_2, k_3, k_5, k_6, k_7$	2^{224}
Δm_7^{n-2}	$k_0, k_1, k_2, k_3, k_4, k_6, k_7$	2^{224}
Δm_8^{n-2}	$k_1, k_2, k_3, k_4, k_5, k_6, k_7$	2^{224}
Δm_9^{n-2}	$k_0, k_1, k_2, k_3, k_4, k_5, k_6, k_7$	2^{256}
Δm_{10}^{n-2}	k_0, k_1, k_2, k_3	2^{128}
Δm_{11}^{n-2}	k_0, k_1, k_2, k_3, k_4	2^{160}
Δm_{12}^{n-2}	k_3, k_4, k_5, k_6, k_7	2^{160}
Δm_{13}^{n-2}	$k_0, k_1, k_2, k_3, k_4, k_5, k_6, k_7$	2^{256}
Δm_{14}^{n-2}	$k_0, k_1, k_2, k_3, k_5, k_6, k_7$	2^{224}
Δm_{15}^{n-2}	k_3, k_4, k_6, k_7	2^{128}

由于总的计算复杂度为所穷举密钥的计算量和选取的明密文对个数的乘积，因此在构造截断差分传递链时，需综合以下两方面的因素进行考虑。

(1)密钥穷举的计算量尽可能小，这可保证最终计算复杂度尽可能小。

(2)截断差分转移概率尽可能大，这是差分攻击中的一般性原则，不仅能够确保选取明密文对个数尽可能小，而且能够降低最终的计算复杂度。

通过对 Salsa20 算法轮函数的分析发现，对于第 $n-2$ 轮的 16 个字的输出差，将其分成四组按下列顺序先后得到

$$\Delta m_1^{n-2} \to \Delta m_2^{n-2} \to \Delta m_3^{n-2} \to \Delta m_0^{n-2}$$

$$\Delta m_6^{n-2} \to \Delta m_7^{n-2} \to \Delta m_4^{n-2} \to \Delta m_5^{n-2}$$

$$\Delta m_{11}^{n-2} \to \Delta m_8^{n-2} \to \Delta m_9^{n-2} \to \Delta m_{10}^{n-2}$$

$$\Delta m_{12}^{n-2} \to \Delta m_{13}^{n-2} \to \Delta m_{14}^{n-2} \to \Delta m_{15}^{n-2}$$

由上述分析可知，对于同等条件的输入差，在上述分析的每一行，得到每个字的差的概率依次递减，得到第一个字的差的概率最大，得到最后一个字的差的概率最小。

那么，在对 n 轮 Salsa20 算法进行截断差分分析时，基于对总的计算复杂度影响的两方面因素的考虑，将综合考虑表 5.2.2 中得到第 $n-2$ 轮各个字所需穷举的密钥量，以及得到第 $n-2$ 轮的 16 个字的输出差的先后顺序，进而选取 $n-2$ 轮的差分传递链。

2)恢复 k_0 田 k_1、k_2、k_3、k_4

(1)寻找高概率差分传递链。依据上述截断差分分析的基本思想，当对 5 轮 Salsa20 算法进行截断差分分析时，需要基于一个 3 轮差分传递链及 2 轮逆运算进行密钥恢复。

当轮数 $r=5$ 时，输出密钥流为 $S=m$田$R^5(m)$，攻击者可知 m 中的 8 个字，其余 8 个未知字是密钥。当输出密钥流已知时，可以直接得出 $R^5(m)$ 中的 8 个字，其余 8 个字由于 m 中的 8 个字是密钥而不能得出。猜测 $k_0, k_1, \cdots, k_4$，就可以得到 $R^5(m)$ 中的 13 个字，如下所示，其中"•"和"?"分别表示已知和未知的字。

$$\begin{bmatrix} • & • & • & • \\ • & • & • & • \\ • & • & • & • \\ ? & ? & ? & • \end{bmatrix}$$

根据 R^{-1}，可以得到 $R^4(m)$ 的 12 个字，即

$$\begin{bmatrix} • & • & • & ? \\ • & • & • & ? \\ • & • & • & ? \\ • & • & • & ? \end{bmatrix}$$

根据 R^{-1}，可以得到 $R^3(m)$ 的 2 个字，即

$$\begin{bmatrix} ? & ? & ? & ? \\ ? & ? & ? & ? \\ ? & ? & \bullet & \bullet \\ ? & ? & ? & ? \end{bmatrix}$$

综上可知，当已知输出密钥流及 m 的 8 个非密钥流字时，猜测 $k_0, k_1, \cdots, k_4$，就可以利用轮函数的逆求得 m_{10}^3 和 m_{11}^3。那么，当得到一对输出密钥流及对应的已知输入时，就可得到 Δm_{10}^3 和 Δm_{11}^3。若以一个高概率得到一个关于 Δm_{10}^3 或 Δm_{11}^3 的 3 轮差分传递链，则可以检验所猜测的 $k_0, k_1, \cdots, k_4$ 正确与否。确定 $k_0, k_1, \cdots, k_4$ 后，再确定 $k_5, k_6, \cdots, k_7$，计算复杂度远小于穷举 256 比特密钥。

观察 Salsa20 算法中的轮变换函数可知，某字中任一比特的变化都将会影响下个状态的至少 3 个字，进而再影响其他字，这样的特点使得攻击者可以选取较低汉明重量且高转移概率的输入差状态，构造出具有较高转移概率的差分传递链。这里结合对影响总的计算复杂度的两个因素的分析，进行差分传递链的选择和构造。构造的具体步骤如下所示。

首先取

$$\Delta m_8^0 = 0x80000000, \quad \Delta m_i^0 = 0x00000000, \quad 0 \leqslant i \leqslant 15;\ i \neq 8$$

则可以得到一个 3 轮高概率差分传递链。

第一轮的输入差为

$$\begin{bmatrix} 0 & 0 & 0 & 0 \\ 0 & 0 & 0 & 0 \\ 0x80000000 & 0 & 0 & 0 \\ 0 & 0 & 0 & 0 \end{bmatrix}$$

第一轮的输出差(概率 $p=1$)为

$$\begin{bmatrix} ? & 0 & 0x80000000 & 0x00001000 \\ 0 & 0 & 0 & 0 \\ 0 & 0 & 0 & 0 \\ 0 & 0 & 0 & 0 \end{bmatrix}$$

第二轮的输出差(概率 $p=2^{-4}$)为

$$\begin{bmatrix} ? & ? & ? & ? \\ 0 & 0 & 0 & 0 \\ 0x80000000 & 0x00001000 & 0x40020000 & 0 \\ 0x00001000 & 0x00200000 & 0x02000004 & ? \end{bmatrix}$$

第三轮的输出差（概率 $p=2^{-2}$）为

$$\begin{bmatrix} ? & ? & ? & ? \\ ? & ? & ? & ? \\ ? & ? & ? & 0x03000024 \\ ? & ? & ? & ? \end{bmatrix}$$

上述截断差分传递链的传递概率为 $1\times2^{-4}\times2^{-2}=2^{-6}$，即

$$p\left(\Delta m_{11}^{3}=0x03000024 \mid \Delta m_{8}^{0}=0x80000000, \Delta m_{i}^{0}=0x00000000\,(0\leqslant i\leqslant 15, i\neq 8)\right)=2^{-6}$$

文献[8]中的 3 轮截断差分传递链为

$$p\left(\Delta m_{12}^{3}=0x02002802 \mid \Delta m_{9}^{0}=0x80000000, \Delta m_{i}^{0}=0x00000000\,(0\leqslant i\leqslant 15, i\neq 9)\right)=2^{-12}$$

由此可见，本节所得到的差分传递链的传递概率为文献[8]的 2^{6} 倍，在差分分析过程中具有显著的优势。

通过上面的分析，可以猜测 $k_0, k_1, \cdots, k_4$ 来求出 Δm_{11}^{3}，将其与 0x03000024 进行对比，判断其是否相等，从而区分正误密钥。下面将该过程逆转过来，利用 k_0、k_1、k_3、k_4 和差分传递链中的 $\Delta m_{11}^{3}=0x03000024$ 建立一个关于 k_2 的非线性方程，并将该方程线性化，进而对 k_2 进行求解，若能求出 k_2，则说明当前的 $k_0, k_1, \cdots, k_4$ 能使所得 Δm_{11}^{3} 和 0x03000024 相等。

在求解的过程中发现，k_0 和 k_1 以和的形式 $k_0 \boxplus k_1$ 出现，那么只需猜测 $k_0 \boxplus k_1$、k_3、k_4 共 3 个字，能大大降低穷举密钥的计算复杂度。

（2）建立非线性方程。选择穷举 k_0、k_1、k_3、k_4，建立方程求解 k_2。其中，"$\bullet$"和 "?" 分别表示已知和未知的字，"Λ" 表示含有未知量 k_2 及其他已知字的字。具体过程描述如下。

首先，根据已知输出密钥流、常数 $c_0, c_1, \cdots, c_3$，初始向量 v_0、v_1，分组标号 i_0、i_1 和 k_0、k_1、k_3、k_4，可知 $R^{5}(m)$ 的 16 个字中的 12 个字已知、3 个字未知、1 个字只含有未知量 k_2 及其他已知字：

$$
\begin{bmatrix}
\bullet & \bullet & \bullet & \Lambda \\
\bullet & \bullet & \bullet & \bullet \\
\bullet & \bullet & \bullet & \bullet \\
? & ? & ? & \bullet
\end{bmatrix}
$$

根据 R^{-1}，可知 $R^4(m)$ 的 16 个字中的 8 个字已知、4 个字未知、4 个字只含有未知量 k_2 及其他已知字：

$$
\begin{bmatrix}
\Lambda & \bullet & \bullet & ? \\
\Lambda & \bullet & \bullet & ? \\
\Lambda & \bullet & \bullet & ? \\
\Lambda & \bullet & \bullet & ?
\end{bmatrix}
$$

根据 R^{-1}，可知 $R^3(m)$ 的 16 个字中的 14 个字未知、2 个字只含有未知量 k_2 及其他已知字：

$$
\begin{bmatrix}
? & ? & ? & ? \\
? & ? & ? & ? \\
? & ? & \Lambda & \Lambda \\
? & ? & ? & ?
\end{bmatrix}
$$

当得到一对输出密钥流及对应的已知输入时，设 (s_0, s_0'), (s_1, s_1'), $\cdots$, (s_{15}, s_{15}') 分别为一对输出密钥流的 16 个字，依据上述分析建立方程，通过对算法轮函数的研究，可以得到一个非线性方程：

$$
\begin{aligned}
(\Delta m_{11}^3 & \oplus m_{14}^4 \oplus m_{14}'^4) \ggg 13 \\
&= \left(\left(\left((s_3 \boxminus k_2) \oplus ((s_1 \boxplus s_2 \boxminus (k_0 \boxplus k_1)) \lll 13) \right) \boxplus m_{13}^4 \right) \right. \\
&\quad \oplus \left(\left((s_3' \boxminus k_2) \oplus ((s_1' \boxplus s_2' \boxminus (k_0 \boxplus k_1)) \lll 13) \right) \boxplus m_{13}'^4 \right)
\end{aligned}
$$

令 $k_2^* = 2^{32} \boxminus k_2$，则有

$$
\begin{aligned}
(\Delta m_{11}^3 & \oplus m_{14}^4 \oplus m_{14}'^4) \ggg 13 \\
&= \left(\left((s_3 \boxplus k_2^*) \oplus ((s_1 \boxplus s_2 \boxminus (k_0 \boxplus k_1)) \lll 13) \right) \boxplus m_{13}^4 \right) \\
&\quad \oplus \left(\left((s_3' \boxplus k_2^*) \oplus ((s_1' \boxplus s_2' \boxminus (k_0 \boxplus k_1)) \lll 13) \right) \boxplus m_{13}'^4 \right)
\end{aligned} \tag{5.2.10}
$$

$m_{14}^4 \oplus m_{14}'^4$ 的表达式中只有 1 个密钥流字 k_4，m_{13}^4 和 $m_{13}'^4$ 的表达式中均只有 1 个密钥流字 k_3，若猜测 k_0、k_1、k_3、k_4，则 $m_{14}^4 \oplus m_{14}'^4$、$m_{13}^4$ 和 $m_{13}'^4$ 均为已知。

从式(5.2.10)可以直接看出，k_0 和 k_1 以和的形式 $k_0⊞k_1$ 出现，即在猜测 k_0、k_1、k_3、k_4 时，只需猜测三个字 $k_0⊞k_1$、k_3、k_4。

由上述分析可知，当猜测三个字 $k_0⊞k_1$、k_3、k_4 后，式(5.2.10)的结构和式(5.2.1)相同，那么可以利用求解式(5.2.1)的算法求解式(5.2.10)。

同求解式(5.2.1)，求解 k_2 的计算复杂度期望值为 31 次简单计算，k_2 的个数的期望值为 1。如果对 k_2 的 2^{32} 次穷举计算降为 31 次简单运算，那么穷举计算量会大大降低。

(3)恢复密钥。当得到满足上述高概率差分传递链输入差的两对明密对时，可由 $k_0⊞k_1$、k_3、k_4 和差分特征中的 Δm_{12}^3 得到 k_2。选取足够多的明密对后，可以对出现 $k_0⊞k_1$、k_2、k_3、k_4 的情况进行计数，并设置一个计数值 ξ_1。若 $k_0⊞k_1$、k_2、k_3、k_4 的值正确，则其计数会以一个很高的概率超过这个值，相反，超过这个数值的可能性很小。可利用算法 5.2.3 进行密钥恢复。

算法 5.2.3　恢复 $k_0⊞k_1$、k_2、k_3、k_4

输入：N_1 对满足输入差为 $\Delta m_8^0 =0x80000000$, $\Delta m_i^0 =0x00000000$, $0 \leqslant i \leqslant 15$, $i \neq 8$ 的明密对。

输出：4 个密钥流字 $k_0⊞k_1$、k_2、k_3、k_4 的候选值。

步骤 1，猜测密钥 $k_0⊞k_1$、k_3、k_4 的一个值。

步骤 2，随机选取一组满足上述输入差的两对明密文，通过 $\Delta m_{11}^3 =0x03000024$ 建立方程(5.2.10)，调用算法 5.2.1 计算 k_2。

步骤 3，若得出 k_2，则对 $k_0⊞k_1$、k_2、k_3、k_4 计数，若未得出 k_2，则不计数，返回步骤 2。

当明密对穷举结束后，执行步骤 4。

步骤 4，计数器中某个密钥出现的个数达不到 ξ_1 时则抛弃，个数达到或超过时则为正确候选密钥，正确则输出，错误则抛弃。

返回步骤 1。

密钥 $k_0⊞k_1$、k_3、k_4 穷举结束后，算法终止。

至此，恢复了 $k_0⊞k_1$、k_2、k_3、k_4 的值，下面恢复 k_0、k_1、k_5、k_6、k_7。

3)恢复 k_0、k_1、k_5、k_6、k_7

为了恢复 k_0、k_1、k_5、k_6、k_7，重新构造另外一条高概率差分传递链，构造的具体步骤如下所示。

取 $\Delta m_7^0 = 0x80000000$, $\Delta m_i^0 = 0x00000000$, $0 \leqslant i \leqslant 15$, $i \neq 7$，则可以得到一个 3

轮高概率差分传递链。

第一轮的输入差为

$$\begin{bmatrix} 0 & 0 & 0 & 0 \\ 0 & 0 & 0 & 0x80000000 \\ 0 & 0 & 0 & 0 \\ 0 & 0 & 0 & 0 \end{bmatrix}$$

第一轮的输出差(概率 $p=1$)为

$$\begin{bmatrix} 0 & 0 & 0 & 0 \\ 0 & 0 & 0 & 0 \\ 0 & 0 & 0 & 0 \\ 0 & 0x80000000 & 0x00001000 & ? \end{bmatrix}$$

第二轮的输出差(概率 $p=2^{-4}$)为

$$\begin{bmatrix} 0 & 0 & 0 & 0 \\ 0x00001000 & 0x40020000 & 0 & 0x80000000 \\ 0x00200000 & 0x02000004 & ? & 0 \\ ? & ? & ? & ? \end{bmatrix}$$

第三轮的输出差(概率 $p=2^{-2}$)为

$$\begin{bmatrix} ? & ? & ? & ? \\ ? & ? & 0x03000024 & ? \\ ? & ? & ? & ? \\ ? & ? & ? & ? \end{bmatrix}$$

上述截断差分传递链的传递概率为 $1\times 2^{-4}\times 2^{-2}=2^{-6}$，即

$$p(\Delta m_6^3 = 0x03000024 \mid \Delta m_7^0 = 0x80000000, \Delta m_i^0 = 0x00000000\,(0\leqslant i \leqslant 15, i\neq 7)) = 2^{-6}$$

综上可知，得到了 $k_0 \boxplus k_1$、k_2、k_3、k_4 后，如果再猜测 k_0、k_5、k_6、k_7(由于已知 $k_0 \boxplus k_1$，猜测 k_0 或 k_1 是等价的)，那么当得到一对输出密钥流及对应的已知输入时，就可以得到 $R^5(m)$ 中的所有 16 个字，进而求出 Δm_6^3，将其与上述差分传递链中 Δm_6^3 的值 0x03000024 进行对比判断其是否相等，从而区分正误密钥。

同上，利用 k_0、k_5、k_6 和差分传递链中的 $\Delta m_6^3 = 0x03000024$ 建立一个关于 k_7 的非线性方程，并将该方程线性化，进而对 k_7 进行求解，若能求出 k_7，则说明当

前的 k_0、k_5、k_6、k_7 能使所得 Δm_6^3 和 0x03000024 相等。

当得到一对输出密钥流及对应的已知输入时，设 (s_0, s_0')，(s_1, s_1')，$\cdots$，(s_{15}, s_{15}') 分别为一对输出密钥流的 16 个字，依据上述分析建立方程，通过对算法轮函数的研究，可以得到如下非线性方程：

$$
\begin{aligned}
&(\Delta m_6^3 \oplus m_9^4 \oplus m_9'^4) \ggg 13 \\
&= \left(\left(\left((s_{14} \boxminus k_7) \oplus ((s_{12} \boxplus s_{13} \boxminus (k_5 \boxplus k_6)) \lll 13) \right) \boxplus m_8^4 \right) \right. \\
&\quad \left. \oplus \left(\left((s_{14}' \boxminus k_7) \oplus ((s_{12}' \boxplus s_{13}' \boxminus (k_5 \boxplus k_6)) \lll 13) \right) \boxplus m_8'^4 \right) \right)
\end{aligned}
$$

若令 $k_7^* = 2^{32} \boxminus k_7$，则有

$$
\begin{aligned}
&(\Delta m_6^3 \oplus m_9^4 \oplus m_9'^4) \ggg 13 \\
&= \left(\left(\left((s_{14} \boxplus k_7^*) \oplus ((s_{12} \boxplus s_{13} \boxminus (k_5 \boxplus k_6)) \lll 13) \right) \boxplus m_8^4 \right) \right. \\
&\quad \left. \oplus \left(\left((s_{14}' \boxplus k_7^*) \oplus ((s_{12}' \boxplus s_{13}' \boxminus (k_5 \boxplus k_6)) \lll 13) \right) \boxplus m_8'^4 \right) \right)
\end{aligned} \tag{5.2.11}
$$

$m_9^4 \oplus m_9'^4$ 的表达式中只有 1 个密钥流字 k_3，m_8^4 和 $m_8'^4$ 的表达式中均只有 3 个密钥流字 k_0、k_1、k_2，由于已经得到 $k_0 \boxplus k_1$、k_2、k_3、k_4，因此则若猜测 k_0，则 $m_9^4 \oplus m_9'^4$、m_8^4 和 $m_8'^4$ 均为已知。

从式 (5.2.11) 可以直接看出，k_5 和 k_6 以和的形式 $k_5 \boxplus k_6$ 出现，即猜测两个字 $k_5 \boxplus k_6$ 和 k_0 后，式 (5.2.11) 的结构同式 (5.2.1)，那么就可以利用求解式 (5.2.1) 的算法求解式 (5.2.11)，由于对密钥 k_5 和 k_6 只需猜测 $k_5 \boxplus k_6$，能大大降低穷举计算量。

同求解式 (5.2.1)，求解 k_7 的计算复杂度期望值为 31 次简单计算，k_7 的个数的期望值为 1。由于对 k_7 的 2^{32} 次穷举计算降为 31 次简单运算，因此穷举计算量会大大降低。

选取足够多的明密对后，可以对出现 $k_5 \boxplus k_6$、k_0、k_7 的情况进行计数，并设置一个计数值 ξ_2。若 $k_5 \boxplus k_6$、k_0、k_7 的值正确，则其计数会以一个很高的概率超过这个值；否则，超过这个数值的可能性很小。可利用算法 5.2.4 进行密钥恢复。

算法 5.2.4　恢复 $k_5 \boxplus k_6$、k_0、k_7

输入：N_2 对满足输入差为 $\Delta m_7^0 = $ 0x80000000，$\Delta m_i^0 = $ 0x00000000，$0 \leqslant i \leqslant 15$，$i \neq 7$ 的明密对。

输出：3 个密钥流字 $k_5 \boxplus k_6$、k_0、k_7 的候选值。

步骤 1，猜测密钥 $k_5 \boxplus k_6$、k_0 的一个值。

步骤 2，随机选取一组满足上述输入差的两对明密文，通过 $\Delta m_6^3 = $ 0x03000024 建立方程(5.2.11)，调用算法 5.2.1 计算 k_7。

步骤 3，若得出 k_7，则对 $k_5 \boxplus k_6$、k_0、k_7 计数，若得不出 k_7，则不计数，返回步骤 2。

当明密对穷举结束后，执行步骤 4。

步骤 4，计数器中某个密钥出现的个数达不到 ξ_2 时则抛弃，个数达到或超过时则为正确候选密钥，正确则输出，错误则抛弃。

返回步骤 1。

密钥 $k_5 \boxplus k_6$、k_0 穷举结束后，算法终止。

至此，得到了 k_0、k_1、k_2、k_3、k_4、$k_5 \boxplus k_6$、k_7 的候选值，最后，可以穷举 k_5 或 k_6 中任 1 个字得到全部 256 比特初始密钥。

下面对整个密钥恢复过程进行复杂度和成功率分析。

4) 复杂度和成功率分析

在恢复 $k_0 \boxplus k_1$、k_2、k_3、k_4 时，称满足 $\Delta m_{11}^3 = $ 0x03000024 的输入对为正确对，否则为错误对。由于正确密钥碰到正确对时被计数一次，碰到错误对时该正确密钥被计数的概率为 2^{-32}，错误密钥被计数的概率也为 2^{-32}，那么可知在密钥恢复算法中正确密钥被计数的次数大于或等于正确对的个数。根据差分传递链的转移概率选取合适的 ξ_1 和 N_1，可以保证算法 5.2.3 的成功率接近 1。

这里通过实验对差分传递概率进行模拟，由于存在多路径差分，通过模拟实验得到的差分传递概率约为 2^{-5}，大于理论差分传递概率值 2^{-6}。选取 2^{20} 组数据，对每组数据中正确对出现的个数 T_1 进行模拟试验，设 $\delta_1 = 1, 2, \cdots, 6$，分别统计 $T_1 \geq \delta_1$ 的概率 $p(T_1 \geq \delta_1)$。具体如表 5.2.3 所示。

表 5.2.3　恢复 $k_0 \boxplus k_1$、k_2、k_3、k_4 时正确对出现的个数及其概率

δ_1	δ_1 和 N_1 取不同数值时的概率 p/%				
	$N_1 = 2^6$	$N_1 = 2^7$	$N_1 = 2^8$	$N_1 = 2^9$	$N_1 = 2^{10}$
1	79.18	90.93	96.91	99.77	99.995
2	55.81	79.28	92.63	99.06	99.975
3	34.91	66.03	87.57	97.78	99.913
4	19.50	52.44	81.68	95.97	99.758
5	9.92	39.50	75.00	93.72	99.459
6	4.60	28.14	67.71	91.16	98.985

注：N_1 表示每组数据的数据量。

由表 5.2.3 可以看出，概率 $p(T_1 \geq \delta_1)$ 随着 δ_1 的递增而递减，随着 N_1 的递增

而递增。图 5.2.5 给出了 $p(T_1 \geqslant \delta_1)$ 与 δ_1、N_1 的关系。

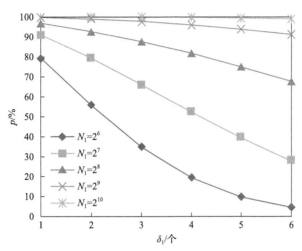

图 5.2.5　概率 $p(T_1 \geqslant \delta_1)$ 与 δ_1、N_1 的关系图

由于正确密钥碰到正确对时一定被计数一次，碰到错误对时被计数的概率是随机的，错误密钥被计数的概率也是随机的，因此通过检测的密钥 $k_0 \boxplus k_1$、k_2、k_3、k_4 的个数为

$$\#\{(k_0 \boxplus k_1, k_2, k_3, k_4)_{\text{pass}}\} = 1 + N_1 \times 2^{128 - 32 \times \xi_1}$$

随着 ξ_1 的增大，通过检测的密钥个数逐渐减少，直至为 1。当 $N_1 \leqslant 2^{32}$ 时，图 5.2.6 模拟了通过检测的候选密钥 $k_0 \boxplus k_1$、k_2、k_3、k_4 的个数。

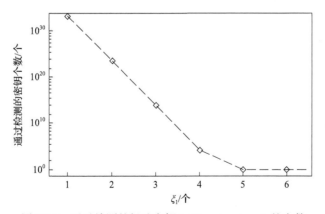

图 5.2.6　通过检测的候选密钥 $k_0 \boxplus k_1$、k_2、k_3、k_4 的个数

穷举 $k_0 \boxplus k_1$、k_3、k_4 的计算复杂度为 $2^{32 \times 3} = 2^{96}$。执行算法 5.2.1 恢复 k_2 的计算量为 31 次简单运算，相对于一次算法加密可忽略不计，则算法 5.2.3 的计算复杂

度为

$$\text{Complexity}_{2.3}=2^{96}\times N_1$$

表 5.2.3 和图 5.2.5 刻画了 N_1 对满足一定输入差的明密对中含有大于等于 δ_1 个正确对的概率，这就是算法 5.2.3 取 $(N_1, \xi_1=\delta_1)$ 的成功率，记为 $p_{(N_1,\xi_1=\delta_1)}$。

在恢复 $k_5⊞k_6$、k_0、k_7 时，满足 $\Delta m_6^3 = 0\text{x}03000024$ 的输入对称为正确对，否则称为错误对。与恢复 $k_0⊞k_1$、k_2、k_3、k_4 时相同，由于正确密钥碰到正确对时被计数一次，碰到错误对时该密钥被计数的概率为 2^{-32}，错误密钥被计数的概率也为 2^{-32}，因此可知在攻击算法中正确密钥被计数的次数大于或等于正确对的个数。根据差分传递链的转移概率选取合适的 ξ_2 和 N_2，可以保证算法 5.2.4 的成功率接近 1。

同样，由于存在多路径差分，通过模拟实验得到的差分传递概率约为 2^{-5}，大于理论差分传递概率值 2^{-6}。这里仍选取 2^{20} 组数据，对每组数据中的正确对个数 T_2 进行模拟试验，设 $\delta_2=1, 2, \cdots, 6$，分别统计 T_2 大于等于 δ_2 的概率 $p(T_2 \geqslant \delta_2)$，具体如表 5.2.4 所示。

表 5.2.4　恢复 $k_5⊞k_6$、k_0、k_7 时正确对出现的个数及其概率

δ_2	δ_2 和 N_2 取不同数值时的概率 p/%				
	$N_2=2^6$	$N_2=2^7$	$N_2=2^8$	$N_2=2^9$	$N_2=2^{10}$
1	83.18	96.72	99.84	99.999	100
2	57.56	87.11	98.96	99.99	100
3	33.75	71.85	96.39	99.94	100
4	17.05	54.22	91.33	99.77	100
5	7.50	37.77	83.64	99.33	100
6	2.91	24.37	73.77	98.44	99.999

注：N_2 表示每组数据的数据量。

由表 5.2.4 可以看出，概率 $p(T_2 \geqslant \delta_2)$ 随着 δ_2 的递增而递减，随着 N_2 的递增而递增。图 5.2.7 给出了 $p(T_2 \geqslant \delta_2)$ 与 δ_2、N_2 的关系。

由于正确密钥碰到正确对时一定被计数一次，碰到错误对时被计数的概率是随机的，错误密钥被计数的概率也是随机的，因此通过检测的密钥 $k_5⊞k_6$、k_0、k_7 的个数为

$$\#\{(k_5⊞k_6, k_0, k_7)_{\text{pass}}\} = 1+N_2\times 2^{96-32\times\xi_2}$$

随着 ξ_2 的增大，通过检测的密钥逐渐减少，直至为 1。当 $N_2 \leqslant 2^{32}$ 时，图 5.2.8 模拟了通过检测的候选密钥 $k_5⊞k_6$、k_0、k_7 的个数。

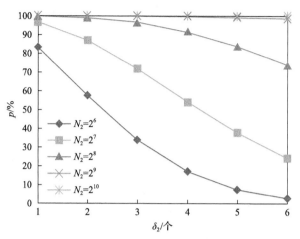

图 5.2.7　概率 $p(T_2 \geq \delta_2)$ 与 δ_2、N_2 的关系图

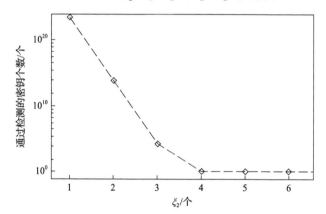

图 5.2.8　通过检测的候选密钥 $k_5 \boxplus k_6$、k_0、k_7 的个数

穷举 $k_5 \boxplus k_6$、k_0 的计算复杂度为 $2^{32 \times 2} = 2^{64}$。计算 k_7 的计算量为 31 次简单运算，相对于一次算法加密可忽略不计，则算法 5.2.4 的计算复杂度为

$$\text{Complexity}_{2.4} = 2^{64} \times N_2$$

表 5.2.4 刻画了 N_2 对满足一定输入差的明密对中含有大于等于 δ_2 个正确对的概率，这就是算法 5.2.4 取 $(N_2, \xi_2 = \delta_2)$ 的成功率，记为 $p_{(N_2, \xi_2 = \delta_2)}$。

下面综合算法 5.2.2 和算法 5.2.3 分析整个密钥恢复过程的复杂度及成功率。

由上述分析可知，当 $k_0 \boxplus k_1$、k_2、k_3、k_4 的值不是唯一确定时，通过检测的 $k_0 \boxplus k_1$、k_2、k_3、k_4 候选密钥个数为 $1 + N_1 \times 2^{128 - 32 \times \xi_1}$，由于在恢复 $k_5 \boxplus k_6$、k_0、k_7 过程中，k_4 没有参与运算，因此 k_0、k_1、k_2、k_3、k_4、k_7、$k_5 \boxplus k_6$ 的候选密钥个数必不大于两个阶段候选值的乘积，即

$$\#\{(k_0, k_1, k_2, k_3, k_4, k_7, k_5 \boxplus k_6)_{\text{pass}}\} \leqslant (1+N_1 \times 2^{128-32 \times \xi_1}) \cdot (1+N_2 \times 2^{96-32 \times \xi_2})$$
$$=1+N_1 \times 2^{128-32 \times \xi_1} +N_2 \times 2^{96-32 \times \xi_2} +N_1 \cdot N_2 \times 2^{224-32 \times (\xi_2+\xi_1)}$$

穷举 k_5、k_6 中任 1 个字的计算量为 2^{32}，那么穷举的计算复杂度为

$$\text{Complexity}_{\text{search}} \leqslant (1+N_1 \times 2^{128-32 \times \xi_1} +N_2 \times 2^{96-32 \times \xi_2} +N_1 \cdot N_2 \times 2^{224-32 \times (\xi_2+\xi_1)}) \times 2^{32}$$
$$=2^{32}+N_1 \times 2^{160-32 \times \xi_1} +N_2 \times 2^{128-32 \times \xi_2} +N_1 \cdot N_2 \times 2^{256-32 \times (\xi_2+\xi_1)}$$

总的计算复杂度为

$$\text{Complexity}=\text{Complexity}_{2.3}+\text{Complexity}_{2.4}+\text{Complexity}_{\text{search}}$$
$$\leqslant 2^{32}+N_1 \times 2^{96}+N_2 \times 2^{64}+N_1 \times 2^{160-32 \times \xi_1} +N_2 \times 2^{128-32 \times \xi_2}$$
$$+N_1 \times N_2 \times 2^{256-32 \times (\xi_2+\xi_1)} \tag{5.2.12}$$

总的数据量为 $2 \times (N_1+N_2)$ 个明密文对。

下面给出总的存储复杂度。为了使密钥恢复过程中间不进行数据存储，可以在具体密钥恢复过程中，将算法 5.2.3、算法 5.2.4 的运算过程结合起来。当算法 5.2.3 得到一个 $k_0 \boxplus k_1$、k_2、k_3、k_4 的候选值时即执行算法 5.2.4，当执行算法 5.2.4 得到 k_0、k_1、k_2、k_3、k_4、$k_5 \boxplus k_6$、k_7 一个候选值后，即穷举 k_5 或 k_6 中任 1 个字，进而求出 256 比特初始密钥。

此时，攻击所需的存储空间为 $2(N_1+N_2)$。

整个密钥恢复算法的成功率为 $p_{\text{success}} = p_{(N_1, \xi_1=\delta_1)} \times p_{(N_2, \xi_2=\delta_2)}$。

由上述复杂度分析可知，对于不同的 (N_1, ξ_1, N_2, ξ_2)，有不同的计算复杂、数据复杂、存储复杂度和成功率。式(5.2.12)含有 $N_1 \times 2^{96}$ 项，若要使计算复杂度尽可能小，则必须使得以下公式同时成立：

$$N_2 \times 2^{64} \leqslant N_1 \times 2^{96} \tag{5.2.13}$$

$$N_1 \times 2^{160-32 \times \xi_1} \leqslant N_1 \times 2^{96} \tag{5.2.14}$$

$$N_2 \times 2^{128-32 \times \xi_2} \leqslant N_1 \times 2^{96} \tag{5.2.15}$$

$$N_1 \times N_2 \times 2^{256-32 \times (\xi_2+\xi_1)} \leqslant N_1 \times 2^{96} \tag{5.2.16}$$

由于选取的数据 N_1、N_2 均为 2^6、2^7、2^8、2^9、2^{10} 五个值中的一个，式(5.2.13)显然成立。

要使式(5.2.14)成立，只需 $\xi_1 \geqslant 2$。

要使式(5.2.15)成立，只有如下两种可能。

(1) $2^{128-32 \times \xi_2}=2^{96}$，且 $N_2 \leqslant N_1$，此时，取 $\xi_2=1$ 即可。

(2) $2^{128-32\times\xi_2}<2^{96}$，只需 $\xi_2>1$。

要使式 (5.2.16) 成立，只需 $2^{256-32\times(\xi_2+\xi_1)}\leqslant 2^{64}$，此时，取 $\xi_1+\xi_2\geqslant 6$ 即可。

当上述四个公式均成立时，由表 5.2.3 和表 5.2.4 可知，为了使成功率尽可能大，需要 ξ_1 和 ξ_2 尽可能小。

综合上述条件及表 5.2.3、表 5.2.4，得到符合要求的不同 (N_1, ξ_1, N_2, ξ_2) 对应的不同的复杂度和成功率，如表 5.2.5 所示(存储复杂度和数据复杂度相同)。

由表 5.2.5 可知，可以根据所需成功率的不同选择不同的 (N_1, ξ_1, N_2, ξ_2) 值，为了确保整个密钥恢复算法尽可能小的复杂度及较高的成功率，权衡分析表 5.2.5 中各项数据，取 $(N_1, \xi_1)=(2^9, 3)$，$(N_2, \xi_2)=(2^9, 3)$，整个攻击的指标如下所示。

(1) 计算复杂度不大于 $O(2^{105})$。

(2) 数据复杂度为 $O(2^{11})$。

(3) 存储复杂度为 $O(2^{11})$。

(4) 成功率为 97.72%。

表 5.2.5　符合要求的不同 (N_1, ξ_1, N_2, ξ_2) 对应的不同复杂度和成功率

N_1	ξ_1	N_2	ξ_2	计算复杂度	数据复杂度	成功率/%
2^8	2	2^9	4	$\leqslant O(2^{105})$	$2^{10}+2^9$	92.42
2^8	2	2^{10}	4	$\leqslant O(2^{105})$	$2^{11}+2^9$	92.63
2^9	2	2^9	4	$\leqslant O(2^{106})$	2^{11}	98.83
2^9	2	2^{10}	4	$\leqslant O(2^{106})$	$2^{11}+2^{10}$	99.06
2^9	3	2^9	3	$\leqslant O(2^{105})$	2^{11}	97.72
2^9	3	2^{10}	3	$\leqslant O(2^{105})$	$2^{11}+2^{10}$	97.78
2^{10}	2	2^9	4	$\leqslant O(2^{107})$	$2^{11}+2^{10}$	99.75
2^{10}	2	2^{10}	4	$\leqslant O(2^{107})$	2^{12}	99.98
2^{10}	3	2^9	3	$\leqslant O(2^{106})$	$2^{11}+2^{10}$	99.86
2^{10}	3	2^{10}	3	$\leqslant O(2^{106})$	2^{12}	99.91
2^{10}	4	2^8	2	$\leqslant O(2^{106})$	$2^{11}+2^9$	98.72
2^{10}	4	2^9	2	$\leqslant O(2^{106})$	$2^{11}+2^{10}$	99.75
2^{10}	4	2^{10}	2	$\leqslant O(2^{106})$	2^{12}	99.76
2^{10}	5	2^7	1	$\leqslant O(2^{106})$	$2^{11}+2^8$	96.20
2^{10}	5	2^8	1	$\leqslant O(2^{106})$	$2^{11}+2^9$	99.30
2^{10}	5	2^9	1	$\leqslant O(2^{106})$	$2^{11}+2^{10}$	99.46
2^{10}	5	2^{10}	1	$\leqslant O(2^{107})$	2^{12}	99.46

5.3　LEX算法

在提交至 eSTREAM 工程的序列密码算法中，比利时 Biryukov[11]提交的 LEX 算法因其独特的设计结构[12]而受到人们关注。它直接利用已有的分组密码 AES 及其轮函数作为密钥流产生的装置，它的出现架起了分组密码与序列密码设计的桥梁，对各种类型的密码结构的设计具有重大意义。

5.3.1　LEX 算法介绍

LEX 算法和 AES 算法采用的密钥均为 128 比特，其中分组算法 AES 轮数为 10 轮。对给定的 128 比特密钥 K 进行密钥扩展，产生 11 个 16 字节的轮密钥 K^0, $K^1, \cdots, K^{10}$，以初始向量 IV 作为输入，运行一次 AES 算法(10 轮加密)，这次不输出任何密钥流。继续做一个密钥白化，然后开始进行密钥流生成过程的轮变换，每一轮输出 4 字节作为密钥流。LEX 算法初始化和密钥流生成图如图 5.3.1 所示。

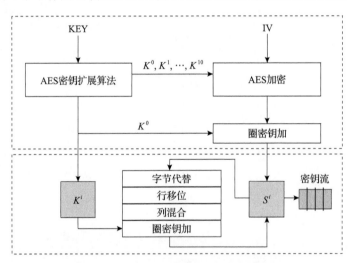

图 5.3.1　LEX 算法初始化和密钥流生成图

1. LEX 密钥扩展及初始化过程

LEX 密钥扩展算法与分组算法 AES 加密密钥扩展算法相同。以 4 字节为单位进行运算，记作 $k_i(i=0, 1, \cdots, 43)$，每个轮子密钥由 4 个子密钥 k_i 组成，共 11 个轮子密钥，记作 $K^i(i=0, 1, \cdots, 10)$。轮子密钥的选取如表 5.3.1 所示。

表 5.3.1 中，k_0、k_1、k_2、k_3 是初始密钥，k_i 由 k_{i-1} 和 $k_{i-4}(4 \leqslant i \leqslant 43)$ 及非线性变换 f 给出。递归函数为

$$k_i = k_{i-4} \oplus f(k_{i-1}), \quad i = 4n$$

$$k_i = k_{i-4} \oplus k_{i-1}, \quad i \neq 4n$$

式中，函数 f 表示非线性变换。f 定义如下：首先将 AES 的 S 盒分别作用于 4 字节，然后将 4 字节循环左移 1 字节，然后在第 1 个字节逐位异或一个轮常量 RC[j]（$j = i/4$）。

表 5.3.1　轮子密钥的选取

k_0	k_1	k_2	k_3	k_4	k_5	k_6	k_7	k_8	k_9	k_{10}	...	k_{40}	k_{41}	k_{42}	k_{43}
轮子密钥 K^0				轮子密钥 K^1				...				轮子密钥 K^{10}			

轮常量 RC[j] 由 0x01 循环左移定义，令 RC[1] = 0x01，轮常量的递归函数为

$$\text{RC}[j] = \text{RC}[j-1] \lll 1$$

如图 5.3.1 所示，LEX 的初始化由初始向量 IV 及初始密钥 K 通过一个完全的 AES 算法加密得到。若用 E_K 表示在密钥 K 下的 AES 加密，则 LEX 的初始化可以表示为

$$A^0 = E_K(\text{IV}) \oplus K^0$$

分组密码 AES 算法及其轮函数在本章不做详述。

2. LEX 密钥流生成过程

LEX 的初始向量 IV 长度是 128 比特，加密过程的中间各步结果均称为一个内部状态，长度也是 128 比特。将一个内部状态 S 划分为 16 字节排成一个二维数组，并定义 $S_{[ij]}$ 为第 i 行第 j 列字节向量，称为第 [ij] 字节。

内部状态 S 的 16 字节排成的二维数组如图 5.3.2 所示。

$S_{[00]}$	$S_{[01]}$	$S_{[02]}$	$S_{[03]}$
$S_{[10]}$	$S_{[11]}$	$S_{[12]}$	$S_{[13]}$
$S_{[20]}$	$S_{[21]}$	$S_{[22]}$	$S_{[23]}$
$S_{[30]}$	$S_{[31]}$	$S_{[32]}$	$S_{[33]}$

图 5.3.2　内部状态的二维数组

同样，K^i 也可以表示成如图 5.3.2 所示的二维数组。

若轮状态的更新函数用 AES 的轮函数 F_{K^i} 表示，则有

$$S^i = F_{K^{i \bmod 10}}(S^{i-1})$$

在状态更新完成之后，S^i 的 4 字节作为密钥流进行输出。LEX 算法输出的密钥流所选取的位置在奇数轮和偶数轮不同，如图 5.3.3 阴影部分所示，每个奇数轮输出字节 $S_{[00]}$、$S_{[20]}$、$S_{[02]}$、$S_{[22]}$，每个偶数轮输出字节 $S_{[01]}$、$S_{[21]}$、$S_{[03]}$、$S_{[23]}$。

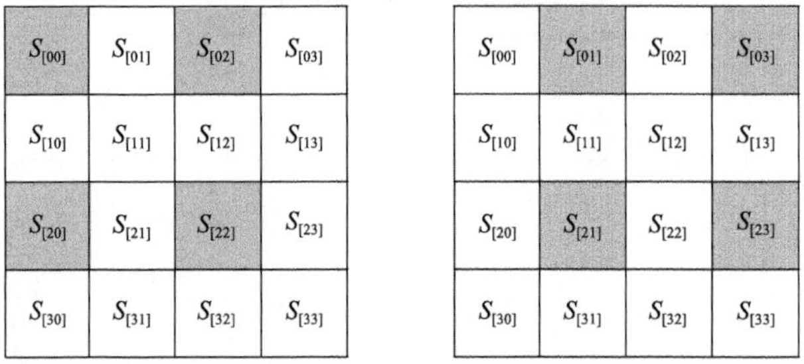

$S_{[00]}$	$S_{[01]}$	$S_{[02]}$	$S_{[03]}$
$S_{[10]}$	$S_{[11]}$	$S_{[12]}$	$S_{[13]}$
$S_{[20]}$	$S_{[21]}$	$S_{[22]}$	$S_{[23]}$
$S_{[30]}$	$S_{[31]}$	$S_{[32]}$	$S_{[33]}$

(a) 奇数轮

$S_{[00]}$	$S_{[01]}$	$S_{[02]}$	$S_{[03]}$
$S_{[10]}$	$S_{[11]}$	$S_{[12]}$	$S_{[13]}$
$S_{[20]}$	$S_{[21]}$	$S_{[22]}$	$S_{[23]}$
$S_{[30]}$	$S_{[31]}$	$S_{[32]}$	$S_{[33]}$

(b) 偶数轮

图 5.3.3　奇数轮和偶数轮中提取的状态位置

输出密钥流函数 F 可表示为

$$F(S^i) = \begin{cases} (S^i_{[00]}, S^i_{[20]}, S^i_{[02]}, S^i_{[22]}), & i = 2n \\ (S^i_{[01]}, S^i_{[21]}, S^i_{[03]}, S^i_{[23]}), & i = 2n+1 \end{cases}$$

设计者称，若要求 LEX 算法具有更高的安全性，则需要加密 2^{32} 次 IV 后更换 1 次初始密钥，输出 500×4 字节密钥流后更换一次 IV。

针对算法安全性的不同要求，Salsa20 算法的密钥长度有两种规模，分别为 128 比特和 256 比特。算法主要以字为单位进行运算，初始输入、输出和内部状态都为 16 个字。将第 i 轮输出的第 j 个字表示为 $m^i_j (0 \leqslant i \leqslant 20, 0 \leqslant j \leqslant 15)$。

5.3.2　LEX 算法的相关密码分析

相关密码攻击的思想最初由 Wu[13]于 2002 年提出，与相关密钥攻击不同之处在于：相关密钥攻击中，密码算法固定，密钥具有相关性；相关密码攻击中，密钥固定，密码算法具有相关性。Wu 首次提出该攻击方法时，将其应用到分组算法 SQUARE[14]和 AES 的分析中。当具有相关性的分组密码算法使用了相同的轮函数、密钥扩展算法又不依赖于总的轮数且轮数相差不大时，这种分析方法能有效快速地恢复密钥。相关密码攻击在可变轮数的分组算法的密钥扩展算法的设计中具有重要的指导意义[13]。

Sung 等[15]提出了差分-相关密码攻击的思想，该攻击由相关密码攻击和差分攻击结合而成，并应用于 ARIA[16]和 SC2000[17]等算法的分析中。他们还指出，可以将相关密码攻击与更多的攻击方法相结合，如线性密码分析、高阶差分分析等，并对 SAFER[18]、CAST-128[19]和 DEAL[20]等算法进行了分析。由于改变算法体制会产生一定的安全威胁，这种攻击方法对协议的分析也具有一定的效果。作为一个应用，这种方法可以对压缩软件 WinZip[21]的加密算法进行分析。

由于 LEX 算法与 AES 算法使用相同的轮函数及密钥扩展算法，因此在已知两种算法体制使用了相同的初始密钥的条件下，可以对 LEX 算法进行相关密码攻击，下面结合差分攻击和相关密码攻击对 LEX 算法进行差分-相关密码攻击。

1. 攻击思想概述

首先假设 LEX 算法和 AES 算法初始密钥相同，这是相关密码攻击的基本假设，继而对 LEX 算法进行差分-相关密码攻击。采取选择明文和选择 IV 的攻击方法，基本过程如下。

(1)选择 AES 加密的明文 P，并获得对应的密文 C'，对 C' 继续进行 AES 加密，获得对应的密文 C，记 (P,C) 为一个选择明密文对（此时 $C=\text{AES}(\text{AES}(P))$），选择足够多的 (P,C) 直至出现所需的 (P,C) 和 (P^*,C^*)（此时的 ΔC 为符合攻击要求的输出差）。

(2)分别选择 LEX 的初始 IV= P 和 P^*，获得各自对应的输出密钥流。

(3)通过密文 C、C^* 及 LEX 的两组输出密钥流建立关于 AES 轮子密钥的方程。

(4)重复上述过程，恢复 AES 第 10 轮轮子密钥。

(5)使用恢复出的第 10 轮轮子密钥计算出初始密钥。

2. 攻击过程

本部分将对差分-相关密码攻击过程进行详细介绍。

步骤 1，首先选取长度为 128 比特的明文 P，进行 AES 加密，密文记为 C'。再将该密文进行 AES 加密，加密后的密文记为 C，即 $C=\text{AES}(\text{AES}(P))$，如图 5.3.4 所示。

图 5.3.4 选取的明密文对 (P,C)

步骤 2，选取同 AES 加密明文 P 相同的 LEX 算法的 128 比特初始 IV，并输出密钥流。

由于 LEX 的输出密钥流为轮函数的内部状态,因此仍以内部状态的形式记输出密钥流。记输出密钥流阶段第 n 轮的开始处为 S^n,第 $[ij]$ 个字节记为 $S^n_{[ij]}$。

步骤 3,利用 AES 的输出密文 C 及 LEX 的输出密钥流恢复初始密钥 K。

由于改进后的 LEX 算法的初始化过程使用了一个完整的 AES 算法(最后一轮没有列混合),因此分组算法 AES 的密文 C' 与 LEX 的初始化后状态相同,继续对 LEX 的初始化后状态进行加密并生成密钥流时,其前 9 轮的内部状态均和分组算法 AES 对密文 C' 加密的前 9 轮内部状态相同,唯有第 10 轮内部状态有所不同,如图 5.3.5 所示。

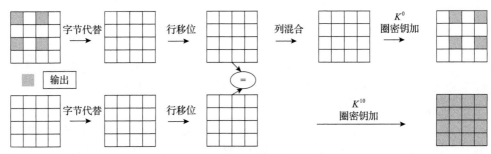

图 5.3.5　第 10 轮状态对比图

密文 C 与输出密钥流 $S^{10}_{[00]},S^{10}_{[02]},S^{10}_{[20]},S^{10}_{[22]},S^{11}_{[01]},S^{11}_{[03]},S^{11}_{[21]},S^{11}_{[23]}$ 已知,由 AES 轮函数的定义,可得两个方程组:

$$\begin{cases} S^{10}_{[00]} = \mathrm{SB}^{-1}(C_{[00]} \oplus K^{10}_{[00]}) \\ S^{10}_{[02]} = \mathrm{SB}^{-1}(C_{[02]} \oplus K^{10}_{[02]}) \\ S^{10}_{[20]} = \mathrm{SB}^{-1}(C_{[22]} \oplus K^{10}_{[22]}) \\ S^{10}_{[22]} = \mathrm{SB}^{-1}(C_{[20]} \oplus K^{10}_{[20]}) \\ S^{10}_{[01]} = \mathrm{SB}^{-1}(C_{[01]} \oplus K^{10}_{[01]}) \\ S^{10}_{[11]} = \mathrm{SB}^{-1}(C_{[10]} \oplus K^{10}_{[10]}) \\ S^{10}_{[21]} = \mathrm{SB}^{-1}(C_{[23]} \oplus K^{10}_{[23]}) \\ S^{10}_{[31]} = \mathrm{SB}^{-1}(C_{[32]} \oplus K^{10}_{[32]}) \\ S^{10}_{[03]} = \mathrm{SB}^{-1}(C_{[03]} \oplus K^{10}_{[03]}) \\ S^{10}_{[13]} = \mathrm{SB}^{-1}(C_{[12]} \oplus K^{10}_{[12]}) \\ S^{10}_{[23]} = \mathrm{SB}^{-1}(C_{[21]} \oplus K^{10}_{[21]}) \\ S^{10}_{[33]} = \mathrm{SB}^{-1}(C_{[30]} \oplus K^{10}_{[30]}) \end{cases} \qquad (5.3.1)$$

$$
\begin{cases}
\mathrm{SB}(S^9_{[01]}) = \mathrm{0x0e} \cdot (S^{10}_{[01]} \oplus K^9_{[01]}) \oplus \mathrm{0x0b} \cdot (S^{10}_{[11]} \oplus K^9_{[11]}) \oplus \mathrm{0x0d} \cdot (S^{10}_{[21]} \oplus K^9_{[21]}) \oplus \mathrm{0x09} \cdot (S^{10}_{[31]} \oplus K^9_{[31]}) \\
\mathrm{SB}(S^9_{[23]}) = \mathrm{0x0d} \cdot (S^{10}_{[01]} \oplus K^9_{[01]}) \oplus \mathrm{0x09} \cdot (S^{10}_{[11]} \oplus K^9_{[11]}) \oplus \mathrm{0x0e} \cdot (S^{10}_{[21]} \oplus K^9_{[21]}) \oplus \mathrm{0x0b} \cdot (S^{10}_{[31]} \oplus K^9_{[31]}) \\
\mathrm{SB}(S^9_{[03]}) = \mathrm{0x0e} \cdot (S^{10}_{[03]} \oplus K^9_{[03]}) \oplus \mathrm{0x0b} \cdot (S^{10}_{[13]} \oplus K^9_{[13]}) \oplus \mathrm{0x0d} \cdot (S^{10}_{[23]} \oplus K^9_{[23]}) \oplus \mathrm{0x09} \cdot (S^{10}_{[33]} \oplus K^9_{[33]}) \\
\mathrm{SB}(S^9_{[21]}) = \mathrm{0x0d} \cdot (S^{10}_{[03]} \oplus K^9_{[03]}) \oplus \mathrm{0x09} \cdot (S^{10}_{[13]} \oplus K^9_{[13]}) \oplus \mathrm{0x0e} \cdot (S^{10}_{[23]} \oplus K^9_{[23]}) \oplus \mathrm{0x0b} \cdot (S^{10}_{[33]} \oplus K^9_{[33]})
\end{cases}
$$

$$(5.3.2)$$

由方程组 (5.3.1) 可以直接恢复 $K^{10}_{[00]}$，$K^{10}_{[02]}$，$K^{10}_{[22]}$，$K^{10}_{[20]}$，但其余密钥流字节不能直接求解，下面借鉴针对 AES 算法的选择密文攻击来恢复其他密钥流字节。

通过步骤 1，另外选取一组明密文对 (P^*, C^*)，则由方程组 (5.3.2) 可得

$$
\mathrm{SB}(S^9_{[01]}) = \mathrm{0x0e} \cdot (S^{10}_{[01]} \oplus K^9_{[01]}) \oplus \mathrm{0x0b} \cdot (S^{10}_{[11]} \oplus K^9_{[11]}) \oplus \mathrm{0x0d}
$$
$$
\cdot (S^{10}_{[21]} \oplus K^9_{[21]}) \oplus \mathrm{0x09} \cdot (S^{10}_{[31]} \oplus K^9_{[31]})
$$

$$
\mathrm{SB}(S^{9*}_{[01]}) = \mathrm{0x0e} \cdot (S^{10*}_{[01]} \oplus K^9_{[01]}) \oplus \mathrm{0x0b} \cdot (S^{10*}_{[11]} \oplus K^9_{[11]}) \oplus \mathrm{0x0d}
$$
$$
\cdot (S^{10*}_{[21]} \oplus K^9_{[21]}) \oplus \mathrm{0x09} \cdot (S^{10*}_{[31]} \oplus K^9_{[31]})
$$

假设 $C_{[01]} \neq C^*_{[01]}$、$C_{[10]} = C^*_{[10]}$、$C_{[23]} = C^*_{[23]}$ 和 $C_{[32]} = C^*_{[32]}$，并令 $\Delta C_{[01]} = C_{[01]} \oplus C^*_{[01]}$，则有

$$
\mathrm{0x0e}^{-1} \cdot \Delta \mathrm{SB}(S^9_{[01]}) = \mathrm{SB}^{-1}(C_{[01]} \oplus K^{10}_{[01]}) \oplus \mathrm{SB}^{-1}(C^*_{[01]} \oplus K^{10}_{[01]})
$$

由此，建立了一个关于 S 盒逆的输入输出的差分对应，对应的输入输出差分别为

$$
\Delta C_{[01]} = C_{[01]} \oplus C^*_{[01]} \to \mathrm{0x0e}^{-1} \cdot \Delta \mathrm{SB}(S^9_{[01]})
$$

由于建立的是关于 S 盒逆的差分对应，可以通过查找 S 盒差分分布表中输入差为 $\mathrm{0x0e}^{-1} \cdot \Delta \mathrm{SB}(S^9_{[01]})$、输出差为 $\Delta C_{[01]} = C_{[01]} \oplus C^*_{[01]}$ 的取值范围求解 $C_{[01]} \oplus K^{10}_{[01]}$ 和 $C^*_{[01]} \oplus K^{10}_{[01]}$，进而恢复 $K^{10}_{[01]}$。

同理，可以恢复 $K^{10}_{[01]}, K^{10}_{[10]}, K^{10}_{[23]}, K^{10}_{[32]}, K^{10}_{[03]}, K^{10}_{[12]}, K^{10}_{[21]}, K^{10}_{[30]}$ 共 8 个 8 比特密钥块。

此时，恢复出了轮密钥 K^{10} 的 12 个字节，余下的 4 个字节 $K^{10}_{[11]}, K^{10}_{[31]}, K^{10}_{[13]}, K^{10}_{[33]}$ 可以结合密钥扩展算法进行恢复。

在 $K^{10}_{[01]}, K^{10}_{[10]}, K^{10}_{[23]}, K^{10}_{[32]}, K^{10}_{[03]}, K^{10}_{[12]}, K^{10}_{[21]}, K^{10}_{[30]}$ 已知的条件下，显然，由方程组 (5.3.1) 可以直接得出内部状态 $S^{10}_{[01]}, S^{10}_{[11]}, S^{10}_{[21]}, S^{10}_{[31]}, S^{10}_{[03]}, S^{10}_{[13]}, S^{10}_{[23]}, S^{10}_{[33]}$。

由密钥扩展算法建立一个方程组：

$$\begin{cases} K_{[03]}^9 = K_{[00]}^{10} \oplus K_{[03]}^{10} \\ K_{[23]}^9 = K_{[20]}^{10} \oplus K_{[23]}^{10} \\ K_{[01]}^9 = K_{[01]}^{10} \oplus K_{[00]}^{10} \\ K_{[21]}^9 = K_{[21]}^{10} \oplus K_{[20]}^{10} \end{cases}$$

由于 $K_{[00]}^{10}$, $K_{[03]}^{10}$, $K_{[20]}^{10}$, $K_{[23]}^{10}$, $K_{[01]}^{10}$, $K_{[00]}^{10}$, $K_{[21]}^{10}$, $K_{[20]}^{10}$ 已知，因此可以直接求得 $K_{[03]}^9$, $K_{[23]}^9$, $K_{[01]}^9$, $K_{[21]}^9$ 的值。将其代入方程组(5.3.2)，可以得到一个关于 $K_{[13]}^9$, $K_{[33]}^9$, $K_{[11]}^9$, $K_{[31]}^9$ 的线性方程组，且该方程组有唯一解。

解出 $K_{[13]}^9$, $K_{[33]}^9$, $K_{[11]}^9$, $K_{[31]}^9$ 的值后，由密钥扩展算法建立一个方程组：

$$\begin{cases} K_{[13]}^{10} = K_{[10]}^{10} \oplus K_{[13]}^9 \\ K_{[33]}^{10} = K_{[30]}^{10} \oplus K_{[33]}^9 \\ K_{[11]}^{10} = K_{[10]}^{10} \oplus K_{[11]}^9 \\ K_{[31]}^{10} = K_{[30]}^{10} \oplus K_{[31]}^9 \end{cases} \tag{5.3.3}$$

由方程组(5.3.3)可以直接得出 $K_{[13]}^{10}$, $K_{[33]}^{10}$, $K_{[11]}^{10}$, $K_{[31]}^{10}$。至此，完全恢复了轮子密钥 K^{10}，通过密钥扩展算法，可以求出 128 比特初始密钥值。

3. 复杂度和成功率分析

以恢复 $K_{[01]}^{10}$ 为例，分析恢复 $K_{[01]}^{10}$, $K_{[10]}^{10}$, $K_{[23]}^{10}$, $K_{[32]}^{10}$, $K_{[03]}^{10}$, $K_{[12]}^{10}$, $K_{[21]}^{10}$ 和 $K_{[30]}^{10}$ 共 8 个字节所需的计算量及明密文对个数。

在解 $C_{[01]} \oplus K_{[01]}^{10}$ 时，由于每次选取的输入差 $0\mathrm{x}0\mathrm{e}^{-1} \cdot \Delta\mathrm{SB}(S_{[01]}^9)$ 和输出差 $\Delta C_{[01]} = C_{[01]} \oplus C_{[01]}^*$ 均不为 0，即当输入差 $0\mathrm{x}0\mathrm{e}^{-1} \cdot \Delta\mathrm{SB}(S_{[01]}^9)$ 和输出差 $\Delta C_{[01]} = C_{[01]} \oplus C_{[01]}^*$ 固定时，$C_{[01]} \oplus K_{[01]}^{10}$ 或 $C_{[01]}^* \oplus K_{[01]}^{10}$ 的取值只能有 2 个或 4 个候选值，因此得到候选值个数的期望为 2.016。

此时，$K_{[01]}^{10}$ 的候选值的期望也为 2.016，通过 8 对密文 (C, C^*) 就能得到 $2.016^8 \approx 2^{8.09}$ 个 $K_{[01]}^{10}$, $K_{[10]}^{10}$, $K_{[23]}^{10}$, $K_{[32]}^{10}$, $K_{[03]}^{10}$, $K_{[12]}^{10}$, $K_{[21]}^{10}$, $K_{[30]}^{10}$ (针对不同的 $K_{[ij]}^{10}$ 所需的密文对不同)的候选值，由于 $K_{[00]}^{10}$, $K_{[02]}^{10}$, $K_{[22]}^{10}$, $K_{[20]}^{10}$ 的值可以唯一确定，且 $K_{[13]}^{10}$, $K_{[33]}^{10}$, $K_{[11]}^{10}$, $K_{[31]}^{10}$ 由 $K_{[01]}^{10}$, $K_{[10]}^{10}$, $K_{[23]}^{10}$, $K_{[32]}^{10}$, $K_{[03]}^{10}$, $K_{[12]}^{10}$, $K_{[21]}^{10}$, $K_{[30]}^{10}$ 确定，因此 K^{10} 的候选值个数也

是 $2^{8.09}$，由密钥生成过程可知，初始密钥的个数也是 $2^{8.09}$。

可以穷举 $2^{8.09}$ 个密钥求出初始密钥值，计算量为 $2^{8.09}$ 次 AES 加密。

通过上述分析，恢复 8 个密钥流字节共需要 8 对密文 (C, C^*)。由于采取的是选择明文攻击的方法，若要从一簇输入输出对中选取这样的 8 对密文，则可以用生日碰撞的原理求出所需输入输出对的个数。

对于任意的明密文对 (P, C) 和 (P^*, C^*)，要得到 $C_{[01]} \neq C^*_{[01]}, C_{[10]} = C^*_{[10]}, C_{[23]} = C^*_{[23]}, C_{[32]} = C^*_{[32]}$，因为 $C_{[01]} \neq C^*_{[01]}$ 成立的概率为 $1-2^{-8}$，使 $C_{[10]} = C^*_{[10]}$、$C_{[23]} = C^*_{[23]}$、$C_{[32]} = C^*_{[32]}$ 成立的概率为 $2^{-8 \times 3} = 2^{-24}$，所以 k 个随机选择的明密文对都令 $C_{[10]} = C^*_{[10]}$、$C_{[23]} = C^*_{[23]}$、$C_{[32]} = C^*_{[32]}$ 不成立的概率为

$$\left(1 - \frac{1}{2^{24}}\right) \times \left(1 - \frac{2}{2^{24}}\right) \times \cdots \times \left(1 - \frac{k-1}{2^{24}}\right) = \prod_{i=1}^{k-1}\left(1 - \frac{i}{2^{24}}\right)$$

且由

$$\mathrm{e}^{-x} = 1 - x + \frac{x^2}{2!} - \frac{x^3}{3!} + \cdots$$

可得，如果 x 是一个比较小的实数，那么 $1-x \approx \mathrm{e}^{-x}$。此时有

$$\prod_{i=1}^{k-1}\left(1 - \frac{i}{2^{24}}\right) \approx \prod_{i=1}^{k-1}\mathrm{e}^{-\frac{i}{2^{24}}} = \mathrm{e}^{-\frac{k(k-1)}{2 \times 2^{24}}}$$

而 k 个随机选择的明密文对都不能使 $C_{[01]} \neq C^*_{[01]}$ 满足的概率为 $\left(\dfrac{1}{2^8}\right)^{k-1}$。

设 ε 是 k 个随机选择的明密文中至少有一对密文满足条件

$$C_{[01]} \neq C^*_{[01]}, \quad C_{[10]} = C^*_{[10]}, \quad C_{[23]} = C^*_{[23]}, \quad C_{[32]} = C^*_{[32]}$$

的概率，则

$$\varepsilon \approx \left(1 - \mathrm{e}^{-\frac{k(k-1)}{2 \times 2^{24}}}\right)\left(1 - \left(\frac{1}{2^8}\right)^{k-1}\right)$$

图 5.3.6 给出了至少有一对密文满足条件的概率 ε 与明密文对个数 k 的关系，随着 k 的增加，ε 逐渐增大，直至接近于 1。

当取 $k = 2^{14}$ 时，$\varepsilon \approx 99.97\%$，即当选取 2^{14} 对明密文对时，就可以概率 99.97% 得到所需的一对密文。

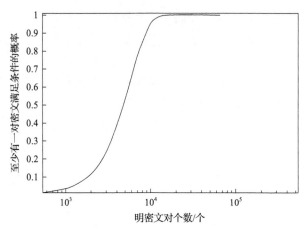

图 5.3.6　至少有一对密文满足条件的概率 ε 与明密文对个数 k 的关系图

整个攻击算法的复杂度和成功率如下所示。

(1)数据复杂度：由于恢复 $K_{[01]}^{10}, K_{[10]}^{10}, K_{[23]}^{10}, K_{[32]}^{10}, K_{[03]}^{10}, K_{[12]}^{10}, K_{[21]}^{10}, K_{[30]}^{10}$ 所需密文对不同，要得到 8 对所需的密文，共需随机选取的明密文对个数为 $8×2^{14}=2^{17}$，即数据复杂度为 $O(2^{17})$。

(2)存储复杂度：该攻击只需要存储 8 对所需的密文，由于规模较小，存储复杂度可以忽略不计。

(3)计算复杂度：由于所选取的明密文对为两次 AES 加密后的结果，因此计算量为 $2×2^{17}=2^{18}$ 次 AES 加密。恢复初始密钥需要 $2^{8.09}$ 次穷举计算，因此总的计算复杂度为 $O(2^{18})$。

(4)成功率：要得到 8 对所需的密文，当每次都选取 2^{14} 对明密文对时，则可以概率$(99.97\%)^{8}≈99.76\%$得到，当得到 8 对所需的密文后，就可以 $2^{8.09}$ 次穷举计算唯一地求出初始密钥，那么算法的成功率为 99.76%。

设计者建议每加密 500 组更换一次初始 IV，至少使用 2^{32} 次 IV 后就更换一个初始密钥，基于设计者的这种使用建议，在假设 LEX 算法和 AES 算法使用了相同初始密钥的条件下，对 LEX 算法的差分-相关密码攻击也是完全有效的。

5.4　小　　结

类分组型序列密码的设计搭建了分组密码与序列密码之间的桥梁，提出了新型的序列密码设计理论及方法，分组密码部件的加入也为分析研究序列密码提供了新型的方法，即结合分组密码的分析方法分析相关的序列密码算法。该类型序列密码算法的设计结构及思想的新颖性，以及其与分组密码设计思想的相似性，目前成为国际密码专家学者研究的热点。

　　与类分组型序列密码相似的是，对于一些分组密码算法，如 Keeloq[22]、KATAN[23]等算法，在密码算法内部结构的设计上明显借鉴了序列密码中移位寄存器的设计理念。在对此类密码进行分析时，也采用了代数攻击、滑动攻击、立方攻击等序列密码的分析方法，取得了良好的效果[24-28]。

　　可以预见的是，这种借鉴或融合序列密码与分组密码设计理念的混合对称密码算法也将成为对称密码算法设计中的一个趋势。作为对称密码研究中一个新的领域和方向，混合对称密码算法的设计与分析正逐渐成为对称密码研究领域的热点。

参 考 文 献

[1] Maximov A. A new stream cipher "Mir-1"[EB/OL]. https://www.ecrypt.eu.org/stream/ciphers/mirl/mirl.ps[2015-07-09].

[2] Whiting D, Schneier B, Lucks S, et al. Phelix: Fast encryption and authentication in a single cryptographic primitive[EB/OL]. https://www.ecrypt.eu.org/stream/p2ciphers/phelix/phelix_p2.pdf[2006-08-01].

[3] Bernstein D J. Salsa20 specification[EB/OL]. https://cr.yp.to/snuffle/spec.pdf[2015-08-10].

[4] Bernstein D J. ChaCha, a variant of Salsa20[C]// Proceedings of the Workshop Record of SASC, Lausanne, 2008: 1-6.

[5] Biryukov A. A new 128-bit key stream cipher LEX[EB/OL]. http://cr.yp.to/streamciphers/lex/desc.pdf[2015-08-10].

[6] Deike P S, Biryukov A. Slid pairs in Salsa20 and Trivium[C]//Proceedings of Advances in Cryptology-INDOCRYPT 2008, Kharagpur, 2008: 1-14.

[7] Julio C H C, Tapiador J M E, Quisquater J J. On the Salsa20 core function[C]//Proceedings of Advances in Cryptology-FSE 2008, Lausanne, 2008: 462-469.

[8] Crowley P. Truncated differential cryptanalysis of five rounds of Salsa20[C]//Proceedings of Workshop Record State of the Art of Stream Ciphers, Leuven, 2006: 198-202.

[9] 关杰, 张中亚. 5 轮 Salsa20 的代数-截断差分攻击[J]. 软件学报, 2013, (5): 1111-1126.

[10] Yukiyasu T, Terno S, Hiroyasu K, et al. Differential cryptanalysis of Salsa20/8[C]//Proceedings of Workshop Record State of the Art of Stream Ciphers, Bochum, 2007: 39-50.

[11] Biryukov A. The design of a stream cipher LEX[C]//Proceedings of Selected Areas in Cryptography 2006, Montreal, 2006: 67-75.

[12] Biryukov A. The tweak for LEX-128, LEX-192, LEX-256[EB/OL]. https://www.ecrypt.eu.org/stream/papersdir/2006/037.txt[2015-08-12].

[13] Wu H J. Related-cipher attacks[C]//Proceedings of International Conference on Information and Communications Security, Singapore, 2002: 447-455.

[14] Daemen J, Knudsen L, Rijmen V. The block cipher SQUARE[C]//Proceedings of Advances in Cryptology, Haifa, 1997: 13-27.

[15] Sung J, Kim J, Lee C, et al. Related-cipher attacks on block ciphers with flexible number of rounds[C]//Proceedings of Western European Workshop on Research in Cryptology, Leuven, 2005: 64-75.

[16] Kwon D, Kim J, Park S, et al. New block cipher:ARIA[C]//Proceedings of International Conference on Information and Communications Security, Seoul, 2003: 432-445.

[17] Shimyama T, Yanami H, Yokoyama K, et al. The block cipher SC2000[C]//Proceedings of Advances in Cryptology, Yokohama, 2001: 312-327.

[18] Massey J L, Khachatrian G H, Kuregian M K. Nomination of SAFER++ as a candidate algorithm for NESSIE[C]//The First Open NESSIE Workshop, Leuven, 2000.

[19] Adams C M. The CAST-128 Encryption Algorithm[EB/OL]. https://www.rfc-editor.org/rfc/pdfrfc/rfc2144.txt.pdf[2015-08-12].

[20] Knudsen L. DEAL-A 128-bit Block Cipher[R]. Bergen: Technical Report 151, 1998.

[21] Kohno T. Analysis of the WinZip encryption method[EB/OL]. https://eprint.iacr.org/2004/078.pdf[2015-12-15].

[22] Keeloq wikipedia article[EB/OL]. https://en.m.wikipedia.org/wiki/KeeLoq[2015-12-15].

[23] Cannière C D, Dunkelman O, Knežević M. KATAN and KTANTAN-A family of small and efficient hardware-oriented block ciphers[C]//Proceedings of Cryptographic Hardware and Embedded Systems, Lausanne, 2009: 272-288.

[24] Courtois N, Bard G, Wagner D. Algebraic and slide attacks on KeeLoq[C]//Proceedings of Advances in Cryptology, Lausanne, 2008: 97-115.

[25] 张斌, 王秋艳, 金晨辉. KeeLoq 密码 Courtois 攻击方法的分析和修正[J]. 电子与信息学报, 2009, 31: 946-949.

[26] Courtois N T, Bard G V, Bogdanov A. Periodic ciphers with small blocks and cryptanalysis of KeeLoq[J]. Tatra Mountains Mathematic Publications, 2008, 41: 167-188.

[27] Bard G V, Courtois N T, Nakahara J, et al. Algebraic, AIDA/cube and side channel analysis of KATAN family of block ciphers[C]//Proceedings of the 11th International Conference on Cryptology in India, Hyderabad, 2010: 176-196.

[28] Song L, Hu L. Improved algebraic and differential fault attacks on the KATAN block cipher[C]//Proceedings of International Conference on Information Security Practice and Experience, Lanzhou, 2013: 372-386.

第6章　面向字操作型序列密码

随着计算机软硬件的不断发展，序列密码也在不断适应新的应用环境。在1994年的 FSE 会议上，比利时著名密码学家 Preneel 提出，如何结合并行技术与现代处理器特点，设计基于字的高效安全的序列密码是一个值得关注的问题。自此，面向字操作型序列密码成为一个研究热点，欧洲于 2000 年启动的 NESSIE 计划和 2004 年启动的 eSTREAM 工程，大大促进了面向字操作型序列密码的发展。

6.1　概　　述

传统的序列密码大多使用面向比特操作的 LFSR。面向比特操作的 LFSR 由于理论基础扎实和软硬件实现高效，在序列密码领域得到了广泛应用。面向比特操作型序列密码算法通常每个时刻只输出一个密钥流比特，而现代的计算机处理器每个时钟可以处理 32 比特或 64 比特的操作，特别是具有多媒体指令的处理器，提供了每个时钟周期处理 4 个或 5 个 32 比特操作的机器指令，相比之下，传统的面向比特操作型序列密码算法软件实现效率低下。为了弥补这个缺点，许多面向字操作的序列密码算法如 SNOW 系列算法[1-3]、ZUC 算法[4,5]和 Loiss 算法[6]等相继被提出。面向字操作型序列密码的设计不仅使密码算法具有较高软件实现效率，而且每次输出的是一个字而非一个比特，其输出吞吐率大幅度提升。

面向字操作型序列密码的设计类似于分组密码，这种由比特到字的变化可以为序列密码设计引入更多的基本操作，甚至可以将分组密码的常用部件如 S 盒或复杂的线性变换引入序列密码算法的设计中。值得注意的是，在 SNOW 2.0[2]、SNOW 3G[3]和 Loiss 等面向字操作型序列密码算法中，其驱动部分都是基于字的有限域上的本原 LFSR，不仅具有良好的伪随机性，也非常适合软件快速实现。

针对面向字操作型序列密码算法，目前比较有效的攻击方法不多，其中之一便是猜测确定攻击[7]，其基本思想是在分析加密过程的内部状态之间的关系及内部状态和密钥流之间的关系的基础上，猜测一部分内部状态，以此来决定其他的内部状态。猜测确定攻击的计算复杂度主要由猜测量决定，而攻击所需的数据量是指攻击所需的密钥流字的数量。自从猜测确定攻击被提出后，相继出现了一些有代表性的研究成果[8-10]，如针对 SOSEMANUK 的基于字节的猜测确定攻击[10]。

本章将介绍针对 SNOW 3G、ZUC 等序列密码算法的猜测确定攻击的相关分析成果[11]。

6.2　SNOW 3G 算法

第三代合作伙伴计划(3rd Generation Partnership Project，3GPP)是领先的 3G 技术规范机构，是由欧洲电信标准化协会(European Telecommunications Standards Institute，ETSI)、日本无线工业及商贸联合会(Association of Radio Industries and Businesses，ARIB)和电信技术委员会(Telecommunications Technology Committee，TTC)、韩国电信技术协会(Telecommunications Technology Association，TTA)及美国标准 T1 在 1998 年底发起成立的，旨在研究制定并推广基于演进的 GSM 核心网络的 3G 标准，即 WCDMA、TD-SCDMA、EDGE 等。中国无线通信标准组(China Wireless Telecommunication Standard Group，CWTS)于 1999 年加入 3GPP。3GPP 的目标是实现由 2G 网络到 3G 网络的平滑过渡，保证未来技术的后向兼容性，支持轻松建网及系统间的漫游和兼容性。

SNOW 3G[3]序列密码算法是 3GPP 中实现数据保密性和数据完整性的标准算法——UEA2 & UIA2 的核心。SNOW 3G 算法是在 SNOW 2.0 算法的基础上发展而来的，是一个面向 32 比特实现的序列密码算法。迄今为止，针对 SNOW 3G 算法的分析结果主要有线性区分攻击和 Multiset 碰撞攻击。2006 年，Nyberg 等[12]利用线性逼近技术构造出了一个针对 SNOW 3G 算法的区分器，其线性逼近的偏差为 $2^{-137.01}$；根据区分攻击理论[13]，利用此偏差进行有效地区分攻击所需的数据量和计算复杂度皆约为 2^{274}，由于实际应用中一次加密的数据量都是十分有限的，因此如此大的数据量使得该攻击的实际可行性面临质疑。2010 年，Biryukov 等[14]针对初始化轮数为 13 的简化版 SNOW 3G 算法构造了一个 Multiset 区分器，计算复杂度为 $O(2^8)$，而完整版 SNOW 3G 算法的初始化轮数为 33，因而 Multiset 碰撞攻击不能对 SNOW 3G 算法的安全性构成威胁。2011 年，Kircanski 等[15]对 SNOW 3G 算法的初始化过程的滑动特征进行了分析。Debraize 等[16]对 SNOW 3G 算法进行了故障攻击，该攻击方法属于针对密码硬件实现进行攻击的一种。在 SNOW 3G 算法的设计报告中，设计者称 SNOW 3G 算法能够抵抗猜测确定攻击，但并未给出具体的分析结果。

6.2.1　SNOW 3G 算法介绍

SNOW 3G 算法是面向 32 比特操作的序列密码算法，密钥规模为 128 比特，算法包含初始化过程和密钥流生成过程两部分，因为前者对本节攻击没有影响，所以这里仅介绍密钥流生成过程。SNOW 3G 算法的密钥流生成器包括一个 $F_{2^{32}}$ 上的 16 级 LFSR 和一个有限状态机(finite state machine，FSM)，如图 6.2.1 所示。

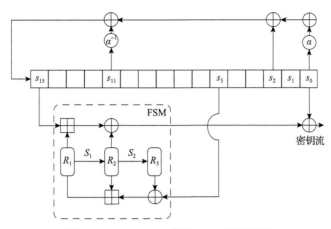

图 6.2.1 SNOW 3G 算法 KSG 的结构图

图 6.2.1 中 "$\oplus$" 表示逐比特异或; 乘法是域上的乘法; "$\boxplus$" 表示模 2^{32} 加运算, S_1 和 S_2 均表示 32×32 的 S 盒变换。

SNOW 3G 算法中 LFSR 的反馈多项式是域 $F_{2^{32}}$ 上的本原多项式:

$$\pi(x) = \alpha x^{16} + x^{14} + \alpha^{-1}x^5 + 1 \in F_{2^{32}}[x]$$

式中, $F_{2^{32}}$ 是由 F_2 上的不可约多项式

$$\pi(x) = x^{32} + x^{29} + x^{20} + x^{15} + x^{10} + x + 1$$

产生的, α 是

$$x^4 + \beta^{23}x^3 + \beta^{245}x^2 + \beta^{48}x + \beta^{239} \in F_{2^8}[x]$$

的一个根, β 是

$$x^8 + x^7 + x^5 + x^3 + 1 \in F_2[x]$$

的一个根。记 $(s_{t+15}, s_{t+14}, \cdots, s_t) \in F_{2^{32}}$ 为 LFSR 在 t 时刻的内部状态, 则 $t+1$ 时刻的内部状态为 $(s_{t+16}, s_{t+15}, \cdots, s_{t+1})$, 其中 $s_{t+16} = \alpha^{-1}s_{t+11} \oplus s_{t+2} \oplus \alpha s_t, t \geqslant 0$。

FSM 包括三个 32 比特的寄存器 R_1、R_2 和 R_3。记 FSM 的输出为 f_t, 则 $f_t = (s_{t+15} \boxplus R_{1,t}) \oplus R_{2,t}$。密钥流 z_t 是由 f_t 与 s_t 异或形成的, 即 $z_t = f_t \oplus s_t$。在 FSM 中, R_1、R_2 和 R_3 的刷新变换描述如下:

$$R_{1,t+1} = (s_{t+5} \oplus R_{3,t}) \boxplus R_{2,t}$$

$$R_{2,t+1} = S_1\left(R_{1,t}\right)$$

$$R_{3,t+1} = S_2\left(R_{2,t}\right)$$

6.2.2　SNOW 3G 算法的猜测确定攻击

针对 SNOW 3G 算法的猜测确定攻击过程可以分为以下三个阶段。

阶段一：攻击者猜测 $R_{1,2}$、$R_{2,2}$、$R_{3,2}$、s_2、s_3、s_6、s_7、s_8、$R_{1,5}$、$R_{1,7}$ 共 10 个字(共 320 比特)。

阶段二：利用阶段一中所猜测的内部状态决定 LFSR 的 16 个连续状态 $(s_{15}, s_{14}, \cdots, s_0)$ 和 $R_{1,0}$、$R_{2,0}$、$R_{3,0}$。

阶段三：攻击者运用阶段二中得到的 $(s_{15}, s_{14}, \cdots, s_0)$ 和 FSM 的状态 $R_{1,0}$、$R_{2,0}$、$R_{3,0}$，利用这些初态产生密钥流，将其与观察到的密钥流进行对比以验证攻击结果的正确性。

为描述方便，本节定义以下关系。

(1) FSM 表示关系式 $f_t = (s_{t+15} \boxplus R_{1,t}) \oplus R_{2,t}$。

(2) M 表示关系式 $R_{1,t+1} = \left(s_{t+5} \oplus R_{3,t}\right) \boxplus R_{2,t}$。

(3) S_1 表示关系式 $R_{2,t+1} = S_1\left(R_{1,t}\right)$。

(4) S_2 表示关系式 $R_{3,t+1} = S_2\left(R_{2,t}\right)$。

(5) LFSR 表示关系式 $s_{t+16} = \alpha^{-1} s_{t+11} \oplus s_{t+2} \oplus \alpha s_t$。

阶段二的具体决定过程描述如表 6.2.1 所示。

表 6.2.1　SNOW 3G 算法的猜测确定攻击的决定过程

步骤	已知内部状态	变换	决定状态	步骤	已知内部状态	变换	决定状态
1	$s_2, R_{1,2}, R_{2,2}, z_2$	FSM	s_{17}	10	$R_{1,4}$	S_1	$R_{2,5}$
2	$R_{2,2}, s_7, R_{3,2}$	M	$R_{1,3}$	11	$R_{2,4}$	S_2	$R_{3,5}$
3	$R_{1,2}$	S_1	$R_{2,3}$	12	$R_{1,5}$	S_1	$R_{2,6}$
4	$R_{2,2}$	S_2	$R_{3,3}$	13	$R_{2,5}$	S_2	$R_{3,6}$
5	$s_3, R_{1,3}, R_{2,3}, z_3$	FSM	s_{18}	14	$R_{2,6}, R_{3,6}, R_{1,7}$	M	s_{11}
6	$R_{2,3}, s_8, R_{3,3}$	M	$R_{1,4}$	15	s_{17}, s_8, s_6	LFSR	s_{22}
7	$R_{1,3}$	S_1	$R_{2,4}$	16	$s_7, R_{1,7}, z_7, s_{22}$	FSM	$R_{2,7}$
8	$R_{2,3}$	S_2	$R_{3,4}$	17	$R_{2,7}$	S_1	$R_{1,6}$
9	$R_{2,4}, R_{3,4}, R_{1,5}$	M	s_9	18	$R_{2,5}, R_{3,5}, R_{1,6}$	M	s_{10}

续表

步骤	已知内部状态	变换	决定状态	步骤	已知内部状态	变换	决定状态
19	$R_{1,7}$	S_1	$R_{2,8}$	30	s_{21}, s_{16}, s_7	LFSR	s_5
20	s_{18}, s_9, s_7	LFSR	s_{23}	31	$z_5, R_{1,5}, R_{2,5}, s_5$	FSM	s_{20}
21	$s_8, z_8, s_{23}, R_{2,8}$	FSM	$R_{1,8}$	32	s_{16}, s_{11}, s_2	LFSR	s_0
22	$R_{2,6}$	S_2	$R_{3,7}$	33	$R_{2,1}$	S_1	$R_{1,0}$
23	$R_{2,7}, R_{3,7}, R_{1,8}$	M	s_{12}	34	$R_{3,1}$	S_2	$R_{2,0}$
24	s_{17}, s_{12}, s_3	LFSR	s_1	35	$z_0, R_{1,0}, R_{2,0}, s_0$	FSM	s_{15}
25	$R_{2,2}$	S_1	$R_{1,1}$	36	s_{20}, s_{15}, s_6	LFSR	s_4
26	$R_{3,2}$	S_2	$R_{2,1}$	37	$z_4, R_{1,4}, R_{2,4}, s_4$	FSM	s_{19}
27	$R_{1,2}, R_{2,1}, s_6$	M	$R_{3,1}$	38	s_{18}, s_4, s_2	LFSR	s_{13}
28	$z_1, R_{1,1}, R_{2,1}, s_1$	FSM	s_{16}	39	s_{19}, s_5, s_3	LFSR	s_{14}
29	$z_6, R_{1,6}, R_{2,6}, s_6$	FSM	s_{21}				

至此，得到了 LFSR 的 16 个连续状态 $(s_{15}, s_{14}, \cdots, s_0)$ 和 $R_{1,0}$、$R_{2,0}$、$R_{3,0}$，再结合阶段三便可以验证每种猜测的正确性。

在对 SNOW 3G 算法进行猜测确定攻击时，攻击者需要猜测 $R_{1,2}$、$R_{2,2}$、$R_{3,2}$、s_2、s_3、s_6、s_7、s_8、$R_{1,5}$、$R_{1,7}$ 共 10 个字，因而其计算复杂度为 $O(2^{320})$，所需数据量为 $z_0, z_1, \cdots, z_8$ 共 9 个 32 比特的密钥流字。鉴于 SNOW 3G 算法的密钥规模为 128 比特，因而该算法针对猜测确定攻击具有很强的抵抗能力。

6.3　SNOW-V 和 SNOW-Vi 算法

SNOW-V[17]是继 SNOW 1.0、SNOW 2.0 和 SNOW 3G 之后 SNOW 系列序列密码算法的新成员，作为国际 5G 标准加密算法的候选算法，由 Ekdahl 等于 2018 年提出。SNOW-V 采用 3GPP 要求的 256 比特密钥和 128 比特 IV，并声称可以保证 256 比特安全性。两年后，Ekdahl 等[18]又提出了 SNOW-V 的快速版本——SNOW-Vi。鉴于 SNOW-Vi 是 SNOW-V 的简单变型，下面将首先对 SNOW-V 序列密码进行介绍，再介绍两者之间的区别，最后对 SNOW-V 和 SNOW-Vi 的安全性分析进展进行简要介绍。

6.3.1　SNOW-V 和 SNOW-Vi 算法介绍

SNOW-V 序列密码算法的密钥流生成器由两个 $F_{2^{16}}$ 上的 LFSR 和一个 FSM 组

成，其 LFSR 部分采用两个线性反馈移位寄存器串联的模式，FSM 部分包含三个
记忆模块，每个记忆模块的规模为 128 比特，SNOW-V 序列密码算法的逻辑框架
如图 6.3.1 所示。

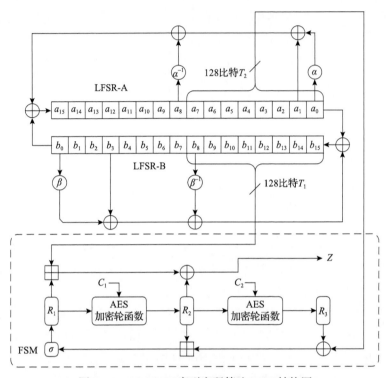

图 6.3.1　SNOW-V 序列密码算法 KSG 结构图

　　SNOW-V 序列密码算法的两个 LFSR 中的元素均为 $\mathbb{F}_2^{16}$ 中的元素，分别记为
LFSR-A 和 LFSR-B，其中 LFSR-A 的生成多项式为 $g^A(x) = x^{16} + x^{15} + x^{12} + x^{11} + x^8 + x^3 + x^2 + x + 1 \in \mathbb{F}_2[x]$，LFSR-B 的生成多项式为 $g^B(x) = x^{16} + x^{15} + x^{14} + x^{11} + x^8 + x^6 + x^5 + x + 1 \in \mathbb{F}_2[x]$。令 LFSR-A 和 LFSR-B 在 $t \geqslant 0$ 时刻的状态分别记为
$(a_{15}^{(t)}, a_{14}^{(t)}, \cdots, a_0^{(t)})$ 和 $(b_{15}^{(t)}, b_{14}^{(t)}, \cdots, b_0^{(t)})$，则两个 LFSR 的状态刷新变换分别为

$$a^{(t+16)} = (b^{(t)} + \alpha a^{(t)} + a^{(t+1)} + \alpha^{-1} a^{(t+8)}) \bmod g^A(\alpha)$$
$$b^{(t+16)} = (a^{(t)} + \beta b^{(t)} + b^{(t+3)} + \beta^{-1} b^{(t+8)}) \bmod g^B(\beta)$$

其中 α 和 β 分别为 $g^A(x)$ 和 $g^B(x)$ 的根。

　　FSM 部分包括 R_1、R_2 和 R_3 三个 128 比特的记忆模块，其刷新变换为

$$R_1^{(t+1)} = \sigma(R_2^{(t)} \boxplus (R_3^{(t)} \oplus T_2^{(t)}))$$

$$R_2^{(t+1)} = \text{AES}^R(R_1^{(t)}, C_1)$$

$$R_3^{(t+1)} = \text{AES}^R(R_2^{(t)}, C_2)$$

其中 $T_1^{(t)} = (b_{15}^{(8t)}, b_{14}^{(8t)}, \cdots, b_8^{(8t)})$ 和 $T_2^{(t)} = (a_7^{(8t)}, a_6^{(8t)}, \cdots, a_0^{(8t)})$ 为两个 128 比特抽头,其中 $a_0^{(8t)}$ 和 $b_8^{(8t)}$ 为低位,$a_7^{(8t)}$ 和 $b_{15}^{(8t)}$ 为高位;$\text{AES}^R(\text{input}, \text{key})$ 表示 AES 算法的轮函数,这里 $C_1 = C_2 = 0$;σ 变换为基于 8 比特的置换,具体为 $\sigma = \{0, 4, 8, 12, 1, 5, 9, 13, 2, 6, 10, 14, 3, 7, 11, 15\}$,其中 0 和 15 是两个不动点。

每个时刻,SNOW-V 序列密码算法输出 128 比特密钥流,第 t 时刻输出的 128 比特密钥字为

$$z_t = (R_1^{(t)} \boxplus T_1^{(t)}) \oplus R_2^{(t)}$$

SNOW-V 的初始化过程具体如下。

SNOW-V 算法中 256 比特密钥 K 和 128 比特初始化向量(IV)分别表示为 $K = (k_{15}, k_{14}, \cdots, k_1, k_0)$,其中每个 $k_i (0 \leqslant i \leqslant 15)$ 都是 16 比特;

IV $= (\text{iv}_7, \text{iv}_6, \cdots, \text{iv}_1, \text{iv}_0)$,其中每个 $\text{iv}_i (0 \leqslant i \leqslant 7)$ 都是 16 比特。

SNOW-V 初始化算法见算法 6.3.1。

算法 6.3.1　SNOW-V 初始化算法

$(a_{15}, a_{14}, \cdots, a_8) \leftarrow (k_7, k_6, \cdots, k_1, k_0)$

$(a_7, a_6, \cdots, a_0) \leftarrow (\text{iv}_7, \text{iv}_6, \cdots, \text{iv}_1, \text{iv}_0)$

$(b_{15}, b_{14}, \cdots, b_8) \leftarrow (k_{15}, k_{14}, \cdots, k_8)$

$(b_7, b_6, \cdots, b_0) \leftarrow (0, 0, \cdots, 0)$

$R_1, R_2, R_3 \leftarrow 0, 0, 0$

　For $t = 1$ to 16 do

　$T_1 \leftarrow (b_{15}, b_{14}, \cdots, b_8)$

　$z \leftarrow (R_1 \boxplus T_1) \oplus T_2$

　FSMupdate( )

　LFSRupdate( )

　$(a_{15}, a_{14}, \cdots, a_8) \leftarrow (a_{15}, a_{14}, \cdots, a_8) \oplus z$

　If $t = 16$, then $R_1 \leftarrow R_1 \oplus (k_7, k_6, \cdots, k_1, k_0)$

　If $t = 15$, then $R_1 \leftarrow R_1 \oplus (k_{15}, k_{14}, \cdots, k_8)$

SNOW-Vi 序列密码算法是 SNOW-V 的快速版本,其两个 LFSR 的刷新变换更换为

$$a^{(t+16)} = (b^{(t)} + \alpha a^{(t)} + a^{(t+7)}) \bmod g^A(\alpha)$$
$$b^{(t+16)} = (a^{(t)} + \beta b^{(t)} + b^{(t+8)}) \bmod g^B(\beta)$$

其中

$$g^A(x) = x^{16} + x^{14} + x^{11} + x^9 + x^6 + x^5 + x^3 + x^2 + 1 \in \mathbb{F}_2[x]$$
$$g^B(x) = x^{16} + x^{15} + x^{14} + x^{11} + x^{10} + x^7 + x^2 + x + 1 \in \mathbb{F}_2[x]$$

除更换了两个 LFSR 的刷新变换外，LFSR 每个时刻输入到 FSM 的状态也进行了更换。具体而言，第 t 时刻抽头 $T_2^{(t)}$ 替换为

$$T_2^{(t)} = (a_{15}^{(8t)}, a_{14}^{(8t)}, \cdots, a_8^{(8t)})$$

除此之外，SNOW-Vi 序列密码算法各个环节与 SNOW-V 保持一致。

6.3.2　SNOW-V 和 SNOW-Vi 算法的安全性分析现状

由于 SNOW-V 是国际 5G 标准加密算法的候选算法，具有非常重要的应用背景，因此其安全强度得到了国内外密码学界的广泛关注。迄今为止，已有数个针对 SNOW-V 和 SNOW-Vi 的攻击发表。2020 年，Jiao 等[19,20]对 SNOW-V 和 SNOW-Vi 流密码算法分别进行了猜测确定攻击，其计算复杂度分别为 2^{406} 和 2^{408}。近期，Yang 等[21]进一步改进了针对 SNOW-V 流密码算法的猜测确定攻击，将计算复杂度降为 $2^{378.16}$，但仍然高于穷举攻击。Hoki 等[22]考察了其初始化阶段的安全性，基于混合整数规划提出了针对初始化阶段的积分和差分搜索，并给出了针对初始化缩减至 5 轮以内的版本的区分攻击和密钥恢复攻击。近期，Ma 等[23]对 Hoki 等的差分分析结果进行了进一步的改进。

在 SNOW-V/Vi 被提出后，一些针对该流密码算法的相关攻击[24-27]先后被提出，首个优于穷举攻击的相关攻击是由 Shi 等[25]于 EUROCRYPT 2022 会议上提出的，恢复 SNOW-V/Vi 全部 896 比特内部状态所需的计算量、存储量和数据量分别为 $2^{246.53}$、$2^{238.77}$ 和 $2^{237.5}$。这表明 SNOW-V/Vi 不能提供其所声称的 256 比特安全性，该成果的发布在国际密码学界和产业界引起了广泛关注。Zhou 等[27]在文献[25]的基础上，通过更大规模的搜索，给出了一个针对 SNOW-V 的新相关攻击，其计算量、存储量和数据量分别为 $2^{240.86}$、$2^{240.37}$ 和 $2^{236.87}$。

6.4　ZUC 算法

ZUC 算法[4]是由数据与通信保护研究教育中心 (Date Assurance and

Communications Security Research Center，DACAS）研制的一个序列密码算法，经中国通信标准化协会与工业和信息化部电信研究院推荐给 3GPP 申请国际标准。ZUC 算法的名字源于我国古代数学家祖冲之，它包括加密算法 128-EEA3 和完整性保护算法 128-EIA3。经过两年的努力，2011 年 9 月 19～21 日，在日本福冈召开的第 53 次第三代合作伙伴计划系统框架组会议上，我国自主设计的 ZUC 算法被批准为新一代无线移动通信系统国际标准，这是我国商用密码首次走出国门参与国际标准竞争，并取得重大突破。ZUC 算法成为国际移动通信标准提高了我国在移动通信领域的地位和影响力，对我国移动通信产业和商用密码产业的发展均具有重大而深远的意义[28]。

在 ZUC 算法通过了算法标准组 ETSI SAGE 的内部评估和两个专业团队的外部评估后，ETSI SAGE 认为 ZUC 算法安全并推荐在 LTE 标准中使用。随后，DACAS 将 ZUC 算法（版本 v1.4）公开出来，ZUC 算法进入公开评估阶段。在公开评估阶段，Sun 等[29]和 Wu 等[30]分别发现了 ZUC v1.4 算法初始化过程存在的安全性漏洞。DACAS 针对这些分析结果，对 ZUC 算法进行了改进，并于 2011 年 1 月发布了最新版的 ZUC 算法，即 ZUC v1.5 算法，该版本最终在 9 月被批准为新一代无线移动通信系统国际标准。在第一届 ZUC 国际研讨会上，Ding 等[31]基于求解特殊的非线性方程提出了针对 ZUC v1.4 算法的猜测确定攻击，计算复杂度为 $O(2^{403})$，需要 9 个密钥流字，由于 ZUC v1.4 算法与 ZUC v1.5 算法的区别仅在于密码算法的初始化过程，密钥流生成过程完全相同，因此该结果也同样适用于 ZUC v1.5 算法。迄今为止，针对 ZUC v1.5 算法的重要分析结果是 Zhou 等[32]构造了一条 24 轮的选择 IV 差分传递链，由于完整版 ZUC 算法的初始化轮数为 33，因此选择 IV 差分攻击不能对 ZUC 算法的安全性构成威胁。

为了应对 5G 通信与后量子密码时代的来临，ZUC-256 序列密码算法[5,33]被提出，该算法是 3GPP 机密性与完整性算法 128-EEA3 和 128-EIA3 中采用的 ZUC 序列密码算法（密钥规模为 128 比特，为了区分，记为 ZUC-128）的 256 比特密钥升级版本，与 ZUC-128 序列密码算法高度兼容。ZUC-256 序列密码算法的设计目标是提供 5G 应用环境下的 256 比特安全性。

6.4.1　ZUC 算法介绍

ZUC 系列算法是一个面向字操作的序列密码算法，其算法结构包含三部分：GF $(2^{31}-1)$ 环上的 16 级 LFSR、比特重组和 FSM，如图 6.4.1 所示。

ZUC-128 算法和 ZUC-256 算法的结构相同，只是密钥加载方式及常数设置有一些区别，将在本小节的最后对其进行介绍。

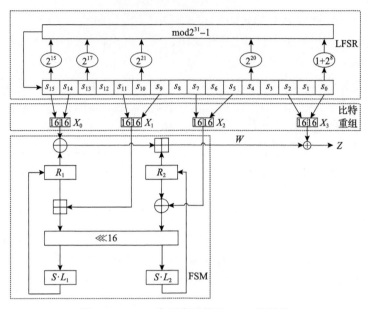

图 6.4.1　ZUC 序列密码算法 KSG 的结构

1. 线性反馈移位寄存器

LFSR 定义在 GF$(2^{31}-1)$ 环上，级数为 16，每个寄存器包含 31 比特，记其在 t 时刻的内部状态为 $(s_t, s_{t+1}, \cdots, s_{t+15})$，则 $t+1$ 时刻的内部状态为 $(s_{t+1}, s_{t+2}, \cdots, s_{t+16})$，其中 s_{t+16} 的更新有两种运行模式：初始化模式和工作模式。

在初始化模式下，LFSR 有一个 31 比特的输入，记作 u。u 是由非线性函数 F 的 32 比特输出 W 通过舍弃最低位比特得到，即 $u = W \gg 1$。

在初始化模式下，LFSR 的更新过程如下：

LFSRWithInitialisationMode(u)

{

$$v = 2^{15} s_{t+15} + 2^{17} s_{t+13} + 2^{21} s_{t+10} + 2^{20} s_{t+4} + \left(1 + 2^8\right) s_t \bmod \left(2^{31} - 1\right);$$

$$s_{t+16} = (v + u) \bmod (2^{31} - 1);$$

若 $s_{t+16} = 0$，则令 $s_{t+16} = 2^{31} - 1$。

}

在工作模式下，LFSR 没有输入。其计算过程如下：

LFSRWithWorkMode$()$

{

$$s_{t+16} = 2^{15}s_{t+15} + 2^{17}s_{t+13} + 2^{21}s_{t+10} + 2^{20}s_{t+4} + (1+2^8)s_t \bmod (2^{31}-1);$$

若 $s_{t+16} = 0$，则令 $s_{t+16} = 2^{31}-1$。

}

2. 比特重组

比特重组是指从 LFSR 中抽出 128 比特组成 4 个中间状态字 X_0、X_1、X_2、X_3，其重组方式如下：

BitReconstruction()

{

$\quad X_0 = s_{15,\mathrm{H}} \| s_{14,\mathrm{L}}$；

$\quad X_1 = s_{11,\mathrm{L}} \| s_{9,\mathrm{H}}$；

$\quad X_2 = s_{7,\mathrm{L}} \| s_{5,\mathrm{H}}$；

$\quad X_3 = s_{2,\mathrm{L}} \| s_{0,\mathrm{H}}$。

}

式中，H 和 L 分别表示对应状态的高 16 比特和低 16 比特，"$\|$" 表示级联操作。

3. 有限状态机

ZUC 的 FSM(简记为 F)包含两个寄存器单元 R_1 和 R_2。F 的输入为 X_0、X_1、X_2，输出为一个 32 比特 W。F 的更新方式定义如下：

$F(X_0, X_1, X_2)$

{

$\quad W = (X_0 \oplus R_{1,t}) \boxplus R_{2,t}$；

$\quad W_{1,t} = R_{1,t} \boxplus X_1$；

$\quad W_{2,t} = R_{2,t} \oplus X_2$；

$\quad R_{1,t+1} = S(L_1(W_{1,\mathrm{L}} \| W_{2,\mathrm{H}}))$；

$\quad R_{2,t+1} = S(L_2(W_{2,\mathrm{L}} \| W_{1,\mathrm{H}}))$。

}

式中，S 是一个 32×32 的 S 盒变换，L_1 和 L_2 是两个定义在 32 比特上的线性变换。

$$L_1(X) = X \oplus (X \lll 2) \oplus (X \lll 10) \oplus (X \lll 18) \oplus (X \lll 24)$$

$$L_2(X) = X \oplus (X \lll 8) \oplus (X \lll 14) \oplus (X \lll 22) \oplus (X \lll 30)$$

式中，"$\lll$" 为左循环移位算子。

4. 算法运行

算法分为两个阶段，初始化阶段和密钥流生成阶段。在初始化阶段，首先执行初始密钥和 IV 的加载，并置 32 比特记忆单元变量 R_1 和 R_2 为全 0；然后执行下述操作。

For $i=0$ to 31
　　BitReconstruction()；
　　$W= F(X_0, X_1, X_2)$；
　　LFSRWithInitialisationMode($W \gg 1$)。
End
BitReconstruction()；
$F(X_0, X_1, X_2)$；
LFSRWithWorkMode()。

在密钥生成阶段，每个运行周期执行以下过程一次，并输出一个 32 比特的密钥流字 Z。

BitReconstruction()；
$Z = F(X_0, X_1, X_2) \oplus X_3$；
LFSRWithWorkMode()。

5. 密钥及 IV 装载

由于 ZUC-128 算法和 ZUC-256 算法的密钥和 IV 长度不同，因此它们的密钥和 IV 装载方式有所区别。下面分别介绍两种算法的密钥及 IV 装载。

(1)ZUC-128 算法的密钥及 IV 装载。

ZUC-128 算法的密钥为 $k_0 \| k_1 \| \cdots \| k_{15}$，ZUC-128 算法的 IV 为 $iv_0 \| iv_1 \| \cdots \| iv_{15}$，其中密钥和 IV 均以 8 比特为单位，此时密钥和 IV 装载方式如下：

For $i=0$ to 15
　　$s_i = k_i \| d_i \| iv_i$
End

其中，d_i 为 ZUC-128 算法初始化所用到的常数，每个常数 15 比特，其用 16 进制表示如下：

$$d_0 = 0x44d7, \quad d_1 = 0x26bc, \quad d_2 = 0x626b, \quad d_3 = 0x135e$$

$$d_4 = 0x5789, \quad d_5 = 0x35e2, \quad d_6 = 0x7135, \quad d_7 = 0x09af$$

$$d_8 = 0x4d78, \quad d_9 = 0x2f13, \quad d_{10} = 0x6bc4, \quad d_{11} = 0x1af1$$

$$d_{12} = 0\text{x5e26},\ d_{13} = 0\text{x3c4d},\ d_{14} = 0\text{x7891},\ d_{15} = 0\text{x47ac}$$

（2）ZUC-256 算法的密钥及 IV 装载。

ZUC-256 算法的密钥为 256 比特，记作 $k_0 \| k_1 \| \cdots \| k_{31}$，ZUC-256 算法的初始向量为 128 比特，记作 $\text{iv}_0 \| \text{iv}_1 \| \cdots \| \text{iv}_{15}$，其中 $k_i (0 \leqslant i \leqslant 31)$ 和 $\text{iv}_i (0 \leqslant i \leqslant 15)$ 均为 8 比特（字节）。

密钥和 IV 装载按照如下方式进行。

$$s_0 = k_0 \| d_0 \| k_{16} \| k_{24}$$
$$s_1 = k_1 \| d_1 \| k_{17} \| k_{25}$$
$$s_2 = k_2 \| d_2 \| k_{18} \| k_{26}$$
$$s_3 = k_3 \| d_3 \| k_{19} \| k_{27}$$
$$s_4 = k_4 \| d_4 \| k_{20} \| k_{28}$$
$$s_5 = k_5 \| d_5 \| k_{21} \| k_{29}$$
$$s_6 = k_6 \| d_6 \| k_{22} \| k_{30}$$
$$s_7 = k_7 \| d_7 \| \text{iv}_0 \| \text{iv}_8$$
$$s_8 = k_8 \| d_8 \| \text{iv}_1 \| \text{iv}_9$$
$$s_9 = k_9 \| d_9 \| \text{iv}_2 \| \text{iv}_{10}$$
$$s_{10} = k_{10} \| d_{10} \| \text{iv}_3 \| \text{iv}_{11}$$
$$s_{11} = k_{11} \| d_{11} \| \text{iv}_4 \| \text{iv}_{12}$$
$$s_{12} = k_{12} \| d_{12} \| \text{iv}_5 \| \text{iv}_{13}$$
$$s_{13} = k_{13} \| d_{13} \| \text{iv}_6 \| \text{iv}_{14}$$
$$s_{14} = k_{14} \| d_{14} \| \text{iv}_7 \| \text{iv}_{15}$$
$$s_{15} = k_{15} \| d_{15} \| k_{23} \| k_{31}$$

算法初始化中用到的常数来自圆周率 π 的二进制表示（包括整数部分），共 112 比特，每个 $d_i (0 \leqslant i \leqslant 15)$ 为 7 比特，具体定义如下。

$$d_0 = 1100100,\ d_1 = 1000011,\ d_2 = 1111011,\ d_3 = 0101010$$

$$d_4 = 0010001,\ d_5 = 0000101,\ d_6 = 1010001,\ d_7 = 1000010$$

$$d_8 = 0011010,\ d_9 = 0110001,\ d_{10} = 0011000,\ d_{11} = 1100110$$

$$d_{12} = 0010100,\ d_{13} = 0101110,\ d_{14} = 0000001,\ d_{15} = 1011100$$

6.4.2　ZUC 算法的猜测确定攻击

与 SNOW 3G 算法相比，ZUC 算法的设计具有两个特色：①选用了 $GF(2^{31} - 1)$

环上的 LFSR 作为驱动部件；②引入比特重组和非线性函数的设计。根据对 ZUC 算法设计特点的分析，发现比特重组作为 LFSR 和非线性函数之间的中间环节，对猜测确定攻击的结果有显著影响。因此，为充分利用非线性函数中内部状态之间的关系，减少猜测量和简化决定过程，本节将 ZUC 算法中基于 32 比特的非线性函数转化为基于 16 比特的非线性函数，提出了基于 16 比特的猜测确定攻击。具体的转化过程描述如下。

(1)LFSR 的状态更新变换。

$$s_{t+16} = 2^{15}s_{t+15} + 2^{17}s_{t+13} + 2^{21}s_{t+10} + 2^{20}s_{t+4} + \left(1 + 2^8\right)s_t \bmod \left(2^{31}-1\right) \tag{6.4.1}$$

(2)密钥流生成变换。

$$Z_t = ((s_{t+15,\mathrm{H}} \parallel s_{t+14,\mathrm{L}}) \oplus R_{1,t} \boxplus R_{2,t}) \oplus (s_{t+2,\mathrm{L}} \parallel s_{t,\mathrm{H}}) \tag{6.4.2}$$

可以转化为

$$Z_{t,\mathrm{L}} = (s_{t+14,\mathrm{L}} \oplus R_{1,t,\mathrm{L}} \boxplus R_{2,t,\mathrm{L}}) \oplus s_{t,\mathrm{H}} \tag{6.4.3}$$

$$Z_{t,\mathrm{H}} = (s_{t+15,\mathrm{H}} \oplus R_{1,t,\mathrm{H}} \boxplus R_{2,t,\mathrm{H}} \boxplus c_t^1) \oplus s_{t+2,\mathrm{L}} \tag{6.4.4}$$

式中，c_t^1 表示 1 比特进位，满足如下关系，即

$$c_t^1 = \begin{cases} 1, & (s_{t+14,\mathrm{L}} \oplus R_{1,t,\mathrm{L}}) + R_{2,t,\mathrm{L}} \geqslant 2^{16} \\ 0, & (s_{t+14,\mathrm{L}} \oplus R_{1,t,\mathrm{L}}) + R_{2,t,\mathrm{L}} < 2^{16} \end{cases}$$

(3)状态更新变换。

$$W_{1,t} = R_{1,t} \boxplus (s_{t+11,\mathrm{L}} \parallel s_{t+9,\mathrm{H}}) \tag{6.4.5}$$

可以转化为

$$W_{1,t,\mathrm{L}} = R_{1,t,\mathrm{L}} \boxplus s_{t+9,\mathrm{H}} \tag{6.4.6}$$

$$W_{1,t,\mathrm{H}} = R_{1,t,\mathrm{H}} \boxplus s_{t+11,\mathrm{L}} \boxplus c_t^2 \tag{6.4.7}$$

式中，c_t^2 表示 1 比特进位，满足如下关系：

$$c_t^2 = \begin{cases} 1, & R_{1,t,\mathrm{L}} + s_{t+9,\mathrm{H}} \geqslant 2^{16} \\ 0, & R_{1,t,\mathrm{L}} + s_{t+9,\mathrm{H}} < 2^{16} \end{cases}$$

(4)状态更新变换。

$$W_{2,t} = R_{2,t} \oplus (s_{t+7,L} \parallel s_{t+5,H}) \tag{6.4.8}$$

可以直接转化为

$$W_{2,t,L} = R_{2,t,L} \oplus s_{t+5,H} \tag{6.4.9}$$

$$W_{2,t,H} = R_{2,t,H} \oplus s_{t+7,L} \tag{6.4.10}$$

在完成转化过程后，需要选择合适的猜测量，并利用所猜测的内部状态决定其他的内部状态，恢复出 LFSR 的 16 个连续状态 $(s_{15}, s_{14}, \cdots, s_0)$ 和 $R_{1,0}$、$R_{2,0}$，进而利用这些内部状态产生密钥流，将其与观察到的密钥流进行对比以验证攻击结果的正确性。

为便于描述，记以下关系为

$$R_{1,t+1} = S\left(L_1\left(W_{1,t,L} \parallel W_{2,t,H}\right)\right) \tag{6.4.11}$$

$$R_{2,t+1} = S\left(L_2\left(W_{2,t,L} \parallel W_{1,t,H}\right)\right) \tag{6.4.12}$$

针对 ZUC 算法的猜测确定攻击的攻击过程描述如下。

首先，猜测内部状态 $s_5, s_6, s_7, s_9, s_{10}, s_{13,L}, s_{15}, s_{16}, s_{18}, s_{19}, s_{20}, R_{1,5}, c_4^1, c_4^2, c_5^2$（共 361 比特），决定过程如表 6.4.1 所示。

表 6.4.1　ZUC 算法的猜测确定攻击的决定过程

步骤	已知内部状态	变换公式	决定状态
1	$s_5, s_9, s_{15}, s_{18}, s_{20}$	式(6.4.1)	S_{21}
2	$s_6, s_{10}, s_{16}, s_{19}, s_{21}$	式(6.4.1)	S_{22}
3	$Z_5, (s_{20,H} \parallel s_{19,L}), R_{1,5}, (s_{7,L} \parallel s_{5,H})$	式(6.4.2)	$R_{2,5}$
4	$R_{1,5}, R_{2,5}$	式(6.4.11) 式(6.4.12)	$W_{1,4}, W_{2,4}$
5	$W_{2,4,L}, s_{9,H}$	式(6.4.9)	$R_{2,4,L}$
6	$W_{1,4,H}, s_{15,L}, c_4^2$	式(6.4.7)	$R_{1,4,H}$
7	$Z_{4,H}, s_{19,H}, R_{1,4,H}, c_4^1, s_{6,L}$	式(6.4.4)	$R_{2,4,H}$
8	$W_{2,4}, R_{2,4,H}$	式(6.4.9)	$s_{11,L}$
9	$R_{1,5,H}, s_{16,L}, c_5^2$	式(6.4.7)	$W_{1,5,H}$
10	$R_{2,5,L}, s_{10,H}$	式(6.4.9)	$W_{2,5,L}$

步骤	已知内部状态	变换公式	决定状态
11	$W_{2,5,L},W_{1,5,H}$	式(6.4.12)	$R_{2,6}$
12	$Z_{6,L},s_{20,L},R_{2,6,L},s_{6,H}$	式(6.4.3)	$R_{1,6,L},c_6^1$
13	$R_{1,6,L},s_{15,H}$	式(6.4.6)	$W_{1,6,L},c_6^2$
14	$R_{2,6,H},s_{13,L}$	式(6.4.10)	$W_{2,6,H}$
15	$W_{1,6,L},W_{2,6,H}$	式(6.4.11)	$R_{1,7}$
16	$Z_7,(s_{22,H}\parallel s_{21,L}),R_{1,t},(s_{9,L}\parallel s_{7,H})$	式(6.4.2)	$R_{2,7}$
17	$R_{2,7}$	式(6.4.12)	$W_{1,6,H},W_{2,6,L}$
18	$W_{2,6,L},R_{2,6,L}$	式(6.4.9)	$s_{11,H}$

其次，验证步骤 8 中得到的 $s_{11,L}$ 的最高比特与步骤 18 中得到的 $s_{11,H}$ 的最低比特是否相等，对于正确的猜测，该验证式一定成立，对于错误的猜测，该验证式成立的概率为 0.5。因此，通过该验证式可将猜测量降低一半，即将猜测量由 2^{361} 降为 2^{360}。

再次，猜测内部状态 $s_{13,H^*},s_{12,H},c_3^1$（共 32 比特），其中 s_{13,H^*} 表示 $s_{13,H}$ 除最低比特之外的高 15 比特，剩余的决定过程如表 6.4.2 所示。

表 6.4.2　ZUC 算法的猜测确定攻击的决定过程(续)

步骤	已知内部状态	变换公式	决定状态
19	$W_{1,4,L},s_{13,H}$	式(6.4.6)	$R_{1,4,L}$
20	$Z_{4,L},s_{18,L},R_{1,4,L},R_{2,4,L}$	式(6.4.3)	$s_{4,H}$
21	$s_7,s_{13},s_{16},s_{18},s_{19}$	式(6.4.11)，式(6.4.12)	s_3
22	$R_{1,4},R_{2,4}$	式(6.4.11)，式(6.4.12)	$W_{1,3},W_{2,3}$
23	$W_{2,3,H},s_{10,L}$	式(6.4.10)	$R_{2,3,H}$
24	$W_{1,3,L},s_{12,H}$	式(6.4.6)	$R_{1,3,L},c_3^2$
25	$Z_{3,H},s_{18,H},c_3^1,s_{5,L},R_{2,3,H}$	式(6.4.4)	$R_{1,3,H}$
26	$W_{1,3,H},R_{1,3,H},c_3^2$	式(6.4.7)	$s_{14,L}$
27	$R_{1,7},R_{2,7},(s_{18,L}\parallel s_{16,H}),(s_{14,L}\parallel s_{12,H})$	式(6.4.5)，式(6.4.8)，式(6.4.11)，式(6.4.12)	$R_{1,8},R_{2,8}$
28	$Z_{8,L},s_{22,L},R_{1,8,L},R_{2,8,L}$	式(6.4.3)	$s_{8,H},c_8^1$

续表

步骤	已知内部状态	变换公式	决定状态
29	$Z_{8,H}, R_{1,8,H}, R_{2,8,H}, c_8^1, s_{10,L}$	式(6.4.4)	$s_{23,H}$
30	$W_{2,3,L}, s_{8,H}$	式(6.4.9)	$R_{2,3,L}$
31	$Z_{3,L}, R_{1,3,L}, R_{2,3,L}, s_{3,H}$	式(6.4.3)	$s_{17,L}$
32	$W_{1,6,H}, s_{17,L}, c_6^2$	式(6.4.7)	$R_{1,6,H}$
33	$Z_{6,H}, s_{21,H}, R_{1,6,H}, R_{2,6,H}, c_6^1$	式(6.4.4)	$s_{8,L}$
34	$R_{1,6}, R_{2,6}$	式(6.4.11)，式(6.4.12)	$W_{1,5,L}, W_{2,5,H}$
35	$W_{1,5,L}, R_{1,5,L}$	式(6.4.6)	$s_{14,H}$
36	$W_{2,5,H}, R_{2,5,H}$	式(6.4.10)	$s_{12,L}$
37	$R_{1,3}, R_{2,3}, (s_{14,L} \| s_{12,H}), (s_{10,L} \| s_{8,H})$	式(6.4.5)，式(6.4.8)，式(6.4.11)，式(6.4.12)	$R_{1,2}, R_{2,2}$
38	$Z_{2,L}, s_{16,L}, R_{1,2,L}, R_{2,2,L}$	式(6.4.3)	$s_{2,H}$
39	$R_{1,2}, R_{2,2}, (s_{13,L} \| s_{11,H}), (s_{9,L} \| s_{7,H})$	式(6.4.5)，式(6.4.8)，式(6.4.11)，式(6.4.12)	$R_{1,1}, R_{2,1}$
40	$R_{1,1}, R_{2,1}, (s_{12,L} \| s_{10,H}), (s_{8,L} \| s_{6,H})$	式(6.4.5)，式(6.4.8)，式(6.4.11)，式(6.4.12)	$R_{1,0}, R_{2,0}$
41	$Z_0, (s_{15,H} \| s_{14,L}), R_{1,0}, R_{2,0}$	式(6.4.2)	$s_{2,L}, s_{0,H}$
42	$s_2, s_6, s_{12}, s_{15}, s_{18}$	式(6.4.1)	s_{17}
43	$s_8, s_{14}, s_{17}, s_{19}, s_{20}$	式(6.4.1)	s_4
44	$s_5, s_{11}, s_{14}, s_{16}, s_{17}$	式(6.4.1)	s_1
45	$s_4, s_{10}, s_{13}, s_{15}, s_{16}$	式(6.4.1)	s_0

最后，得到了 LFSR 的 16 个连续状态 $(s_{15}, s_{14}, \cdots, s_0)$ 和 $R_{1,0}$、$R_{2,0}$。

下面对本攻击的复杂度进行分析。在对 ZUC 算法进行猜测确定攻击时，攻击者需要首先猜测 $s_5, s_6, s_7, s_9, s_{10}, s_{13,L}, s_{15}, s_{16}, s_{18}, s_{19}, s_{20}, R_{1,5}, c_4^1, c_4^2, c_5^2$（共 361 比特），执行表 6.3.1 中步骤 1～18，此时的猜测量为 2^{361}，通过验证步骤 8 中得到的 $s_{11,L}$ 的最高比特与步骤 18 中得到的 $s_{11,H}$ 的最低比特是否相等，将猜测量降低一半，即将猜测量由 2^{361} 降为 2^{360}。随后，猜测 $s_{13,H^*}, s_{12,H}, c_3^1$（共 32 比特），此时的猜测量上升为 $2^{360} \times 2^{32} = 2^{392}$，执行表 6.3.2 中步骤 19～45，完成整个决定过程。因此，该攻击的计算复杂度为 $O(2^{361} + 2^{392}) \approx O(2^{392})$，攻击所需的数据量为 $z_0, z_1, \cdots, z_8$，共 9 个 32 比特的密钥流字，该分析结果优于已有的计算复杂度为 $O(2^{403})$ 的猜测确定攻击。

6.5 小 结

为了适应现代处理器的位宽,SNOW 系列算法、ZUC 算法和 Loiss 算法等面向字操作型序列密码算法相继被提出,由于每个时刻输出的是一个字而非一个比特,与传统的面向比特操作的序列密码算法相比,其输出吞吐率大幅度提升,进而显著提高了算法的软件实现效率。在该类型序列密码算法中,多数都以面向字操作的 LFSR 作为其驱动部件,通过利用 FSM 中记忆寄存器的刷新变换,产生伪随机性较好、非线性程度高的密钥流序列。

参 考 文 献

[1] Ekdahl P, Johansson T. SNOW-A new stream cipher[EB/OL]. http://citeseerx.ist.psu.edu/viewdoc/download?doi=10.1.1.22.8744&rep=rep1&type=pdf[2015-08-12].

[2] Ekdahl P, Johansson T. A new version of the stream cipher SNOW[C]//Proceedings of the 9th International Workshop on Selected Areas in Cryptography, Newfoundland, 2002: 47-61.

[3] ETSI/SAGE. Specification of the 3GPP confidentiality and integrity algorithms UEA2 & UIA2 [EB/OL]. https://www.gsma.com/aboutus/wp-content/uploads/2014/12/snow3gspec.pdf[2015-08-12].

[4] ETSI/SAGE. Specification of the 3GPP confidentiality and integrity algorithms 128-EEA3 & 128-EIA3[EB/OL]. https://www.gsma.com/aboutus/wp-content/uploads/2014/12/eea3eia3testdatav11.pdf [2015-08-12].

[5] ZUC 算法研制组. ZUC-256 流密码算法[J]. 密码学报, 2018, 5(2): 167-179.

[6] Feng D G, Feng X T, Zhang W T, et al. Loiss: A byte-oriented stream cipher[C]//Proceedings of the Third International Conference on Coding and Cryptology, Qingdao, 2011: 109-125.

[7] Hawkes P, Rose G. Guess-and-determine attacks on SNOW[C]//Proceedings of the 9th International Workshop on Selected Areas in Cryptography, Newfoundland, 2002: 37-46.

[8] Babbage S, Cannière C D, Lano J, et al. Cryptanalysis of SOBER-t32[C]//Proceedings of the 10th International Workshop on Fast Software Encryption, Lund, 2003: 111-128.

[9] Mattsson J. A guess-and-determine attack on the stream cipher polar bear[C]//Proceedings of the State of the Art of Stream Ciphers Workshop, Leuven, 2006: 149-153.

[10] Feng X T, Liu J, Zhou Z C, et al. A byte-based guess and determine attack on SOSEMANUK[C]//Proceedings of the 16th International Conference on the Theory and Application of Cryptology and Information Security, Singapore, 2010: 146-157.

[11] 关杰, 丁林, 刘树凯. SNOW 3G 与 ZUC 序列密码的猜测确定攻击[J]. 软件学报, 2013, 24(6): 1324-1333.

[12] Nyberg K, Wallen J. Improved linear distinguishers for SNOW 2.0[C]//Proceedings of the 13th

International Workshop on Fast Software Encryption, Graz, 2006: 144-162.

[13] Baigneres C, Junod P, Vaudenay S. How far can we go beyond linear cryptanalysis?[C]// Proceedings of the 10th International Conference on the Theory and Application of Cryptology and Information Security, Jeju Island, 2004: 432-450.

[14] Biryukov A, Priemuth-Schmid D, Zhang B. Multiset collision attacks on reduced-round SNOW 3G and SNOW 3G $\oplus$ [C]//Proceedings of the 8th International Conference on Applied Cryptography and Network Security, Beijing, 2010: 139-153.

[15] Kircanski A, Youssef A M. On the sliding property of SNOW 3G and SNOW 2.0[J]. IET Information Security, 2011, 5(4): 199-206.

[16] Debraize B, Corbella I M. Fault analysis of the stream cipher SNOW 3G[C]//Proceedings of the 2009 Workshop on Fault Diagnosis and Tolerance in Cryptography, Lausanne, 2009: 103-110.

[17] Ekdahl P, Johansson T, Maximov A, et al. A new SNOW stream cipher called SNOW-V[J]. IACR Transactions on Symmetric Cryptology, 2019, 2019(3): 1-42.

[18] Ekdahl P, Maximov A, Johansson T, et al. SNOW-Vi: an extreme performance variant of SNOW-V for lower grade CPUs[C]// Proceedings of the 14th ACM Conference on Security and Privacy in Wireless and Mobile Networks, Abu Dhabi, 2021: 261-272.

[19] Jiao L, Li Y, Hao Y. A guess-and-determine attack on SNOW-V stream cipher[J]. The Computer Journal, 2020, 63(12): 1789-1812.

[20] Jiao L, Hao Y, Li Y. Guess-and-determine attacks on SNOW-Vi stream cipher[J]. Designs, Codes and Cryptography, 2023, 91: 2021-2055.

[21] Yang J, Johansson T, Maximov A. Improved guess-and-determine and distinguishing attacks on SNOW-V [J]. IACR Transactions on Symmetric Cryptology, 2021, 2021(3): 54-83.

[22] Hoki J, Isobe T, Ito R, et al. Distinguishing and key recovery attacks on the reduced-round SNOW-V and SNOW-Vi[J]. Journal of Information Security and Applications, 2022, 65(103100).

[23] Ma S, Jin C, Guan J, et al. Improved differential attacks on the reduced-round SNOW-V and SNOW-Vi stream cipher[J]. Journal of Information Security and Applications, 2022, 71(103379).

[24] Gong X, Zhang B. Resistance of SNOW-V against fast correlation attacks[J]. IACR Transactions on Symmetric Cryptology, 2021, 2021(1): 378-410.

[25] Shi Z, Jin C, Zhang J, et al. A correlation attack on full SNOW-V and SNOW-Vi[C]// Proceedings of EUROCRYPT 2022, Trondheim, 2022: 34-56.

[26] Shi Z, Jin C, Jin Y. Improved linear approximations of SNOW-V and SNOW-Vi[EB/OL]. https://eprint.iacr.org/2021/1105[2021-08-31].

[27] Zhou Z, Feng D, Zhang B. Efficient and extensive search linear approximations with high for

precise correlations of full SNOW-V[J]. Designs, Codes and Cryptography, 2022, 90: 2449-2479.

[28] 冯秀涛. 3GPP LTE 国际加密标准 ZUC 算法[J]. 信息安全与通信保密, 2011, 19(12): 45-46.

[29] Sun B, Tang X H, Li C. Preliminary cryptanalysis results of ZUC[C]//Proceedings of the First International Workshop on ZUC Algorithm, Beijing, 2010: 18-19.

[30] Wu H J, Huang T, Nguyen P H, et al. Differential attacks against stream cipher ZUC[C]// Proceedings of the 18th International Conference on the Theory and Application of Cryptology and Information Security, Beijing, 2012: 262-277.

[31] Ding L, Liu S K, Zhang Z Y, et al. Guess and determine attack on ZUC based on solving nonlinear equations[C]//Proceedings of the First International Workshop on ZUC Algorithm, Beijing, 2010: 1-9.

[32] Zhou C, Feng X, Lin D. The initialization stage analysis of ZUC v1.5[C]//Proceedings of the 10th International Conference on Cryptology and Network Security, Sanya, 2011: 40-53.

[33] ZUC Design Team. An Addendum to the ZUC-256 Stream Cipher[EB/OL]. https://eprint.iacr. org/2021/1439[2021-10-27].

第7章 基于序列密码的认证加密算法

7.1 概　　述

随着功能的拓展，密码算法除了用于信息的加密保护外，还可提供数字签名和安全认证等功能，这使得密码应用呈现出社会化和个人化的发展趋势，被广泛应用于社会活动和经济活动中。

认证加密算法是一种同时具有加密和认证两种属性的算法，弥补了单一加密方案不能保障完整性或单一认证方案不能保障机密性的缺憾。目前比较成熟的认证加密方案如伽罗华域/计数器模式(Galois/counter mode，GCM)和分组密码工作模式(block-cipher mode of operation)等已经广泛应用于 SSL/TLS 等传输协议中[TLS 表示传输层安全(Transport Layer Security)协议；SSL 表示安全套接层(Secure Sockets Layer)][1]。为了加速认证加密理论的发展，CAESAR[2]竞赛应运而生。它由 NIST 专门资助，是一个面向全球征集认证加密算法的竞赛活动，从 2013 年 1 月开始，到 2017 年 12 月结束，共持续 5 年时间。CAESAR 竞赛加速了认证加密算法的进一步发展，基于序列密码设计的认证加密算法是其中非常重要的一类。

本节主要对几个典型的基于序列密码的认证加密算法，即 Hummingbird-2 算法[3]、Grain-128a 算法[4]Grain-128AEAD 算法[5]、MORUS 算法[6]、ACORN 算法[7]和 TinyJAMBU-128 算法[8]进行介绍，并介绍对其进行安全性分析的结果。

7.2 Hummingbird-2 算法

2009 年，Engels 等在应用密码研究中心(Center for Applied Cryptographic Research，CACR)的技术报告中首先提出 Hummingbird 算法，该算法适用于资源极度受限的情况，具有较低的硬件实现代价和较高的实现速度。在 2011 年的 RFID 安全会议上，Engels 等参与设计的算法的改进版本 Hummingbird-2 被提出[3]，其安全性备受外界关注。Hummingbird-2 算法是一个认证加密算法，用于射频识别标记、无线传感器等资源受限的设备中。该算法能够在非常小的硬件或者软件空间中实现，因此可以为普通的低成本设备提供安全保障。

7.2.1 Hummingbird-2 算法介绍

Hummingbird-2 算法的密钥规模为 128 比特，分组规模为 16 比特，采用了 64

比特的 IV 对 8 个寄存器进行初始化,该算法可以看成是与明文结合方式较为复杂的序列密码算法。其密钥、寄存器和 IV 分别表示为

$$K = (K_1, K_2, K_3, K_4, K_5, K_6, K_7, K_8), \quad K_i \in F_2^{16}$$
$$R = (R_1, R_2, R_3, R_4, R_5, R_6, R_7, R_8)$$
$$IV = (IV_1, IV_2, IV_3, IV_4)$$

Hummingbird-2 算法中使用了 4 个 4×4 的 S 盒,如表 7.2.1 所示。

表 7.2.1 **Hummingbird-2 算法的 S 盒**

x	0	1	2	3	4	5	6	7	8	9	a	b	c	d	e	f
$S_1(x)$	7	c	e	9	2	1	5	f	b	6	d	0	4	8	a	3
$S_2(x)$	4	a	1	6	8	f	7	c	3	0	e	d	5	9	b	2
$S_3(x)$	2	f	c	1	5	6	a	d	e	8	3	4	0	b	9	7
$S_4(x)$	f	4	5	8	9	7	2	1	a	3	0	e	6	c	d	b

对于 $x = (x_0, x_1, x_2, x_3)$,非线性函数 $f(x)$ 和 WD16(x, a, b, c, d) 可表示为

$$f(x) = L(S(x))$$
$$WD16(x, a, b, c, d) = f(f(f(f(x \oplus a) \oplus b) \oplus c) \oplus d)$$

式中,$S(x) = S_1(x_0) | S_2(x_1) | S_3(x_2) | S_4(x_3)$;$L(x) = x \oplus (x \lll 6) \oplus (x \lll 10)$。

1. Hummingbird-2 算法初始化过程

首先将寄存器初态 $R^{(0)}$ 按照如下方式设置,即

$$R^{(0)} = (R_1^{(0)}, R_2^{(0)}, R_3^{(0)}, R_4^{(0)}, R_5^{(0)}, R_6^{(0)}, R_7^{(0)}, R_8^{(0)}) = (IV_1, IV_2, IV_3, IV_4, IV_1, IV_2, IV_3, IV_4)$$

当 $i = 0$, 1, 2, 3 时,将算法按照下述规则迭代四轮(其中"⊞"表示"模 2^{16} 加法"运算),即

$$t_1 = WD16(R_1^{(i)} \boxplus i, K_1, K_2, K_3, K_4)$$

$$t_2 = WD16(R_2^{(i)} \boxplus t_1, K_5, K_6, K_7, K_8)$$

$$t_3 = WD16(R_3^{(i)} \boxplus t_2, K_1, K_2, K_3, K_4)$$

$$t_4 = WD16(R_4^{(i)} \boxplus t_3, K_5, K_6, K_7, K_8)$$

$$R_1^{(i+1)} = (R_1^{(i)} \boxplus t_4) \lll 3$$

$$R_2^{(i+1)} = (R_2^{(i)} \boxplus t_1) \ggg 1$$

$$R_3^{(i+1)} = (R_3^{(i)} \boxplus t_2) \lll 8$$

$$R_4^{(i+1)} = (R_4^{(i)} \boxplus t_3) \lll 1$$

$$R_5^{(i+1)} = R_5^{(i)} \oplus R_1^{(i+1)}$$

$$R_6^{(i+1)} = R_6^{(i)} \oplus R_2^{(i+1)}$$

$$R_7^{(i+1)} = R_7^{(i)} \oplus R_3^{(i+1)}$$

$$R_8^{(i+1)} = R_8^{(i)} \oplus R_4^{(i+1)}$$

加密第一个明文分组时寄存器的状态为 $R^{(4)}$。

Hummingbird-2 算法初始化过程的结构如图 7.2.1 所示，其中图 7.2.1(b) 中的 E_k 即为设计报告中的 WD16 函数。

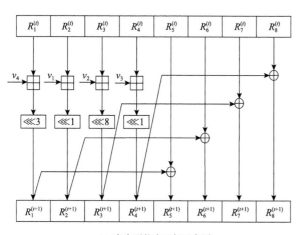

(a) 寄存器状态更新示意图　　　　　　(b) 中间变量更新示意图

图 7.2.1　Hummingbird-2 算法的初始化过程结构图

2. Hummingbird-2 算法加密过程

初始化完成后，执行 Hummingbird-2 算法的加密过程，对第 i 组明文 P_i 加密后的结果 C_i 按照下述规律生成，即

$$t_1 = \text{WD16}(R_1^{(i)} \boxplus P_i, K_1, K_2, K_3, K_4)$$

$$t_2 = \text{WD16}(R_2^{(i)} \boxplus t_1, K_5 \oplus R_5^{(i)}, K_6 \oplus R_6^{(i)}, K_7 \oplus R_7^{(i)}, K_8 \oplus R_8^{(i)})$$

$$t_3 = \text{WD16}(R_3^{(i)} \boxplus t_2, K_1 \oplus R_5^{(i)}, K_2 \oplus R_6^{(i)}, K_3 \oplus R_7^{(i)}, K_4 \oplus R_8^{(i)})$$

$$C_i = \text{WD16}(R_4^{(i)} \boxplus t_3, K_5, K_6, K_7, K_8) \boxplus R_1^{(i)}$$

式中，$R_1 \sim R_8$ 按照下述规则更新：

$$R_1^{(i+1)} = R_1^{(i)} \boxplus t_3$$

$$R_2^{(i+1)} = R_2^{(i)} \boxplus t_1$$

$$R_3^{(i+1)} = R_3^{(i)} \boxplus t_2$$

$$R_4^{(i+1)} = R_4^{(i)} \boxplus R_1^{(i)} \boxplus t_3 \boxplus t_1$$

$$R_5^{(i+1)} = R_5^{(i)} \oplus (R_1^{(i)} \boxplus t_3)$$

$$R_6^{(i+1)} = R_6^{(i)} \oplus (R_2^{(i)} \boxplus t_1)$$

$$R_7^{(i+1)} = R_7^{(i)} \oplus (R_3^{(i)} \boxplus t_2)$$

$$R_8^{(i+1)} = R_8^{(i)} \oplus (R_4^{(i)} \boxplus R_1^{(i)} \boxplus t_3 \boxplus t_1)$$

Hummingbird-2 算法加密过程的结构图如图 7.2.2 所示。

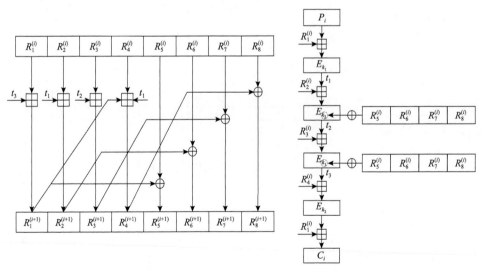

(a) 寄存器状态更新示意图　　　　　　　(b) 加密过程示意图

图 7.2.2　Hummingbird-2 算法加密过程结构图

3. 认证固定长度的关联数据

关联数据的认证加密是使用算法进行加密/解密运算和对任意随着密文传送的关联数据进行认证，这些关联数据包括 Nonce(number once)、数据包报头等。关联数据的处理在整个加密过程之后，在 Hummingbird-2 算法中，仅对关联数据 A_i 再进行一次加密，计算出 $E(A_i)$ 的值。需要注意的是，关联数据的长度必须是固定的。

4. 计算消息认证码

要计算 $n(n \leqslant 8)$ 个字的消息认证标签 T，首先运行三次加密算法，不进行任何输出。

$$E(\mathrm{IV}_1 \boxplus R_1 \boxplus R_3 \boxplus n)$$
$$E(\mathrm{IV}_2 \boxplus R_1 \boxplus R_3)$$
$$E(\mathrm{IV}_3 \boxplus R_1 \boxplus R_3)$$

此时的 R_1 和 R_3 是调用加密函数 E 之前两个寄存器的值。利用下述运算生成认证标签 T，即

$$T_1 = E(\mathrm{IV}_4 \boxplus R_1 \boxplus R_3)$$
$$T_i = E(R_1 \boxplus R_3), \quad i = 1, 2, 3, \cdots, n$$

7.2.2　Hummingbird-2 算法的实时相关密钥攻击

根据文献[9]的结果，本节介绍针对 Hummingbird-2 算法的相关密钥攻击。首先，对 Hummingbird-2 算法的四个 S 盒的差分性质进行研究，根据这些性质分析非线性函数 WD16 的差分碰撞特征；然后，基于相关密钥攻击的思想得到算法在初始化阶段和加密阶段一系列高概率差分传递特性；最后，基于差分-相关密钥攻击思想提出对 Hummingbird-2 算法的密钥恢复攻击。

具体攻击步骤如下：首先，选择合适的相关密钥对，使得在 WD16 函数内部可以产生局部差分，并且该差分可以高概率抵消，需要注意的是，将差分限于 WD16 函数内部。然后，通过对明文差的检测来验证所构造的差分对应是否产生。如果产生，就可以通过差分分析技术来恢复算法的初始密钥。

1. Hummingbird-2 算法 S 盒的性质

通过对 Hummingbird-2 算法 S 盒的分析，得到算法 4 个 S 盒的差分分布规律。通过分析发现，4 个 S 盒差分转移概率最大均为 1/4。表 7.2.2 给出差分转移概率为 1/4 的差分对应关系，表中差分对应 $\alpha \to \beta$（其中 α 为输入差分，β 为输出差分）

均用 16 进制表示。

表 7.2.2 Hummingbird-2 算法 4 个 S 盒的高概率差分对应关系

S盒	高概率差分对应(差分转移概率为 1/4)
S_1	1→d,2→6,2→e,3→2,3→b,5→e,6→8,7→8,8→9, 8→c,9→5,b→1,b→b,c→4,e→1,e→f,f→4,f→7
S_2	1→3,1→7,2→d,3→2,3→e,4→5,4→6,6→9,7→8, 7→e,a→2,b→4,b→9,c→1,d→d,e→4,e→f,f→1
S_3	1→7,1→d,2→c,2→e,3→3,4→3,5→4,6→7,6→f, 7→4,8→5,a→1,b→f,c→9,d→8,d→e,f→1,f→5
S_4	1→e,2→a,2→b,3→1,7→1,7→e,8→5,8→f,9→c, a→4,a→f,b→2,c→3,c→8,e→2,e→9,f→7,f→9

通过研究这些 S 盒高概率差分对应的输入关系，得到下述性质。

性质 7.2.1 对 Hummingbird-2 算法的任意一个 S 盒，记为 S_i($i=1, 2, 3, 4$)，一定能够找到两个不同的 1/4 概率差分对应 $\alpha_1→\beta_1$ 和 $\alpha_2→\beta_2$，使得存在且仅存在一个元素 x 同时满足这两个差分对应。

在攻击过程中只用到那些差分转移概率为 1/4 的差分对应。首先，将 4 个 S 盒差分转移概率为 1/4 的差分对应的可能输入值列出，具体如表 7.2.3 所示，表中 (α, β) 表示差分对应 $\alpha→\beta$，其中 α 为输入差分，β 为输出差分。

表 7.2.3 4 个 S 盒高概率差分对应的输入关系

S盒	差分特征	输入集合	S盒	差分特征	输入集合
S_1	(1,d) (12,6) (3,b)	8,9,a,b	S_3	(1,7) (c,9) (d,e)	6,7,a,b
	(2,e) (9,5) (b,b)	5,7,c,e		(1,d) (2,e) (3,3)	0,1,2,3
	(3,2) (c,4) (f,6)	1,2,d,e		(2,c) (4,3) (6,f)	9,b,d,f
	(5,e) (b,1) (e,f)	1,4,a,f		(5,4) (a,1) (f,5)	0,5,a,f
	(6,8) (8,9) (e,1)	3,5,b,d		(6,7) (b,f) (d,8)	3,5,8,e
	(7,8) (8,c) (f,4)	0,7,8,f		(7,4) (8,5) (f,1)	3,4,b,c
S_2	(1,3) (2,d) (3,e)	8,9,a,b	S_4	(1,e) (e,9) (f,7)	4,5,a,b
	(1,7) (6,9) (7,e)	2,3,4,5		(2,a) (8,5) (a,f)	0,2,8,a
	(3,2) (d,d) (e,f)	0,3,d,e		(2,b) (8,f) (a,4)	4,6,c,e
	(4,5) (b,4) (f,1)	1,5,a,e		(3,1) (c,8) (f,9)	1,2,d,e
	(4,6) (a,2) (e,4)	2,6,8,c		(7,1) (b,2) (c,3)	3,4,8,f
	(7,8) (b,9) (c,1)	0,7,b,c		(7,e) (9,c) (e,2)	0,7,9,e

对于 S_1, x=0x8 是作为输入唯一一个同时满足差分特征 (1, d) 和 (7, 8) 的值。类似地，对于 S_2, x=c 是唯一一个同时满足差分特征 (4, 6) 和 (7, 8) 的输入值；对于 S_3, x=0x0 是唯一一个同时满足差分特征 (1, d) 和 (5, 4) 的输入值；对于 S_4, x=0x4 是唯一一个同时满足差分特征 (1, e) 和 (2, b) 的输入值。由此可知，对于 Hummingbird-2

算法所有 S 盒, 至少存在一个元素 x, x 作为输入同时满足两个不同的高概率差分对应 $\alpha_1{\rightarrow}\beta_1$ 和 $\alpha_2{\rightarrow}\beta_2$, 并且 x 是唯一一个满足这两个差分对应的输入值。这个性质将在实施相关密钥攻击过程中选取相关密钥对时用到。

2. 非线性函数 f 和 WD16 的差分碰撞特征

非线性函数 f 和 WD16 是 Hummingbird-2 算法的基础加密环节。本小节将对非线性函数 f 和 WD16 的差分碰撞特性进行讨论。

首先, 这两个非线性函数的结构如图 7.2.3 所示。

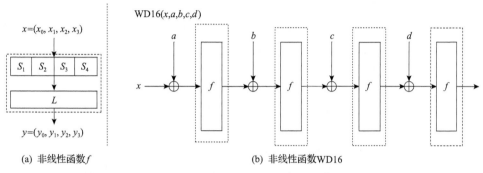

(a) 非线性函数 f (b) 非线性函数 WD16

图 7.2.3 非线性函数 f 和 WD16 结构图

非线性函数 WD16 的输入规模为 80 比特, 输出规模为 16 比特, 可以说, 在加密过程中, 碰撞必然存在。但是, 这些碰撞是否满足某些特定的结构特征仍然是需要研究的问题。下面将用一个例子来说明这个结构特征的存在性, 并且给出该结构特征的一般形式。

轮函数 WD16 可以被看成一个小型的分组密码, 其结构是一个 4 轮的 SP 结构。记 $(0,\Delta a,\Delta b,0,0)$ 为 WD16(x, a, b, c, d) 函数的输入差分, 当式 (7.2.1) 成立时, WD16 函数的输出差分为 0。

$$f(x \oplus a) \oplus f(x \oplus a \oplus \Delta a) = \Delta b \qquad (7.2.1)$$

式 (7.2.1) 和式 (7.2.2) 是等价的。

$$S(x \oplus a) \oplus S(x \oplus a \oplus \Delta a) = L^{-1}(\Delta b) \qquad (7.2.2)$$

将式 (7.2.2) 进行拆分可以得到下列等式:

$$\begin{cases} S_1(x_0 \oplus a_0) \oplus S_1(x_0 \oplus a_0 \oplus \Delta a_0) = c_0 \\ S_2(x_1 \oplus a_1) \oplus S_2(x_1 \oplus a_1 \oplus \Delta a_1) = c_1 \\ S_3(x_2 \oplus a_2) \oplus S_3(x_2 \oplus a_2 \oplus \Delta a_2) = c_2 \\ S_4(x_3 \oplus a_3) \oplus S_4(x_3 \oplus a_3 \oplus \Delta a_3) = c_3 \end{cases} \qquad (7.2.3)$$

式(7.2.2)和式(7.2.3)中，$a = (a_0 \| a_1 \| a_2 \| a_3)$，$b = (b_0 \| b_1 \| b_2 \| b_3)$，$L^{-1}(\Delta b) = c = (c_0 \| c_1 \| c_2 \| c_3)$，"$\|$"表示并置。

通过对 S 盒性质的分析可知，Hummingbird-2 算法 4 个 S 盒的最高差分转移概率均为 1/4，如果选择合适的 Δa 和 Δb，那么上述碰撞满足的概率最高可以达到 1/4。以输入差分 $\Delta a = (\Delta a_0 \| \Delta a_1 \| \Delta a_2 \| \Delta a_3)$ 为例，若 $\Delta a_0 \neq 0$，则 S_1 是唯一一个活动 S 盒，若 $\Delta a_0 \rightarrow c_0$ 为 S_1 的最高概率差分对应，则 WD16 的输出差分为 0 的概率为 1/4。

3. Hummingbird-2 算法的差分特征

Hummingbird-2 算法的主体结构是 WD16 函数的 4 轮迭代，在算法初始化过程或加密阶段，WD16 函数的输入设为 (x, a, b, c, d)，其中 x 为 IV 值(或加密的中间值)，(a, b, c, d) 为独立注入的密钥(或经寄存器白化后的密钥)。通过前面的分析可知，如果选择合适的相关密钥对，就可以高概率使 WD16 函数的输出差分为 0，进而可使得加密中间值和 8 个寄存器的状态值的差分均以高概率为 0。如果这些差分特征能够保持到密文的输出，就可以通过对密文差分的检测来确定使用相关密钥构造的内部差分是否满足，最后通过差分分析技术恢复算法的初始密钥。

为了避免产生歧义，记"1 轮算法加密"表示 4 轮 WD16 函数迭代，无论是在初始化过程中还是在加密过程中都是如此，因此算法的初始化过程包括 4 轮算法加密，在算法的加密过程中每经过 1 轮算法加密都生成 16 比特密文。

为了使一轮算法的差分转移概率最大，需要使得算法活动 S 盒的个数最小。由于 1 轮算法加密包含 4 个 WD16 函数，每个子密钥块均使用两次(在第 1 轮、第 3 轮同样位置或第 2 轮、第 4 轮同样位置)，因此，若在第 1 个 WD16 函数(或第 2 个 WD16 函数)的子密钥块上引入差分，则在第 3 个 WD16 函数(或第 4 个 WD16 函数)所使用的子密钥块的相同位置也会产生同样的差分。也就是说，在相关密钥攻击的条件下，1 轮算法的活动 S 盒的个数是成对出现的，最小值为 2。

将子密钥 K_i 记为 $(K_i[0], K_i[1], K_i[2], K_i[3])$，设 $\Delta K_1 = K_1 \oplus K'_1 = (0, 0, 0, \Delta K_1[3])$，$\Delta K_1[3] \neq 0$，如果 IV=IV′，那么在初始化过程第 1 个 WD16 函数中，仅有 S_4 是活动的。如果 $\Delta K_1[3] \rightarrow \Delta Z[3]$ 是任意一个差分转移概率为 p 的差分传递特征，那么根据差分传递性质可知，若选择相关密钥 $\Delta K_2 = L(0,0,0,\Delta Z[3])$，$\Delta K_3$，$\Delta K_4$，$\cdots$，$\Delta K_8$ 均为 0，则第 1 个 WD16 函数输出差分为 0 的概率为 p。根据算法的密钥加载规则，第 3 个 WD16 函数相同位置也会以概率 p 出现差分对应 $\Delta K_1[3] \rightarrow \Delta Z[3]$，因此如果 IV 的差分为 0，那么在上述相关密钥条件下，经过一轮算法加密，输出差分为 0 的概率为 p^2。

这里以 $\Delta K_1 = (0003)_{16}$ 为例，其中 $(0003)_{16}$ 表示 0, 0, 0, 3 均为 16 进制数，算法的初始化过程和加密过程具有如下性质。

性质 7.2.2　初始化过程 1 轮加密算法的差分特征：在相关密钥 $\Delta K = (\Delta K_1, \Delta K_2, \Delta K_3, \Delta K_4, \Delta K_5, \Delta K_6, \Delta K_7, \Delta K_8) = (0003, 0441, 0000, 0000, 0000, 0000, 0000, 0000)_{16}$ 加密的条件下，下列差分特征可以 $1/2^4$ 的概率通过初始化过程 1 轮加密算法：

$$\Delta(\mathrm{IV}_1, \mathrm{IV}_2, \mathrm{IV}_3, \mathrm{IV}_4) = (0000, 0000, 0000, 0000)_{16}$$
$$\downarrow$$
$$\Delta(R_{1,-3}, R_{2,-3}, R_{3,-3}, R_{4,-3}, R_{5,-3}, R_{6,-3}, R_{7,-3}, R_{8,-3})$$
$$= (0000, 0000, 0000, 0000, 0000, 0000, 0000, 0000)_{16}$$

如果找到一些使得上述差分对应关系发生的 IV 值，就可以通过 S_4 的差分对应关系 0x3→0x1 恢复出 S_4 的输入值，即 $\mathrm{IV}_1[3] \oplus K_1[3]$，由于 IV_1 已知，可以恢复出子密钥块 $K_1[3]$ 的值。

性质 7.2.3　算法初始化过程的差分特征：在相关密钥 $\Delta K = (\Delta K_1, \Delta K_2, \Delta K_3, \Delta K_4, \Delta K_5, \Delta K_6, \Delta K_7, \Delta K_8) = (0003, 0441, 0000, 0000, 0000, 0000, 0000, 0000)_{16}$ 加密的条件下，下列差分特征可以 $1/2^{16}$ 的概率通过整体初始化过程：

$$\Delta(\mathrm{IV}_1, \mathrm{IV}_2, \mathrm{IV}_3, \mathrm{IV}_4) = (0000, 0000, 0000, 0000)_{16}$$
$$\downarrow$$
$$\Delta(R_{1,0}, R_{2,0}, R_{3,0}, R_{4,0}, R_{5,0}, R_{6,0}, R_{7,0}, R_{8,0})$$
$$= (0000, 0000, 0000, 0000, 0000, 0000, 0000, 0000)_{16}$$

由于初始化过程共包含 4 轮加密算法，因此性质 7.2.2 中的特征能够以 $1/2^{16}$ 的概率通过整体初始化过程。

性质 7.2.4　加密过程的差分特征：在性质 7.2.3 中的相关密钥和差分特征条件下，下述差分特征能够以 $1/2^4$ 的概率通过加密算法：

$$\Delta(P) = (0000)_{16}$$
$$\downarrow$$
$$\Delta(C) = (0000)_{16}, \Delta(R_{1,1}, R_{2,1}, R_{3,1}, R_{4,1}, R_{5,1}, R_{6,1}, R_{7,1}, R_{8,1})$$
$$= (0000, 0000, 0000, 0000, 0000, 0000, 0000, 0000)_{16}$$

由性质 7.2.4 可知，若明文的差分为 $(0000)_{16}$，在性质 7.2.3 中的事件发生的条件下，密文差分为 $(0000)_{16}$ 的概率为 $1/2^4$。

根据上面的三个性质可知，通过初始化过程及加密算法，$\Delta(\mathrm{IV}, P) = 0$ 到 $\Delta(C) = 0$ 的差分转移概率为 $1/2^{20}$。由于算法 IV 的规模为 64 比特，因此当不断改变 IV 取值时，必然会找到满足上述三个性质的 IV，使得输出密文的差分为 0。

4. Hummingbird-2 算法的密钥恢复攻击

Hummingbird-2 算法的密钥恢复攻击过程如下。

　　首先, 通过使用相关密钥构造需要的差分, 对不同的 IV 值运行初始化过程和第一轮加密算法直到找到一个合适的 IV 使得密文差分为 0。使用第二个过滤器来保证是使用相关密钥构造的差分关系使得密文差分为 0, 而不是随机情况下产生的碰撞。如果 IV 可以通过第二个过滤器的检测, 就可以得到在初始化过程中第一个 WD16 函数活动 S 盒的输入值, 即可以确定出对应子密钥块的候选值。然后, 通过使用两个不同的相关密钥对进行过滤, 如果这两个相关密钥对满足性质 7.2.1, 那么得到的子密钥块的值必然唯一。子密钥块 $K_1, K_2, K_3, K_5, K_6, K_7$ 可以通过上述方法恢复, 但是恢复 K_5, K_6, K_7 需要已知 K_4, 这里使用了一种新的方法来实现子密钥块 K_4 的筛选。此外, K_8 可以使用穷举攻击进行恢复。

　　下面, 以子密钥 K_1 的高四比特(即 $K_1[3]$)的恢复过程为例来说明子密钥块的恢复过程。不妨设选择的相关密钥对为 $\Delta K^{(1)} = (0003, 0441, 0000, 0000, 0000, 0000, 0000, 0000)_{16}$ 和 $\Delta K^{(2)} = (000a, 1104, 0000, 0000, 0000, 0000, 0000, 0000)_{16}$。

算法 7.2.1　IV 筛选算法

初始化: 令 $\sigma_1 = \varnothing, \sigma_2 = \varnothing$。

步骤 1, 使用相关密钥对 K 和 $K \oplus \Delta K$ 进行加密, 不断改变 IV 的取值直至找到一个 IV 值使得 $C_0 = C_0'$。

步骤 2, 使用步骤 1 中得到的 IV 值和不同的 $P_0(\Delta P_0$ 为 0)进行加密。当使用 N 个不同的 P_0 时, 计算使得 $C_0 = C_0'$ 的 P_0 的个数(记为 t)。若 $t > N \times 1/2^{16}$, 则转至步骤 3, 否则丢弃该 IV 值并转至步骤 1。

步骤 3, 输出 IV, 算法结束。

注: P_0 能取任意值, 但是 ΔP_0 和 ΔIV 均为 0。

　　若 ΔK 选择合适, 则由 IV 筛选算法得到的 IV 值必然满足性质 7.2.2~性质 7.2.4, 根据差分分析技术可以进一步恢复出相应的子密钥。算法 7.2.2 给出了一种对子密钥进行恢复的算法。

算法 7.2.2　密钥恢复算法

初始化: 令 $\sigma_1 = \varnothing, \sigma_2 = \varnothing$。

步骤 1, 使用算法 7.2.1 对相关密钥 K 和 $K \oplus \Delta K^{(1)}$ 条件下的 IV 进行筛选。由于 IV 筛选算法得到的 IV 值必然满足性质 7.2.2~性质 7.2.4, 因此第一个 S_4 的差分对应必为 $0x3 \rightarrow 0x1$。通过对 S_4 的差分分布表进行考察可知, S_4 的输入值($K_1[3] \oplus IV_1[3]$)必为集合 $\{0x1, 0x2, 0xd, 0xe\}$ 中的一个元素。将 $IV_1[3]$ 与集合 σ_1 中元素进行比较, 若 $IV_1[3] \in \sigma_1$, 则转至步

骤 1；否则将 $\mathrm{IV}_1[3]$ 添加至集合 σ_1 中并且将 $\{\mathrm{IV}_1[3]\}$ 与 σ_2 取交集。若交集为空，则转至步骤 2；否则转至步骤 3。

步骤 2，根据算法 7.2.1 对相关密钥 K 和 $K \oplus \Delta K^{(2)}$ 条件下的 IV 进行筛选，直至得到通过 IV 筛选算法的 IV，记为 IV′。比较 $\mathrm{IV}_1'[3]$ 和集合 σ_2 中的元素，若 $\mathrm{IV}_1'[3] \in \sigma_2$，则转至步骤 2；否则将 $\mathrm{IV}_1'[3]$ 加入集合 σ_2 中。将 $\{\mathrm{IV}_1'[3]\}$ 与 σ_1 取交集，若交集为空，则转至步骤 1；否则转至步骤 3。

步骤 3，记 $\sigma_1 \bigcap \sigma_2 \xlongequal{\text{def}} \mathrm{IV}_1^*[3]$，则有 $K_1[3] = \mathrm{IV}_1^*[3] \oplus 0\mathrm{xe}$，算法结束。

使用上述算法总可以找到 $K_1[3]$ 的正确值，余下的 12 比特子密钥块 $K_1[0]$、$K_1[1]$ 和 $K_1[2]$ 能够以同样的方式恢复。

类似地，在已知 K_1 和使用不同的相关密钥的条件下，可以使用同样的方法恢复子密钥 K_2；在 K_1 和 K_2 已知的条件下，使用同样方法可以恢复子密钥 K_3。表 7.2.4 给出了恢复子密钥 K_1、K_2 和 K_3 需要的一组相关密钥对。

表 7.2.4　恢复子密钥 K_1、K_2 和 K_3 需要的相关密钥对

恢复的子密钥块	第一个相关密钥对关系 $\Delta K^{(1)}$	第二个相关密钥对关系 $\Delta K^{(2)}$
$K_1[0]$	$(3000,2088,0000,0000,0000,0000,0000,0000)_{16}$	$(\mathrm{b}000,1044,0000,0000,0000,0000,0000,0000)_{16}$
$K_1[1]$	$(0\mathrm{f}00,4104,0000,0000,0000,0000,0000,0000)_{16}$	$(0300,8208,0000,0000,0000,0000,0000,0000)_{16}$
$K_1[2]$	$(0050,1041,0000,0000,0000,0000,0000,0000)_{16}$	$(00\mathrm{d}0,2082,0000,0000,0000,0000,0000,0000)_{16}$
$K_1[3]$	$(0003,0441,0000,0000,0000,0000,0000,0000)_{16}$	$(000\mathrm{a},1104,0000,0000,0000,0000,0000,0000)_{16}$
$K_2[0]$	$(0000,3000,2088,0000,0000,0000,0000,0000)_{16}$	$(0000,\mathrm{b}000,1044,0000,0000,0000,0000,0000)_{16}$
$K_2[1]$	$(0000,0\mathrm{f}00,4104,0000,0000,0000,0000,0000)_{16}$	$(0000,0300,8208,0000,0000,0000,0000,0000)_{16}$
$K_2[2]$	$(0000,0050,1041,0000,0000,0000,0000,0000)_{16}$	$(0000,00\mathrm{d}0,2082,0000,0000,0000,0000,0000)_{16}$
$K_2[3]$	$(0000,0003,0441,0000,0000,0000,0000,0000)_{16}$	$(0000,000\mathrm{a},1104,0000,0000,0000,0000,0000)_{16}$
$K_3[0]$	$(0000,0000,3000,2088,0000,0000,0000,0000)_{16}$	$(0000,0000,\mathrm{b}000,1044,0000,0000,0000,0000)_{16}$
$K_3[1]$	$(0000,0000,0\mathrm{f}00,4104,0000,0000,0000,0000)_{16}$	$(0000,0000,0300,8208,0000,0000,0000,0000)_{16}$
$K_3[2]$	$(0000,0000,0050,1041,0000,0000,0000,0000)_{16}$	$(0000,0000,00\mathrm{d}0,2082,0000,0000,0000,0000)_{16}$
$K_3[3]$	$(0000,0000,0003,0441,0000,0000,0000,0000)_{16}$	$(0000,0000,000\mathrm{a},1104,0000,0000,0000,0000)_{16}$

若继续使用上述算法恢复子密钥 K_4，必然会在寄存器中引入差分，因此必须考虑其他方法来恢复 K_4。下面介绍一个新的方法来实现对 K_4 的筛选。根据算法 7.2.1 得到的 IV 值必然使得差分状态满足与性质 7.2.2～性质 7.2.4 类似的性质，因此如果在 K_5 与 K_6 中引入差分，就能够得到初始化过程第二个 WD16 函数的第一个 S 盒的输入值。然而，由于 K_5 是未知的，可以通过差分技术消除该未知影响，得到 t_1 位置差分的值，进一步通过下面的筛选算法实现对密钥 K_4 的筛选。

算法 7.2.3　密钥 K_4 的筛选算法

步骤 1，使用相关密钥 K 和 $K \oplus \Delta K$ 进行加密，其中 $\Delta K = (0000, 0000, 0000,$ $0000, 3000, 2088, 0000, 0000)_{16}$，不断改变 IV 的取值直至找到两个不同的 IV(分别记为 IV_1 和 IV_2)，两个 IV 均能通过 IV 筛选算法。

步骤 2，根据构造的相关密钥关系可知，S_1 的差分特征为 0x3 → 0x2，通过反查 S 盒可以得到其可能对应的输入值，该输入值即为在 IV_1 和 IV_2 下 $(t_1[0] \boxplus R_2^{(0)}[0]) \oplus K_5[0]$ 的取值。使用 IV_1、IV_2、K_1、K_2、K_3 和 K_4 运行初始化过程第一个 WD16 函数，可以计算出 $(t_1[0] \boxplus R_2^{(0)}[0]) \oplus (t_1'[0] \boxplus R_2^{(0)'}[0])$ 的取值。若该值不在集合 {0x0, 0x3, 0xc, 0xf}(S_1 输入的差分集合)中，则候选密钥 K_4 是不正确的，从候选密钥集中丢弃该候选密钥值并转至步骤 3，否则转至步骤 1。

步骤 3，检查候选密钥集中候选密钥的个数，若候选密钥集中元素不为 1，转至步骤 1，否则输出 K_4，算法结束。

如果 IV 和 IV′能够通过 IV 筛选算法，那么由以上过程构造的差分特征必然成立。根据构造的相关密钥关系可知，S_1 的输入输出差分对应关系为 0x3 → 0x2，由此可知，S_1 的输入必为 {0x1, 0x2, 0xd, 0xe} 中间的一个元素。将这四个元素进行异或可以得到一个新的集合 {0x0, 0x3, 0xc, 0xf}，这是 S_1 输入所有可能的差分值。由于 $(t_1[0] \boxplus R_2^{(0)}[0]) \oplus (t_1'[0] \boxplus R_2^{(0)'}[0]) = (t_1[0] \boxplus R_2^{(0)}[0]) \oplus K_5[0] \oplus (t_1'[0] \boxplus R_2^{(0)'}[0]) \oplus K_5[0]$，使用不正确的子密钥 K_4 进行加密时，$(t_1[0] \boxplus R_2^{(0)}[0]) \oplus K_5[0]$ 和 $(t_1'[0] \boxplus R_2^{(0)'}[0]) \oplus K_5[0]$ 都是随机的，因此 $(t_1[0] \boxplus R_2^{(0)}[0]) \oplus (t_1'[0] \boxplus R_2^{(0)'}[0])$ 落入集合 {0x0, 0x3, 0xc, 0xf} 的概率为 4/16。若 $(2^{16}-1) \times (1/4)^8 < 1$，则通过 8 对不同的 IV 和 IV′可以排除所有错误 K_4 的取值。由于 $R_2^{(0)}$ 和 $R_2^{(0)'}$ 由 IV 和 IV′进行填充，因此可以计算出 $(t_1[0] \boxplus R_2^{(0)}[0]) \oplus (t_1'[0] \boxplus R_2^{(0)'}[0])$ 的值。

在恢复出 K_4 后，可以使用算法 7.2.2 实现对子密钥 K_5、K_6、K_7 的恢复。表 7.2.5 给出恢复子密钥 K_5、K_6 和 K_7 需要的一组相关密钥对。

表 7.2.5　恢复子密钥 K_5、K_6 和 K_7 需要的相关密钥对

恢复的子密钥块	第一个相关密钥对关系 $\Delta K^{(1)}$	第二个相关密钥对关系 $\Delta K^{(2)}$
$K_5[0]$	$(0000,0000,0000,0000,3000,2088,0000,0000)_{16}$	$(0000,0000,0000,0000,b000,1044,0000,0000)_{16}$
$K_5[1]$	$(0000,0000,0000,0000,0f00,4104,0000,0000)_{16}$	$(0000,0000,0000,0000,0300,8208,0000,0000)_{16}$
$K_5[2]$	$(0000,0000,0000,0000,0050,1041,0000,0000)_{16}$	$(0000,0000,0000,0000,00d0,2082,0000,0000)_{16}$
$K_5[3]$	$(0000,0000,0000,0000,0003,0441,0000,0000)_{16}$	$(0000,0000,0000,0000,000a,1104,0000,0000)_{16}$
$K_6[0]$	$(0000,0000,0000,0000,0000,3000,2088,0000)_{16}$	$(0000,0000,0000,0000,0000,b000,1044,0000)_{16}$

恢复的子密钥块	第一个相关密钥对关系 $\Delta K^{(1)}$	第二个相关密钥对关系 $\Delta K^{(2)}$
$K_6[1]$	$(0000,0000,0000,0000,0000,0f00,4104,0000)_{16}$	$(0000,0000,0000,0000,0000,0300,8208,0000)_{16}$
$K_6[2]$	$(0000,0000,0000,0000,0000,0050,1041,0000)_{16}$	$(0000,0000,0000,0000,0000,00d0,2082,0000)_{16}$
$K_6[3]$	$(0000,0000,0000,0000,0000,0003,0441,0000)_{16}$	$(0000,0000,0000,0000,0000,000a,1104,0000)_{16}$
$K_7[0]$	$(0000,0000,0000,0000,0000,3000,2088)_{16}$	$(0000,0000,0000,0000,0000,b000,1044)_{16}$
$K_7[1]$	$(0000,0000,0000,0000,0000,0f00,4104)_{16}$	$(0000,0000,0000,0000,0000,0300,8208)_{16}$
$K_7[2]$	$(0000,0000,0000,0000,0000,0050,1041)_{16}$	$(0000,0000,0000,0000,0000,00d0,2082)_{16}$
$K_7[3]$	$(0000,0000,0000,0000,0000,0003,0441)_{16}$	$(0000,0000,0000,0000,0000,000a,1104)_{16}$

至此，已经恢复出算法 128 比特中的 112 比特（$K_1, K_2, \cdots, K_7$），余下的 16 比特子密钥 K_8 可以使用穷举攻击进行恢复。

5. 复杂度分析

首先，计算出利用算法 7.2.2 恢复 4 比特密钥所需要的 IV 的数量。当 $N=2^{20}$ 时，平均有 $2^{20} \times \left(1/2^{20} + 1/2^{16}\right) = 17$ 个 IV 能够通过算法 7.2.1 步骤 1 的筛选，但是其中只有一个 IV 能够通过步骤 2 的筛选。算法 7.2.2 中，在最坏的情况下，集合 $|\sigma_1| = 4$ 且 $|\sigma_2| = 4$ 时才得到最终的 $IV_i[j]$。此时需要的 IV 的数量约为 $2 \times 4 \times 2^{20} = 2^{23}$。在算法 7.2.1 的步骤 2 中，对于 (P_0, C_0)，需要最大的数据量远小于 $17 \times 2^{16} \approx 2^{20.1}$，该数据量与步骤 1 所需的数据量相加时可以忽略。恢复 K_1、K_2、K_3，需要 IV 的数量为 $12 \times 2^{23} \approx 2^{26.6}$，由此可知，计算复杂度为 $O(2^{26.6})$。

使用算法 7.2.3 对 K_4 进行恢复，平均恢复 16 比特子密钥块需要 8 对 IV 对，这使得需要 $8 \times 2 \times 2^{20} \approx 2^{24}$ 个选择 IV。在复杂度方面，选择 IV 阶段的计算复杂度为 $O(2^{24})$，筛选 K_4 需要执行约 $2^{17.9}$ 次一轮的 WD16 函数，当与选择 IV 的计算复杂度进行比较时，该计算量可以忽略。因此，恢复 K_4 需要的计算复杂度为 $O(2^{24})$。

恢复子密钥 K_5、K_6、K_7 与恢复子密钥 K_1、K_2、K_3 所需的 IV 数量和计算复杂度相等。

综上可知，攻击共需要 $2^{27.6}$ 个选择 IV，以 $O(2^{27.6})$ 的计算复杂度可以恢复算法的 112 比特密钥。恢复 K_8 需要的数据复杂度为 $O(1)$，计算复杂度为 $O(2^{16})$，当与恢复算法 112 比特密钥的复杂度相加时该复杂度可以忽略不计。因此，恢复算法 128 比特密钥需要的计算复杂度为 $O(2^{27.6})$，需要 $2^{27.6}$ 个选择 IV。需要的相关密钥如表 7.2.4 和表 7.2.5 所示，共需要 48 对相关密钥。

6. 一种改进的攻击方案

通过观察发现，可以使用算法 7.2.3 对子密钥 K_1、K_2、K_5、K_6 进行恢复，进而可以改进前面的攻击结果。需要的相关密钥与恢复密钥所使用的算法如表 7.2.6 所示。

表 7.2.6　另一种密钥恢复策略

需要的相关密钥	恢复的子密钥	需要相关密钥对的数量	使用的算法
K_2-K_3	K_1	1	算法 7.2.3
K_3-K_4	K_2	1	算法 7.2.3
K_3-K_4	K_3	8	算法 7.2.2
K_5-K_6	K_4	1	算法 7.2.3
K_6-K_7	K_5	1	算法 7.2.3
K_7-K_8	K_6	1	算法 7.2.3
K_7-K_8	K_7	8	算法 7.2.2

　　需要说明的是，恢复 K_2(或 K_6)所需要的相关密钥包含在恢复 K_3(或 K_7)所需要的相关密钥中。因此，按照上述策略进行密钥恢复仅需要 19 对相关密钥。恢复 K_3 和 K_7 需要 2^{26} 个选择 IV，相应的计算复杂度为 $O(2^{26})$。另外，恢复 K_1、K_2、K_4、K_5、K_6 所需要的 IV 的数量为 $5 \times 2^{24} \approx 2^{26.3}$，计算复杂度为 $O(2^{26.3})$。

　　此外，如果对子密钥块 $K_7[2]$ 和 $K_7[3]$ 使用穷举攻击进行恢复，可以进一步降低所需的相关密钥数量和计算复杂度。在该情形下，穷举的复杂度增加到 $O(2^{24})$，但是相应地，使用的相关密钥数量会减少 4 对。在此情形下，需要 2^{27} 个选择 IV，计算复杂度为 $O(2^{27})$。

　　因此，在新的密钥恢复策略下，仅需要 15 对相关密钥，2^{27} 个选择 IV，$O(2^{27})$ 的计算复杂度即可恢复算法的 128 比特初始密钥。

7. 成功率分析

　　当数据量 $N = 2^{20}$ 时，至少有一个 IV 通过 IV 筛选的概率为 $1-(1-2^{-20})^{2^{20}} \approx 0.63$，通过分析发现，在该数据量下，算法总的攻击成功率较低。

　　当 $N = 2^{23}$ 时，此概率提高到 $1-(1-2^{-20})^{2^{23}} \approx 0.9997$。通过以上复杂度分析可以发现，攻击算法的计算复杂度主要是由攻击过程中需要通过筛选的 IV 数量来决定的。在使用第 6 部分改进的攻击方案时，需要调度算法 7.2.3 来恢复 K_1、K_2、K_4、K_5、K_6，调度算法 7.2.2 来恢复 K_3、$K_7[0]$ 和 $K_7[1]$。需要注意的是，恢复子密钥 K_2 和 K_6 所使用的通过筛选的 IV 同样可以用来恢复 K_3 和 K_7。

　　使用算法 7.2.2 恢复 4 比特密钥需要通过筛选的 IV 数量至多为 8 个，恢复 16 比特子密钥需要通过筛选的 IV 数量至多为 32 个，使用算法 7.2.3 恢复 16 比特密钥需要通过筛选的 IV 数量为 16 个，则改进算法共需要通过筛选的 IV 数量为 $32 \times 1.5 + 16 \times 5 - 16 \times 2 = 96$ 个。由于 $(0.9997)^{96} \approx 0.97$，因此当 $N = 2^{23}$ 时，攻击的成功率可以达到 97%，此时的计算复杂度为 $O(105 \times 2^{23}) \approx O(2^{29.6})$，同时穷举子密钥 $K_7[2]$、$K_7[3]$ 和 K_8，穷举的复杂度为 $O(2^{24})$，因此总的计算复杂度为 $O(2^{29.6} + 2^{24}) \approx O(2^{29.7})$。

综上可知, 在对 Hummingbird-2 算法进行攻击时, 在 15 对相关密钥、$2^{29.6}$ 个选择 IV 条件下, 攻击的计算复杂度不大于 $O(2^{29.6})$, 攻击的成功率为 97%。

在 Microsoft Visual C++(SP6), Windows XP Professional SP3, Celeron(R)-G550, CPU 2.6GHz, 1.68GB RAM 的实验环境下, 随机选择 100 个密钥, 使用改进的攻击算法对密钥进行恢复, 100 个密钥均成功恢复, 恢复密钥使用的时间为 5～7min 不等。

结果表明, 在相关密钥攻击模型下, 能够对 Hummingbird-2 算法进行实时攻击, Hummingbird-2 算法不能抵抗相关密钥攻击。

7.3　Grain-128a 和 Grain-128AEAD 算法

Grain-128a 算法是 Grain-128 算法的改进版本, 其设计者在改进算法安全性的基础上赋予了算法认证的功能。Grain-128AEAD 是以 Grain-128 为基础设计的 AEAD 算法。两个算法均为典型的基于序列密码的认证加密方案。本节将对这两个算法进行介绍。

7.3.1　Grain-128a 算法介绍

Grain-128a 算法由 Grain 系列序列密码算法改进而来, 因而其结构和 Grain 系列序列密码算法是非常类似的, 主要由一个 LFSR 和一个 NFSR 级联而成。Grain-128a 算法支持两种工作模式, 即带认证的和不带认证的。

记 $s_0, s_1, \cdots, s_{127}$ 为 LFSR 的 128 比特内部状态, $b_0, b_1, \cdots, b_{127}$ 为 NFSR 的 128 比特内部状态, 为便于描述, 记 $Z = (z_0, z_1, \cdots)$ 为 Grain-128a 算法不带认证时的密钥流输出序列, 记 $O = (o_0, o_1, \cdots)$ 为 Grain-128a 算法带认证时的密钥流输出序列。

1. Grain-128a 算法的密钥流生成和初始化过程

Grain-128a 算法的密钥流生成和 Grain-128 序列密码算法的部分环节一致(见 3.2.2 节), 下面介绍它们不同的地方。

NFSR 的反馈函数对应的状态递推式为

$$
\begin{aligned}
b_{i+128} = {} & s_i \oplus b_i \oplus b_{i+26} \oplus b_{i+56} \oplus b_{i+91} \oplus b_{i+96} \\
& \oplus b_{i+3}b_{i+67} \oplus b_{i+11}b_{i+13} \oplus b_{i+17}b_{i+18} \oplus b_{i+27}b_{i+59} \\
& \oplus b_{i+40}b_{i+48} \oplus b_{i+61}b_{i+65} \oplus b_{i+68}b_{i+84} \oplus b_{i+88}b_{i+92}b_{i+93}b_{i+95} \\
& \oplus b_{i+22}b_{i+24}b_{i+25} \oplus b_{i+70}b_{i+78}b_{i+82}
\end{aligned}
$$

非线性滤波函数 $h(x)$ 的输入略有不同, 将 Grain-128 算法中的 s_{i+95} 替换为 s_{i+94} 即可。

Grain-128a 算法的初始化过程包含两个阶段, 即初始输入(密钥和 IV)加载过程和 256 轮的空转。记 128 比特密钥 $K = (k_0, k_1, \cdots, k_{127})$ 和 96 比特 $\text{IV} = (\text{iv}_0, \text{iv}_1, \cdots, \text{iv}_{95})$ 为 Grain-128a 算法的初始输入，其加载过程描述如下：

$$(b_0, b_1, \cdots, b_{127}) \leftarrow (k_0, k_1, \cdots, k_{127})$$

$$(s_0, s_1, \cdots, s_{127}) \leftarrow (\text{iv}_0, \text{iv}_1, \cdots, \text{iv}_{95}, 1, 1, \cdots, 1, 0)$$

需要注意的是，在 Grain-128 算法中，设计者在 LFSR 的最后 32 比特里加载的全为 1，在 Grain-128a 算法中，LFSR 的最后 32 比特里加载的为 31 个 1 和 1 个 0，Grain-128a 算法的设计者认为这种加载方式能够使它有效地抵抗针对初始化过程的攻击方法。

加载完成后，Grain-128a 算法需要执行 256 轮的空转，在此过程中，算法不输出密钥流序列，而是将密钥流预输出函数的输出反馈回去用于更新 LFSR 和 NFSR 的内部状态，以达到良好的混乱和扩散效果，结构如图 7.3.1 所示。

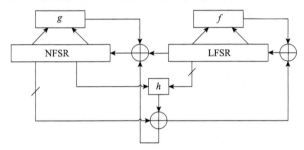

图 7.3.1　Grain-128a 算法的初始化过程

2. Grain-128a 算法的两种工作模式

Grain-128a 算法支持带认证的和不带认证两种工作模式。不同模式的切换通过 iv_0 的取值来进行选择：当 $\text{iv}_0 = 1$ 时，认证模式开启，此时 Grain-128a 算法实现加密和认证两种功能；当 $\text{iv}_0 = 0$ 时，认证模式关闭，此时 Grain-128a 算法只能实现加密功能。

给定长度为 L 比特的消息 $m_0, m_1, \cdots, m_{L-1}$，设 $m_L = 1$ 为消息后缀。为了提供认证功能，Grain-128a 算法增加了两个规模皆为 32 比特的寄存器，其内部状态分别记为 $a_t^0, a_t^1, \cdots, a_t^{31}$ 和 $r_t, r_{t+1}, \cdots, r_{t+31}$，这两个寄存器的初始状态通过如下加载方式得到，即

$$a_t^j = o_j, \quad 0 \leqslant j \leqslant 31$$

$$r_j = o_{32+j}, \quad 0 \leqslant j \leqslant 31$$

这两个寄存器的状态更新方式描述为

(1)对于 $0 \leqslant t \leqslant L$ ，$r_{t+32} = o_{64+2t+1}$。

(2)对于 $0 \leqslant j \leqslant 31$ 和 $0 \leqslant t \leqslant L$ ，$a_{t+1}^j = a_t^j + m_t r_{t+j}$。

Grain-128a 算法的更新方式如图 7.3.2 所示。

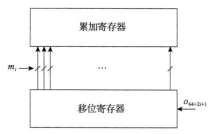

图 7.3.2　Grain-128a 算法认证模式下两个寄存器的更新方式

前一个寄存器的最终 32 比特内部状态 $a_{L+1}^0, a_{L+1}^1, \cdots, a_{L+1}^{31}$ 将用于认证。

3. Grain-128a 算法的密钥流输出

为了消除歧义，此处将初始化过程中密钥流输出函数的 256 比特输出依次记为 $y_0, y_1, \cdots, y_{255}$，这些比特将反馈回去用于更新 LFSR 和 NFSR 的内部状态。

由于 Grain-128a 算法支持两种工作模式，因此 Grain-128a 算法的密钥流输出也有两种方式。

当 $iv_0 = 1$ 时，Grain-128a 算法的密钥流输出为

$$o_t = y_{256+64+2t} = y_{320+2t}, \quad t \geqslant 0$$

此时，完成初始化过程后，密钥流预输出函数的前 64 比特输出被用于初始化认证中两个 32 比特的寄存器，在随后的过程中，密钥流预输出函数的每两个连续输出比特中，前一比特作为密钥流比特进行输出，完成加密功能，后一比特用于更新认证中两个寄存器的内部状态。

当 $iv_0 = 0$ 时，Grain-128a 算法的密钥流输出为

$$z_t = y_{256+t}, \quad t \geqslant 0$$

此时，由于认证功能关闭，Grain-128a 算法的密钥流预输出函数的输出比特直接作为密钥流比特输出，此时与 Grain-128 算法是相同的。

7.3.2　Grain-128a 算法的滑动攻击

根据文献[10]，下面介绍针对 Grain-128a 算法的滑动攻击。

1. Grain-128a 算法的滑动特征

在给出针对 Grain-128a 算法的滑动攻击前，本节将首先对 Grain-128a 算法的

滑动特征进行刻画。为便于描述，定义如下符号。

IS^t：Grain-128a 算法在 t 时刻全部 256 比特内部状态。

B^t：Grain-128a 算法在 t 时刻 NFSR 的 128 比特内部状态。

y_t：Grain-128a 算法在 t 时刻密钥流预输出函数的输出比特。

在相关密钥攻击的情况下，攻击者可以得到两个取值未知但关系已知的密钥，且可以得到两个密钥分别生成足够长的密钥流序列，具体参见文献[11]，其对相关密钥攻击的条件有具体的描述。为了清晰地刻画 Grain-128a 算法的滑动特征，假定攻击者得到具有如下关系的 (K,IV) 和 (K',IV')：

$$K=(k_0,k_1,\cdots,k_{127}) \Rightarrow K'=(k_{32},k_{33},\cdots,k_{127},k_0,k_1,\cdots,k_{31})$$
$$\mathrm{IV}=(\mathrm{iv}_0,\mathrm{iv}_1,\cdots,\mathrm{iv}_{95}) \Rightarrow \mathrm{IV}'=(\mathrm{iv}_{32},\mathrm{iv}_{33},\cdots,\mathrm{iv}_{95},1,1,\cdots,1,0)$$

根据以上对 Grain-128a 算法工作模式的描述可知，iv_0 和 iv_{32} 分别决定着 (K,IV) 和 (K',IV') 的工作模式。记 IS'' 为 (K',IV') 对应的在 t 时刻的全部 256 比特内部状态，易知有如下特征成立。

特征 7.3.1　若 $IS^{32}=IS'^0$，则对于 $33 \leqslant i \leqslant 256$，$IS^i=IS'^{i-32}$，即

$$IS^{32}=IS'^0 \Rightarrow IS^i=IS'^{i-32}, \quad 33 \leqslant i \leqslant 256$$

证明　根据 Grain-128a 算法的初始化过程包含 256 轮的空转易知，以上结论成立。

证毕。

定义 7.3.1　若 IV 使得 $IS^{32}=IS'^0$ 成立，则称该 IV 是合法的，否则称该 IV 是非法的。

由定义 7.3.1 可得到如下特征。

特征 7.3.2　对于给定的密钥 K，2^{96} 个选择 IV 中合法 IV 的个数等于满足如下方程组的 IV 的个数，即

$$\begin{cases} b_{i+128}=s_i \oplus f(B^i) \oplus b_{i+96} \oplus y_i = k_i, & i=0,1,\cdots,31 \\ s_{i+128}=s_i \oplus s_{i+7} \oplus s_{i+38} \oplus s_{i+70} \oplus s_{i+81} \oplus s_{i+96} \oplus y_i = 1, & i=0,1,\cdots,30 \\ s_{i+128}=s_i \oplus s_{i+7} \oplus s_{i+38} \oplus s_{i+70} \oplus s_{i+81} \oplus s_{i+96} \oplus y_i = 0, & i=31 \end{cases} \tag{7.3.1}$$

证明　$IS^{32}=IS'^0$ 成立的条件是如下方程组成立：

$$\begin{cases} b_{i+128}=s_i \oplus f(B^i) \oplus b_{i+96} \oplus y_i = k_i, & i=0,1,\cdots,31 \\ s_{i+128}=s_i \oplus s_{i+7} \oplus s_{i+38} \oplus s_{i+70} \oplus s_{i+81} \oplus s_{i+96} \oplus y_i = 1, & i=0,1,\cdots,30 \\ s_{i+128}=s_i \oplus s_{i+7} \oplus s_{i+38} \oplus s_{i+70} \oplus s_{i+81} \oplus s_{i+96} \oplus y_i = 0, & i=31 \end{cases}$$

式中

$$f(B^i) = b_i \oplus b_{i+26} \oplus b_{i+56} \oplus b_{i+91} \oplus b_{i+3}b_{i+67} \oplus b_{i+11}b_{i+13} \oplus b_{i+17}b_{i+18}$$
$$\oplus b_{i+27}b_{i+59} \oplus b_{i+40}b_{i+48} \oplus b_{i+61}b_{i+65} \oplus b_{i+68}b_{i+84}$$
$$\oplus b_{i+88}b_{i+92}b_{i+93}b_{i+95} \oplus b_{i+22}b_{i+24}b_{i+25} \oplus b_{i+70}b_{i+78}b_{i+82}$$

$$y_i = h(b_{i+12}, s_{i+8}, s_{i+13}, s_{i+20}, b_{i+95}, s_{i+42}, s_{i+60}, s_{i+79}, s_{i+94})$$
$$\oplus s_{i+93} \oplus b_{i+2} \oplus b_{i+15} \oplus b_{i+36} \oplus b_{i+45} \oplus b_{i+64} \oplus b_{i+73} \oplus b_{i+89}$$
$$= b_{i+12}s_{i+8} \oplus s_{i+13}s_{i+20} \oplus b_{i+95}s_{i+42} \oplus s_{i+60}s_{i+79} \oplus b_{i+12}b_{i+95}s_{i+94}$$
$$\oplus s_{i+93} \oplus b_{i+2} \oplus b_{i+15} \oplus b_{i+36} \oplus b_{i+45} \oplus b_{i+64} \oplus b_{i+73} \oplus b_{i+89}$$

根据 IV 合法的定义，使得方程组(7.3.1)成立的 IV 就是合法的。由于密钥 K 是给定的，在方程组(7.3.1)可视为常量，因此 2^{96} 个选择 IV 中合法 IV 的个数等于满足方程组(7.3.1)的 IV 的个数。

证毕。

根据特征 7.3.2，可以估计 2^{96} 个选择 IV 中合法 IV 的个数。由于方程组(7.3.1)包含密钥信息，因此当密钥不同时，得到的方程组(7.3.1)也是不同的，即方程组(7.3.1)随着密钥的不同而变化，故准确地计算方程组(7.3.1)对应的合法 IV 的个数是很困难的，在现实计算条件下也是不可行的。此处，将对合法 IV 的个数进行理论上的估计。由于方程组(7.3.1)中包含 64 个方程和 96 个 IV 比特变元，因此在随机的假设条件下，2^{96} 个选择 IV 中合法 IV 的个数约为 $2^{96} \times 2^{-64} = 2^{32}$。

由特征 7.3.1 可知，若 $IS^{32} = IS'^0$，则对于 $33 \leqslant i \leqslant 256$，$IS^i = IS'^{i-32}$。然而，对于 $256 < i \leqslant 288$，IS^i 却不一定等于 IS'^{i-32}，这是因为这两个内部状态是在不同的阶段得到的。具体而言，IS^i 是在密钥流输出阶段得到的，而 IS'^{i-32} 是在初始化过程阶段得到的。当然，若 $IS^{288} = IS'^{256}$，则对于 $i > 288$，有 $IS^i = IS'^{i-32}$ 成立。为便于描述，给出如下定义。

定义 7.3.2　若 IV 使得 $IS^{288} = IS'^{256}$ 成立，则称该 IV 为有用的，否则称该 IV 为无用的。

假设 IV 是合法的，为了使 $IS^{288} = IS'^{256}$ 成立，需要满足如下方程，即

$$y'_i = 0, \quad i = 224, 225, \cdots, 255 \tag{7.3.2}$$

假设对于 $224 \leqslant i \leqslant 255$，$y'_i$ 是满足随机分布的，则方程(7.3.2)成立的概率为 2^{-32}。事实上，这个假设是密码分析中常用的假设，同时也是合理的，因为 Grain-128a 序列密码算法的初始化过程经过 224 轮已经达到了充分的混乱和扩散，所以可将 y'_i 的取值视为随机分布。由定义 7.3.2 可知，一个合法 IV 是有用 IV 的概率约为 2^{-32}，因此在 N 个合法 IV 中存在一个有用 IV 的概率为 $1 - (1 - 2^{-32})^N$。

此时，由定义 7.3.2 可得到如下两个特征。

特征 7.3.3　当 $\mathrm{iv}_0 = 0$ 且 $\mathrm{iv}_{32} = 0$ 时，对于有用 IV 而言，有 $z_{i+32} = z_i'$，$i \geqslant 0$，即

$$\mathrm{IS}^{288} = \mathrm{IS}'^{256} \Rightarrow z_{i+32} = z_i', \quad i \geqslant 0$$

证明　当 $\mathrm{iv}_0 = 0$ 且 $\mathrm{iv}_{32} = 0$ 时，对于 (K, IV) 和 (K', IV') 而言，认证功能都被关闭，因而对于有用 IV 而言，有 $S^i = S'^{i-32}$，$i > 288$，进而有 $y_i = y_{i-32}'$，$i > 288$。因此，对于有用 IV 而言，有 $z_{i+32} = z_i'$，$i \geqslant 0$。

证毕。

特征 7.3.4　当 $\mathrm{iv}_0 = 1$ 且 $\mathrm{iv}_{32} = 1$ 时，对于有用 IV 而言，有 $o_{i+16} = o_i'$，$i \geqslant 0$，即

$$\mathrm{IS}^{288} = \mathrm{IS}'^{256} \Rightarrow o_{i+16} = o_i', \quad i \geqslant 0$$

证明　当 $\mathrm{iv}_0 = 1$ 且 $\mathrm{iv}_{32} = 1$ 时，对于 (K, IV) 和 (K', IV') 而言，认证功能都被开启，因而对于有用 IV 而言，有 $S^i = S'^{i-32}$，$i > 288$，进而有 $y_i = y_{i-32}'$，$i > 288$。因此，对于有用 IV 而言，有 $o_{i+16} = o_i'$，$i \geqslant 0$。

证毕。

类似地，由定义 7.3.2 也可以得到如下两个特征。

特征 7.3.5　当 $\mathrm{iv}_0 = 0$ 且 $\mathrm{iv}_{32} = 1$ 时，对于有用 IV 而言，有 $z_{96+2i} = o_i'$，$i \geqslant 0$，即

$$\mathrm{IS}^{288} = \mathrm{IS}'^{256} \Rightarrow z_{96+2i} = o_i', \quad i \geqslant 0$$

特征 7.3.6　当 $\mathrm{iv}_0 = 1$ 且 $\mathrm{iv}_{32} = 0$ 时，对于有用 IV 而言，有 $o_i = z_{32+2i}'$，$i \geqslant 0$，即

$$\mathrm{IS}^{288} = \mathrm{IS}'^{256} \Rightarrow o_i = z_{32+2i}', \quad i \geqslant 0$$

为便于描述，定义 L 为一个事件，含义是 "IV 是可用的"，其补事件为 L^c，含义是 "IV 是无用的"，定义另一个事件 Φ 为

$$\Phi = \begin{cases} \{z_{i+32} = z_i', 0 \leqslant i \leqslant m-1)\}, & \mathrm{iv}_0 = 0, \ \mathrm{iv}_{32} = 0 \\ \{o_{i+16} = o_i', 0 \leqslant i \leqslant m-1)\}, & \mathrm{iv}_0 = 1, \ \mathrm{iv}_{32} = 1 \\ \{z_{96+2i} = o_i', 0 \leqslant i \leqslant m-1)\}, & \mathrm{iv}_0 = 0, \ \mathrm{iv}_{32} = 1 \\ \{o_i = z_{32+2i}', 0 \leqslant i \leqslant m-1)\}, & \mathrm{iv}_0 = 1, \ \mathrm{iv}_{32} = 0 \end{cases} \tag{7.3.3}$$

对于有用 IV 而言，事件 Φ 以 1 的概率发生。对于无用 IV 而言，(K, IV) 和 (K', IV') 生成的密钥流序列之间可视为相互独立的，此时事件 Φ 发生的概率约为 $p(\Phi | L^c) = 2^{-m}$，这个假设是密码分析中常用的假设，同时也是合理的。为了以较

高的成功率将有用 IV 和无用 IV 区分开来，需要合理选择参量 m。在本节的攻击中，m 取值为 128，此时能以接近 1 的概率将有用 IV 和无用 IV 区分开。换言之，对于给定的 IV，当事件 Φ 发生时，事件 "IV 是可用的" 以接近 1 的概率成立。

2. Grain-128a 算法的滑动攻击

在以上给出特征的基础上，攻击者可以提出针对 Grain-128a 算法的密钥恢复攻击，其关键是要在众多的选择 IV 中找到一个有用 IV。以下给出一个在 2^{96} 个选择 IV 中搜索有用 IV 的算法 7.3.1，具体描述如下。

算法 7.3.1　搜索有用 IV 算法

步骤 1，穷遍 $(iv_{32}, iv_{33}, \cdots, iv_{95})$ 的全部 2^{64} 可能，得到 2^{64} 个选择 IV'，对于所有的 2^{64} 个选择 IV'，执行如下步骤。

步骤 1.1，若 $iv_{32} = 0$，则利用 (K', IV') 生成 287 比特密钥流 $Z'[287] = \{z'_0, z'_1, \cdots, z'_{286}\}$ 并存储下来，穷遍 $(iv_0, iv_1, \cdots, iv_{31})$ 的全部可能，得到 2^{32} 个选择 IV，执行如下步骤。

(1) 若 $iv_0 = 0$，则利用 (K, IV) 生成 160 比特密钥流 $Z[160] = \{z_0, z_1, \cdots, z_{159}\}$，检测事件 $\Phi = \{z_{i+32} = z'_i, 0 \leqslant i \leqslant 127)\}$ 是否成立。若成立，则执行步骤 2；否则，尝试下个选择 IV。

(2) 若 $iv_0 = 1$，则利用 (K, IV) 生成 128 比特密钥流 $O[128] = \{o_0, o_1, \cdots, o_{127}\}$，检测事件 $\Phi = \{o_i = z'_{32+2i}, 0 \leqslant i \leqslant 127)\}$ 是否成立。若成立，则执行步骤 2；否则，尝试下个选择 IV。

步骤 1.2，若 $iv_{32} = 1$，则利用 (K', IV') 生成 128 比特密钥流 $(iv_0, iv_1, \cdots, iv_{31})$ 并存储下来，穷遍 $(iv_0, iv_1, \cdots, iv_{31})$ 的全部 2^{32} 可能，得到 2^{32} 个选择 IV，执行如下步骤。

(1) 若 $iv_0 = 0$，则利用 (K, IV) 生成 351 比特密钥流 $Z[351] = \{z_0, z_1, \cdots, z_{350}\}$，检测事件 $\Phi = \{z_{96+2i} = o'_i, 0 \leqslant i \leqslant 127)\}$ 是否成立。若成立，则执行步骤 2；否则，尝试下个选择 IV。

(2) 若 $iv_0 = 1$，则利用 (K, IV) 生成 144 比特密钥流 $O[144] = \{o_0, o_1, \cdots, o_{127}\}$，检测事件 $\Phi = \{o_{i+16} = o'_i, 0 \leqslant i \leqslant 127)\}$ 是否成立。若成立，则执行步骤 2；否则，尝试下个选择 IV。

步骤 2，输出有用 IV。

对于给定的密钥，一个合法 IV 是有用 IV 的概率约为 2^{-32}，因此在 N 个合法 IV 中存在一个有用 IV 的概率为

$$1-(1-2^{-32})^N$$

当攻击者尝试 2^{96} 个选择 IV 时，因 2^{96} 个选择 IV 中合法 IV 的个数约为 2^{32}，故 2^{96} 个选择 IV 中存在一个有用 IV 的概率为

$$1-(1-2^{-32})^{2^{32}} \approx 0.632$$

因此，搜索有用 IV 算法能够搜索到一个有用 IV 的概率为 0.632，即搜索有用 IV 算法成功的概率为 0.632。

在搜索有用 IV 算法中，对于 2^{64} 个选择 IV′ 中的每一个，Grain-128a 算法都要执行一次加密，同时对于 2^{96} 个选择 IV 中的每一个，Grain-128a 算法也要执行一次加密，故搜索有用 IV 算法的时间复杂度约为 $O(2^{64}+2^{96}) \approx O(2^{96})$。

当 $iv_{32}=0$ (或 $iv_{32}=1$)时，搜索有用 IV 算法需要生成 287(或 128)比特的密钥流序列，因此 (K',IV') 生成的密钥流序列总计为

$$2^{63} \times 287 + 2^{63} \times 128 \approx 2^{71.697}$$

类似地，(K,IV) 生成的密钥流序列总计为

$$2^{94} \times 160 + 2^{94} \times 128 + 2^{94} \times 351 + 2^{94} \times 144 \approx 2^{103.613}$$

因此，搜索有用 IV 算法所需的数据量为

$$2^{71.697} + 2^{103.613} \approx 2^{103.613}$$

根据搜索有用 IV 算法的描述可知，该算法只需要在步骤 1.1 和步骤 1.2 中存储 287 比特的密钥流序列，这里需要指出的是，287 比特的存储空间可以重复利用，即在执行完一次步骤 1.1 或步骤 1.2 后，287 比特的存储空间被清空，用于执行下一次的步骤 1.1 或步骤 1.2，因而搜索可用 IV 算法的存储复杂度为 287 比特。

在搜索到有用 IV 后，可以利用一个简单的猜测确定攻击来恢复 128 比特密钥。在这个猜测确定攻击中，攻击者猜测 $k_0, k_1, \cdots, k_{88}, k_{91}, k_{92}, \cdots, k_{95}$ 共 94 比特密钥，剩下的 34 比特密钥可以通过如下的过程来恢复。

回顾特征 7.3.2。

首先，有

$$k_{89} = b_{89} = b_{12}s_8 \oplus s_{13}s_{20} \oplus b_{95}s_{42} \oplus s_{60}s_{79} \oplus b_{12}b_{95}s_{94} \oplus s_{93} \oplus b_2 \oplus b_{15}$$
$$\oplus b_{36} \oplus b_{45} \oplus b_{64} \oplus b_{73} \oplus s_0 \oplus s_7 \oplus s_{38} \oplus s_{70} \oplus s_{81} \oplus s_{96} \tag{7.3.4}$$

由于 $k_0, k_1, \cdots, k_{88}, k_{91}, k_{92}, \cdots, k_{95}$ 已经被猜测了，攻击者可以利用方程(7.3.4)

直接恢复密钥比特 k_{89}，接下来利用方程 $k_{96} = b_{96} = s_0 \oplus f(B^0) \oplus y_0 \oplus k_0$ 恢复密钥比特 k_{96}。

其次，有

$$k_{90} = b_{90} = b_{13}s_9 \oplus s_{14}s_{21} \oplus b_{96}s_{43} \oplus s_{61}s_{80} \oplus b_{13}b_{96}s_{95} \oplus s_{94} \oplus b_3 \oplus b_{16} \atop \oplus b_{37} \oplus b_{46} \oplus b_{65} \oplus b_{74} \oplus s_1 \oplus s_8 \oplus s_{39} \oplus s_{71} \oplus s_{82} \oplus s_{97} \tag{7.3.5}$$

由于 $k_0, k_1, \cdots, k_{88}, k_{91}, k_{92}, \cdots, k_{95}$ 已经被猜测且 k_{96} 已经被解出，攻击者可以利用方程 (7.3.5) 直接恢复密钥比特 k_{90}。

最后，对于 $i = 1, 2, \cdots, 31$，有

$$k_{96+i} = b_{96+i} = s_i \oplus f(B^i) \oplus y_i \oplus k_i \tag{7.3.6}$$

由于 $k_0, k_1, \cdots, k_{95}$ 已经被猜测，攻击者可以利用方程 (7.3.6) 取 $i = 1$ 时直接恢复密钥比特 k_{97}，利用方程 (7.3.6) 取 $i = 2$ 时直接恢复密钥比特 k_{98}，以此类推，利用方程 (7.3.6) 取 $i = 3, 4, \cdots, 31$ 时依次恢复剩余的 29 个密钥比特 $k_{99}, k_{100}, \cdots, k_{127}$。

回顾以上的猜测确定攻击过程可知，攻击者需要猜测 $k_0, k_1, \cdots, k_{88}, k_{91}, k_{92}, \cdots,$ k_{95} 共 94 比特密钥，剩下的 34 比特密钥可以通过以上的过程恢复出来。因此，猜测确定攻击的时间复杂度为 $O(2^{94})$。

综合考虑以上搜索有用 IV 算法和猜测确定攻击过程，相关密钥攻击条件下，本节给出的滑动攻击可以恢复 Grain-128a 算法的 128 比特密钥，时间复杂度为 $O(2^{96} + 2^{94}) \approx O(2^{96.332})$，需要 2^{96} 个 IV，$2^{103.613}$ 个密钥流比特，攻击成功的概率由搜索有用 IV 算法成功的概率决定，即 0.632。

7.3.3 Grain-128 AEAD 算法介绍

Grain-128 AEAD 是 NIST-LWC 征集活动中进入第三轮的一个基于序列密码的带关联数据的认证加密算法，它主要基于 eSTREAM 工程中胜出算法 Grain-128 算法设计，分为初始化、关联数据处理以及加密和认证等四个阶段。

Grain-128 AEAD 采用可变长度的明文、可变长度的关联数据、96 位的固定长度的 Nonce (IV) 和 128 位的固定长度密钥。输出是一个可变长度的密文。对于单个密钥，Nonce 必须是唯一的，即 Nonce 不能重用。

1. Grain-128 AEAD 算法的密钥流生成过程

Grain-128 AEAD 算法的密钥流生成过程结构图如图 7.3.3 所示，其中 LFSR 和 NFSR 的更新方式与 Grain-128 算法一致。下面给出另一种描述。

若记第 t 时刻 LFSR 的内部状态为 $(s_{127}^t, \cdots, s_1^t, s_0^t)$，则其更新方式可记为

$$s_{127}^{t+1} = s_{96}^t \oplus s_{81}^t \oplus s_{70}^t \oplus s_{38}^t \oplus s_7^t \oplus s_0^t = L(S_t)$$

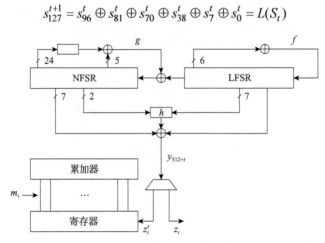

图 7.3.3　Grain-128 AEAD 算法的密钥流生成过程结构图

若记第 t 时刻 NFSR 的内部状态为 $(b_{127}^t, \cdots, b_1^t, b_0^t)$，则其更新方式可记为

$$
\begin{aligned}
b_{128}^{t+1} = & \, s_0^t \oplus b_0^t \oplus b_{26}^t \oplus b_{56}^t \oplus b_{91}^t \oplus b_{96}^t \\
& \oplus b_3^t b_{67}^t \oplus b_{11}^t b_{13}^t \oplus b_{17}^t b_{18}^t \oplus b_{27}^t b_{59}^t \\
& \oplus b_{40}^t b_{48}^t \oplus b_{61}^t b_{65}^t \oplus b_{68}^t b_{84}^t \oplus b_{88}^t b_{92}^t b_{93}^t b_{95}^t \\
& \oplus b_{22}^t b_{24}^t b_{25}^t \oplus b_{70}^t b_{78}^t b_{82}^t = s_0^t \oplus F(B_t)
\end{aligned}
$$

令 $h(x) = x_0 x_1 \oplus x_2 x_3 \oplus x_4 x_5 \oplus x_6 x_7 \oplus x_0 x_4 x_8$，其中 $x_0, x_1, \cdots, x_8$ 分别对应 $b_{12}^t, s_8^t,$ $s_{13}^t, s_{20}^t, b_{95}^t, s_{42}^t, s_{60}^t, s_{79}^t, s_{94}^t$。

非线性滤波函数为

$$y_t = h(b_{12}^t, s_8^t, s_{13}^t, s_{20}^t, b_{95}^t, s_{42}^t, s_{60}^t, s_{79}^t, s_{94}^t) \oplus s_{93}^t \oplus {}_{j \in A} b_{t+j}$$

式中，$A = \{2, 15, 36, 45, 64, 73, 89\}$。

2. Grain-128 AEAD 算法的初始化过程

Grain-128 AEAD 算法的密钥和 IV 加载过程为

$$
\begin{cases}
b_i = k_i, & 0 \leqslant i \leqslant 127 \\
s_i = iv_i, & 0 \leqslant i \leqslant 95 \\
s_i = 1, & 96 \leqslant i \leqslant 126 \\
s_{127} = 0
\end{cases}
$$

在完成密钥和 IV 加载过程后，算法执行 320 轮的空转过程而不输出序列，密钥流输出函数的输出反馈回去参与 LFSR 和 NFSR 的更新，如图 7.3.4 所示。

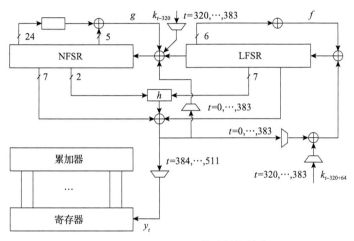

图 7.3.4　Grain-128 AEAD 算法的初始化过程

LFSR 和 NFSR 的状态更新为

$$s_{127}^{t+1} = L(S_t) \oplus y_t, 0 \leqslant t \leqslant 319$$
$$b_{127}^{t+1} = s_0^t \oplus F(B_t) \oplus y_t, 0 \leqslant t \leqslant 319$$

然后算法再更新 64 拍，将密钥重新异或参与 LFSR 和 NFSR 的状态更新，即

$$s_{127}^{t+1} = L(S_t) \oplus y_t \oplus k_{t-256}, 320 \leqslant t \leqslant 383$$
$$b_{127}^{t+1} = s_0^t \oplus F(B_t) \oplus y_t \oplus k_{t-320}, 320 \leqslant t \leqslant 383$$

累加器（accumulator）和寄存器（register）的规模均是 64 比特，寄存器的左边约定第 0 比特，右边约定第 63 比特，记

$$A_t = [a_0^t, a_1^t, \cdots, a_{63}^t], R_t = [r_0^t, r_1^t, \cdots, r_{63}^t]$$

其中

$$a_j^0 = y_{384+j}, 0 \leqslant j \leqslant 63$$
$$r_j^0 = y_{448+j}, 0 \leqslant j \leqslant 63$$

LFSR 和 NFSR 分别按照如下方式进行状态更新（128 拍），即

$$s_{127}^{t+1} = L(S_t), 384 \leqslant t \leqslant 511$$
$$b_{127}^{t+1} = s_0^t \oplus F(B_t), 384 \leqslant t \leqslant 511$$

3. 模式选取

L 长的消息 m 表示为 $m_0, m_1, \cdots, m_{L-1}$,令 $m_L=1$。

用于加密的密钥流比特 z_i 采用输出的偶数比特,用于认证的比特 z_i' 采用输出的奇数比特来更新累加器,即

$$z_i = y_{512+2i}$$

$$z_i' = y_{512+2i+1}$$

加密方式为

$$c_i = m_i \oplus z_i, \quad 0 \leqslant i < L$$

累加器的更新为

$$a_j^{i+1} = a_j^i \oplus m_i r_j^i \ (0 \leqslant j \leqslant 63, \ 0 \leqslant i \leqslant L)$$

累加器的更新与 Grain-128a 中 A 寄存器的更新一致,只是寄存器的规模增倍。

寄存器更新采取左移方式,具体为

$$r_{63}^{i+1} = z_i'$$
$$r_j^{i+1} = r_{j+1}^i, 0 \leqslant j \leqslant 62$$

4. 带关联数据的认证加密

AEAD 掩码定义为

$$d = d_0, d_1, \cdots, d_{L-1}$$

$$c_i' = \ m_i' \oplus z_i \cdot d_i, \ 0 \leqslant i < L$$

NIST-API 的定义为

$$m' = \text{Encode} \, (\text{adlen}) \| \text{ad} \| m \| 0x80$$

Encode $()=y$ 表示长度编码,类似于在 X.509 中进行 DER (distinguished encoding rules, 可辨别编码规则) 编码。如果 y 中的第一个字节以 0 开头,则剩余的 7 位是关联数据中字节数的编码(最多 127);如果 y 中的第一个字节以 1 开头,则剩下的 7 位改为用于描述长度的后续的关联数据的字节数的编码(以字节为单位)。在 y 中,第一个字节之后是描述长度的字节。

算法 7.3.2　基于 NIST API 的 AEADv2 的加密算法

输入：关联数据 ad, ad 的比特长度 adlen，消息 m，消息 m 的比特长度 mlen，
　　　密钥 k, nonce。

输出：密文和认证数据 c。

步骤 1，利用 k 和 nonce 初始化生成器。

步骤 2，计算 $m' = \text{Encode}(\text{adlen})\|ad\|m\|0\text{x}80$。

步骤 3，令

　　M 为 $\text{Encode}(\text{adlen})\|ad$ 的比特长度

　　　$d_i = 0;\ (0 \leqslant i \leqslant M - 1)$
　　　$d_i = 1;\ (M \leqslant i \leqslant M + \text{mlen} - 1)$

　　加密方式：$c'_i = m'_i \oplus z_i \cdot d_i;\ 0 \leqslant i \leqslant M + \text{mlen} - 1$；

步骤 4，利用 z'_i 认证，产生 $A_{M+\text{mlen}+1}$。

　　$c = (c'_M, c'_{M+1}, \cdots, c'_{M+\text{mlen}-1}) \| A_{M+\text{mlen}+1}$

返回 0。

算法 7.3.3　基于 NIST API 的 AEADv2 的解密验证算法

输入：关联数据 ad, ad 的比特长度 adlen，密文和认证数据 c，密文和认证数
　　　据 c 的比特长度 clen，密钥 k, nonce。

输出：m。

步骤 1，利用 k 和 nonce 初始化生成器。

步骤 2，计算 $c' = \text{Encode}(\text{adlen})\|ad\|c_0, \cdots, c_{\text{clen}-65}\|0\text{x}80$。

步骤 3，令

　　M 为 $\text{Encode}(\text{adlen})\|ad$ 的比特长度

　　mlen $= \text{clen} - 64$

　　　$d_i = 0;\ (0 \leqslant i \leqslant M - 1)$
　　　$d_i = 1;\ (M \leqslant i \leqslant M + \text{mlen} - 1)$

　　解密方式：$m'_i = c'_i \oplus z_i \cdot d_i;\ 0 \leqslant i \leqslant M + \text{mlen} - 1$；

步骤 4，利用 z'_i 认证，产生 $A_{M+\text{mlen}+1}$。

　　$m = (m'_M, m'_{M+1}, \cdots, m'_{M+\text{mlen}-1})$

若 $(c'_{\text{clen}-64}, \cdots, c'_{\text{clen}-1}) = A_{M+\text{mlen}+1}$

则返回 0。

　　否则，

　　返回 -1。

7.4　MORUS 算法

CAESAR 竞赛中出现了多个基于流密码的认证加密算法，进入竞赛第二轮评选的共有三个基于流密码的认证加密算法，分别是 MORUS 算法[6]、ACORN 算法[7]和 TriviA-ck 算法[12]。根据文献[13]和[14]，本节介绍针对 MORUS 算法的密码学性质分析及差分攻击的结果。

7.4.1　MORUS 算法介绍

MORUS 算法是由 Wu 和 Huang 设计的基于流密码的认证加密算法簇，在设计上借鉴了分组密码的思想，将内部状态置于 5 个等长的寄存器中，依次对各内部状态进行分组运算。根据内部状态和密钥长度的不同，设计者推荐了 3 个 MORUS 子算法：MORUS-640-128、MORUS-1280-128 和 MORUS-1280-256，IV 长度均为 128 比特。MORUS 算法采用了单指令多数据流(single instruction multiple data，SIMD)，内部状态更新函数仅使用异或、逻辑与和循环左移三种运算，这使得其在软硬件上的实现速度都非常快。MORUS 算法的结构如图 7.4.1 所示。

MORUS 算法分为初始化、关联数据处理、加密、认证标签生成、解密与验证五个阶段，由于本章的分析与后两个阶段无关，因此这里略去对这两个阶段的介绍。下面首先说明本节所使用符号的意义，然后分阶段给出 MORUS-640 的算法描述。

1. MORUS 算法符号说明

K：128 比特长密钥，$K = (k_0, k_1, \cdots, k_{127})$。

IV：128 比特长 IV，$\mathrm{IV} = (\mathrm{iv}_0, \mathrm{iv}_1, \cdots, \mathrm{iv}_{127})$。

Z：初始化结束后第 1 时刻输出的 128 比特长密钥流，$Z = (z_0, z_1, \cdots, z_{127})$。

S^i：第 i 步的内部状态，$i \geqslant -16$。

S_k^i：第 i 步更新第 k 轮的内部状态，$0 \leqslant k \leqslant 4$。

$S_{k,l}^i$：第 i 步第 k 轮内部状态的第 l 块 128 比特分组，$0 \leqslant l \leqslant 4$。

$S_{k,l,j}^i$：第 i 步第 k 轮内部状态第 l 块分组的第 j 比特，$0 \leqslant j \leqslant 127$。

Rotl(x,n)：将 128 比特长的 x 分成 4 块 32 比特，每块循环左移 n 比特。

0^n：n 比特 0。

e_i：128 比特串，其中第 i 位为 1，其余位均为 0，$0 \leqslant i \leqslant 127$。

$(\cdot)_{16}$：$(\cdot)$ 的 16 进制表示。

const$_0$：128 比特常数 $(0001010203050 80 \mathrm{d} 1522375990 \mathrm{e} 97962)_{16}$。

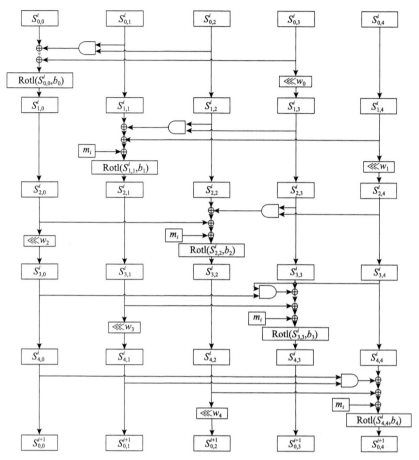

图 7.4.1　MORUS 算法结构图(状态更新函数图)

const_1: 128 比特常数$(\text{db3d18556dc22ff12011314273b528dd})_{16}$。

2. MORUS 算法状态更新函数

在 MORUS 算法的每一步运算中，都有 5 轮相似运算来更新内部状态 S，其中，消息分组 m_i 用于更新第 2~5 轮，但没有更新第 1 轮。下面给出 MORUS 算法的状态更新函数 StateUpdate。

$$S^{i+1} = \text{StateUpdate}(S^i, m_i)$$

第 1 轮：

$$S_{1,0}^i = \text{Rotl}(S_{0,0}^i \oplus (S_{0,1}^i \,\&\, S_{0,2}^i) \oplus S_{0,3}^i, b_0);$$

$$S_{1,3}^i = S_{0,3}^i \lll w_0;$$

$$S_{1,1}^i = S_{0,1}^i;$$

$$S_{1,2}^i = S_{0,2}^i;$$

$$S_{1,4}^i = S_{0,4}^i;$$

第 2 轮～第 5 轮：

For k=1 to 4

$$S_{(k+1)\bmod 5,k}^i = \mathrm{Rotl}(S_{k,k}^i \oplus (S_{k,(k+1)\bmod 5}^i \,\&\, S_{k,(k+2)\bmod 5}^i) \oplus S_{k,(k+3)\bmod 5}^i \oplus m_i, b_k);$$

$$S_{(k+1)\bmod 5,(k+3)\bmod 5}^i = S_{k,(k+3)\bmod 5}^i \lll w_k;$$

$$S_{(k+1)\bmod 5,(k+1)\bmod 5}^i = S_{k,(k+1)\bmod 5}^i;$$

$$S_{(k+1)\bmod 5,(k+2)\bmod 5}^i = S_{k,(k+2)\bmod 5}^i;$$

$$S_{(k+1)\bmod 5,(k+4)\bmod 5}^i = S_{k,(k+4)\bmod 5}^i;$$

S^{i+1} 生成：

For k=0 to 4

$$S_{0,k}^{i+1} = S_{0,k}^i;$$

End

MORUS 算法中使用的移位常数如表 7.4.1 所示。

表 7.4.1　MORUS 算法中的移位常数

Rotl 移位常数	循环左移常数
b_0=5	w_0=32
b_1=31	w_1=64
b_2=7	w_2=96
b_3=22	w_3=64
b_4=13	w_4=32

3. MORUS 算法的初始化阶段

MORUS 算法的初始化阶段包括将密钥和初始向量 IV 注入内部状态中，并运行 16 步状态更新函数。密钥和 IV 的注入方式为

$$S_{0,0}^{-16} = \mathrm{IV}$$

$$S_{0,1}^{-16} = K$$

$$S_{0,2}^{-16} = 1^{128}$$

$$S_{0,3}^{-16} = \text{const}_0$$

$$S_{0,4}^{-16} = \text{const}_1$$

将密钥和 IV 注入后，采用状态更新函数对内部状态进行 16 步更新，即

For $i=-16$ to -1

　　$S^{i+1} = \text{StateUpdate}(S^i, 0)$;

End

$$S_{0,1}^0 = S_{0,1}^0 \oplus K \text{ 。}$$

4. MORUS 算法的关联数据处理阶段

初始化阶段结束之后，算法运行状态更新函数来处理关联数据 AD。若关联数据长度为 0，则算法跳过这一阶段直接进行下一阶段。设关联数据的长度为 adlen，令 $u = \lceil \text{adlen}/128 \rceil$。首先在关联数据的末尾添加若干个 0，使得关联数据的长度是 128 的整数倍，然后使用填充后的关联数据更新内部状态。

For $i=0$ to $u-1$

　　$S^{i+1} = \text{StateUpdate}(S^i, \text{AD}_i^{128})$;

End

5. MORUS 算法的加密阶段

在 MORUS 算法的加密阶段，16 字节长的明文分组 P_i 用于更新内部状态，P_i 与密钥流进行异或运算得到密文 C_i。设明文消息的长度为 msglen，令 $v = \lceil \text{msglen}/128 \rceil$，进行加密及状态更新操作为

For $i=0$ to $v-1$

　　$C_i = P_i \oplus S_{0,0}^{u+i} \oplus (S_{0,1}^{u+i} \lll 96) \oplus (S_{0,2}^{u+i} \ \& \ S_{0,3}^{u+i})$;

　　$S^{u+i+1} = \text{StateUpdate}(S^{u+i}, P_i)$;

End

6. MORUS 算法的认证标签生成阶段

在加密阶段结束后，算法运行 10 步状态更新函数来生成认证标签。令 tmp= adlen ∥ msglen，其中 adlen 和 msglen 均为 64 比特二进制表示。具体流程如下。

① $S_{0,4}^{u+v} = S_{0,4}^{u+v} \oplus S_{0,0}^{u+v}$ 。

②对于 $i=u+v$ 到 $i=u+v+9$，$S^{i+1} = \text{StateUpdate}(S^i, \text{tmp})$。

③ $T' = S_{0,0}^{u+v+10} \oplus (S_{0,1}^{u+v+10} \lll 96) \oplus (S_{0,2}^{u+v+10} \& S_{0,3}^{u+v+10})$，认证码 T 是 T' 的低 128 位。

7.4.2 MORUS 算法的完全性分析

序列密码的完全性是指每个密钥流比特都包含所有密钥比特及 IV 比特的信息。文献[15]提出了一种判断 NFSR 型序列密码是否达到非线性完全性的通用算法[15]。尽管 MORUS 算法是面向字设计实现的，但算法中的运算均是基于比特的，且非线性变换只有乘法运算，因此文献[15]中的完全性算法同样适用于 MORUS 算法。假设 MORUS 算法中关联数据长度为 0，初始化阶段结束后直接输出密钥流，这里利用文献[15]提出的完全性通用算法，对 MORUS 算法的完全性进行分析。根据文献[16]，介绍以下结论。

性质 7.4.1 MORUS 算法输出密钥流的完全性步数下界为 4 步。

经验证，初始化 4 步的 MORUS 算法输出密钥流已达到完全性。对于初始化 3 步的简化版 MORUS 算法，其输出的第一时刻密钥流各比特均未包含密钥和 IV 的全部信息。以 z_0 为例，经过 3 步初始化之后其只包含 106 个密钥比特和 75 个 IV 比特。

本书给出如下几个观察。

观察 7.4.1 经过 3 步初始化之后，对于任何一个 IV 比特来说，都有多个输出密钥流比特的非线性部分不包含其任何信息。

以 IV_0 为例，共有 44 个密钥流比特的非线性部分不包含其任何信息，具体如表 7.4.2 所示。

表 7.4.2　3 步 MORUS 算法输出密钥流非线性部分不包含 IV_0 的密钥流比特

线性和非线性部分均不包含 IV_0 的密钥流比特	总数	线性部分包含 IV_0 而非线性部分不包含 IV_0 的密钥流比特	总数
z_0, z_2, z_6, z_7, z_8, z_{12}, z_{14}, z_{15}, z_{16}, z_{17}, z_{21}, z_{23}, z_{24}, z_{30}, z_{31}, z_{34}, z_{35}, z_{36}, z_{40}, z_{47}, z_{48}, z_{50}, z_{54}, z_{61}, z_{63}, z_{64}, z_{71}, z_{77}, z_{78}, z_{79}, z_{85}, z_{86}, z_{89}, z_{93}, z_{96}, z_{103}, z_{106}, z_{110}, z_{117}, z_{119}, z_{120}, z_{126}, z_{127}	43	z_{113}	1

对于线性部分和非线性部分均不包含 IV_0 的密钥流比特，在密钥及 IV 其他比特不变的情况下仅改变 IV_0 的值，这些密钥流比特的值一定不变；对于非线性部分不包含 IV_0 而线性部分包含 IV_0 的密钥流比特，在密钥及 IV 其他比特不变的情况下仅改变 IV_0 的值，这些密钥流比特的值一定改变。据此，可以构造 MORUS 算法的多比特联合区分器，进而对其进行差分-区分攻击，见算法 7.4.1。

算法 7.4.1　针对 3 步 MORUS 算法的差分-区分攻击

输入：未知密钥 K，初始向量 IV 和 IV $\oplus e_0$。

输出：被检测算法是否为 MORUS 算法的判断。

步骤 1，将 (K, IV) 和 $(K, \text{IV} \oplus e_0)$ 注入 3 步 MORUS 算法中，分别产生 128 比特的输出密钥流。

步骤 2，检测算法输出密钥流的 z_0, z_2, z_6, z_7, z_8, z_{12}, z_{14}, z_{15}, z_{16}, z_{17}, z_{21}, z_{23}, z_{24}, z_{30}, z_{31}, z_{34} 这 16 个位置差分均为 0 是否成立。若成立，则判断此算法为 MORUS 算法；否则，判断此算法为随机置换。

需要说明的是，算法 7.4.1 的步骤 2 中，也可在表 7.4.2 的 44 个密钥流比特中任选 16 个比特再做相应的检测。一个随机置换满足上述差分条件的概率为 2^{-16}，因此攻击的区分优势为 $1-2^{-16} \approx 0.999985$。此攻击方案数据量仅为 2 个选择 IV，计算复杂度为 2 次简化版 MORUS 算法。

观察 7.4.2　对于初始化 3 步的简化版 MORUS 算法，其输出的第 1 时刻密钥流中，z_{94} 包含的密钥比特最少。

经过 3 步初始化，z_{94} 仅包含 101 个密钥比特和 76 个 IV 比特，其不包含的 27 个密钥比特的集合为 $K^0 = \{k_1, k_5, k_8, k_{16}, k_{17}, k_{22}, k_{26}, k_{44}, k_{54}, k_{60}, k_{64}, k_{66}, k_{73}, k_{79}, k_{82}, k_{87}, k_{88}, k_{92}, k_{95}, k_{96}, k_{101}, k_{102}, k_{103}, k_{105}, k_{111}, k_{112}, k_{116}\}$。

观察 7.4.3　对于初始化 3 步的简化版 MORUS 算法，其输出的第 1 时刻密钥流中，z_{94}, z_{30}, z_0 包含了全部密钥信息。

经过 3 步初始化，z_{30} 包含 K^0 中 26 个密钥比特（未包含 k_{105}），z_0 包含 k_{105}，因此 z_{94}, z_{30}, z_0 这 3 个比特包含了全部密钥信息。此外，z_{94}, z_{30}, z_0 均包含的 IV 比特的集合为 $\text{IV}^0 = \{\text{iv}_3, \text{iv}_4, \text{iv}_{10}, \text{iv}_{12}, \text{iv}_{27}, \text{iv}_{29}, \text{iv}_{35}, \text{iv}_{36}, \text{iv}_{37}, \text{iv}_{42}, \text{iv}_{45}, \text{iv}_{49}, \text{iv}_{51}, \text{iv}_{56}, \text{iv}_{68}, \text{iv}_{76}, \text{iv}_{84}, \text{iv}_{85}, \text{iv}_{90}, \text{iv}_{91}, \text{iv}_{93}, \text{iv}_{98}, \text{iv}_{103}, \text{iv}_{109}, \text{iv}_{114}, \text{iv}_{115}, \text{iv}_{122}\}$（共 27 个）。

性质 7.4.2　MORUS 算法内部状态的完全性步数下界为 6 步。

经验证，初始化 6 步的 MORUS 算法内部状态达到了完全性。对于初始化 5 步的 MORUS 算法，其内部状态第一个分组内的 128 比特均没有达到完全性，且每个比特均只包含 127 个 IV 比特。

由性质 7.4.1 可知，算法输出密钥流未达到完全性会导致算法容易遭受区分攻击和密钥分割攻击。由性质 7.4.2 可知，算法内部状态的完全性与输出密钥流的完全性并不同步，这里认为密钥流生成过程中的非线性变换是一个重要因素。算法内部状态未达到完全性可能导致内部状态差分分布不均匀等，因此在设计算法时，至少应保证算法的内部状态和输出密钥流均达到完全性，即初始化步数应大于两者完全性步数下界的最大值。

7.4.3　MORUS 算法的差分扩散性质分析

通过上述分析发现，MORUS 算法状态更新复杂，密钥流生成过程中存在非线性变换，使得算法仅需 4 步就实现了完全性，MORUS 算法的初始化过程共有 16 步。根据文献[13]，本节介绍 MORUS 算法的差分扩散特性和简化版 MORUS 算法差分-区分攻击的结果。

1. MORUS 算法的差分自动推演算法

虽然 MORUS 算法初始化步数不高，但其内部状态大，手工推导差分链显然过于困难。丁林等在文献[17]中提出了针对 Trivium 算法的基于自动推导的差分分析，其基本思想是根据算法状态更新函数的差分传递特征设计差分传递规则，再按照该规则使用差分值代替变元数值执行状态更新过程，进而得到具体的差分传递链和相应的差分转移概率。

经过研究发现，文献[17]中的自动推导算法并没有考虑算法初态中的常数，而是将全部变元都当成未知项来处理，这在差分链的寻找与差分概率的计算中都是不准确的。

事实上，对于算法的初态，除了密钥和 IV 外，其余位置都是已知的常数，因此在差分值传递的过程中，不应简单地使用差分值来代替变元数值，应首先判断变元的具体数值能否确定，若能够确定(变元是一个常数)，则能够以 1 的概率确定差分值，若不能确定(变元不是常数)，再以一定的概率由差分值来代替变元数值，这样可以给出步数更高且更准确的差分传递链。

在差分传递过程中，如何判断变元的值是否为常数呢？这里利用上文的完全性算法解决这个问题。该算法可以给出算法运行过程中任何一个时刻内部状态包含密钥和 IV 的情况，因此可以容易判断出任何时刻算法内部状态是否为常数，并给出具体数值。基于上述思想，本节改进文献[17]中的差分自动推导算法，提出针对 MORUS 算法的差分自动推演算法。

通过观察 MORUS 算法的初始化过程发现，对差分值有影响的只有如下函数，即

$$S_{(k+1)\bmod 5,k}^i = \mathrm{Rotl}(S_{k,k}^i \oplus (S_{k,(k+1)\bmod 5}^i \, \& \, S_{k,(k+2)\bmod 5}^i) \oplus S_{k,(k+3)\bmod 5}^i, b_k)$$

Rotl 函数只影响差分的位置，不会改变差分的值，因此可以将影响差分值的函数统一描述为

$$f(x_0, x_1, x_2, x_3) = x_0 \oplus x_1 \, \& \, x_2 \oplus x_3$$

假设已知各变元的输入差分别为 $\varDelta_0$、$\varDelta_1$、$\varDelta_2$、$\varDelta_3$，f 函数的输出差记为 $\varDelta$，

则输出差满足

$$\Delta = f(x_0, x_1, x_2, x_3) \oplus f(x_0 \oplus \Delta_0, x_1 \oplus \Delta_1, x_2 \oplus \Delta_2, x_3 \oplus \Delta_3)$$
$$= \Delta_0 \oplus \Delta_3 \oplus x_1 \& \Delta_2 \oplus x_2 \& \Delta_1 \oplus \Delta_1 \& \Delta_2$$

由上述等式，容易得到 MORUS 算法的差分传递特性，即

①若 $\Delta_1 = 0, \Delta_2 = 0$，则 $\Delta = \Delta_0 \oplus \Delta_3$。

②若 $\Delta_1 = 0, \Delta_2 = 1$，则 $\Delta = \Delta_0 \oplus \Delta_3 \oplus x_1$。

③若 $\Delta_1 = 1, \Delta_2 = 0$，则 $\Delta = \Delta_0 \oplus \Delta_3 \oplus x_2$。

④若 $\Delta_1 = 1, \Delta_2 = 1$，则 $\Delta = \Delta_0 \oplus \Delta_3 \oplus x_1 \oplus x_2 \oplus 1$。

由上述特性可以看出，只有在特性(1)条件下，输出差仅由输入差决定，与变元无关，在自动推演差分传递链的过程中，本节利用 MORUS 完全性算法首先判断变元是否为常数，若是常数，则差分以 1 的概率传递，若不是常数，则本节利用差分值代替变元数值，以消掉变元使差分传递链能够传递下去。据此，本节设计出如下差分传递规则，即

①当 $\Delta_1 = 0$、$\Delta_2 = 0$时，$\Delta = \Delta_0 \oplus \Delta_3$。

②当 $\Delta_1 = 0$、$\Delta_2 = 1$时，若 x_1 是常数，则 $\Delta = \Delta_0 \oplus \Delta_3 \oplus x_1$，否则，规定 $\Delta = 0$。

③当 $\Delta_1 = 1$、$\Delta_2 = 0$时，若 x_2 是常数，则 $\Delta = \Delta_0 \oplus \Delta_3 \oplus x_2$，否则，规定 $\Delta = 0$。

④当 $\Delta_1 = 1$、$\Delta_2 = 1$时，若 x_1 和 x_2 均是常数，则 $\Delta = \Delta_0 \oplus \Delta_3 \oplus x_1 \oplus x_2 \oplus 1$，否则，规定 $\Delta = 0$。

对于规则①，其成立的概率为 1；对于规则②~④，若变元是常数，则规则成立的概率为 1，若变元不是常数，则假设 x_1 和 x_2 独立且都服从均匀分布(在 MORUS 算法中，因 x_1 和 x_2 是不同的变元，故假设是成立的)，规则成立的概率为 1/2。本节首先运行 MORUS 完全性算法，发现初始化过程第 1 步结束之后，算法内部状态的每个比特都包含了密钥信息。因此，只需存储初始化过程第 1 步中 5 轮运算前内部状态的完全性程度，然后从第 2 步开始，若遇到规则②~④的情况，均将变元视为不可确定的，以 1/2 的概率令输出差分为 0。根据上述规则，本节可以得到任意步 MORUS 算法的差分传递链，并计算出对应的差分转移概率。

给定一个未知的 128 比特密钥，本节在 128 比特 IV 上引入差分，记为 $\Delta\mathrm{IV} = (\Delta\mathrm{IV}_0, \Delta\mathrm{IV}_1, \cdots, \Delta\mathrm{IV}_{127})$。在注入密钥和 IV 后，MORUS 的内部状态差分可表示为

$$\Delta S_{0,0}^0 \leftarrow \Delta\mathrm{IV} = (\Delta\mathrm{IV}_0, \Delta\mathrm{IV}_1, \cdots, \Delta\mathrm{IV}_{127})$$

$$\Delta S_{0,1}^0 \leftarrow 0^{128}$$

$$\Delta S_{0,2}^0 \leftarrow 0^{128}$$

$$\Delta S_{0,3}^0 \leftarrow 0^{128}$$

$$\Delta S_{0,4}^0 \leftarrow 0^{128}$$

基于上述讨论，本节提出了 MORUS 算法的差分自动推演算法(其中 R $(1 \leqslant R \leqslant 16)$ 表示 MORUS 算法的初始化步数)。算法描述如下。

算法 7.4.2　　MORUS 算法的差分自动推演算法

预处理过程

运行 MORUS 完全性算法的第 1 步，建立一个表，对第 1 步 5 轮运算前内
部状态各比特的完全性进行存储，存储方式如下：

For k=0 to 4

　　For l=0 to 4

　　　　For j=0 to 127

　　　　　　If $S_{k,l,j}^0$ 与密钥和 IV 相关，$\mathrm{flag}_{k,l,j} = 2$；

　　　　　　Else If $S_{k,l,j}^0$ 与密钥和 IV 无关且线性部分包含 1，$\mathrm{flag}_{k,l,j} = 1$；

　　　　　　　　End If

　　　　　　Else If $S_{k,l,j}^0$ 与密钥和 IV 无关且线性部分不包含 1，$\mathrm{flag}_{k,l,j} = 0$；

　　　　　　　　End If

　　　　　　End If

　　　　End For

　　End For

End For

差分更新过程

Set counter←0；

步骤 1，

For k=0 to 4

　　For j=0 to 127

　　　　If $\Delta S_{k,(k+1)\bmod 5,j}^0 = \Delta S_{k,(k+2)\bmod 5,j}^0 = 0$，$\Delta S_{(k+1)\bmod 5,k,j}^0 = \Delta S_{k,k,j}^0 \oplus$

　　　　$\Delta S_{k,(k+3)\bmod 5,j}^0$；

　　　　End If

　　　　If $\Delta S_{k,(k+1)\bmod 5,j}^0 = 0$ 且 $\Delta S_{k,(k+2)\bmod 5,j}^0 = 1$，

　　　　　　If $\mathrm{flag}_{k,(k+1)\bmod 5,j} \neq 2$，

　　　　　　　　$\Delta S_{(k+1)\bmod 5,k,j}^0 = \Delta S_{k,k,j}^0 \oplus \Delta S_{k,(k+3)\bmod 5,j}^0 \oplus \mathrm{flag}_{k,(k+1)\bmod 5,j}$；

　　　　　　Else $\Delta S_{(k+1)\bmod 5,k,j}^0 = 0$ 且 counter $\leftarrow$ counter $+1$；

　　　　　　End If

　　　　End If

If $\Delta S_{k,(k+1)\bmod 5,j}^0 = 1$ 且 $\Delta S_{k,(k+2)\bmod 5,j}^0 = 0$ ，

    If $\text{flag}_{k,(k+2)\bmod 5,j} \neq 2$ ，

        $\Delta S_{(k+1)\bmod 5,k,j}^0 = \Delta S_{k,k,j}^0 \oplus \Delta S_{k,(k+3)\bmod 5,j}^0 \oplus \text{flag}_{k,(k+2)\bmod 5,j}$ ；

    Else $\Delta S_{(k+1)\bmod 5,k,j}^0 = 0$ 且 $\text{counter} \leftarrow \text{counter} + 1$ ；

    End If

End If

If $\Delta S_{k,(k+1)\bmod 5,j}^0 = 1$ 且 $\Delta S_{k,(k+2)\bmod 5,j}^0 = 1$ ，

    If $\text{flag}_{k,(k+1)\bmod 5,j} \neq 2$ 且 $\text{flag}_{k,(k+2)\bmod 5,j} \neq 2$ ，

        $\Delta S_{(k+1)\bmod 5,k,j}^0 = \Delta S_{k,k,j}^0 \oplus \Delta S_{k,(k+3)\bmod 5,j}^0 \oplus \text{flag}_{k,(k+1)\bmod 5,j}$

        $\oplus \text{flag}_{k,(k+2)\bmod 5,j} \oplus 1;$

    Else $\Delta S_{(k+1)\bmod 5,k,j}^0 = 0$ 且 $\text{counter} \leftarrow \text{counter} + 1$ ；

    End If

End If

End For

$\Delta S_{(k+1)\bmod 5,k}^0 = \text{Rotl}(\Delta S_{(k+1)\bmod 5,k}^0, b_k)$ ；

$\Delta S_{(k+1)\bmod 5,(k+3)\bmod 5}^0 = \Delta S_{k,(k+3)\bmod 5}^0 \lll \omega_k$ ；

$\Delta S_{(k+1)\bmod 5,(k+1)\bmod 5}^0 = \Delta S_{k,(k+1)\bmod 5}^0$ ；

$\Delta S_{(k+1)\bmod 5,(k+2)\bmod 5}^0 = \Delta S_{k,(k+2)\bmod 5}^0$ ；

$\Delta S_{(k+1)\bmod 5,(k+4)\bmod 5}^0 = \Delta S_{k,(k+4)\bmod 5}^0$ ；

End For

For $k=0$ to 4 do

    $\Delta S_{0,k}^1 = \Delta S_{0,k}^0$ ；

End For

步骤 2～步骤 R ，

For $i=1$ to $R-1$

    For $k=0$ to 4

        For $j=0$ to 127

            If $\Delta S_{k,(k+1)\bmod 5,j}^i = \Delta S_{k,(k+2)\bmod 5,j}^i = 0$ ，

            $\Delta S_{(k+1)\bmod 5,k,j}^i = \Delta S_{k,k,j}^i \oplus \Delta S_{k,(k+3)\bmod 5,j}^i$ ；

            Else $\Delta S_{(k+1)\bmod 5,k,j}^i = 0$ and $\text{counter} \leftarrow \text{counter} + 1$ ；

            End If

        End For

$$\Delta S^i_{(k+1)\bmod 5,k} = \text{Rotl}(\Delta S^i_{(k+1)\bmod 5,k}, b_k)\ ;$$

$$\Delta S^i_{(k+1)\bmod 5,(k+3)\bmod 5} = \Delta S^i_{k,(k+3)\bmod 5} \lll \omega_k\ ;$$

$$\Delta S^i_{(k+1)\bmod 5,(k+1)\bmod 5} = \Delta S^i_{k,(k+1)\bmod 5}\ ;$$

$$\Delta S^i_{(k+1)\bmod 5,(k+2)\bmod 5} = \Delta S^i_{k,(k+2)\bmod 5}\ ;$$

$$\Delta S^i_{(k+1)\bmod 5,(k+4)\bmod 5} = \Delta S^i_{k,(k+4)\bmod 5}\ ;$$

End For
For k=0 to 4
$$\Delta S^{i+1}_{0,k} = \Delta S^i_{0,k}\ ;$$
End For
End For
Set $m\leftarrow$counter。

由上述分析可知，对于规则①，其成立的概率为 1；对于规则②~④，若变元是常数，则规则成立的概率为1；若变元不是常数，则规则成立的概率为1/2。因此，m 的值就对应差分传递链的差分转移概率，即 2^{-m}。

利用上述算法，在 IV 引入差分的重量不超过 3 的情况下，通过编程寻找所有 5 步、6 步、7 步 MORUS 初始化过程的差分传递链，列表给出其中最大的差分转移概率，并与设计报告中的差分分析结果进行比较，具体如表 7.4.3 所示。

由表 7.4.3 可以看出，当 IV 输入差分重量为 1 比特时，本节的结果不如设计者的分析结果，对于 IV 输入差分重量为 2 比特和 3 比特的情况，本节的结果要远优于设计者的分析结果。设计者并未提供其差分分析的技术细节，因此难以给出造成两者之间差异的原因，本节进行初步分析后发现，可能是由于算法 7.4.2 简化了搜索范围，并没有搜索完毕全部空间，而是在局部空间内得到了更精确的结果。

表 7.4.3　不同输入差分重量下、不同步数 MORUS 初始化过程最大差分转移概率 p_{max}

IV 输入差分重量/比特	推导步数	设计报告 p_{max}	本节 p_{max}
1	6	2^{-201}	2^{-301}
1	7	2^{-357}	2^{-455}
2	5	2^{-401}	2^{-228}
3	5	2^{-432}	2^{-257}

2. 简化版 MORUS 算法的差分-区分攻击

为了对 MORUS 算法进行差分分析，在上述自动推演算法中进行 MORUS 算法的密钥流生成过程，即可得到关于初态和输出密钥流的差分传递链及对应的差分转移概率。基于区分攻击的思想[18]，本节使用假设检验模型，由具体的差分传递链构造区分器，用来检验算法的输出序列是否为随机序列，具体步骤如下。

假设已经找到一条概率为 p 的差分传递链，其输入差分为 ΔIV，输出差分为 ΔZ，输入和输出差均为 128 比特长的向量。在未知密钥 K 不变的前提下，攻击者选择 M 对 IV 使得每对 IV 均满足差分值为 ΔIV，并检测其对应的输出差分是否为 ΔZ，则在 M 次检测中至少有一次满足输出差分为 ΔZ 的概率为

$$P_1 = 1 - (1 - p)^M$$

对于两条相互独立的序列，其差分值为 ΔZ 的概率为 2^{-128}，则在 M 次检测中至少有一次满足输出差分为 ΔZ 的概率为

$$P_2 = 1 - (1 - 2^{-128})^M$$

由 $\lim\limits_{n \to \infty} (1 - 1/n)^n = \mathrm{e}^{-1}$ 可得 $P_2 \approx 1 - \mathrm{e}^{\frac{M}{2^{128}}}$。

在 M 次检测中，当检测到输出差分为 ΔZ 时，攻击者判断该算法为简化版 MORUS 算法；当未检测到输出差分为 ΔZ 时，攻击者判断该算法为某一随机置换。这时，有可能发生两种误判。

误判 1：检测到输出差分为 ΔZ，该算法为随机置换；

误判 2：未检测到输出差分为 ΔZ，该算法为简化版 MORUS 算法。

其中，误判 1 发生的概率为 P_2，误判 2 发生的概率为 $1 - P_1$，根据文献[18]中的结论易知区分优势为

$$\mathrm{adv} = P_1 - P_2$$

为了使得攻击的区分优势较大，应选择适当的 M 使得 P_1 接近 1 且远大于 P_2。

上述攻击的存储复杂度可以忽略，计算复杂度由数据复杂度决定，因此这里利用所需数据量和区分优势来衡量攻击的效率。这里对初始化 3 步、4 步的简化版 MORUS 算法进行差分-区分攻击，给出对应的数据量和区分优势，并与第 3 节中的差分-区分攻击进行比较，具体如表 7.4.4 所示。

表 7.4.4　针对 MORUS 算法的两种区分攻击结果比较

攻击方法	攻击条件	步数	差分转移概率	数据量	区分优势
区分攻击(利用完全性)	选择 IV	3	1	2	0.999985
区分攻击(利用差分自动推演)	选择 IV	3	2^{-38}	2^{42}	0.999665
区分攻击(利用差分自动推演)	选择 IV	4	2^{-101}	2^{105}	0.999665

通过比较两种区分攻击的结果发现，两种攻击方法各有优劣。利用完全性进

行的区分攻击仅需 2 个选择 IV 就能以很高的区分优势对简化版 MORUS 算法进行区分攻击，但由于 MORUS 算法状态更新复杂，且密钥流生成过程引入了非线性变换，算法仅需 4 步就实现了完全性，因此只能攻击 3 步的算法；利用差分自动推演进行的区分攻击可以给出任意步 MORUS 算法初始化过程的差分传递链，攻击步数可以提高一步，但由于 MORUS 算法密钥和 IV 规模大，因此攻击需要相当大的数据量。通过上述分析可以看出，MORUS 算法密钥和 IV 规模大，状态更新函数复杂，且密钥流生成过程引入了非线性变换，这使得算法能够较好地抵抗差分分析。

7.4.4　MORUS 算法的抗碰撞性分析

碰撞攻击[17-19]是针对消息认证码的常用攻击手段，其基本方法在关联数据处理(加密)阶段的某一步由关联数据(明文)引入合适的差分，若干轮迭代后差分抵消。内部状态碰撞意味着生成的认证标签相同，从而达到伪造认证标签的目的。为了评估 MORUS-640-128 算法抵抗伪造攻击的能力，设计者假设算法在更新 2 步、3 步或 3 步以上发生碰撞，分析了上述 3 种情况下碰撞发生的概率。其中，当算法在 2 步更新后发生碰撞时，设计者通过穷举搜索寻找可能的输入差分，结果显示满足条件的输入差分重量至少为 26 比特，经过分析，此时的碰撞概率小于 2^{-128}。当算法更新 3 步或 3 步以上时，利用类似的方法得到碰撞概率同样小于 2^{-128}，因此可以认为 128 比特认证标签是安全的。

根据文献[14]，本节介绍针对 MORUS-640-128 算法的认证阶段安全性评估的结果。首先列出更新 2 步后内部状态发生碰撞需要满足的非线性方程，采用分块分析的方法从非线性方程中找到确定的信息泄露规律，给出 2 步更新后发生碰撞的必要条件集；然后在此基础上证明若 2 步更新后内部状态发生碰撞，输入差分必须分布在 4 个 32 比特上；最后将必要条件转化为伪布尔最优化问题[19]，利用混合整数规划模型[20]及 SCIP 求解器[21]求解得到 2 步发生碰撞输入差分重量的下界为 28 比特，碰撞概率小于 2^{-140}。

1. 准备工作

1) 相关知识

MORUS 算法发生碰撞时，内部状态与消息差分可以表示为一系列非线性方程，为从非线性方程中找到消息字差分间的信息泄露规律，需要介绍一个新的定义及一些性质。

定义 7.4.1　设 $A^1, A^2, \cdots, A^m, B \in \{0,1\}^n$，若存在 $X^1, X^2, \cdots, X^m \in \{0,1\}^n$，使得等式

$$(X^1 \& A^1) \oplus (X^2 \& A^2) \oplus \cdots \oplus (X^m \& A^m) \oplus B = 0$$

成立，则称 A^i 和 B 满足关系 $B \triangleright (A^1 * A^2 * \cdots * A^m)$。这里"$*$"只表示各 A^i 之间的并列连接，关于"$\triangleright$"有以下定理和性质成立。

定理 7.4.1　设存在 $A^1, A^2, \cdots, A^m$，$B \in \{0,1\}^n$，A^i_j、B_j 分别是 A^i、B 的第 j 比特，$1 \leq i \leq m$，$1 \leq j \leq n$。若 $B \triangleright (A^1 * A^2 * \cdots * A^m)$，则当 $B_j = 1$ 时，至少存在一个 A^i，满足 $A^i_j = 1$。

证明　假设对所有的 $A^i (1 \leq i \leq m)$，$A^i_j = 0$。由 $B \triangleright (A^1 * A^2 * \cdots * A^m)$ 的定义可知，存在 $X^1, X^2, \cdots, X^m \in \{0,1\}^n$ 使得等式成立。将 $A^i_j = 0$ 代入等式 $(X^1 \& A^1) \oplus (X^2 \& A^2) \oplus \cdots \oplus (X^m \& A^m) \oplus B = 0$ 得 $B_j = 0$，与 $B_j = 1$ 矛盾，因此假设不成立，至少存在一个 A^i，满足 $A^i_j = 1$。

证毕。

定理 7.4.2　设存在 $A^1, A^2, \cdots, A^m, B \in \{0,1\}^n$，$A^i_j$、$B_j$ 分别是 A^i、B 的第 j 比特 $1 \leq i \leq m$，$1 \leq j \leq n$。若存在 j，$1 \leq j \leq n$ 使得 $B_j = 1$，并且对所有 $A^i (1 \leq i \leq m)$ 都有 $A^i_j = 0$，则 $B \triangleright (A^1 * A^2 * \cdots * A^m)$ 不成立。

性质 7.4.3　对任意的 $A, B \in \{0,1\}^n$，均有 $A \& B \triangleright (A * B)$ 成立。

证明　对任意的 A、B，取 $X^1 = B, X^2 = 0$，则 $A \& B = (X^1 \& A) \oplus (X^2 \& B) = (B \& A) \oplus (0 \& B)$ 成立，按照定义 7.4.1，得到 $A \& B \triangleright (A * B)$。

证毕。

性质 7.4.4　对任意的 $A, B, C \in \{0,1\}^n$，$(A \& B) \oplus C \triangleright (A * B)$ 等价于 $C \triangleright (A * B)$。

证明　必要性。由 $(A \& B) \oplus C \triangleright (A * B)$ 可知，存在 $Y^1, Y^2 \in \{0,1\}^n$ 使得等式 $(A \& B) \oplus C = (Y^1 \& A) \oplus (Y^2 \& B)$ 成立。将 $A \& B$ 移至等式右边得到 $C = (Y^1 \& A) \oplus (Y^2 \& B) \oplus (A \& B)$。令 $X^1 = Y^1$，$X^2 = Y^2 \oplus A$，得到 $C = (X^1 \& A) \oplus (X^2 \& B)$，根据定义 7.4.1 可知 $C \triangleright (A * B)$。

充分性。由 $C \triangleright (A * B)$ 可知，存在 $Z^1, Z^2 \in \{0,1\}^n$ 使得 $C = Z^1 \& A \oplus Z^2 \& B$。由性质 1 可知 $A \& B \triangleright (A * B)$，即存在 $Y^1, Y^2 \in \{0,1\}^n$ 使得 $A \& B = (Y^1 \& A) \oplus (Y^2 \& B)$。将 $C = (Z^1 \& A) \oplus (Z^2 \& B)$ 与 $A \& B = (Y^1 \& A) \oplus (Y^2 \& B)$ 等式两边分别进行异或，得到

$$C \oplus A \& B = (Z^1 \& A) \oplus (Z^2 \& B) \oplus (Y^1 \& A) \oplus (Y^2 \& B)$$

令 $X^1 = Z^1 \oplus Y^1 X^2 = Z^2 \oplus Y^2$，得到 $(A \& B) \oplus C = (X^1 \& A) \oplus (X^2 \& B)$，再根

据定义 7.4.1 得到 $(A\ \&\ B)\oplus C\rhd(A*B)$ 。

证毕。

性质 7.4.5(传递性)　对于任意的 $A,B,C\in\{0,1\}^n$ ，若 $A\rhd(B*C)$ 和 $B\rhd C$ ，则 $A\rhd C$ 。

证明　由 $A\rhd(B*C)$ 和 $B\rhd C$ 可得存在 $Y^1,Y^2,Z^1\in\{0,1\}^n$ 使得 $A=(Y^1\ \&\ B)\oplus(Y^2\ \&\ C)$ ， $B=Z^1\ \&\ C$ ，将 $B=Z^1\ \&\ C$ 代入 $A=(Y^1\ \&\ B)\oplus(Y^2\ \&\ C)$ ，得到 $A=(Y^1\ \&\ Z^1\ \&\ C)\oplus(Y^2\ \&\ C)=(Y^1\ \&\ Z^1\oplus Y^2)\ \&\ C$ ，令 $X^1=Y^1\ \&\ Z^1\oplus Y^2$ ，则 $A=X^1\ \&\ C$ ，根据定义 7.4.1 可得 $A\rhd C$ 。

证毕。

2) 内部状态差表示

假设在 MORUS 算法关联数据处理或加密阶段的第 t 时刻引入消息差分 $\Delta m_t(\Delta m_t\neq 0)$ ，此时内部状态差 $\Delta S^t=0$ 。根据对 MORUS 状态更新函数的差分分析，容易得到第 $t+1$ 时刻内部状态各分组的差分表示为

$$\Delta S_{0,0}^{t+1}=0$$

$$\Delta S_{0,1}^{t+1}=\text{Rotl}(\Delta m_t,31)\lll 64$$

$$\Delta S_{0,2}^{t+1}=\text{Rotl}(\Delta m_t,7)\lll 32$$

$$\Delta S_{0,3}^{t+1}=\text{Rotl}(\text{Rotl}(\Delta m_t,31)\oplus\Delta m_t,22)\lll 32$$

$$\Delta S_{0,4}^{t+1}=\text{Rotl}(S_{0,0}^{t+1}\ \&\ \Delta S_{0,1}^{t+1}\oplus(\Delta S_{0,2}^{t+1}\ggg 32)\oplus\Delta m_t,13)\lll 64$$

注：为了下面表述方便，这里提前对 ΔS_3^{t+1} 和 ΔS_4^{t+1} 进行移位操作。

由 ΔS^{t+1} 可以直接给出第 $t+2$ 时刻内部状态的差分 ΔS^{t+2} ，内部状态发生碰撞当且仅当 $\Delta S_i^{t+2}=0(0\leqslant i\leqslant 4)$ 。由于只关注步骤 2 更新后各状态分组的差分值是否为 0，而更新函数最外层的 $\text{Rotl}(x,n)$ 移位变换并不会影响差分的值，因此为了表述方便，此处省去 $\text{Rotl}(x,n)$ 运算，得到步骤 2 更新后各状态分组的输出差为

$$\Delta S_{0,0}^{t+2}=(S_{0,1}^{t+1}\ \&\ \Delta S_{0,2}^{t+1})\oplus(\Delta S_{0,1}^{t+1}\ \&\ S_{0,2}^{t+1})\oplus(\Delta S_{0,1}^{t+1}\ \&\ \Delta S_{0,2}^{t+1})\oplus(\Delta S_{0,3}^{t+1}\ggg 32)$$

$$\Delta S_{0,1}^{t+2}=\Delta S_{0,1}^{t+1}\oplus(S_{0,2}^{t+1}\ \&\ \Delta S_{0,3}^{t+1})\oplus(\Delta S_{0,2}^{t+1}\ \&\ S_{0,3}^{t+1})\oplus(\Delta S_{0,2}^{t+1}\ \&\ \Delta S_{0,3}^{t+1})$$
$$\oplus(\Delta S_{0,4}^{t+1}\ggg 64)\oplus\Delta m_{t+1}$$

$$\Delta S_{0,2}^{t+2}=\Delta S_{0,2}^{t+1}\oplus(S_{0,3}^{t+1}\ \&\ \Delta S_{0,4}^{t+1})\oplus(\Delta S_{0,3}^{t+1}\ \&\ S_{0,4}^{t+1})\oplus(\Delta S_{0,3}^{t+1}\ \&\ \Delta S_{0,4}^{t+1})\oplus\Delta m_{t+1}$$

$$\Delta S_{0,3}^{t+2}=\Delta S_{0,3}^{t+1}\oplus(\Delta S_{0,4}^{t+1}\ \&\ S_{0,0}^{t+2})\oplus\Delta m_{t+1}$$

$$\Delta S_{0,4}^{t+2}=\Delta S_{0,4}^{t+1}\oplus\Delta m_{t+1}$$

需要说明的是，这里在 $\Delta S^{t+2}=0$ 已经满足的前提下，由步骤 1 的输出差表示出步骤 2 更新后各状态分组的差分形式，以分析 Δm_t 需满足的条件。

2. MORUS 算法两步更新发生碰撞的必要条件集

通过观察 MORUS 算法的状态更新函数，发现各步运算均以 32 比特为单位进行，且字间移位数均为 32 的整数倍，故这里采用分块的思想，将每个状态分组分成 4 个 32 比特，以字为单位来分析。根据前面的内部状态差给出引入消息差分 Δm_t 后的内部状态值的具体表示，列出产生碰撞需满足的非线性方程。

令 $\Delta m_t=(\alpha_1,\alpha_2,\alpha_3,\alpha_4)$，可得第 $t+1$ 时刻各轮运算的状态差分为

$$\Delta S_{0,1}^{t+1}=\mathrm{Rotl}(\Delta m_t,31)\lll 64=(\alpha_3',\alpha_4',\alpha_1',\alpha_2'),\quad \alpha_i'=\alpha_i\lll 31;\ i=1,2,3,4$$

$$\Delta S_{0,2}^{t+1}=\mathrm{Rotl}(\Delta m_t,7)\lll 32=(\alpha_2'',\alpha_3'',\alpha_4'',\alpha_1''),\quad \alpha_i''=\alpha_i\lll 7;i=1,2,3,4$$

$$\Delta S_{0,3}^{t+1}=\mathrm{Rotl}(\mathrm{Rotl}(\Delta m_t,31)\oplus \Delta m_t,22)\lll 32=(\beta_2,\beta_3,\beta_4,\beta_1),$$

$$\beta_i=(\alpha_i\oplus\alpha_i')\lll 22,i=1,2,3,4$$

$$\begin{aligned}\Delta S_{0,4}^{t+1}&=\mathrm{Rotl}(S_{0,0}^{t+1}\ \&\ \Delta S_{0,1}^{t+1}\oplus(\Delta S_{0,2}^{t+1}\ggg 32)\oplus\Delta m_t,13)\lll 64\\&=(\mathrm{Rotl}(S_{0,3}^{t+1}\ \&\ \alpha_1'\oplus\alpha_3''\oplus\alpha_3,13),\mathrm{Rotl}(S_{0,4}^{t+1}\ \&\ \alpha_2'\oplus\alpha_4''\oplus\alpha_4,13),\\&\quad \mathrm{Rotl}(S_{0,1}^{t+1}\ \&\ \alpha_3'\oplus\alpha_1''\oplus\alpha_1,13),\mathrm{Rotl}(S_{0,2}^{t+1}\ \&\ \alpha_4'\oplus\alpha_2''\oplus\alpha_2,13))\end{aligned}$$

由 $\Delta S_{0,4}^{t+2}=\Delta S_{0,4}^{t+1}\oplus\Delta m_{t+1}$ 和 $\Delta S_{0,4}^{t+2}=0$ 可得 $\Delta m_{t+1}=\Delta S_{0,4}^{t+1}$。

若在下一步发生碰撞，则 $\Delta S^{t+2}=(\Delta S_{0,0}^{t+2},\Delta S_{0,1}^{t+2},\Delta S_{0,2}^{t+2},\Delta S_{0,3}^{t+2},\Delta S_{0,4}^{t+2})$ 的各 128 比特分组必须全部为 0，由于 $\Delta S_{0,4}^{t+1}=\Delta m_{t+1}$ 已经成立，只需考虑 $\Delta S_{0,0}^{t+2}$、$\Delta S_{0,1}^{t+2}$、$\Delta S_{0,2}^{t+2}$、$\Delta S_{0,3}^{t+2}$ 产生碰撞的必要条件。下面逐个进行分析。

$\Delta S_{0,0}^{t+2}=0$ 成立的必要条件为

$$\Delta S_{0,0}^{t+2}=(S_{0,1}^{t+1}\ \&\ \Delta S_{0,2}^{t+1})\oplus(\Delta S_{0,1}^{t+1}\ \&\ S_{0,2}^{t+1})\oplus(\Delta S_{0,1}^{t+1}\ \&\ \Delta S_{0,2}^{t+1})\oplus(\Delta S_{0,3}^{t+1}\ggg 32)=0$$

$$\text{(7.4.1)}$$

式中

$$S_{0,1}^{t+1}\ \&\ \Delta S_{0,2}^{t+1}=(S_{0,1,1}^{t+1}\ \&\ \alpha_2'',S_{0,1,2}^{t+1}\ \&\ \alpha_3'',S_{0,1,3}^{t+1}\ \&\ \alpha_4'',S_{0,1,4}^{t+1}\ \&\ \alpha_1'')$$

$$\Delta S_{0,1}^{t+1}\ \&\ S_{0,2}^{t+1}=(S_{0,2,1}^{t+1}\ \&\ \alpha_3',S_{0,2,2}^{t+1}\ \&\ \alpha_4',S_{0,2,3}^{t+1}\ \&\ \alpha_1',S_{0,2,4}^{t+1}\ \&\ \alpha_2')$$

$$\Delta S_{0,1}^{t+1}\ \&\ \Delta S_{0,2}^{t+1}=(\alpha_3'\ \&\ \alpha_2'',\alpha_4'\ \&\ \alpha_3'',\alpha_1'\ \&\ \alpha_4'',\alpha_2'\ \&\ \alpha_1'')$$

$$\Delta S_{0,3}^{t+1}\ggg 32=(\beta_1,\beta_2,\beta_3,\beta_4)$$

整体产生碰撞等价于各 32 比特产生碰撞，将各异或项中对应位置的 32 比特进行异或，结果如下：

$$(S_{0,1,1}^{t+1} \& \alpha_2'') \oplus (S_{0,2,1}^{t+1} \& \alpha_3') \oplus (\alpha_3' \& \alpha_2'') \oplus \beta_1 = 0 \tag{7.4.2}$$

$$(S_{0,1,2}^{t+1} \& \alpha_3'') \oplus (S_{0,2,2}^{t+1} \& \alpha_4') \oplus (\alpha_4' \& \alpha_3'') \oplus \beta_2 = 0 \tag{7.4.3}$$

$$(S_{0,1,3}^{t+1} \& \alpha_4'') \oplus (S_{0,2,3}^{t+1} \& \alpha_1') \oplus (\alpha_1' \& \alpha_4'') \oplus \beta_3 = 0 \tag{7.4.4}$$

$$(S_{0,1,4}^{t+1} \& \alpha_1'') \oplus (S_{0,2,4}^{t+1} \& \alpha_2') \oplus (\alpha_2' \& \alpha_1'') \oplus \beta_4 = 0 \tag{7.4.5}$$

根据定义 7.4.1，抽取出式(7.4.2)～式(7.4.5)中的 "▷" 关系，得到各 32 比特字产生碰撞时差分的必要条件：

$$\beta_1 \oplus (\alpha_3' \& \alpha_2'') \triangleright (\alpha_2'' * \alpha_3')$$

$$\beta_2 \oplus (\alpha_4' \& \alpha_3'') \triangleright (\alpha_3'' * \alpha_4')$$

$$\beta_3 \oplus (\alpha_1' \& \alpha_4'') \triangleright (\alpha_4'' * \alpha_1')$$

$$\beta_4 \oplus (\alpha_2' \& \alpha_1'') \triangleright (\alpha_1'' * \alpha_2')$$

类似地，可以分别写出 $\Delta S_{0,1}^{t+2}$、$\Delta S_{0,2}^{t+2}$、$\Delta S_{0,3}^{t+2}$ 的碰撞必要条件，如表 7.4.5 所示。

表 7.4.5　MORUS 算法 2 步更新产生碰撞的差分必要条件

内部状态差	碰撞必要条件
$\Delta S_{0,0}^{t+2}$	(1) $\beta_1 \triangleright (\alpha_2'' * \alpha_3')$ (2) $\beta_2 \triangleright (\alpha_3'' * \alpha_4')$ (3) $\beta_3 \triangleright (\alpha_4'' * \alpha_1')$ (4) $\beta_4 \triangleright (\alpha_1'' * \alpha_2')$
$\Delta S_{0,1}^{t+2}$	(5) $\alpha_1' \oplus \mathrm{Rotl}(\alpha_3'' \oplus \alpha_3, 13) \triangleright (\mathrm{Rotl}(\alpha_1', 13) * \mathrm{Rotl}(\alpha_3', 13) * \mathrm{Rotl}(\alpha_1'' \oplus \alpha_1, 13))$ (6) $\alpha_2' \oplus \mathrm{Rotl}(\alpha_4'' \oplus \alpha_4, 13) \triangleright (\mathrm{Rotl}(\alpha_2', 13) * \mathrm{Rotl}(\alpha_4', 13) * \mathrm{Rotl}(\alpha_2'' \oplus \alpha_2, 13))$ (7) $\alpha_3' \oplus \mathrm{Rotl}(\alpha_1'' \oplus \alpha_1, 13) \triangleright (\mathrm{Rotl}(\alpha_3', 13) * \mathrm{Rotl}(\alpha_1', 13) * \mathrm{Rotl}(\alpha_3'' \oplus \alpha_3, 13))$ (8) $\alpha_4' \oplus \mathrm{Rotl}(\alpha_2'' \oplus \alpha_2, 13) \triangleright (\mathrm{Rotl}(\alpha_4', 13) * \mathrm{Rotl}(\alpha_2', 13) * \mathrm{Rotl}(\alpha_4'' \oplus \alpha_4, 13))$
$\Delta S_{0,2}^{t+2}$	(9) $\alpha_1'' \triangleright (\mathrm{Rotl}(\alpha_4', 13) * \mathrm{Rotl}(\alpha_2'' \oplus \alpha_2, 13))$ (10) $\alpha_2'' \triangleright (\mathrm{Rotl}(\alpha_1', 13) * \mathrm{Rotl}(\alpha_3'' \oplus \alpha_3, 13))$ (11) $\alpha_3'' \triangleright (\mathrm{Rotl}(\alpha_2', 13) * \mathrm{Rotl}(\alpha_4'' \oplus \alpha_4, 13))$ (12) $\alpha_4'' \triangleright (\mathrm{Rotl}(\alpha_3', 13) * \mathrm{Rotl}(\alpha_1'' \oplus \alpha_1, 13))$
$\Delta S_{0,3}^{t+2}$	(13) $\beta_1 \triangleright (\mathrm{Rotl}(\alpha_4', 13) * \mathrm{Rotl}(\alpha_2'' \oplus \alpha_2, 13))$ (14) $\beta_2 \triangleright (\mathrm{Rotl}(\alpha_1', 13) * \mathrm{Rotl}(\alpha_3'' \oplus \alpha_3, 13))$ (15) $\beta_3 \triangleright (\mathrm{Rotl}(\alpha_2', 13) * \mathrm{Rotl}(\alpha_4'' \oplus \alpha_4, 13))$ (16) $\beta_4 \triangleright (\mathrm{Rotl}(\alpha_3', 13) * \mathrm{Rotl}(\alpha_1'' \oplus \alpha_1, 13))$

结论 7.4.1　对于 MORUS 算法，表 7.4.5 中的 16 个约束条件是其 2 步更新发生内部状态碰撞的必要条件集合。

3. MORUS 算法碰撞关于字差分的必要条件

本节根据字差分重量 $\mathrm{WB}(\Delta m_t)$ 的不同，分情况讨论当前差分是否符合结论 7.4.1 中碰撞的必要条件，从而确定字差分的重量及分布。

1）假设 $\mathrm{WB}(\Delta m_t) = 1$

此时消息差分仅有一个 32 比特不为 0，不妨设 $\Delta m_t = (\alpha_1, 0, 0, 0)$，$\alpha_1 \neq 0$。由 $\alpha_i'' = \alpha_i \lll 7$ 可知，$\alpha_1'' \neq 0$。由 $\alpha_2 = \alpha_3 = \alpha_4 = 0$ 可知，$\mathrm{Rotl}(\alpha_2'' \oplus \alpha_2, 13) = 0$，$\mathrm{Rotl}(\alpha_4', 13) = 0$。利用定理 7.4.1 可知，此时差分与表 7.4.5 中条件（9）产生矛盾。类似地，当 $\Delta m_t = (0, \alpha_2, 0, 0)$、$\Delta m_t = (0, 0, \alpha_3, 0)$ 和 $\Delta m_t = (0, 0, 0, \alpha_4)$ 时，与上述分析过程类似，得到的结果分别与条件（10）～（12）矛盾，故假设不成立。

2）假设 $\mathrm{WB}(\Delta m_t) = 2$

此时分两种情况进行讨论。

情况 1：假设 $\Delta m_t = (\alpha_1, \alpha_2, 0, 0)(\alpha_1 \neq 0, \alpha_2 \neq 0, \alpha_3 = \alpha_4 = 0)$。

根据条件（2），由 $\alpha_3 = \alpha_4 = 0$ 可知，$\beta_2 = 0$，又由 $\alpha_2 \neq 0$ 可知，$\alpha_2 = 1^{32}$，从而得到 $\mathrm{Rotl}(\alpha_2'' \oplus \alpha_2, 13) = 0$；因为 $\mathrm{Rotl}(\alpha_4', 13) = 0$，而 $\alpha_1'' \neq 0$，所以 $\mathrm{Rotl}(\alpha_2'' \oplus \alpha_2, 13) = 0$，根据定理 7.4.1 可知这与条件（9）产生矛盾。

当 $\Delta m_t = (0, \alpha_2, \alpha_3, 0)$、$\Delta m_t = (0, 0, \alpha_3, \alpha_4)$ 和 $\Delta m_t = (\alpha_1, 0, 0, \alpha_4)$ 时，与上述分析过程类似，故得出假设均不成立的结论。

情况 2：假设 $\Delta m_t = (\alpha_1, 0, \alpha_3, 0)$，$(\alpha_1 \neq 0, \alpha_3 \neq 0, \alpha_2 = \alpha_4 = 0)$。

由 $\alpha_1 \neq 0$、$\alpha_3 \neq 0$、$\alpha_2 = \alpha_4 = 0$ 易知 $\alpha_1'' \neq 0$，$\mathrm{Rotl}(\alpha_2'' \oplus \alpha_2, 13) = 0$。根据定理 7.4.1，这与表 7.4.5 中条件（9）产生矛盾。

$\Delta m_t = (0, \alpha_2, 0, \alpha_4)(\alpha_2 \neq 0, \alpha_4 \neq 0)$ 时与情况 2 类似，与条件（10）产生矛盾。故假设不成立。

3）假设 $\mathrm{WB}(\Delta m_t) = 3$

此时输入差 $\Delta m_t = (\alpha_1, \alpha_2, \alpha_3, 0)(\alpha_i \neq 0, i = 1, 2, 3)$。这里对结论 7.4.1 中的条件进行整理，令 $\alpha_4 = 0$，反复利用性质 7.4.3、性质 7.4.4 和性质 7.4.5 进行化简，然后按照块间的关系对碰撞必要条件进行分类并重新标号，得到 $\mathrm{WB}(\Delta m_t) = 3$ 时产生碰撞消息差分的 13 个必要条件，如表 7.4.6 所示。

根据条件（5）和条件（6），通过性质 7.4.5 可以得到 $\beta_2 \rhd (\mathrm{Rot}\,1(\alpha_2', 13))$。

本节设计算法 7.4.3 来实现寻找 $\mathrm{WB}(\Delta m_t) = 3$ 时产生碰撞所有可能的输入差分，约定 $|A|$ 表示集合 A 中元素个数。算法主要以定理 7.4.2 为判断依据来完成每一步的穷举或差分筛选。

表 7.4.6　WB(Δm_t)=3 时产生碰撞消息差分的必要条件

涉及的字差分	碰撞必要条件
α_2	(1) $\alpha_2' \rhd (\mathrm{Rot}1(\alpha_2',13) * \mathrm{Rot}1(\alpha_2 \oplus \alpha_2'',13))$ (2) $\mathrm{Rot}1(\alpha_2 \oplus \alpha_2'',13) \rhd \mathrm{Rot}1(\alpha_2',13)$
α_1, α_2	(3) $\alpha_1 \rhd \mathrm{Rot}1(\alpha_2 \oplus \alpha_2'',13))$ (4) $\beta_1 \rhd \mathrm{Rot}1(\alpha_2 \oplus \alpha_2'',13))$
α_3, α_2	(5) $\beta_2 \rhd \alpha_3''$ (6) $\alpha_3'' \rhd \mathrm{Rot}1(\alpha_2',13)$ (7) $\beta_3 \rhd \mathrm{Rot}1(\alpha_2',13)$
α_1, α_3	(8) $\beta_3 \rhd \alpha_1'$ (9) $\alpha_3' \rhd \mathrm{Rot}1(\alpha_1',13) * \mathrm{Rot}1(\alpha_3' \oplus \alpha_1 \oplus \alpha_1'',13)) * \mathrm{Rot}1(\alpha_1' \oplus \alpha_3 \oplus \alpha_3',13))$ (10) $\alpha_1' \rhd (\mathrm{Rot}1(\alpha_1' \oplus \alpha_3 \oplus \alpha_3'',13) * \mathrm{Rot}1(\alpha_3' \oplus \alpha_1 \oplus \alpha_1'',13))$
α_2, α_3	(11) $\beta_1 \rhd (\alpha_2'' * \alpha_3')$ (12) $\alpha_2'' \rhd (\mathrm{Rot}1(\alpha_1',13) * \mathrm{Rot}1(\alpha_1' \oplus \alpha_3 \oplus \alpha_3'',13))$ (13) $\beta_2 \rhd (\mathrm{Rot}1(\alpha_1',13) * \mathrm{Rot}1(\alpha_1 \oplus \alpha_3 \oplus \alpha_3'',13))$

算法 7.4.3　　WB(Δm_t)=3 时可能消息差分搜索算法

步骤 1，对于所有的 $\alpha_2 \in \{0,1\}^{32}$，执行如下步骤。

　　步骤 1.1，若 α_2 满足表 7.4.6 中的条件 (1)、(2)，同时满足 $\beta_2 \rhd \mathrm{Rot}1(\alpha_2',13)$，
　　　　则将 α_2 存储在集合 A 中。

　　步骤 1.2，若 $|A|=0$，则返回 $\{0\}$，终止算法。

步骤 2，对于所有的 $\alpha_1 \in \{0,1\}^{32}$ 和 $\alpha_2 \in A$，执行如下步骤。

　　步骤 2.1，若 (α_1, α_2) 满足表 7.4.6 中的条件 (3)、(4)，则将 α_1 存储在集
　　　　合 B 中。

　　步骤 2.2，若 $|B|=0$，则返回 $\{0\}$，终止算法。

步骤 3，对于所有的 $\alpha_3 \in \{0,1\}^{32}$ 和 $\alpha_1 \in B$，执行如下步骤。

　　步骤 3.1，若 (α_1, α_3) 满足表 7.4.6 中的条件 (5)～(7)，则将 α_3 存储在集
　　　　合 C 中。

　　步骤 3.2，若 $|C|=0$，则返回 $\{0\}$，终止算法。

步骤 4，对于所有的 $\alpha_1 \in B$ 和 $\alpha_3 \in C$，执行如下步骤。

　　步骤 4.1，若 (α_1, α_3) 满足表 7.4.6 中的条件 (8)～(10)，则将 (α_1, α_3) 存
　　　　储在集合 D 中。

　　步骤 4.2，若 $|D|=0$，则返回 $\{0\}$，终止算法。

步骤 5，对于所有的 $\alpha_2 \in A$ 和 $(\alpha_1, \alpha_3) \in D$，执行如下步骤。

步骤 5.1，若 $(\alpha_1, \alpha_2, \alpha_3)$ 满足表 7.4.6 中的条件 $(11) \sim (13)$，则将 $(\alpha_1, \alpha_2, \alpha_3)$ 存储在集合 E 中。

步骤 5.2，若 $|E|=0$，则返回 $\{0\}$，终止算法；否则，返回 E（E 中元素是最终候选输入差分）。

实验发现算法 7.4.3 在步骤 2 后终止，$|B|=0$，因此当 $\mathrm{WB}(\Delta m_t)=3$ 时，没有符合全部必要条件的输入差，即 $\mathrm{WB}(\Delta m_t) \neq 3$。

下面进行复杂度分析。算法首先以 α_2 自身限制条件（包括 (1)、(2) 和 $\beta_2 \triangleright \mathrm{Rot1}(\alpha_2', 13)$）为突破口，类似分割攻击，穷举得到符合条件的 α_2。实验发现 α_2 只有 6 个候选值，再执行步骤 2 穷举 α_1，符合条件的 (α_1, α_2) 对个数为 0。因此，整个算法的实际计算复杂度只有 $O(2^{32})$，远小于穷举 $(\alpha_1, \alpha_2, \alpha_3)$ 的复杂度 $O(2^{96})$。

经过以上讨论可知，当 $\mathrm{WB}(\Delta m_t)=1$、$\mathrm{WB}(\Delta m_t)=2$、$\mathrm{WB}(\Delta m_t)=3$ 时均不能产生碰撞，因此得到如下结论。

结论 7.4.2　对于 MORUS 算法，在算法第 t 时刻和第 $t+1$ 时刻由关联数据（或明文）引入差分，若经过 2 步更新后内部状态发生碰撞，则第 t 时刻引入的差分 Δm_t 满足 $\mathrm{WB}(\Delta m_t)=4$。

4. 内部状态发生碰撞关于比特差分的必要条件

内部状态碰撞的概率与输入差分的重量具有直接关系。基于前面得到的内部状态碰撞必要条件，本节着重讨论碰撞时，输入差分汉明重量的下界，进而得到碰撞的概率上界。主要包括以下步骤。

步骤 1，将结论 7.4.2 的 16 个碰撞必要条件转化为混合整数规划问题并表示成伪布尔优化（pseudo-Boolean optimization，OPB）语言，列出伪布尔方程。

步骤 2，设置输入差分的最小重量为目标函数。

步骤 3，使用约束整数规划（solving constraint integer programs，SCIP）求解器求解伪布尔方程，找出使得内部状态产生碰撞的输入差分重量的下界。

由实验结果可以得到如下结论。

结论 7.4.3　对于 MORUS 算法，若在算法第 t 时刻和第 $t+1$ 时刻由关联数据（或明文）引入差分，且经过 2 步更新后内部状态发生碰撞，则第 t 时刻引入的差分汉明重量至少为 28。

根据文献[6]，若消息差分的活动比特不少于 n 比特，则算法更新 2 步后差分概率至少是 2^{-5n}，故得到碰撞概率至少为 $2^{-28 \times 5}=2^{-140}<2^{-128}$。表 7.4.7 将文献[6]的碰撞分析结果与本节分析结果进行了对比。

表 7.4.7　2 步更新内部状态发生碰撞分析结果对比

来源	分析方法	差分必要集	字差分分布特点	差分重量下界	碰撞概率
文献[6]	实验搜索	—	—	$W(\Delta m_t) \geqslant 26$	$\leqslant 2^{-130}$
本节	理论推导	16 个碰撞必要条件	$WB(\Delta m_t) = 4$	$W(\Delta m_t) \geqslant 28$	$\leqslant 2^{-140}$

7.5　ACORN 算法

ACORN 算法[7]是由 Wu 设计的一个基于比特的轻量级认证加密序列密码算法。算法设计简洁，设计思路新颖，支持 32 比特并行计算，具有良好的软硬件实现效率，采用 6 个移位寄存器串联的方式，为轻量级认证加密算法的设计提供了新的思路。算法自发布以来已经更新到第三个版本，即 ACORN v3 算法(以下简称 ACORN 算法)。

ACORN 算法的密钥 K 和初始向量 IV 规模均为 128 比特，内部状态规模为 293 比特。ACORN 算法由六个级数分别为 61、46、47、39、37 和 59 的线性反馈移位寄存器和一个 4 比特的寄存器级联构成。算法使用了三个布尔函数：密钥流生成函数、反馈比特生成函数和状态更新函数。ACORN 算法分为初始化、关联数据处理、加密、认证码生成和解密与验证共五个过程。

ACORN 算法的结构如图 7.5.1 所示。

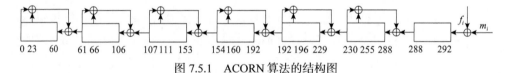

0 23　　60　　　61 66　　106　　107 111　153　　154 160　192　　192 196　229　　230 255　288　　288　　292

图 7.5.1　ACORN 算法的结构图

本节首先给出 ACORN 算法中使用的三个函数。

1)密钥流生成函数

记 ACORN 算法在第 i 步的内部状态为 $S_i = (s_{i,0}, \cdots, s_{i,292})$，则第 i 步密钥流比特 ks_i 产生方式 $ks_i = \mathrm{KSG}(S_i)$ 为

$$ks_i = s_{i,12} \oplus s_{i,154} \oplus \mathrm{maj}(s_{i,235}, s_{i,61}, s_{i,193})$$
$$\oplus \mathrm{ch}(s_{i,230}, s_{i,111}, s_{i,66})$$

其中，maj 函数和 ch 函数定义为

$$\mathrm{maj}(x_1, x_2, x_3) = x_1 x_2 \oplus x_1 x_3 \oplus x_2 x_3$$

$$\mathrm{ch}(x_1, x_2, x_3) = x_1 x_2 \oplus \overline{x_1} x_3$$

2)反馈函数

ACORN 算法第 i 步的反馈比特产生方式 $f_i = \mathrm{FBK}(S_i, ca_i, cb_i)$ 为

$$f_i = s_{i,0} \oplus \overline{s_{i,107}} \oplus \mathrm{maj}(s_{i,244}, s_{i,23}, s_{i,160})$$
$$\oplus ca_i \& s_{i,196} \oplus cb_i \& ks_i$$

3)状态更新函数

第 i 步的状态更新函数 $S_{i+1} = \mathrm{StateUpdate}(S_i, m_i, ca_i, cb_i)$ 描述如下。

步骤 1,

$$s_{i,289} = s_{i,289} \oplus s_{i,235} \oplus s_{i,230}$$
$$s_{i,230} = s_{i,230} \oplus s_{i,196} \oplus s_{i,193}$$
$$s_{i,193} = s_{i,193} \oplus s_{i,160} \oplus s_{i,154}$$
$$s_{i,154} = s_{i,154} \oplus s_{i,111} \oplus s_{i,107}$$
$$s_{i,107} = s_{i,107} \oplus s_{i,66} \oplus s_{i,61}$$
$$s_{i,61} = s_{i,61} \oplus s_{i,23} \oplus s_{i,0}$$

步骤 2,

$$ks_i = \mathrm{KSG}(S_i)$$

步骤 3,

$$f_i = \mathrm{FBK}(S_i, ca_i, cb_i)$$

步骤 4,

$$\text{For } j = 0 \text{ to } 291$$
$$s_{i+1,j} = s_{i,j+1}$$
$$\text{End For}$$
$$s_{i+1,292} = f_i \oplus m_i$$

下面介绍算法初始化阶段、加密和认证码生成阶段。

1. ACORN 算法初始化阶段

ACORN 算法在初始化阶段完成对密钥 $K = (k_0, \cdots, k_{127})$ 和初始向量 $\mathrm{IV} = (\mathrm{iv}_0, \cdots, \mathrm{iv}_{127})$ 的加载,内部状态进行 1792 步更新,其中密钥循环加载多次,即

$$S_0 = (0, \cdots, 0)$$

For $i = 0$ to 127

$\quad (ca_i, cb_i) = (1, 1)$

$\quad m_i = k_i$

$\quad S_{i+1} = \text{StateUpdate}(S_i, m_i, ca_i, cb_i)$

End For

For $i = 128$ to 255

$\quad (ca_i, cb_i) = (1, 1)$

$\quad m_i = \text{iv}_{i-128}$

$\quad S_{i+1} = \text{StateUpdate}(S_i, m_i, ca_i, cb_i)$

End For

$m_{256} = k_0 \oplus 1$

$S_{i+1} = \text{StateUpdate}(S_i, m_i, ca_i, cb_i)$

For $i = 257$ to 1791

$\quad (ca_i, cb_i) = (1, 1)$

$\quad m_i = k_{i \bmod 128}$

$\quad S_{i+1} = \text{StateUpdate}(S_i, m_i, ca_i, cb_i)$

End For

2. ACORN 算法关联数据处理阶段

初始化过程后，使用关联数据(associated data，AD)来更新状态。

For $i = 0$ to $\text{adlen} - 1$

$\quad m_i = ad_i$

$m_{\text{adlen}} = 1$

$\quad$ For $i = 1$ to 255

$\quad\quad m_{\text{adlen}+i} = 0$

For $i = 0$ to $\text{adlen}+127$

$\quad ca_i = 0$

For $i = \text{adlen} + 128$ to $\text{adlen}+255$

$\quad ca_i = 1$

For $i = 0$ to $\text{adlen}+255$

$\quad cb_i = 1$

For $i = 0$ to $\text{adlen}+255$

$\quad S_{i+1} = \text{StateUpdate}(S_i, m_i, ca_i, cb_i)$

注: 其中 adlen 表示关联数据的比特长度。当没有关联数据时，即 adlen=0 时，仍然需要运行算法 256 步。

3. ACORN 算法加密阶段

算法使用明文 p_i 更新第 i 步的内部状态，p_i 和第 i 步的密钥流比特进行异或得到密文比特 c_i，令 pl 表示明文长度。

$$(m_0,\cdots,m_{\mathrm{pl}+255}) = (p_0,\cdots,p_{\mathrm{pl}-1},1,0,\cdots,0)$$
$$\text{For } i = 0 \text{ to } \mathrm{pl} - 1$$
$$\quad (ca_i,cb_i) = (1,0)$$
$$\quad S_{i+1} = \mathrm{StateUpdate}(S_i,m_i,ca_i,cb_i)$$
$$\quad c_i = p_i \oplus \mathrm{KSG}(S_i)$$
$$\text{End For}$$
$$\text{For } i = \mathrm{pl} \text{ to } \mathrm{pl} + 127$$
$$\quad (ca_i,cb_i) = (1,0)$$
$$\quad S_{i+1} = \mathrm{StateUpdate}(S_i,m_i,ca_i,cb_i)$$
$$\text{End For}$$
$$\text{For } i = \mathrm{pl} + 128 \text{ to } \mathrm{pl} + 255$$
$$\quad (ca_i,cb_i) = (0,0)$$
$$\quad S_{i+1} = \mathrm{StateUpdate}(S_i,m_i,ca_i,cb_i)$$
$$\text{End For}$$

4. ACORN 算法的认证码生成阶段

在算法加密过程结束之后，认证码 Tag 按照如下方式生成。

$$\text{For } i = 0 \text{ to } 767$$
$$\quad m_i = 0$$
$$\quad (ca_i,cb_i) = (1,1)$$
$$\quad S_{i+1} = \mathrm{StateUpdate}(S_i,m_i,ca_i,cb_i)$$
$$\text{End For}$$

认证码 Tag 为最后 128 比特密钥流，即

$$\mathrm{Tag} = ks_{640} \parallel \cdots \parallel ks_{767}$$

5. ACORN 算法的解密和验证阶段

算法解密阶段和加密阶段十分类似，只是先使用密文 c_i 和第 i 步的密钥流进

行异或得到明文 p_i, 再将明文 p_i 反馈到函数中更新第 i 步的内部状态, c_i 解密过程最后得到 Tag', 将 Tag' 和 Tag 对比, 如果一致则输出明文, 否则不输出明文。

对于算法的安全性分析分成以下几类: 基于 Nonce 重用的状态恢复攻击、针对减轮初始化状态的立方攻击、基于 SAT 求解器的状态恢复攻击、差分故障攻击、基于 Nonce 不重用的差分伪造攻击和其他类型的攻击等。

文献[22]利用数值映射的方法对 ACORN v3 的代数次数进行了估计, 对初始化 721 轮的算法进行了立方区分攻击, 立方集合的大小为 95, 计算复杂度为 $O(2^{95})$。

7.6　TinyJAMBU 算法

2021 年 3 月 29 日, NIST 轻量级认证加密算法竞赛公布了最终胜出的 10 个算法, TinyJAMBU 作为获胜算法之一, 具有安全性能好, 软硬件实现快速的优点。TinyJAMBU 的前身是凯撒竞赛的第三轮候选算法 JAMBU, 设计者是伍宏军等。作者提供了 3 个版本的 TinyJAMBU 算法: TinyJAMBU-128、TinyJAMBU-192 和 TinyJAMBU-256。具体参数规模如表 7.6.1 所示。

表 7.6.1　TinyJAMBU 的三个版本算法中的参数规模

AEAD	状态规模/比特	密钥规模/比特	Nonce 规模/比特	认证码规模
TinyJAMBU-128	128	128	96	64
TinyJAMBU-192	128	192	96	64
TinyJAMBU-256	128	256	96	64

TinyJAMBU 在 JAMBU 的基础上进行了修改, 内部状态与分组长度均有所缩小。本书介绍其算法描述及安全性分析结果。

7.6.1　TinyJAMBU-128 算法描述

TinyJAMBU 采用了基于置换的迭代方法, 该置换是带密钥的, 规模为 128 比特, 采用了针对非线性反馈移位寄存器进行多轮迭代的结构, 算法分为初始化阶段、关联数据处理阶段、加密阶段、认证码生成阶段、解密阶段和认证码验证阶段等 6 个阶段。关联数据的长度和明文的长度均小于 2^{50} 个字节, 认证码的长度为 64 比特。

认证加密模式采用了先加密后认证的方式, 具体如图 7.6.1 所示。

算法中带密钥的置换规模为 128 比特, 采用了非线性反馈移位寄存器进行多轮迭代的结构, NFSR 状态更新具体如图 7.6.2 所示。

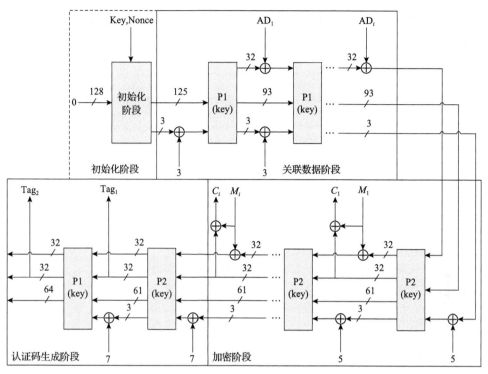

图 7.6.1 TinyJAMBU 算法的认证加密模式

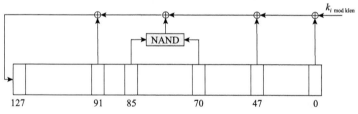

图 7.6.2 TinyJAMBU 算法中 128 比特 NFSR

规模为 128 比特，NFSR 内部状态 S 按照从右到左的顺序依次记为

$$S=(s_{127},s_{126},\cdots,s_1,s_0)$$

状态更新的过程描述如下：

StateUpdate(S,K,i)

feedback= $s_0 \oplus s_{47} \oplus (\sim(s_{70}\ \&\ s_{85})) \oplus s_{91} \oplus k_{i\ \mathrm{mod\ klen}}$

for j from 0 to 126: $s_j = s_{j+1}$

s_{127} = feedback

End For

P_{640} 表示 NFSR 状态更新 640 轮，klen 表示 k 的比特长度，对于 128 比特的密钥，klen=128。

1. 初始化阶段

初始化阶段包含密钥注入和 Nonce 注入两个阶段。密钥注入阶段首先将 128 比特的 NFSR 状态设置为全 0 状态，再使用密钥置换 P_{1024} 更新内部状态；Nonce 注入阶段具体描述如下。

For i=0 to 2:

$s_{\{36,37,38\}} = s_{\{36,37,38\}} \oplus \text{FrameBits}_{\{0,1,2\}}$
利用 P_{640} 更新内部状态

$s_{\{96,\cdots,127\}} = s_{\{96,\cdots,127\}} \oplus \text{nonce}_{\{32i,\cdots,32i+31\}}$

End For

其中 FrameBits 的值为 1，96 比特的 Nonce 等分为三部分：$\text{nonce}_{\{0,\cdots,31\}}$，$\text{nonce}_{\{32,\cdots,63\}}$ 和 $\text{nonce}_{\{64,\cdots,95\}}$ 分三次注入。

2. 关联数据处理阶段

此阶段中 FrameBits 的值为 3，关联数据一次注入 32 比特。

For i=0 to $\lceil \text{adlen}/32 \rceil$

$s_{\{36,37,38\}} = s_{\{36,37,38\}} \oplus \text{FrameBits}_{\{0,1,2\}}$
利用 P_{640} 更新内部状态

$s_{\{96,\cdots,127\}} = s_{\{96,\cdots,127\}} \oplus \text{ad}_{\{32i,\cdots,32i+31\}}$

End For

如果最后一个分组不是一个完整分组(被称为部分分组)，最后一个分组和内部状态异或，同时关联数据的部分分组中字节数也与内部状态相异或。

对于关联数据最后一块不满 32 比特的进行如下处理。

If (adlen mod 32)>0:

$s_{\{36,37,38\}} = s_{\{36,37,38\}} \oplus \text{FrameBits}_{\{0,1,2\}}$
利用 P_{640} 更新内部状态

lenp =adlen mod 32

startp= adlen −lenp

$s_{\{96,\cdots,96+\text{lenp}-1\}} = s_{\{96,\cdots,96+\text{lenp}-1\}} \oplus \text{ad}_{\{\text{startp},\cdots,\text{adlen}-1\}}$

$s_{\{32,33\}} = s_{\{32,33\}} \oplus (\text{lenp}/8)$

End If

3. 加密阶段

此阶段中 FrameBits 的值为 5，明文数据一次注入 32 比特。

For i from 0 to $\lfloor mlen/32 \rfloor$

$s_{\{36,37,38\}}= s_{\{36,37,38\}} \oplus FrameBits_{\{0,1,2\}}$
利用 P_{1024} 更新内部状态

$s_{\{96,\cdots,127\}}= s_{\{96,\cdots,127\}} \oplus m_{\{32i,\cdots,32i+31\}}$

$c_{\{32i,\cdots,32i+31\}}= s_{\{64,\cdots,95\}} \oplus m_{\{32i,\cdots,32i+31\}}$

End For

对于明文数据最后一块不满 32 比特的进行如下处理。

If (mlen mod 32)>0:

$s_{\{36,37,38\}}= s_{\{36,37,38\}} \oplus FrameBits_{\{0,1,2\}}$
利用 P_{1024} 更新内部状态

lenp =mlen mod 32

startp= mlen –lenp

$s_{\{96,\cdots,96+lenp-1\}}= s_{\{96,\cdots,96+lenp-1\}} \oplus m_{\{startp,\cdots,mlen-1\}}$

$c_{\{startp,\cdots,mlen-1\}}= s_{\{64,\cdots,64+lenp-1\}} \oplus m_{\{startp,\cdots,mlen-1\}}$

$s_{\{32,33\}}= s_{\{32,33\}} \oplus (lenp/8)$

End If

4. 认证码生成阶段

经过加密过程后，产生 64 比特的认证码，此过程中 FrameBits 的值为 7 和内部状态相异，具体过程如下：

$s_{\{36,37,38\}}= s_{\{36,37,38\}} \oplus FrameBits_{\{0,1,2\}}$
利用 P_{1024} 更新内部状态

$t_{\{0,\cdots,31\}}= s_{\{64,\cdots,95\}}$

$s_{\{36,37,38\}}= s_{\{36,37,38\}} \oplus FrameBits_{\{0,1,2\}}$
利用 P_{640} 更新内部状态

$t_{\{32,\cdots,63\}}= s_{\{64,\cdots,95\}}$

5. 解密阶段

For i=0 to $\lceil mlen/32 \rceil$

$s_{\{36,37,38\}}= s_{\{36,37,38\}} \oplus FrameBits_{\{0,1,2\}}$
利用 P_{1024} 更新内部状态

$c_{\{32i,\cdots,32i+31\}}= s_{\{64,\cdots,95\}} \oplus m_{\{32i,\cdots,32i+31\}}$

$$s_{\{96,\cdots,127\}} = s_{\{96,\cdots,127\}} \oplus m_{\{32i,\cdots,32i+31\}}$$

End For

对于密文数据最后一块不满 32 比特的进行如下处理。

If (mlen mod 32)>0:

$$s_{\{36,37,38\}} = s_{\{36,37,38\}} \oplus \text{FrameBits}_{\{0,1,2\}}$$
利用 P_{1024} 更新内部状态

lenp =mlen mod 32

startp= mlen –lenp

$$m_{\{startp,\cdots,mlen-1\}} = s_{\{64,\cdots,64+lenp-1\}} \oplus c_{\{startp,\cdots,mlen-1\}}$$

$$s_{\{96,\cdots,96+lenp-1\}} = s_{\{96,\cdots,96+lenp-1\}} \oplus m_{\{startp,\cdots,mlen-1\}}$$

$$s_{\{32,33\}} = s_{\{32,33\}} \oplus (lenp/8)$$

End If

6. 认证码验证阶段

在对密文解密之后进行如下操作得到 tagT'，将 tagT' 与 tag$T$ 比较，此阶段中 FrameBits 的值为 7。

$$s_{\{36,37,38\}} = s_{\{36,37,38\}} \oplus \text{FrameBits}_{\{0,1,2\}}$$
利用 P_{1024} 更新内部状态

$$t'_{\{0,\cdots,31\}} = s_{\{64,\cdots,95\}}$$

$$s_{\{36,37,38\}} = s_{\{36,37,38\}} \oplus \text{FrameBits}_{\{0,1,2\}}$$
利用 P_{640} 更新内部状态

$$t'_{\{32,\cdots,63\}} = s_{\{64,\cdots,95\}}$$

$$T' = t'_{\{0,\cdots,63\}}$$

若 $T'=T$；接受明文，否则，拒绝明文。

设计报告指出，以上算法各个阶段取不同的帧比特值的作用是破坏带密钥的置换的滑动特性。对于 TinyJAMBU-192 和 TinyJAMBU-256 算法，其过程和 TinyJAMBU-128算法十分类似。密钥长度分别为192比特(klen=192)和256比特(klen=256)，Nonce 均为 96 比特，关联数据的长度和明文的长度均小于 2^{50} 个字节。只需将 TinyJambu-128 算法各阶段中的 P_{1024} 分别改为 P_{1152} 和 P_{1280}，其它地方不变即可。

7.6.2　TinyJAMBU 算法的安全性分析介绍

Saha 等[23]指出了算法设计方针对活动与门的个数评估方面有漏洞，首次提出了针对 TinyJAMBU 的第三方安全性分析，他们进一步考察了与运算的相关性，运用一个高效的新模型去评估与门的一阶相关性，给出了一条 338 轮的差分概率为 $2^{-62.68}$ 的差分传递链，据此可以对 64 比特的认证码进行伪造攻击，从而改进了设计者的分析结果。

Teng 等[24]对减轮的 TinyJAMBU 算法的初始化阶段和加密阶段进行了立方攻击，给出了针对加密阶段的 438 轮区分攻击和 428 轮的密钥恢复攻击，指出 TinyJAMBU 抗立方攻击的安全性比设计者声称的要更好。

Orr Dunkelman 等[25]于 2022 年提出了针对 TinyJAMBU-256/192 算法的相关密钥伪造攻击，可以实时给出该算法的有效伪造。该作者在文中给出了 TinyJAMBU-256 算法伪造攻击，利用了 2^{10} 个相关密钥对，时间复杂度为 2^{32}，并给出了针对 TinyJAMBU-192 算法的伪造攻击，利用了 2^{12} 个相关密钥对，时间复杂度为 2^{42}，对于 TinyJAMBU-128 算法，可以 2^{-16} 的概率找到完整版置换的相关密钥差分特征。利用这些特征，可实施实时的密钥恢复攻击，针对 TinyJAMBU-128/192/256 算法，获取密钥的时间(数据)复杂度分别为 2^{23}、2^{20} 和 2^{18}。文中提供了实验佐证，不同的 (K, Nonce) 对可得到相同的认证码。对于这种方法，可尝试应用到其他类似的算法安全性分析中。

7.7　小　　结

本章介绍的 6 个基于序列密码的认证加密算法，即 Hummingbird-2 算法、Grain-128a 算法、Grain-128AEAD 算法、MORUS 算法、ACORN 算法和 TinyJAMBU 算法，都同时具有加密和认证两种属性，设计结构各自具有鲜明的特点。其中，Hummingbird-2 算法是轻量级认证加密算法，它的主体结构是一个典型的分组 SP 结构，但是借鉴了序列中寄存器的理念实现对加密中间值的白化和暂存。S 盒和迭代结构的采用具有分组密码的特点，初始化过程的设计又使该算法同时具有序列密码的特点，文献[26]也称 Hummingbird-2 算法为借鉴理念型混合对称密码算法的代表性算法之一。Grain-128a 算法是在 Grain-128 算法的基础上设计得到的，其认证模式可以同时实现加密和认证两种功能。Grain-128AEAD 算法和 Grain-128a 算法的设计理念十分相似，都是基于流密码 Grain-128 算法设计的，二者累加器的更新方式也是一致的。MORUS 算法是 CAESAR 竞赛进入第三轮评选的算法，其内部状态庞大，在设计上借鉴了分组密码的思想，是典型的类分组型序列密码算法，状态更新仅采用了异或、逻辑与和循环左移三种运算，因此在软硬件上的实现速度都非常快。ACORN 算法和 TinyJAMBU 算法都采用了二次函数做为 NFSR 的更新函数，是面向硬件实现的轻量级算法。

CAESAR 竞赛的出现引起了人们对认证加密算法的广泛关注。设计者采用基于分组密码、流密码、海绵结构[27]、杂凑函数[28]等方法设计新型认证加密算法。在针对这些认证加密算法安全性分析的过程中，不仅可以采用各自所基于底层算法的传统分析方法，还可以结合针对其他体制的攻击方法，尤其是量子分析方法为学者提供新思路[29,30]。如何结合量子技术对基于序列密码的认证加密算法进行分析，也是认证加密算法分析理论中值得进一步研究的课题，对后量子时代对称密码算法设计具有参考和借鉴意义。

参 考 文 献

[1] Bellare M, Namprempre C. Authenticated encryption: Relations among notions and analysis of the generic composition paradigm[J]. Journal of Cryptology, 2008, 21(4): 469-491.

[2] Engels D, Fan X, Gong G, et al. Ultra-lightweight cryptography for low-cost RFID tags: Hummingbird algorithm and protocol[EB/OL]. http://www.cacr.math.uwaterloo.ca/techreports/2009/cacr2009-29.pdf [2016-07-18].

[3] Engels D M, Saarinen J O, Smith E M. The Hummingbird-2 lightweight authenticated encryption algorithm[C]//Proceedings of the 7th Workshop on RFID Security and Privacy-RFIDSec 2011, Amherst, 2011: 19-31.

[4] Ågren M, Hell M, Johansson T, et al. A new version of Grain-128 with optional authentication[J]. International Journal of Wireless and Mobile Computing, 2011, 5(1): 48-59.

[5] Hell M, Johansson T. Grain-128AEADv2-A lightweight AEAD stream cipher[EB/OL]. https://csrc.nist.gov/CSRC/media/Projects/lightweight-cryptography/documents/finalist-round/updated-spec-doc/grain-128aead-spec-final.pdf[2022-06-05].

[6] Wu H J, Huang T. The authenticated cipher MORUS (v1)[EB/OL]. https://competitions.cr.yp.to/round2/morusv11.pdf [2016-10-07].

[7] Wu H J. ACORN: A lightweight authenticated cipher (v2)[EB/OL]. http://competitions.cr.yp.to/round2/acornv2.pdf [2016-06-05].

[8] Wu H J, Huang T. TinyJAMBU: A family of lightweight authenticated encryption algorithms. The NIST Lightweight Cryptography(LWC) Standardization Project(A Round-2 Candidate)[EB/OL]. https://csrc.nist.gov/CSRC/media/Projects/lightweight-cryptography/documents/round-2/spec-doc-rnd2/TinyJAMBU-spec-round2.pdf[2019-06-01].

[9] Zhang K, Ding L, Li J, et al. Real time related key attack on Hummingbird-2[J]. KSII Transactions on Internet and Information Systems, 2012, 6(8): 1946-1963.

[10] Ding L, Guan J. Related key chosen IV attack on Grain-128a stream cipher[J]. IEEE Transactions on Information Forensics and Security, 2013, 8(5): 803-809.

[11] Ciet M, Piret G, Quisquater J. Related-key and slide attacks: Analysis, connections, and improvements[C]//Proceedings of the 23rd Symposium on Information Theory, Benelux, 2002: 315-325.

[12] Chakraborti A, Nandi M. TriviA-ck-v2[EB/OL]. https://competitions.cr.yp.to/round2/triviackv2.pdf [2016-01-10].

[13] 施泰荣, 关杰, 李俊志, 等. 故障模型下 MORUS 算法的差分扩散性质研究[J]. 软件学报, 2018, (9): 2861-2873.

[14] 关杰, 施泰荣, 李俊志, 等. MORUS 算法的抗碰撞性分析[J]. 电子与信息学报, 2017, 39(7): 1704-1710.

[15] 李俊志, 关杰. 非线性反馈移位寄存器型序列密码的完全性通用算法研究[J]. 电子学报, 2017, 46(9): 2075-2080.

[16] 张沛. 若干基于流密码的认证加密算法的安全性分析[D]. 郑州: 信息工程大学, 2016.

[17] 丁林, 关杰. Trivium 流密码的基于自动推导的差分分析[J]. 电子学报, 2014, 42(8): 1647-1652.

[18] Baigneres T, Junod P, Vaudenay S. How far can we go beyond linear cryptanalysis? [C]//Proceedings of ASIACRYPT, Jeju Island, 2004: 432-450.

[19] Roussel O, Manquinho V. Input/output format and solver requirements for the competitions of pseudo-Boolean solvers[EB/OL]. http://www.cril.univ-artois.fr/PB12/format.pdf [2016-05-07].

[20] Bertsimas D, Weismantel R. Optimization over Integers[M]. Massachusetts: Dynamic Ideas, 2005.

[21] Achterberg T. SCIP: Solving constraint integer programs[J]. Mathematical Programming Computation, 2009, 1(1): 1-41.

[22] Ding L, Wang L. Algebraic degree estimation of ACORN v3 using numeric mapping[J]. Security and Communication Networks, 2019: 7429320.

[23] Saha D, Sasaki Y, Shi D, et al. On the security margin of TinyJAMBU with refined differential and linear cryptanalysis[J]. IACR Transactions on Symmetric Cryptology,2020: 152-174.

[24] Teng W L, Salam I, Yau W C, et al. Cube attacks on round-reduced TinyJAMBU[J]. Scientific Reports, 2022, 12(1): 5317.

[25] Orr Dunkelman, Eran Lambooij, Shibam Ghosh.Practical related-key forgery attacks on the full TinyJAMBU-192/256[J].Cryptology ePrint Archive, 2022: 1122.

[26] 张凯. 三类典型混合对称密码算法的安全性分析[D]. 郑州: 信息工程大学, 2013.

[27] Bertoni G, Daemen J, Peeters M, et al. Duplexing the sponge: Single-pass authenticated encryption and other applications[C]//Proceedings of Selected Areas in Cryptography, Toronto, 2011: 320-337.

[28] Forler C, McGrew D, Lucks S, et al. Hash-CFB Authenticated encryption without a block cipher [C]//Directions in Authenticated Ciphers, Stockholm, 2012: 65-76.

[29] Anand M V, Targhi E E, Tabia G N, et al. Post-quantum security of the CBC, CFB, OFB, CTR, and XTS modes of operation[C]//Proceedings of Post-Quantum Cryptography, Fukuoka, 2016: 44-63.

[30] Bernstein D J. Introduction to post-quantum cryptography[C]//Proceedings of Post-Quantum Cryptography, Leuven, 2006: 1-14.

第8章 序列密码的初始化过程

一般情况下，序列密码算法产生密钥流序列的过程可以分为初始化过程和密钥流生成过程两个阶段。作为密钥流生成过程的准备阶段，序列密码的初始化过程的作用是使得序列密码算法的输入(通常包括初始密钥和初始值 IV)之间达到充分的混乱，进而使得输出密钥流与序列密码算法的输入之间的代数关系足够复杂，保证攻击者不能由输出密钥流恢复出初始密钥。作为序列密码算法的重要组成部分，初始化过程的安全性直接影响序列密码算法的安全性。

安全性分析方面，在 eSTREAM 计划实施以前，序列密码分析者所做的工作大多集中在密钥流生成过程的分析上，已有的序列密码分析方法，如分别征服攻击、快速相关攻击、代数攻击、猜测确定攻击和区分攻击等，都是针对密钥流生成过程提出的。相比之下，对初始化过程的安全性的重视程度不够，分析方法和成果较少，比较有代表性的分析方法有重新同步攻击[1]。根据应用环境的需求，序列密码算法一般都具有重新初始化功能，保证加密通信用户可以使用相同的密钥和不同的 IV 产生不同的密钥流序列，这一功能对于多用户通信链接很重要。由于 IV 的存在，重新初始化使得加密通信用户不用频繁地更换密钥，降低了密钥分发和存储的代价；然而，IV 的公开性使得相同的密钥可以对应多条不同的密钥流序列，这给序列密码算法的安全性带来了新的挑战。

在 eSTREAM 计划实施以后，该工程中的不少候选算法因初始化过程存在信息泄露而被淘汰，如 LEX[2,3]、WG[4,5]、Py[6,7]、Phelix[8,9]和 TSC-4[10,11]等，序列密码初始化过程的安全性得到了广泛的关注。eSTREAM 计划的负责人之一 Cid 教授在对 eSTREAM 计划做总结时指出，序列密码初始化过程的设计理论仍比较缺乏。通常情况下，序列密码设计者都是根据个人经验来设计初始化过程，这使得目前序列密码初始化过程的设计呈现出设计者的个人特色明显、随意性较强等特点，缺乏有效的理论支撑。

根据文献[12]，本章介绍序列密码初始化过程的分类，接下来从混乱和扩散两个角度介绍衡量初始化过程安全性的工具—完全性和差分扩散性分析，并以 Trivium 类算法和 Loiss 算法为例，介绍针对一类序列密码初始化过程的安全性分析结果。

8.1 序列密码初始化过程的分类

由于序列密码的设计方法是灵活多样的，其初始化过程的设计方法也是灵活多样的，不同的算法结构对应不同的分析方法。因此，有必要对序列密码初始化过程的设计进行分类，针对每种类型，采用合适的分析方法，从而做到有的放矢。由于初始化过程是密钥流生成过程的准备阶段，两者是不可分割的统一整体，因此脱离密钥流生成过程，对初始化过程的设计进行分类是不合理的。本节以初始化过程与密钥流生成过程之间差异程度的大小为标准，将初始化过程的设计分为如下三类。

1. 结构相同型序列密码算法

初始化过程与密钥流生成过程结构相同的序列密码算法称为结构相同型序列密码算法，代表算法有 MICKEY 2.0 和 Trivium 等。MICKEY 2.0 算法的初始化过程与密钥流生成过程结构相同，不同之处仅在于其输入参量不同，Trivium 算法的初始化过程与密钥流生成过程完全相同。由于两种算法结构相同，该类型的序列密码算法在硬件实现方面具有明显的优势，所需的硬件门数很少，硬件实现速度很快。以 MICKEY 2.0 算法和 Trivium 算法为例，MICKEY 2.0 算法的硬件实现门数为 3188，通过现场可编程门阵列 (field programmable gate array，FPGA) 实现时，其产生密钥流的速度可达 233 兆比特/秒，Trivium 算法的硬件实现门数为 2580，产生密钥流的速度可达 240 兆比特/秒，在利用并行技术实现时速度更快。

2. 结构相似型序列密码算法

初始化过程与密钥流生成过程结构相似的序列密码算法称为结构相似型序列密码算法，该类序列密码算法是比较常见的，代表算法很多，主要有 Grain v1、TSC-4[10]、Decim v2[13]、K2[14]、Loiss[15]、SNOW 系列算法和 ZUC 算法等。TSC-4 算法是 eSTREAM 计划进入第二阶段的候选序列密码算法；Decim v2 算法是 eSTREAM 计划进入第三阶段评选的面向硬件实现的序列密码算法；K2 算法是日本 KDDI R&D (KDDI Research & Development) 的信息安全实验室于 2007 年设计的一个面向软件实现的序列密码算法初始化过程，在初始化过程中将密钥流生成器的输出反馈回密钥流生成器中用于更新内部状态。

3. 结构迥异型序列密码算法

初始化过程与密钥流生成过程结构迥异的序列密码算法称为结构迥异型序列密码算法，代表算法有 Py、SOSEMANUK、HC-128 和 Rabbit 等。Py 算法的初始化过程与密钥流生成过程结构完全不同；SOSEMANUK 算法使用了分组密码 Serpent[16]构造初始化过程，与密钥流生成过程结构完全不同；HC-128 算法的初始化过程与密钥流生成过程虽然采用了相同的更新函数，但结构仍存在较大差异，Rabbit 算法与 HC-128 算法情况类似。由于初始化过程与密钥流生成过程结构差异较大，不利于该类序列密码算法的硬件实现，因此该类序列密码算法大都是面向软件实现的，在软件实现方面具有明显的优势。以 Py 算法为例，在 Pentium Ⅲ处理器上，产生密钥流的速度可达 2.85 时钟/字节(产生一个密钥流字节需要的时钟数)，比 RC4 还要快约 2.5 倍。

需要指出的是，以上初始化过程的分类方法是从序列密码算法整体设计的角度给出的，因此也可以看成是序列密码算法的一种分类方法。分析者需要做的就是利用各种已知的分析方法，寻找序列密码初始化过程中的信息泄露，形成对序列密码算法的有效攻击。

8.2 序列密码初始化过程的完全性分析

Shannon 在"保密系统的通信原理"一文中提出了密码设计的两个原则——混乱原则和扩散原则，符合这两个原则的密码算法的必然要求是算法达到完全性。序列密码的完全性是指每个密钥流比特都包含所有密钥比特及 IV 比特的信息。若某些密钥流只与部分密钥比特或 IV 比特有关，则很可能会遭受密钥分割攻击或区分攻击，因此完全性研究可以为序列密码的设计(移位寄存器抽头位置的选取、初始化轮数的选取等)提供一定的理论依据。

8.2.1 完全性分析方法简述

目前，完全性研究方法有统计测试法[17]、表达式判断法 [18]和信息包含法[19,20]等。

统计测试法是在密钥或 IV 上引入 1 比特差分，通过观察输出密钥流比特是否改变来判断其中是否包含密钥或 IV 的这个比特的信息，若密钥流发生改变则判断一定包含这个比特密钥或 IV 的信息，若运行多次后密钥流比特没有发生改变，则判断不包含这个比特密钥或 IV 的信息。此方法可以 1 的概率肯定完全性，但是其缺点在于判断不完全时是概率性判断，即只能以一定的概率否定完全性。

表达式判断法是将一个密码系统看成是密文或密钥流等输出比特关于明文比特及密钥比特的布尔函数 [18]。对于序列密码，若可以得到输出密钥流关于初始密钥及 IV 的表达式，则很容易得到算法的完全性质。但是随着密码算法轮数的增多，密码算法内部状态关于明文和密钥函数的项数与次数都会快速增加，甚至超过了计算机的处理能力，因此这种方法一般只适用于分析缩减轮数的密码算法。

信息包含法是指利用某一比特内部状态表达式中所包含的密钥和明文(或 IV)信息来判断算法是否达到完全。文献[20]利用这个方法来研究内部状态中包含的密钥，没有更进一步地研究算法的完全性。由于只考虑信息的包含关系，并没有考虑具体的表达式，也没有区分输出比特与密钥和 IV 的线性依赖及非线性依赖关系，因此这种分析方法往往过于粗糙，与实际算法的完全性质差距较大。事实上，如果输出密钥流关于初始密钥及 IV 的表达式仅在线性部分中包含某些密钥及 IV 比特，而在非线性部分并没有包含它们，那么会遭受区分攻击或密钥分割攻击，要保证密码算法安全至少应使输出密钥流达到非线性完全性。

根据文献[20]，本节综合利用表达式判断法和信息包含法，提出一种判断 NFSR 型序列密码是否达到非线性完全性的通用算法[21]。该通用算法是将基于 NFSR 的算法的内部状态信息细分为线性部分和非线性部分两个集合，将密码算法中的异或运算及比特与运算转化为变量集合的形式加法和形式乘法，分别进行线性部分和非线性部分运算，进而给出函数线性部分的表达式和非线性部分包含信息的集合。若算法输出函数的非线性部分集合中包含了所有的密钥及 IV 的信息，则认为输出密钥流达到非线性完全性。该通用算法可以区分输出序列对于密钥和 IV 比特的线性依赖和非线性依赖，可以 1 的概率否定完全性，能够从理论上给出算法非线性完全性轮数的下界。

8.2.2　判断完全性的通用算法

由于 LFSR 的线性递推关系，它的内部状态及输出始终是线性的，因此不符合非线性完全性的要求，可见要保证完全性必须引入非线性因素。前馈模型正是利用非线性的前馈函数使得输出密钥流可能达到非线性完全性，但是由于其基础乱源的线性属性，无论是抽头选择还是前馈函数的设计都必须非常小心才能保证输出密钥流的非线性完全性。由于 LFSR 内部状态是关于密钥的线性函数，在经过前馈函数作用后还可以进行表示，因此前馈模型的完全性可以通过表达式判断法进行研究。NFSR 的内部状态更新函数是非线性的，精心设计的 NFSR 可以保证内部状态在若干轮后实现非线性完全性，由于 NFSR 的非线性更新函数内部状态的方程膨胀较快，很难用表达式判断法研究其完全性，因此本节提出以下通用算法来研究其完全性。

完全性通用算法的基本思想是：从密钥和 IV 填充完毕开始，将内部状态分成线性部分和非线性部分两个集合，形式地按照算法更新函数和密钥流生成函数进行运算，得到输出密钥流中包含初始密钥和 IV 的信息。线性部分可给出其具体表达式，非线性部分的表达式难以具体给出，本节将借鉴信息包含法的思想，用集合取并集的运算代替加法和比特与运算。

通用算法中的线性部分和非线性部分都是包含了若干比特初始密钥和 IV 的集合，但它们的运算规则有所不同。由于算法的状态更新方程是由基本的异或运算和比特与运算组成的，因此只需考虑线性部分和非线性部分之间进行异或运算及比特与运算的规则，本节称其为形式加法和形式乘法。

1)符号说明

k_i：密钥的第 i 比特。

v_i：IV 的第 i 比特。

s_j^i：密码算法的第 i 轮第 j 比特内部状态。

$LF(X)$：多项式 X 的线性部分，$LF(X) = \{x \mid$ 变量 x 在多项式 X 的线性项中出现 $\} \bigcup \{$ 多项式 X 的常数项 $\}$。

$NF(X)$：多项式 X 的非线性部分，$NF(X) = \{x \mid$ 变量 x 在多项式 X 的非线性项中出现 $\}$。

$\hat{Y}$：多项式 Y 的形式化描述，即 $\hat{Y} = \left(LF(Y), NF(Y)\right)$。

$PF(A)$：将集合 A 组成仿射多项式，即 $PF(A) = \sum\limits_{x \in A} x$。

"$+$"：多项式的加法，指的是二元域上的加法。

"$\cdot$"：多项式的乘法，指的是二元域上的乘法。

"$\boxplus$"：形式加法。

"$\boxdot$"：形式乘法。

"$\odot$"：集合乘法，其运算过程为

$$A \odot B = \begin{cases} \varnothing, & B = \varnothing \\ A \bigcup B, & B \neq \varnothing \end{cases}$$

$\hat{f}(\hat{x}_1, \hat{x}_2, \cdots, \hat{x}_n)$：函数 f 的形式化描述，将其中的 "$+$" 和 "$\cdot$" 换成 "$\boxplus$" 和 "$\boxdot$"，并将 x_i 换成 $\hat{x}_i$。

$LP(\hat{Y})$：取形式化描述 $\hat{Y} = (A, B)$ 的线性部分，即 $LP((A, B)) = A$。

$NP(\hat{Y})$：取形式化描述 $\hat{Y} = (A, B)$ 的非线性部分，即 $NP((A, B)) = B$。

下面定义通用算法中的形式加法与形式乘法。

多项式 f_1、f_2 的形式化描述为

$$\hat{f}_1 = (LF(f_1), NF(f_1)), \quad \hat{f}_2 = (LF(f_2), NF(f_2))$$

形式加法描述为

$$\hat{f}_1 \boxplus \hat{f}_2 = (LF(PF(LF(f_1)) + PF(LF(f_2))), \ NF(f_1) \bigcup NF(f_2))$$

形式乘法描述为

$$\hat{f}_1 \boxdot \hat{f}_2 = (LF(PF(LF(f_1)) \cdot PF(LF(f_2))), B)$$

式中，B 定义为

$$B = NF(PF(LF(f_1)) \cdot PF(LF(f_2))) \bigcup (LF(f_1) \odot NF(f_2)) \bigcup (LF(f_2) \odot NF(f_1))$$

经验证，形式加法和形式乘法满足交换律、结合律及分配律。这些运算法则在证明定理 8.2.1 及完全性通用算法的具体实现过程中将会用到。

定理 8.2.1　对多项式 $f(x_1, x_2, \cdots, x_n)$，x_i 是关于初始变量的表达式，则 $\mathrm{LF}(f(x_1, x_2, \cdots, x_n)) = \mathrm{LF}(\hat{f}(\hat{x}_1, \hat{x}_2, \cdots, \hat{x}_n))$，且 $\mathrm{NF}(f(x_1, x_2, \cdots, x_n)) \subseteq \mathrm{NF}(\hat{f}(\hat{x}_1, \hat{x}_2, \cdots, \hat{x}_n))$。

证明　设 $f(x_1, x_2, \cdots, x_n) = L(x_{n_1}, x_{n_2}, \cdots, x_{n_s}) + N(x_{n_1'}, x_{n_2'}, \cdots, x_{n_t'})$，其中 $L(x_{n_1}, x_{n_2}, \cdots, x_{n_s})$ 为 f 函数的线性表达式，$N(x_{n_1'}, x_{n_2'}, \cdots, x_{n_t'})$ 为 f 函数的非线性表达式，设 $x_1, x_2, \cdots, x_n$ 均是关于 $y_1, y_2, \cdots, y_m$ 的多项式，其线性部分为 $\mathrm{LF}(x_i)$，其中 $1 \leqslant i \leqslant n$，非线性部分为 $\mathrm{NF}(x_i)$，其中 $1 \leqslant i \leqslant n$，则 $\mathrm{LF}(f(x_1, x_2, \cdots, x_n))$ 只与 $\mathrm{LF}(x_i)$ 有关，故根据形式加法和形式乘法的定义有

$$
\begin{aligned}
\mathrm{LF}(f(x_1, x_2, \cdots, x_n)) &= \mathrm{LF}(L(\mathrm{PF}(\mathrm{LF}(x_{n_1})), \mathrm{PF}(\mathrm{LF}(x_{n_2})), \cdots, \mathrm{PF}(\mathrm{LF}(x_{n_s}))) \\
&\quad \oplus N(\mathrm{PF}(\mathrm{LF}(x_{n_1'})), \mathrm{PF}(\mathrm{LF}(x_{n_2'})), \cdots, \mathrm{PF}(\mathrm{LF}(x_{n_t'})))) \\
&= \mathrm{LF}(\hat{L}(\hat{x}_1, \hat{x}_2, \cdots, \hat{x}_n) \boxplus \hat{N}(\hat{x}_1, \hat{x}_2, \cdots, \hat{x}_n)) \\
&= \mathrm{LF}(\hat{f}(\hat{x}_1, \hat{x}_2, \cdots, \hat{x}_n))
\end{aligned}
$$

考察 $\mathrm{NF}(f(x_1, x_2, \cdots, x_n))$，设 $y_j \in \mathrm{NF}(f(x_1, x_2, \cdots, x_n))$ 且 $y_j \notin \bigcup\limits_{1 \leqslant i \leqslant n} \mathrm{NF}(x_i)$，由于 $y_j \in \mathrm{NF}(f(x_1, x_2, \cdots, x_n))$，因此必然存在 $k_1, k_2 \in \{n_1', n_2', \cdots, n_t'\}$，使 $y_j \in \mathrm{LF}(x_{k_1})$ 且 $y_j \in \mathrm{NF}(\mathrm{PF}(\mathrm{LF}(x_{k_1})) \cdot \mathrm{PF}(\mathrm{LF}(x_{k_2}))) \subseteq \mathrm{NF}(\hat{x}_{k_1} \,\square\, \hat{x}_{k_2}) \subseteq \mathrm{NF}(\hat{f}(\hat{x}_1, \hat{x}_2, \cdots, \hat{x}_n))$；否则存在 $k_3 \in \{1, 2, \cdots, n\}$，使 $y_j \in \mathrm{NF}(x_{k_3})$，由形式加法和形式乘法的定义，不管 $k_3 \in \{n_1, n_2, \cdots, n_s\}$ 或 $k_3 \in \{n_1', n_2', \cdots, n_t'\}$，都有

$$
y_j \in \mathrm{NF}(x_{k_3}) \subseteq \mathrm{NF}(\hat{f}(\hat{x}_1, \hat{x}_2, \cdots, \hat{x}_n))
$$

因此，$\mathrm{NF}(f(x_1, x_2, \cdots, x_n)) \subseteq \mathrm{NF}(\hat{f}(\hat{x}_1, \hat{x}_2, \cdots, \hat{x}_n))$。

证毕。

定理 8.2.1 给出了复合函数在经过形式加法和形式乘法运算后的完全性描述，保证了形式运算后的结果与密码算法真实值相比不会损失信息。也就是说，形式表示得到完全性的结论未必是真正的完全性，当不存在变量抵消时，形式表示推出的结果与真实值相同，但形式表示推出复合函数是（非线性）不完全，则它一定是（非线性）不完全。

2) 通用算法描述

定义 8.2.1　若小于 t 时刻时，输出密钥流（内部状态）关于初始密钥及 IV 的表达式非线性部分没有包含所有初始密钥及 IV 的信息，而第 t 时刻输出密钥流（内

部状态)关于初始密钥及 IV 的表达式非线性部分包含了所有密钥及 IV 的信息，则称 t 为密钥流(内部状态)达到完全性所需轮数，简称完全性轮数。

算法 8.2.1　基于 NFSR 序列密码非线性完全性轮数下界判断通用算法

输入：算法初始化轮数 M。

输出：内部状态达到非线性完全性的轮数 r_s 及输出密钥流达到非线性完全性的轮数 r_z。

令 $\text{flag}_s = 0$，$\text{flag}_z = 0$；

密钥及 IV 填充过程：

将密钥及 IV 填充过程转化为每个内部状态比特的线性部分和非线性部分进行初始化填充。

初始化：

For　$j = 1$　to　M

　　　If　每个内部状态的非线性部分均包含所有密钥及 IV 且 $\text{flag}_s = 0$

　　　　　　$r_s = j - 1$；

　　　　　　$\text{flag}_s = 1$；

　　　End If

　　　计算更新比特的线性部分和非线性部分，并按照初始化过程对内部状态比特进行移位和更新。

　　　计算第 j 个时刻(假设从第 j 个时刻开始输出密钥流)输出比特的线性部分和非线性部分。

　　　If 输出比特的非线性部分均包含所有密钥及 IV 且 $\text{flag}_z = 0$

　　　　　　$r_z = j$；

　　　　　　$\text{flag}_z = 1$；

　　　End If

End For

If $\text{flag}_s = 0$

　　初始化后内部状态不完全；

End If

If $\text{flag}_z = 0$

　　初始化后密钥流不完全；

Else

　　输出密钥流达到非线性完全性的轮数下界 r_z；

End If

由定理 8.2.1 可得如下结论。

定理 8.2.2 若密码算法的第 i 轮第 j 个内部状态 s_j^i 包含初始密钥 k_t (或 v_t)的信息，则算法 8.2.1 得到的 s_j^i 也一定包含 k_t (或 v_t)的信息，其中 $1 \leqslant i \leqslant M$ ，$1 \leqslant j \leqslant N$ ，$1 \leqslant t \leqslant n$ (M 为初始化轮数，N 为内部状态规模，n 为密钥流长度)。

证明 由定理 8.2.1 可得，算法 8.2.1 得到的内部状态 s_j^i 的线性部分组成的仿射函数表达式与密码算法实际内部状态的 s_j^i 线性部分的表达式相同，s_j^i 的非线性部分包含算法实际内部状态 s_j^i 表达式的非线性部分，定理得证。

证毕。

推论 8.2.1 算法 8.2.1 得到的密钥流(内部状态)非线性完全性轮数 r 是真实算法非线性完全性轮数 R 的下界。

证明 假设算法输出密钥流在第 R 轮达到非线性完全，即密钥流的非线性部分包含了所有的密钥及 IV 信息，则由定理 8.2.2 可知，此时由算法 8.2.1 得到的密钥流输出的非线性部分也一定包含所有的密钥及 IV 信息。因此，由算法 8.2.1 得到的算法非线性完全性轮数 $r \leqslant R$ 。

证毕。

由推论 8.2.1 可知，若在某一轮，算法 8.2.1 得到密钥流(内部状态)还未达到非线性完全，则密码算法也一定未达到非线性完全。这个性质更加便于密码分析者构造区分攻击或密钥分割攻击。

8.2.3 Trivium 型密码的完全性分析

本节将算法 8.2.1 应用于 Trivium 算法及 Trivium-S2 算法中，得到了 Trivium 算法及 Trivium-S2 算法的完全性质，并应用此性质对简化版 Trivium 算法进行了区分攻击，对满轮的 Trivium-S2 算法进行了密钥分割攻击。

1) Trivium 算法完全性分析

将 Trivium 算法的算法结构及参数代入通用算法 8.2.1 中，经过编程分析，可以得到以下结论。

性质 8.2.1 Trivium 算法的完全性轮数下界为 399。

根据算法 8.2.1 可以得到，398 轮的简化版 Trivium 算法输出密钥流的第 1 比特非线性部分中没有包含 v_1 的信息，但是线性部分却出现了 v_1 。根据定理 8.2.2，真实的初始化为 398 轮的简化版 Trivium 算法输出的第 1 比特的非线性部分中也一定没有出现 v_1 ，而其线性部分中一定出现 v_1 。因此，在密钥及 IV 的其他值不变的情况下改变 v_1 的值，算法输出密钥流的第 1 比特一定改变，可以利用此性质构造差分区分器。

此攻击方案数据量为选择 IV 对数 N ，计算量为 $2N$ 次简化版 Trivium 算法，成功率为 $1-2^N$ 。当 N 取 16 时，经过 32 次简化版 Trivium 算法，区分攻击成功率

算法 8.2.2　针对 398 轮的 Trivium 算法区分攻击

输入：选择 IV 对数 N。

输出：判断结果。

步骤 1，选取 N 个 (IV, IV') 对，每个 (IV, IV') 对满足如下条件：

$$\Delta v_1 = 1 , \text{ 其他 } \Delta v_k = 0 , \quad 2 \leqslant k \leqslant 80$$

步骤 2，对于一个固定的密钥 K，将满足上述差分条件的 (IV, IV') 对分别加载到初始化为 398 轮的 Trivium 算法中，检测算法输出密钥流第 1 比特的差分是否为 1。

步骤 3，若这 N 对 IV 输出密钥流第 1 比特的差分均为 1，则判断此为 Trivium 算法输出，否则判断此为随机数。

为 $1 - 2^{-16} \approx 99.998\%$。

为了验证以上攻击的正确性，本节随机选取了 1000 个满足区分攻击步骤 1 中差分特征的 (IV, IV') 对，每一个 IV 对随机选取密钥，代入初始化轮数为 398 轮的简化版 Trivium 算法中，得到 398 轮简化版 Trivium 算法第 1 比特输出差分均为 1，与理论值吻合。

性质 8.2.2　Trivium 算法内部状态完全性的下界轮数为 561。

由算法 8.2.1 可得当轮数为 561 时，Trivium 算法内部状态达到完全性；当轮数为 560 时，Trivium 算法内部状态第 288 个比特中没有包含 v_1 的信息。

算法内部状态没有达到完全性时会对构造内部状态差分等攻击有潜在的隐患。算法内部状态的完全性与输出密钥流的完全性可能并不同步，因此算法初始化设计时至少保证算法内部状态及密钥流都达到完全性，建议初始化轮数应该大于两者完全性轮数的最大值。

2) Trivium-S2 算法完全性分析

Afzal 等在文献[22]中提出了 4 种修改版本的 Trivium 算法，其中为了使内部状态表达式的次数增长得更快，Trivium-S2 算法使用了 3 个额外的与门，其密钥和 IV 填充过程及初始化轮数与 Trivium 算法相同。算法的伪代码描述具体见算法 3.1.8。

将 Trivium-S2 算法的结构代入算法 8.2.1 中，发现了该算法的一个严重安全缺陷。Trivium-S2 算法的状态更新函数及输出函数中抽头序号的选取均为 3 的倍数，这导致无论该算法初始化的轮数选取为多少，其输出密钥流均不完全，且有以下结论成立。

性质 8.2.3　对于 Trivium- S2 算法，有如下性质。

(1) z_{3t-2} 只与 k_{3i} 和 v_{3i} 有关，其中 $t \geqslant 1, 1 \leqslant i \leqslant 26$ 。

(2) z_{3t-1} 只与 k_{3i-1} 和 v_{3i-1} 有关，其中 $t \geqslant 1, 1 \leqslant i \leqslant 27$ 。

(3) z_{3t} 只与 k_{3i-2} 和 v_{3i-2} 有关，其中 $t \geqslant 1, 1 \leqslant i \leqslant 27$ 。

据此可以对 Trivium-S2 算法进行密钥分割攻击。攻击的条件是已知 IV 及输出密钥流的前 108 比特，即

$$Z = \left(z_1, z_2, \cdots, z_{108} \right)$$

攻击的准备工作是先将密钥 K 分成如下三部分：

$$K^{(0)} = \left(k_1, k_4, k_7, \cdots, k_{79} \right)$$

$$K^{(1)} = \left(k_2, k_5, k_8, \cdots, k_{80} \right)$$

$$K^{(2)} = \left(k_3, k_6, k_9, \cdots, k_{78} \right)$$

相应地，IV 也分成如下三部分：

$$V^{(0)} = \left(v_1, v_4, v_7, \cdots, v_{79} \right)$$

$$V^{(1)} = \left(v_2, v_5, v_8, \cdots, v_{80} \right)$$

$$V^{(2)} = \left(v_3, v_6, v_9, \cdots, v_{78} \right)$$

同样，由此密钥 K 和 IV 产生的密钥流也可分成如下三部分：

$$Z^{(0)} = \left(z_3, z_6, z_9, \cdots, z_{108} \right)$$

$$Z^{(1)} = \left(z_2, z_5, z_8, \cdots, z_{107} \right)$$

$$Z^{(2)} = \left(z_1, z_4, z_7, \cdots, z_{106} \right)$$

攻击的具体过程如算法 8.2.3 所示。

算法 8.2.3　针对 Trivium-S2 算法的密钥分割攻击

输入：IV 及密钥流的前 108 比特 Z 。

输出：密钥 K 。

步骤 1，令 $\mathrm{flag}_0 = \mathrm{flag}_1 = \mathrm{flag}_2 = 0$，$K^{(0)} = K^{(1)} = K^{(2)} = 0$ 。

步骤 2，根据 $K^{(m)}$ 的取值和已知的 $V^{(m)}$ 计算 $Z'^{(m)}$ 。

步骤 3，For $m=0$ to 2

    If $\text{flag}_m = 0$

       If $Z^{(m)} = Z'^{(m)}$

          令此时的 $K^{(m)}$ 为候选密钥；

          令 $\text{flag}_m = 1$；

       Else

          重新选取 $K^{(m)}$；

       If $\text{flag}_0 = \text{flag}_1 = \text{flag}_2 = 1$

          将得到的 K 作为正确密钥输出；

       Else

          返回步骤 2 计算 $Z'^{(m)}$；

此攻击需要的数据量为 108 比特密钥流，攻击的时间复杂度为 $O(2^{27})$，攻击的成功率为 $\left(\dfrac{1}{1+2^{27}/2^{36}}\right)^2 \dfrac{1}{1+2^{26}/2^{36}} > 99.5\%$。本节在个人计算机上进行了实验（计算环境为 Intel Core i5-3470 CPU 3.2GHz，内存 4GB），随机选取初始密钥及 IV 进行了 1000 组实验，平均 45s 内可以求出所有初始密钥。

8.3　序列密码初始化过程的差分分析

差分分析[23]是 Biham 等在美洲密码年会上提出的一种针对迭代型分组密码的选择明文攻击方法，其基本思想是利用密码算法的差分统计量的不平衡性，构造具有较高转移概率的差分路径，进而恢复未知密钥。差分分析作为一种重要的密码分析方法，也可用于序列密码初始化过程的分析中，这对于探究序列密码初始化过程的混乱效果非常有效。

8.3.1　差分分析方法简述

2007 年，Biham 等在文献[24]中针对差分分析在序列密码中的应用给出了初步的理论分析，并给出了构造差分路径的三个阶段，具体介绍如下。

阶段 I：

$$(\Delta\text{key},\Delta\text{IV}) \xrightarrow{\text{密钥和IV加载过程}} \Delta S$$

式中，Δkey 表示密钥差分；ΔIV 表示 IV 差分；ΔS 表示完成密钥和 IV 加载过程后序列密码算法的初始状态差分。

阶段 II：

$$\Delta S \xrightarrow{\quad 初始化更新过程 \quad} \Delta S$$

式中，前一个 ΔS 表示序列密码算法的初始状态差分；后一个 ΔS 表示经过初始化更新后序列密码算法的内部状态差分。

阶段 III：

$$\Delta S \xrightarrow{\quad 密钥流生成过程 \quad} \Delta KS$$

式中，ΔS 表示序列密码算法的内部状态差分；ΔKS 表示序列密码算法的输出密钥流差分。

这里 $\Delta X = X \oplus X^*$ 表示变量 X 关于异或运算的差分值，$\Delta X \to \Delta Y$ 表示差分路径(特征)，ΔX 表示输入差，ΔY 表示输出差。

2008 年，Pasalic 对上述前两个阶段进行了研究，从代数攻击的角度对差分密钥恢复攻击在序列密码中的应用进行了理论分析[25]。然而，在常规的攻击假设下，攻击者只能控制序列密码的输入(密钥和 IV)差、得到输出密钥流差分 ΔKS，无法得知内部状态的具体值。因此，构造从 $(\Delta key, \Delta IV)$ 到 ΔKS 之间的差分路径

$$(\Delta key, \Delta IV) \xrightarrow{\quad 初始化过程, 密钥流生成过程 \quad} \Delta KS$$

是更加实际可行的。

在对序列密码算法进行差分分析时，寻找具有较高概率的差分路径是一个难点问题，同时也是最为关键的问题。通常情况下，序列密码算法在输出密钥流之前要经过足够多轮的初始化过程，以保证密钥和 IV 的充分混乱和扩散，这增加了序列密码分析者寻找上述差分路径的难度。

8.3.2　Loiss 序列密码初始化过程的差分分析

本小节将结合差分碰撞的思想，以 Loiss 序列密码初始化过程为例，对该序列密码算法进行差分分析。Loiss 是在 2011 年的 IWCC 会议上被提出的一个面向字节实现的序列密码算法，其密钥规模和初始值 IV 规模都为 128 比特，输出为密钥流字节序列。Loiss 序列密码初始化过程主要由三部分组成：32 级 LFSR，非线性函数 F 和面向字节的记忆混合器(byte-oriented memorial mixer，BOMM)。BOMM[26]是一种基于字节操作的混合型带记忆逻辑，对输入的字节序列与自身的内部记忆单元进行操作，可以输出一个具有更优统计性质的字节序列。文献[26]说明 BOMM 在抗击相关攻击、分别征服攻击、相关密钥攻击和区分攻击等方面都有很好的性能。在 Loiss 序列密码初始化过程的设计报告中，设计者对 Loiss 序列密码初始化过程的安全性进行了分析，研究了 Loiss 序列密码初始化过程抵抗猜测确定攻击、线性区分攻击、代数攻击和时间存储数据折中攻击的能力，随后

称 Loiss 序列密码初始化过程能够提供 128 比特的安全性。文献[27]提出了针对 Loiss 序列密码初始化过程的猜测确定攻击，该结果与设计报告中的攻击结果相同，实际上是设计报告中猜测确定攻击部分的具体化。目前还没有出现针对 Loiss 序列密码初始化过程的分析结果。

1. Loiss 序列密码初始化过程介绍

Loiss 序列密码初始化过程的密钥流生成器包括三部分：LFSR、非线性函数 F 和 BOMM，如图 8.3.1 所示。

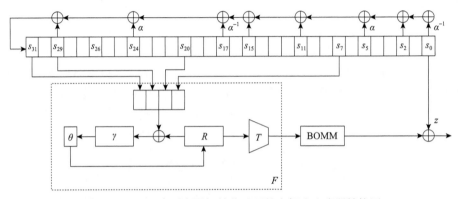

图 8.3.1　Loiss 序列密码初始化过程的密钥流生成器结构图

Loiss 序列密码初始化过程的 LFSR 是定义在 $GF(2^8)$ 域上的，包含 32 个寄存器，每个寄存器包含 1 字节(即 8 比特)，令 s_i $(0 \leq i \leq 31)$ 为 LFSR 的内部状态，设 $(s_0^{(t)}, s_1^{(t)}, \cdots, s_{31}^{(t)})$ 为 LFSR 在 $t(t \geq 0)$ 时刻的内部状态，则在 $t+1$ 时刻的内部状态 $(s_0^{(t+1)}, s_1^{(t+1)}, \cdots, s_{31}^{(t+1)})$ 满足

$$s_{31}^{(t+1)} = s_{29}^{(t)} \oplus \alpha s_{24}^{(t)} \oplus \alpha^{-1} s_{17}^{(t)} \oplus s_{15}^{(t)} \oplus s_{11}^{(t)} \oplus \alpha s_5^{(t)} \oplus s_2^{(t)} \oplus \alpha^{-1} s_0^{(t)}$$

$$s_i^{(t+1)} = s_{i+1}^{(t)}, \quad i = 0, 1, 2, \cdots, 30$$

式中，α 是 $GF(2^8)$ 域上多项式 $\pi(x) = x^8 + x^7 + x^5 + x^3 + 1$ 的根。

非线性函数 F(图 8.3.1 中虚线框内部分)是一个压缩函数，输入和输出分别为 32 比特和 8 比特，F 中包含一个 32 比特的存储单元 R。令 $s_{31}^{(t)}$、$s_{26}^{(t)}$、$s_{20}^{(t)}$、$s_7^{(t)}$、分别为寄存器 s_{31}、s_{26}、s_{20}、s_7 在 t 时刻的内部状态，记 w 为 F 的输出，记 $R^{(t)}$ 和 $R^{(t+1)}$ 分别为存储单元 R 在 t 和 $t+1$ 时刻的内部状态，非线性函数 F 的输出变换为 $w^{(t)} = T(R^{(t)})$，其中 $T(\cdot)$ 是一个截断函数，它将 $R^{(t)}$ 最左端的 8 比特抽出来作为输出。

存储单元 R 的状态更新变换定义如下：

$$R^{(t+1)} = \theta(\gamma(X \oplus R^{(t)}))$$

式中，γ 由 4 个 8×8 的 S 盒 S_1 并置得到，即 $\gamma(x_1 \| x_2 \| x_3 \| x_4) = S_1(x_1) \| S_1(x_2) \| S_1(x_3) \| S_1(x_4)$，$x_i (1 \leqslant i \leqslant 4)$ 为一个字节；θ 为 SMS4 分组密码算法[28]中使用的一个定义在 32 比特上的线性变换，具体描述如下：

$$\theta(x) = x \oplus (x \lll 2) \oplus (x \lll 10) \oplus (x \lll 18) \oplus (x \lll 24)$$

式中，$\lll a$ 为定义在 32 比特上的循环左移 a 比特运算。

BOMM 部件是一个输入与输出都是 8 比特的变换，包含 16 个字节存储单元，记为 $y_i (0 \leqslant i \leqslant 15)$，如图 8.3.2 所示。

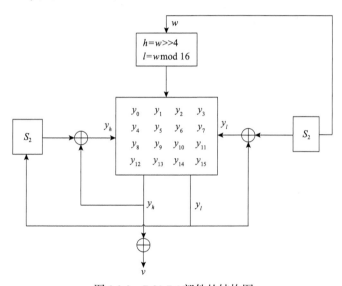

图 8.3.2　BOMM 部件的结构图

令 $w^{(t)}$ 和 $v^{(t)}$ 分别为 BOMM 在 t 时刻的输入与输出字节，记 $y_i^{(t)}$ 和 $y_i^{(t+1)}$ 分别为存储单元 y_i 在时刻 t 和时刻 $t+1$ 的内部状态，$0 \leqslant i \leqslant 15$。BOMM 的工作方式如下：

$$h^{(t)} = w^{(t)} >> 4, \quad l^{(t)} = w^{(t)} \bmod 16, \quad v^{(t)} = y_h^{(t)} \oplus w^{(t)}$$

$$y_l^{(t+1)} = y_l^t \oplus S_2(w^{(t)}), \quad y_h^{(t+1)} = \begin{cases} y_h^{(t)} \oplus S_2(y_l^{(t+1)}), & h \neq l \\ y_l^{(t+1)} \oplus S_2(y_l^{(t+1)}), & h = l \end{cases}$$

$$y_i^{(t+1)} = y_i^{(t)}, \quad i = 0, 1, \cdots, 15; i \neq h, l$$

式中，$>> 4$ 表示右移 4 比特运算；S_2 为一个 8×8 的 S 盒变换。

Loiss 序列密码初始化过程可以分为两个阶段：密钥和 IV 加载、64 轮的初始化操作。

记 LFSR 和 BOMM 的初始状态分别为 $(s_0^{(0)}, s_1^{(0)}, \cdots, s_{31}^{(0)})$ 和 $(y_0^{(0)}, y_1^{(0)}, \cdots, y_{31}^{(0)})$。在密钥和 IV 加载阶段，Loiss 序列密码初始化过程将 F 中的存储单元 R 赋值为全零，即 $R^{(0)} = 0$，将 128 比特的初始密钥 $\text{IK} = \text{IK}_0 \| \text{IK}_1 \| \cdots \| \text{IK}_{15}$ 和 128 比特的初始值 $\text{IV} = \text{IV}_0 \| \text{IV}_1 \| \cdots \| \text{IV}_{15}$ 加载到 LFSR 和 BOMM 中，加载方式如下：

$$s_i^{(0)} = \text{IK}_i, \quad s_{16+i}^{(0)} = \text{IK}_i \oplus \text{IV}_i, \quad y_i^{(0)} = \text{IV}_i, \quad 0 \leqslant i \leqslant 15$$

在密钥和 IV 加载阶段完成后，进入初始化过程的后一个阶段，其更新过程包含 64 轮，与密钥流生成过程不同的是，在此阶段 Loiss 序列密码初始化过程不产生密钥流序列，而是将 BOMM 的输出字节反馈回去用于更新 LFSR 的内部状态，如图 8.3.3 所示。

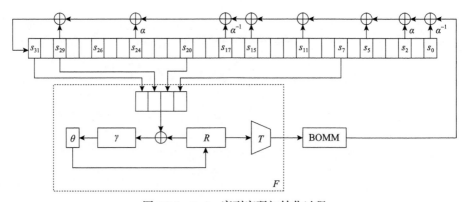

图 8.3.3 Loiss 序列密码初始化过程

在完成初始化过程后，Loiss 开始产生密钥流，记 $z^{(t)}$ 为 Loiss 序列密码初始化过程在 t 时刻产生的输出密钥流字节，则

$$z^{(t)} = s_0^{(t)} \oplus v^{(t)}$$

式中，$s_0^{(t)}$ 和 $v^{(t)}$ 分别为 LFSR 的 s_0 在 t 时刻的内部状态字节和 BOMM 在 t 时刻的输出字节。

2. Loiss 序列密码初始化过程的差分路径

下面给出 Loiss 序列密码初始化过程中高概率差分路径的构造方法。

首先需要对 Loiss 序列密码初始化过程各个部件的差分扩散性进行分析。就

LFSR 而言，存在移位和异或两种运算，且影响 F 函数中记忆寄存器的更新，因而差分扩散能力较强；就 F 函数而言，当前时刻的内部状态直接影响下个时刻的内部状态，且利用输出可直接控制 BOMM 部件记忆单元的更新，因而差分扩散能力也较强；就 BOMM 而言，由于 BOMM 部件记忆单元的更新由 F 函数的输出控制，且每个时刻只能更新 1、2 个记忆单元，因此从更新记忆单元的选择来看，可将 BOMM 的更新方式看成是概率性的，而非确定性的，因而 BOMM 的差分扩散能力较弱。本节对 Loiss 序列密码初始化过程的分析也表明，BOMM 存在差分扩散能力较弱这一安全性弱点。

根据以上分析，为了构造高概率的差分路径，在进行大量的尝试后发现，当选择相关的 (K, IV) 和 (K', IV') 使得它们之间满足如下关系式时，可以构造出一条高概率的全轮（即 64 轮）差分路径。

$$K = IK_0 \| IK_1 \| \cdots \| IK_{15} \leftrightarrow K^* = (IK_0 \oplus \Delta_0) \| IK_1 \| (IK_2 \oplus \Delta_1) \| IK_3 \| \cdots \| IK_{15}$$

$$IV = IV_0 \| IV_1 \| \cdots \| IV_{15} \leftrightarrow IV^* = (IV_0 \oplus \Delta_0) \| IV_1 \| (IV_2 \oplus \Delta_1) \| IV_3 \| \cdots \| IV_{15}$$

式中，Δ_0 和 Δ_1 都为非零字节。

当分别加载 (K, IV) 和 (K^*, IV^*) 之后，攻击者可以找到一条高概率的初始化前三轮的差分路径，记为 D_{path}，如表 8.3.1 所示。

表 8.3.1　Loiss 序列密码初始化过程前三轮的差分路径 D_{path}

轮	$\Delta s_0^{(i)}$	$\Delta s_1^{(i)}$	$\Delta s_2^{(i)}$	$\Delta s_3^{(i)}$	$\cdots$	$\Delta s_{31}^{(i)}$	$\Delta R^{(i)}$	$\Delta y_0^{(i)}$	$\Delta y_1^{(i)}$	$\Delta y_2^{(i)}$	$\Delta y_3^{(i)}$	$\cdots$	$\Delta y_{15}^{(i)}$
$i=0$	Δ_0	0	Δ_1	0	0	0	0	Δ_0	0	Δ_1	0	0	0
$i=1$	0	Δ_1	0	0	0	0	0	Δ_2	0	Δ_1	0	0	0
$i=2$	Δ_1	0	0	0	0	0	0	Δ_2	0	Δ_1	0	0	0
$i=3$	0	0	0	0	0	0	0	$*$	0	$*$	0	0	0

注：$\Delta_2 = \Delta_0 \oplus S_2[IV_0 \oplus S_2(0 \times 61)] \oplus S_2[IV_0 \oplus \Delta_0 \oplus S_2(0 \times 61)]$。$*$ 表示可取任意值。

记差分路径 D_{path} 为事件 L，令 $\Psi = \{1, 3, 4, \cdots, 15\}$，则有如下结论。

结论 8.3.1　事件 L 发生当且仅当如下四个条件同时满足。

条件 A：$\alpha^{-1}(\Delta_0) \oplus \Delta_0 = \Delta_1$。

条件 B：$\alpha^{-1}(\Delta_1) \oplus \Delta_0 = S_2[IV_0 \oplus (0 \times 61)] \oplus S_2[IV_0 \oplus \Delta_0 \oplus 0 \times 61]$。

条件 C：$h^{(1)} \in \Psi, l^{(1)} \in \Psi$。

条件 D：$h^{(2)} = 0$。

证明　在分别加载 (K, IV) 和 (K^*, IV^*) 之后，由于 $w^{(0)} = T(R^{(0)}) = 0$，第 1 轮只更新 y_0 单元，则有

$$\Delta y_0^{(1)} = \varDelta_2 = \varDelta_0 \oplus S_2[\mathrm{IV}_0 \oplus S_2(0 \times 61)] \oplus S_2[\mathrm{IV}_0 \oplus \varDelta_0 \oplus S_2(0 \times 61)]$$

因而, 有

$$s_{31}^{(1)} = s_{31}^{*(1)} \Leftrightarrow \alpha^{-1} s_0^{(0)} \oplus s_2^{(0)} \oplus y_0^{(0)} = \alpha^{-1} s_0^{*(0)} \oplus s_2^{*(0)} \oplus y_0^{*(0)}$$

$$s_{31}^{(1)} = s_{31}^{*(1)} \Leftrightarrow \alpha^{-1} \mathrm{IK}_0 \oplus \mathrm{IK}_2 \oplus \mathrm{IV}_0 = \alpha^{-1}(\mathrm{IK}_0 \oplus \varDelta_0) \oplus \mathrm{IK}_2 \oplus \varDelta_1 \oplus \mathrm{IV}_0 \oplus \varDelta_0$$

$$\Delta s_{31}^{(1)} = 0 \Leftrightarrow \text{条件} \mathrm{A} : \alpha^{-1}(\varDelta_0) \oplus \varDelta_0 = \varDelta_1$$

式中, "$\Leftrightarrow$" 表示有且仅有。

在第 2 轮中, LFSR 只有 $s_1^{(1)}$ 寄存器存在差分, 因此

$$s_{31}^{(2)} = s_{31}^{*(2)} \Leftrightarrow y_{h^{(1)}}^{(1)} = y_{h^{(1)}}^{*(1)}$$

$$\Delta s_{31}^{(2)} = 0 \Leftrightarrow h^{(1)} \in \varPsi$$

此时, BOMM 中只有 $y_0^{(1)}$ 和 $y_2^{(1)}$ 存在差分, $y_{h^{(1)}}^{(2)}$ 由 $y_{l^{(1)}}^{(2)}$ 更新得到, 因此有

$$\Delta y_i^{(2)} = 0, \ i \in \varPsi \Leftrightarrow l^{(1)} \in \varPsi$$

在第 3 轮中, $s_{31}^{(3)} = s_{31}^{*(3)}$ 应当得到满足, 分如下三种情况讨论。

(1)若 $h^{(2)} = 2$, 则有

$$s_{31}^{(3)} = s_{31}^{*(3)} \Leftrightarrow \alpha^{-1} s_0^{(2)} \oplus y_2^{(2)} = \alpha^{-1} s_0^{*(2)} \oplus y_2^{*(2)}$$
$$\Leftrightarrow \alpha^{-1} \mathrm{IK}_2 \oplus \mathrm{IV}_2 = \alpha^{-1}(\mathrm{IK}_2 \oplus \varDelta_1) \oplus \mathrm{IV}_2 \oplus \varDelta_1$$
$$\Leftrightarrow \alpha^{-1}(\varDelta_1) = \varDelta_1$$
$$\Leftrightarrow \varDelta_1 = 0$$

由逆否命题可知, 由于 $\varDelta_1 \neq 0$, 因此 $h^{(2)} \neq 2$ 成立。

(2)若 $h^{(2)} \in \varPsi$, 记 $h^{(2)} = c$, 其中 $c \in \varPsi$, 则有

$$s_{31}^{(3)} = s_{31}^{*(3)} \Leftrightarrow \alpha^{-1} s_0^{(2)} \oplus y_c^{(2)} = \alpha^{-1} s_0^{*(2)} \oplus y_c^{*(2)}$$
$$\Leftrightarrow \alpha^{-1} \mathrm{IK}_2 \oplus \mathrm{IV}_c = \alpha^{-1}(\mathrm{IK}_2 \oplus \varDelta_1) \oplus \mathrm{IV}_c$$
$$\Leftrightarrow \alpha^{-1}(\varDelta_1) = 0$$
$$\Leftrightarrow \varDelta_1 = 0$$

由逆否命题可知, 由于 $\varDelta_1 \neq 0$, 因此 $h^{(2)} \notin \varPsi$ 成立。

(3) 若 $h^{(2)} = 0$，有

$$s_{31}^{(3)} = s_{31}^{*(3)} \Leftrightarrow \alpha^{-1} s_0^{(2)} \oplus y_0^{(2)} = \alpha^{-1} s_0^{*(2)} \oplus y_0^{*(2)}$$

$$\Leftrightarrow \alpha^{-1} \mathrm{IK}_2 \oplus \mathrm{IV}_0 \oplus S_2(0) \oplus S_2(\mathrm{IV}_0 \oplus S_2(0))$$

$$= \alpha^{-1}(\mathrm{IK}_2 \oplus \varDelta_1) \oplus \mathrm{IV}_0 \oplus \varDelta_0 \oplus S_2(0) \oplus S_2(\mathrm{IV}_0 \oplus \varDelta_0 \oplus S_2(0))$$

$$\Leftrightarrow \alpha^{-1}(\varDelta_1) \oplus \varDelta_0 = S_2(\mathrm{IV}_0 \oplus 0\mathrm{x}61) \oplus S_2(\mathrm{IV}_0 \oplus \varDelta_0 \oplus 0\mathrm{x}61)$$

因此，有如下结论成立：

$$s_{31}^{(3)} = s_{31}^{*(3)} \Leftrightarrow 条件 \text{ B 和 D：} \alpha^{-1}(\varDelta_1) \oplus \varDelta_0$$

$$= S_2(\mathrm{IV}_0 \oplus 0\mathrm{x}61) \oplus S_2(\mathrm{IV}_0 \oplus \varDelta_0 \oplus 0\mathrm{x}61)，\ h^{(2)} = 0$$

由于 $\Delta y_{l^{(2)}}^{(2)}$ 并不影响 BOMM 的输出差分，$l^{(2)}$ 可以在 $0 \sim 15$ 中任意取值。

综合以上分析，事件 L 发生当且仅当条件 A～条件 D 同时满足。

证毕。

记 $z[m] = \{z^{(0)}, z^{(1)}, \cdots, z^{(m-1)}\}$ 和 $z^*[m] = \{z^{*(0)}, z^{*(1)}, \cdots, z^{*(m-1)}\}$ 分别为 (K, IV) 和 (K^*, IV^*) 所产生的 m 字节的密钥流序列，记 $z[m] = z^*[m]$（即 $z^{(i)} = z^{*(i)}$ 对 $0 \leqslant i \leqslant m-1$ 都成立）为事件 Ω，有如下结论成立。

结论 8.3.2　在事件 L 发生的前提下，如下两个条件同时满足时，事件 Ω 发生。

条件 E：$h^{(t)}, l^{(t)} \in \Psi$，$t = 3, 4, \cdots, 64$（初始化过程）。

条件 F：$h^{(t)}, l^{(t)} \in \Psi$，$h^{(m-1)} \in \Psi$，$t = 0, 1, \cdots, m-2$（密钥流生成过程）。

证明　在事件 L 发生时，只有 BOMM 中的 $y_0^{(1)}$ 和 $y_2^{(1)}$ 存在差分，LFSR 和其余的 BOMM 中的记忆单元皆无差分，当条件 E 和条件 F 同时发生时，内部状态差分无扩散，因而事件 Ω 将以 1 的概率发生。

证毕。

条件 E 和条件 F 中 $w^{(t)}$ 取自不同的轮，可假设条件 E 和条件 F 中 $w^{(t)}$ 的取值是相互独立的，因此有

$$p(\Omega \mid L) \geqslant p(E \bigcap F) \approx p(E) \cdot p(F)$$

$$= (196 / 256)^{62} \times (196 / 256)^{m-1} \times (14 / 16)$$

$$= (7 / 8)^{2m+123}$$

为便于描述，给出如下定义。

定义 8.3.1　若 $(\varDelta_0, \varDelta_1, \mathrm{IV}_0)$ 同时满足条件 A 和条件 B 时，则称其为有效的 $(\varDelta_0, \varDelta_1, \mathrm{IV}_0)$，反之，称其为无效的。

本节编程给出了 Loiss 序列密码初始化过程所有有效的 $(\Delta_0, \Delta_1, \mathrm{IV}_0)$，具体见附录。

为便于描述，再给出定义 8.3.2。

定义 8.3.2　若任意 IV 满足如下条件，则称其为可用的，反之，称其为不可用的。

(1) $(\Delta_0, \Delta_1, \mathrm{IV}_0)$ 是有效的。

(2) 条件 C 和条件 D 同时得到满足。

为便于描述，对于给定的有效 $(\Delta_0, \Delta_1, \mathrm{IV}_0)$，记事件 Φ 为 "IV 是可用的"，其补事件 Φ^c 为 "IV 是不可用的"。因此，对于有效 $(\Delta_0, \Delta_1, \mathrm{IV}_0)$ 而言，有

$$p(\Phi) = p(C \textstyle\bigcap D) \approx p(C) \cdot p(D) = (196 / 256) \times (1 / 16)$$
$$= (7 / 8)^2 \times 2^{-4}, \quad p(\Phi^c) = 1 - p(\Phi)$$

$$p(\Omega | \Phi) \geqslant p(E \textstyle\bigcap F) \approx p(F) = (7 / 8)^{2m+123}$$

同时，当 IV 不可用时，将无法得到以上的差分路径 D_{path}，在经历了 61 轮初始化操作后，内部状态达到了充分的混乱和扩散，可假设输出密钥流序列 $z[m] = \{z^{(0)}, z^{(1)}, \cdots, z^{(m-1)}\}$ 和 $z^*[m] = \{z^{*(0)}, z^{*(1)}, \cdots, z^{*(m-1)}\}$ 之间是相互独立的，有

$$p(\Omega | \Phi^c) = 2^{-8m}$$

根据贝叶斯公式，可得

$$p(\Omega | \Phi) = \frac{p(\Omega | \Phi) \cdot p(\Phi)}{p(\Phi)} = \frac{p(\Omega | \Phi) \cdot p(\Phi)}{p(\Omega | \Phi) \cdot p(\Phi) + p(\Omega | \Phi^c) \cdot p(\Phi^c)}$$
$$= \frac{(7 / 8)^{2m+123} \times (7 / 8)^2 \times 2^{-4}}{(7 / 8)^{2m+123} \times (7 / 8)^2 \times 2^{-4} + 2^{-8m} \times [1 - (7 / 8)^2 \times 2^{-4}]}$$

为了使攻击者能够以较高的概率正确地区分出可用与不可用的 IV，m 的取值要适当。本节取 $m=8$，此时有

$$p(\Phi | \Omega) \geqslant \frac{(7 / 8)^{2 \times 8 + 123} \times (7 / 8)^2 \times 2^{-4}}{(7 / 8)^{2 \times 8 + 123} \times (7 / 8)^2 \times 2^{-4} + 2^{-8 \times 8} \times [1 - (7 / 8)^2 \times 2^{-4}]}$$
$$= \frac{2^{-31.16}}{2^{-31.16} + 2^{-64} \times (1 - 2^{-4.39})} \approx 1$$

当 Ω 发生时，攻击者做出判断 "IV 是可用的"，此判断成功的概率趋近于 1，因此攻击者能够有效地区分出可用与不可用的 IV。对于有效 $(\Delta_0, \Delta_1, \mathrm{IV}_0)$ 而言，事

件 Ω 发生的概率约为

$$
\begin{aligned}
p(C \cap D \cap E \cap F) &\approx p(C) \cdot p(D) \cdot p(E) \cdot p(F) \\
&= (196 / 256) \times (1 / 16) \times (196 / 256)^{62} \times (196 / 256)^{m-1} \times (14 / 16) \\
&= 2^{-4} \times (7 / 8)^{2m+125} \\
&= 2^{-4} \times (7 / 8)^{2 \times 8 + 125} \approx 2^{-31.16}
\end{aligned}
$$

3. Loiss 序列密码初始化过程的差分碰撞攻击

在构造的差分路径的基础上，下面给出针对 Loiss 序列密码初始化过程的差分碰撞攻击。在恢复密钥之前，攻击者需要找到一个可用的 IV。记 V 为攻击者所用的选择 IV 集合。

先给出如下两个等式：

$$
w^{(1)} = T(R^{(1)}), \quad w^{(2)} = T(R^{(2)})
$$

式中

$$
R^{(1)} = \theta(\gamma(X \oplus R^{(0)})) = \theta(\gamma(\text{IK}_{15} \oplus \text{IV}_{15} \| \text{IK}_{10} \oplus \text{IV}_{10} \| \text{IK}_4 \oplus \text{IV}_4 \| \text{IK}_7)) \quad (8.3.1)
$$

$$
\begin{aligned}
R^{(2)} &= \theta(\gamma(X \oplus R^{(1)})) \\
&= \theta(\gamma(s_{31}^{(1)} \oplus R^{(1)}[3] \| \text{IK}_{11} \oplus \text{IV}_{11} \oplus R^{(1)}[2] \| \text{IK}_5 \oplus \text{IV}_5 \oplus R^{(1)}[1] \| \text{IK}_8 \oplus R^{(1)}[0]))
\end{aligned}
$$

$$(8.3.2)$$

其中，$R = R[3] \| R[2] \| R[1] \| R[0]$ 是一个 32 比特，$R[i](0 \leqslant i \leqslant 3)$ 是一个字节，$R^{(t)}$ 是 R 在第 t 时刻的状态。

当穷举 IV_4 和 IV_5 时，必然存在一个 IV 以 1 的概率同时满足条件 C 和条件 D。

集合 V 的选择应满足如下条件。

条件 a：IV_0 的选择应使得 $(\Delta_0, \Delta_1, \text{IV}_0)$ 是有效的。

条件 b：穷举 IV_4 和 IV_5 全部 16 比特。

条件 c：其他字节随机选取。

本节给出了一个搜索可用 IV 的算法，命名为 Loiss 的搜索可用 IV 算法，描述如下。

对于有效的 $(\Delta_0, \Delta_1, \text{IV}_0)$ 而言，事件 Ω 发生的概率约为 $2^{-31.16}$，当攻击者尝试 N 个选择 IV 时，事件 Ω 发生次数的期望为

$$
E_\Omega = \sum_{i=0}^{N} i \cdot C_N^i (p_1)^i (1 - p_1)^{N-i} = N \cdot p_1
$$

式中，$p_1 = 2^{-31.16}$。

算法 8.3.1　Loiss 的搜索可用 IV 算法

步骤 1，从附录中选择有效的 $(\Delta_0, \Delta_1, \mathrm{IV}_0)$。

步骤 2，对集合 V 中的每一个选择 IV，执行如下步骤：

　　步骤 2.1，从附录中选择有效的 $(\Delta_0, \Delta_1, \mathrm{IV}_0)$。

　　步骤 2.2，对集合 V 中的每一个选择 IV，执行如下步骤。

　　　(1)使用 K 和 IV 产生 m 字节的输出密钥流序列 $z[m]$。

　　　(2)运用有效的 $(\Delta_0, \Delta_1, \mathrm{IV}_0)$ 计算出相关的 (K^*, IV^*) 对，产生 m 字节的输出密钥流序列 $z[m]$。

　　　(3)检测 $z[m] = z^*[m]$ 是否成立，若成立，则执行步骤 3，否则返回步骤 2，尝试下一个选择 IV。

步骤 3，判断 IV 是可用的，并输出。

　　易知，当攻击者尝试 $2^{31.16}$ 个选择 IV 时，事件 Ω 发生次数的期望将达到 1。

　　因此，Loiss 的搜索可用 IV 算法需要 $2^{31.16}$ 个选择 IV，即 $|V| = 2^{31.16}$。在上述搜索算法中，对每一个选择 IV，需要执行两次加密，每次加密需要产生 $2m$ 个密钥流字节。因此，当 $m = 8$ 时，Loiss 的搜索可用 IV 算法的计算复杂度为 $O(2^{31.16})$，需要 $2^{31.16} \times 16 = 2^{35.16}$ 个密钥流字节，攻击的成功率为 $p(\Phi \mid \Omega)$，十分接近 1。

　　在搜索到一个可用 IV 后，攻击者需要恢复出 128 比特初始密钥 $(\mathrm{IK}_0, \mathrm{IK}_1, \cdots, \mathrm{IK}_{15})$。因此，本节将利用猜测确定攻击的思想恢复这 256 比特初始密钥。具体过程如下所示。

　　步骤 1，猜测 IK_{15}、IK_{10}、IK_7、IK_4 的取值，利用式(8.3.1)计算出 $R^{(1)}$，根据 $w^{(1)} = T(R^{(1)})$ 决定出 $w^{(1)}$，利用事件 L 中的条件 C 做检测，将猜测量降为原有的 196/256。

　　步骤 2，猜测 IK_1、IK_2、IK_0、IK_3、IK_6、IK_9、IK_{12}、IK_{14}、$l^{(2)}$ 和 $R^{(2)}$ 的右端 3 字节(共 92 比特)，根据事件 L 中的条件 D 可知 $h^{(2)} = 0$ 成立，因而可以决定出 $R^{(2)}$，进而利用式(8.3.2)决定出 $s_{31}^{(1)}$、IK_{11}、IK_5 和 IK_8。考察如下等式：

$$s_{31}^{(1)} = (\mathrm{IK}_{13} \oplus \mathrm{IV}_{13}) \oplus \alpha(\mathrm{IK}_8 \oplus \mathrm{IV}_8) \oplus \alpha^{-1}(\mathrm{IK}_1 \oplus \mathrm{IV}_1) \oplus \mathrm{IK}_{15} \oplus \mathrm{IK}_{11} \oplus \alpha(\mathrm{IK}_5)$$
$$\oplus \mathrm{IK}_2 \oplus \alpha^{-1}(\mathrm{IK}_0) \oplus v^{(0)}$$

$$(8.3.3)$$

式中，$v^{(0)} = s_0^{(0)} \oplus w^{(0)} = \mathrm{IK}_0$。

利用式(8.3.3)可以直接决定出 IK_{13}。至此，就恢复出了 Loiss 的全部 128 比特密钥。

下面分析猜测确定过程的计算复杂度。在步骤 1 中，攻击者猜测了 IK_{15}、IK_{10}、IK_7、IK_4 的取值，猜测量为 2^{32}，利用事件 L 中的条件 C 做检测，将猜测量降为 $2^{32} \times (196/256) = 2^{31.61}$。在步骤 2 中，攻击者又猜测了 92 比特，将猜测量升为 $2^{31.61} \times 2^{92} = 2^{123.61}$。因此，猜测确定过程的计算复杂度为

$$2^{32} + 2^{31.61} \times 2^{92} \approx 2^{123.61}$$

结合 Loiss 的搜索可用 IV 算法，针对 Loiss 的差分碰撞攻击的计算复杂度为 $O(2^{123.61})$，需要一对差分密钥、$2^{35.16}$ 个密钥流字节，能够恢复全部 128 比特密钥，攻击的成功率为 $p(\Phi|\Omega)$，十分接近 1。

Loiss 的搜索可用 IV 算法是差分碰撞攻击成功的关键，本节对该算法进行了实验验证，实验环境为 AMD Athlon(tm) 64 X2 双核处理器 4400+，CPU 2.31GHz，768GB RAM，操作系统为 Windows XP Pro SP3，结果表明当使用 2^{32} 个选择 IV 时，运行约 14.75h，Loiss 的搜索可用 IV 算法能够找到多于一个的可用 IV。该实验验证了本节攻击的可行性。

4. Loiss 序列密码初始化过程的差分碰撞攻击的改进

针对 Loiss 的差分碰撞攻击，该攻击是在搜索到一个可用 IV 的基础上进行的。事实上，当找到更多的可用 IV 时，可以进一步降低攻击的计算复杂度。

当攻击者尝试 N 个选择 IV 时，事件 Ω 发生次数的期望为

$$E_\Omega = \sum_{i=0}^{N} i \cdot C_N^i (p_1)^i (1-p_1)^{N-i} = N \cdot p_1$$

式中，$p_1 = 2^{-31.16}$。

当需要不少于 $n(n \geqslant 2)$ 个可用 IV 时，攻击者需要尝试 np_1^{-1} 个选择 IV。

在得到 n 个可用 IV 后，令 $\beta = \text{IK}_{13} \oplus \alpha(\text{IK}_8) \oplus \alpha^{-1}(\text{IK}_1) \oplus \text{IK}_{15} \oplus \text{IK}_{11} \oplus \alpha(\text{IK}_5) \oplus \text{IK}_2 \oplus \alpha^{-1}(\text{IK}_1) \oplus \text{IK}_0$，则式(8.3.3)化简为

$$s_{31}^{(1)} = \beta \oplus \alpha(\text{IV}_8) \oplus (\text{IV}_{13}) \oplus \alpha^{-1}(\text{IV}_1) \tag{8.3.4}$$

具体的密钥恢复过程描述如下。

步骤 1，猜测 IK_{15}、IK_{10}、IK_7、IK_4，利用式(8.3.1)计算出 $R^{(1)}$，对于每个可用 IV，利用事件 L 中的条件 C 做检测，将猜测量从 2^{32} 降为 $2^{32} \times (196/256) =$

$2^{31.61}$。

步骤 2，猜测 IK_{11}、IK_5、IK_8 和 β，对于每个可用 IV，决定出 $R^{(2)}$ 的取值，利用事件 L 中的条件 D 做检测，将猜测量从 $2^{32} \times (196 / 256) \times 2^{32}$ 降为 $2^{32} \times (196 / 256) \times 2^{32} \times 2^{-4n}$。需要注意的是，当 $n > 15$ 时，$2^{32} \times (196 / 256) \times 2^{32} \times 2^{-4n} < 1$ 成立，这意味着通过该检测可以将步骤 1 和 2 中猜测的 IK_{15}、IK_{10}、IK_4、IK_7、IK_{11}、IK_5、IK_8 和 β 的取值唯一确定出来。

步骤 3，猜测 IK_1、IK_2、IK_0、IK_3、IK_6、IK_9、IK_{12}、IK_{14}（共 64 比特），运用如下等式决定出 IK_{13} 的取值：

$$\beta = IK_{13} \oplus \alpha(IK_8) \oplus \alpha^{-1}(IK_1) \oplus IK_{15} \oplus IK_{11} \oplus \alpha(IK_5) \oplus IK_2 \oplus \alpha^{-1}(IK_0) \oplus IK_0$$

$$(8.3.5)$$

至此，就恢复出了全部 128 比特密钥。上述 3 个步骤的计算复杂度(记为 T)为

$$T = \begin{cases} 2^{32} + 2^{32} \times (196 / 256) \times 2^{32} + 2^{32} \times (196 / 256) \times 2^{32} \times 2^{-4n} + 2^{64} \\ = 2^{32} + 2^{64-0.39n} + 2^{128-4.39n}, \quad 2 \leqslant n \leqslant 14 \\ 2^{32} + 2^{32} \times (196 / 256) \times 2^{32} + 1 \times 2^{64} = 2^{32} + 2^{64-0.39n} + 2^{64}, \quad n \geqslant 15 \end{cases}$$

结合 Loiss 的搜索可用 IV 算法，差分碰撞攻击恢复 128 比特密钥的计算复杂度为 $O(T + 2N)$，需要一对差分密钥、N 个选择 IV 和 $16N$ 个密钥流字节，攻击的成功率为 $p(\Phi | \Omega)$，十分接近 1。表 8.3.2 给出了在 n 和 N 不同取值下攻击的复杂度情况。

表 8.3.2 n 和 N 不同取值下攻击的复杂度情况

n	N	计算复杂度(T)	选择 IV	密钥流字节
2	$2^{32.16}$	$2^{119.22}$	$2^{32.16}$	$2^{36.16}$
4	$2^{33.16}$	$2^{110.44}$	$2^{33.16}$	$2^{37.16}$
8	$2^{34.16}$	$2^{92.88}$	$2^{34.16}$	$2^{38.16}$
14	$2^{34.97}$	$2^{66.54}$	$2^{34.97}$	$2^{38.97}$
15	$2^{35.07}$	2^{64}	$2^{35.07}$	$2^{39.07}$
16	$2^{35.16}$	2^{64}	$2^{35.16}$	$2^{39.16}$

经过比较，$n=15$ 是比较合理的，此时，攻击的计算复杂度为 $O(2^{64})$，需要 1 对差分密钥、$2^{35.07}$ 个选择 IV 和 $2^{39.07}$ 个密钥流字节，成功率接近 1。为了验证改进的正确性，本节对 Loiss 的搜索可用 IV 算法进行了实验，实验环境为 AMD

Athlon(tm)64 X2 双核处理器 4400+, CPU 2.31GHz, 768 GB RAM, OS Windows XP Pro SP3, 结果表明当使用 2^{36} 个选择 IV 时, 运行大约 9.8 天, Loiss 的搜索可用 IV 算法能够找到多于 15 个可用 IV。该实验验证了本节攻击的正确性。

8.4 小 结

本节介绍了针对结构相同型 Trivium 和结构相似型 Loiss 序列密码初始化过程的分析结果, 对其它的结构相同型或结构相似型序列密码, 如 Decim v2、K2 等, 其初始化过程的安全性分析参见文献[12]。根据文献[12]的分类, Py 系列算法是结构迥异型序列密码算法的典型代表, 在 4.3 节介绍了针对该序列密码初始化过程的安全性分析结果, 这里就不再赘述。

目前针对序列密码初始化过程所用的分析工具大都集中在差分分析、线性攻击、相关密钥攻击[29,30]和滑动攻击[31,32]等针对分组密码提出的分析方法上, 其原因有如下两方面: 一方面, 类分组型序列密码算法的出现, 使得分组密码分析工具针对序列密码初始化过程进行分析成为可能; 另一方面, 序列密码的初始化过程可以看成是一个特殊的分组密码, 明文对应于初始值 IV, 密文对应于初始化过程完成后的内部状态, 密钥对应于密钥本身, 从这个角度看, 使用分组密码的分析方法研究序列密码初始化过程的安全性也就不难理解了。

序列密码的初始化过程是序列密码算法的重要组成部分, 安全高效的序列密码需要以安全高效的初始化过程为基础, 初始化过程的安全性直接影响序列密码算法的安全性, 其作用和地位十分重要。序列密码的初始化设计和安全性评估问题仍然是未来序列密码的研究热点问题, 值得进一步研究。

参 考 文 献

[1] Daemen J, Govaerts R, Vandewalle J. Resynchronization weakness in synchronous stream cipher[C]//Proceedings of Workshop on the Theory and Application of Cryptographic Techniques, Loftthus, 1993: 159-167.

[2] Biryukov A. The design of a stream cipher LEX[C]//Proceedings of International Workshop on Selected Areas in Cryptography, Montreal, 2006: 67-75.

[3] Wu H, Preneel B. Attacking the IV setup of stream cipher LEX[EB/OL]. http://cr.yp.to/streamciphers/lex/059.pdf [2016-03-17].

[4] Nawaz Y, Gong G. WG: A family of stream ciphers with designed randomness properties[J]. Information Sciences, 2008, 178(7): 1903-1916.

[5] Wu H, Preneel B. Chosen IV attack on stream cipher WG[EB/OL]. http://cr.yp.to/streamciphers/wg/045.pdf [2016-03-17].

[6] Biham E, Seberry J. Py(Roo): A fast and secure stream cipher using rolling arrays[R]. Haifa: Technion Computer Science Department, 2005.

[7] Wu H, Preneel B. Differential cryptanalysis of the stream ciphers Py, Py6 and Pypy[C]// Proceedings of Advances in Cryptology, Barce Lona, 2007, 4515: 276-290.

[8] Whiting D, Schneier B, Lucks S, et al. Phelix: Fast encryption and authentication in a single cryptographic primitive[EB/OL]. https://www.ecrypt.eu.org/stream/p2ciphers/phelix/phelix_p2. pdf [2016-03-17].

[9] Wu H, Preneel B. Differential-linear attacks against the stream cipher Phelix[C]//Proceedings of FSE, Luxembourg, 2007, 4593: 87-100.

[10] Moon D, Kwon D, Han D, et al. T-function based stream cipher TSC-4[EB/OL]. https://www. ecrypt.eu.org/stream/p2ciphers/tsc4/tsc4_p2.pdf [2016-03-17].

[11] Zhang H, Wang X. Differential cryptanalysis of T-function based stream cipher TSC-4[C]// Proceedings of ICISC, Seoul, 2007: 227-238.

[12] 丁林. 序列密码初始化过程的安全性分析[D]. 郑州: 信息工程大学, 2009.

[13] Berbain C, Billet O, Canteaut A, et al. DECIM v2[EB/OL]. https://www.ecrypt.eu.org/stream/ p3ciphers/decim/decim_p3.pdf [2016-03-17].

[14] Kiyomoto S, Tanaka T, Sakurai K. A word-oriented stream cipher using clock control[C]// Proceedings of SASC 2007, Bochum, 2007: 260-274.

[15] Feng D, Feng X, Zhang W, et al. Loiss: A byte-oriented stream cipher[C]//Proceedings of International Workshop on Coding and Cryptology, Qingdao, 2011, 6639: 109-125.

[16] Anderson R J, Biham E, Knudsen L R. Serpent: A proposal for the advanced encryption standard. Submitted to NIST as an AES candidate [EB/OL]. http://cryptosoft.net/docs/Serpent. pdf [2016-03-17].

[17] Aumasson J P, Dinur I, Meier W, et al. Cube testers and key recovery attacks on reduced-round MD6 and Trivium[C]//Proceedings of Fast Software Encryption, Leuven, 2009: 1-22.

[18] Shannon C E. Communication theory of secrecy systems[J]. The Bell System Technical Journal, 1949, 28(4): 656-715.

[19] Englund H, Johansson T, Turan M S. A framework for chosen IV statistical analysis of stream ciphers[C]//Proceedings of INDOCRYPT, Chennai, 2007: 268-281.

[20] Fischer S, Khazaei S, Meier W. Chosen IV statistical analysis for key recovery attacks on stream ciphers[C]//Proceedings of International Conference on Progress in Cryptology, Casablanca, 2008: 236-245.

[21] 李俊志. 若干对称密码的新型分析方法研究[D]. 郑州: 信息工程大学, 2018.

[22] Afzal M, Masood A. Modifications in the design of trivium to increase its security level[J]. Pakistan Acad, 2010, 47(1): 51-63.

[23] Biham E, Shamir A. Differential cryptanalysis of the full 16-round DES[C]//Advances in Cryptology-Crypto'92 Proceedings, Berlin, 1993: 487-496.

[24] Biham E, Dunkelman O. Differential cryptanalysis in stream ciphers[R]. Haifa: Technion Computer Science Department, 2007.

[25] Pasalic E. Key differentiation attacks on stream ciphers[EB/OL]. http://eprint.iacr.org/2008/443 [2008-10-20].

[26] 张玉安, 冯登国. 序列密码设计中的整字带记忆逻辑[J]. 北京邮电大学学报, 2006, 29(2): 14-17.

[27] 周照存, 刘骏, 冯登国. 对 Loiss 算法的猜测确定分析[J]. 中国科学院研究生院学报, 2012, 1: 125-130.

[28] Chinese State Bureau of Cryptography Administration. Cryptographic algorithms SMS4 used in wireless LAN products[EB/OL]. http://www.sca.gov.cn/sca/c100061/201611/1002423/files/330480f731f64e1ea75138211ea0dc27.pdf [2017-01-01].

[29] Knudsen L. Cryptanalysis of LOKI[C]//Proceedings of ASIACRYPT, Gold Coast, 1992, 739: 22-35.

[30] Biham E. New types of cryptanalytic attacks using related keys[J]. Journal of Cryptology, 1994, 7(4): 229-246.

[31] Biryukov A, Wagner D. Slide attacks[C]//Proceedings of FSE, Rome, 1999, 1636: 245-259.

[32] Biryukov A, Wagner D. Advanced slide attacks[C]//Proceedings of EUROCRYPT, Bruges, 2000: 589-606.

附　　录

式(3.1.6)的具体表达式如下所示：

$$z_1 = 1 + s_0(3) + s_0(6) + s_0(15) + s_0(21) + s_0(27) + s_0(30) + s_0(39) + s_0(54) + s_0(57)$$
$$+ s_0(67) + s_0(68) + s_0(69) + s_0(72) + s_0(96) + s_0(99) + s_0(114) + s_0(117) + s_0(123)$$
$$+ s_0(126) + s_0(132) + s_0(138) + s_0(144) + s_0(165) + s_0(171) + s_0(4) \cdot s_0(5) + s_0(13)$$
$$\cdot s_0(14) + s_0(13) \cdot s_0(41) + s_0(13) \cdot s_0(119) + s_0(14) \cdot s_0(40) + s_0(14) \cdot s_0(118)$$
$$+ s_0(16) \cdot s_0(17) + s_0(19) \cdot s_0(20) + s_0(19) \cdot s_0(47) + s_0(19) \cdot s_0(125) + s_0(20)$$
$$\cdot s_0(46) + s_0(20) \cdot s_0(124) + s_0(22) \cdot s_0(23) + s_0(25) \cdot s_0(26) + s_0(28) \cdot s_0(29)$$
$$+ s_0(34) \cdot s_0(35) + s_0(37) \cdot s_0(38) + s_0(37) \cdot s_0(65) + s_0(37) \cdot s_0(143) + s_0(38)$$
$$\cdot s_0(64) + s_0(38) \cdot s_0(142) + s_0(39) \cdot s_0(40) + s_0(40) \cdot s_0(119) + s_0(41) \cdot s_0(118)$$
$$+ s_0(43) \cdot s_0(44) + s_0(45) \cdot s_0(46) + s_0(46) \cdot s_0(125) + s_0(47) \cdot s_0(124) + s_0(49)$$
$$\cdot s_0(50) + s_0(52) \cdot s_0(53) + s_0(58) \cdot s_0(59) + s_0(58) \cdot s_0(164) + s_0(59) \cdot s_0(163)$$
$$+ s_0(61) \cdot s_0(62) + s_0(63) \cdot s_0(64) + s_0(64) \cdot s_0(65) + s_0(64) \cdot s_0(143) + s_0(64)$$
$$\cdot s_0(170) + s_0(65) \cdot s_0(142) + s_0(65) \cdot s_0(169) + s_0(67) \cdot s_0(68) + s_0(70) \cdot s_0(71)$$
$$+ s_0(103) \cdot s_0(104) + s_0(106) \cdot s_0(107) + s_0(118) \cdot s_0(119) + s_0(124) \cdot s_0(125)$$
$$+ s_0(127) \cdot s_0(128) + s_0(130) \cdot s_0(131) + s_0(133) \cdot s_0(149) + s_0(134) \cdot s_0(148) + s_0(142)$$
$$\cdot s_0(143) + s_0(147) \cdot s_0(148) + s_0(151) \cdot s_0(152) + s_0(154) \cdot s_0(155) + s_0(160) \cdot s_0(161)$$
$$+ s_0(163) \cdot s_0(164) + s_0(166) \cdot s_0(167) + s_0(13) \cdot s_0(39) \cdot s_0(40) + s_0(14) \cdot s_0(38)$$
$$\cdot s_0(39) + s_0(19) \cdot s_0(45) \cdot s_0(46) + s_0(20) \cdot s_0(44) \cdot s_0(45) + s_0(37) \cdot s_0(63) \cdot s_0(64)$$
$$+ s_0(38) \cdot s_0(39) \cdot s_0(40) + s_0(38) \cdot s_0(39) \cdot s_0(41) + s_0(38) \cdot s_0(39) \cdot s_0(119) + s_0(38)$$
$$\cdot s_0(62) \cdot s_0(63) + s_0(39) \cdot s_0(40) \cdot s_0(118) + s_0(44) \cdot s_0(45) \cdot s_0(46) + s_0(44) \cdot s_0(45)$$
$$\cdot s_0(47) + s_0(44) \cdot s_0(45) \cdot s_0(125) + s_0(45) \cdot s_0(46) \cdot s_0(124) + s_0(62) \cdot s_0(63)$$
$$\cdot s_0(64) + s_0(62) \cdot s_0(63) \cdot s_0(65) + s_0(62) \cdot s_0(63) \cdot s_0(143) + s_0(63) \cdot s_0(64)$$
$$\cdot s_0(142) + s_0(133) \cdot s_0(147) \cdot s_0(148) + s_0(134) \cdot s_0(146) \cdot s_0(147) + s_0(146) \cdot s_0(147)$$
$$\cdot s(148) + s_0(146) \cdot s_0(147) \cdot s_0(149)$$

式 (3.1.9) 的具体表达式如下所示：

$$
\begin{aligned}
z_1 = {} & 1 + s_0(3) + s_0(6) + s_0(15) + s_0(21) + s_0(27) + s_0(30) + s_0(39) + s_0(54) + s_0(57) \\
& + s_0(67) + s_0(68) + s_0(69) + s_0(72) + s_0(96) + s_0(99) + s_0(114) + s_0(117) + s_0(123) \\
& + s_0(126) + s_0(132) + s_0(138) + s_0(144) + s_0(165) + s_0(171) + s_0(4) \cdot s_0(5) + s_0(16) \\
& \cdot s_0(17) + s_0(22) \cdot s_0(23) + s_0(25) \cdot s_0(26) + s_0(28) \cdot s_0(29) + s_0(34) \cdot s_0(35) \\
& + s_0(49) \cdot s_0(50) + s_0(52) \cdot s_0(53) + s_0(67) \cdot s_0(68) + s_0(70) \cdot s_0(71) + s_0(103) \\
& \cdot s_0(104) + s_0(106) \cdot s_0(107) + s_0(127) \cdot s_0(128) + s_0(130) \cdot s_0(131) + s_0(151) \cdot s_0(152) \\
& + s_0(154) \cdot s_0(155) + s_0(160) \cdot s_0(161) + s_0(166) \cdot s_0(167) + [s_0(58) + s_0(163)][s_0(59) \\
& + s_0(164)] + \{[s_0(13) + s_0(40) + s_0(118) + s_0(38) \cdot s_0(39)][s_0(14) + s_0(41) + s_0(119) \\
& + s_0(39) \cdot s_0(40)] + [s_0(37) + s_0(64) + s_0(142) + s_0(62) \cdot s_0(63)][s_0(38) + s_0(65) \\
& + s_0(143) + s_0(63) \cdot s_0(64)] + s_0(40) \cdot s_0(41) + s_0(61) \cdot s_0(62) + s_0(64) \cdot s_0(170) \\
& + s_0(65) \cdot s_0(169)\} + \{[s_0(19) + s_0(46) + s_0(124) + s_0(44) \cdot s_0(45)][s_0(20) + s_0(47) \\
& + s_0(125) + s_0(45) \cdot s_0(46)] + s_0(43) \cdot s_0(44) + s_0(46) \cdot s_0(47)\} + \{[s_0(133) + s_0(148) \\
& + s_0(146) \cdot s_0(147)][s_0(134) + s_0(149) + s_0(147) \cdot s_0(148)] + s_0(133) \cdot s_0(134) + s_0(148) \\
& \cdot s_0(149)\}
\end{aligned}
$$

Loiss 序列密码初始化过程中所有的有效 $(\varDelta_0, \varDelta_1, IV_0)$

$\varDelta_0$	$\varDelta_1$	IV_0	$\varDelta_0$	$\varDelta_1$	IV_0	$\varDelta_0$	$\varDelta_1$	IV_0
0x03	0xd6	0x60, 0x63	0x21	0xe5	0x57, 0x76	0x3a	0x27	0x54, 0x6e
0x04	0x06	0x02, 0x06, 0x3b, 0x3f, 0x58, 0x5c, 0x61, 0x65, 0x8a, 0x8e, 0xb3, 0xb7, 0xd0, 0xd4, 0xe9, 0xed	0x22	0x33	0x0e, 0x2c	0x3d	0xf7	0x42, 0x7f
0x05	0xd3	0x2b, 0x2e	0x24	0x36	0xd0, 0xf4	0x3e	0x21	0x86, 0xb8
0x06	0x05	0x72, 0x74	0x26	0x35	0x4b, 0x6d	0x40	0x60	0x98, 0xd8
0x0a	0x0f	0xe0, 0xea	0x27	0xe0	0xc9, 0xee	0x41	0xb5	0x00, 0x41
0x0b	0xda	0x14, 0x1f	0x28	0x3c	0x95, 0xbd	0x43	0xb6	0x10, 0x53
0x0c	0x0a	0xb5, 0xb9	0x29	0xe9	0xd9, 0xf0	0x44	0x66	0xbc, 0xf8
0x0d	0xdf	0x15, 0x18	0x2e	0x39	0x03, 0x2d	0x47	0xb0	0x13, 0x54
0x0e	0x09	0x32, 0x3c	0x2f	0xec	0xca, 0xe5	0x48	0x6c	0x31, 0x79
0x0f	0xdc	0x97, 0x98	0x31	0xfd	0x93, 0xa2	0x49	0xb9	0x0e, 0x47
0x16	0x1d	0x0b, 0x1d	0x32	0x2b	0xdf, 0xed	0x4b	0xba	0x8f, 0xc4
0x19	0xc1	0x40, 0x59	0x34	0x2e	0x94, 0xa0	0x4f	0xbc	0x97, 0xd8
0x1e	0x11	0xaf, 0xb1	0x35	0xfb	0x4f, 0x7a	0x50	0x78	0x0a, 0x5a
0x1f	0xc4	0x0c, 0x13	0x36	0x2d	0xdf, 0xe9	0x51	0xad	0x04, 0x55
0x20	0x30	0xd4, 0xf4	0x37	0xf8	0x96, 0xa1	0x54	0x7e	0x9d, 0xc9

Δ_0	Δ_1	IV_0	Δ_0	Δ_1	IV_0	Δ_0	Δ_1	IV_0
0x55	0xab	0x88, 0xdd	0x9c	0xd2	0x7b, 0xe7	0xce	0xa9	0x4e, 0x80
0x56	0x7d	0xb9, 0xef	0xa2	0xf3	0x44, 0xe6	0xcf	0x7c	0x76, 0xb9
0x58	0x74	0x0c, 0x54	0xa6	0xf5	0x67, 0xc1	0xd2	0xbb	0x18, 0xca
0x5a	0x77	0xb5, 0xef	0xa8	0xfc	0x0f, 0xa7	0xd5	0x6b	0x6a, 0xbf
0x62	0x53	0x0c, 0x6e	0xaa	0xff	0x38, 0x92	0xd6	0xbd	0x03, 0xd5
0x63	0x86	0x11, 0x72	0xab	0x2a	0x5d, 0xf6	0xda	0xb7	0x31, 0xeb
0x65	0x83	0x11, 0x74	0xac	0xfa	0x62, 0xce	0xdb	0x62	0x5e, 0x85
0x66	0x55	0x17, 0x71	0xae	0xf9	0x26, 0x88	0xdd	0x67	0x1a, 0xc7
0x6b	0x8a	0x2c, 0x47	0xb0	0xe8	0x54, 0xe4	0xde	0xb1	0x75, 0xab
0x6c	0x5a	0x24, 0x48	0xb1	0x3d	0x46, 0xf7	0xdf	0x64	0x15, 0xca
0x6d	0x8f	0xa5, 0xc8	0xb5	0x3b	0x1b, 0xae	0xe0	0x90	0x39, 0xd9
0x70	0x48	0x0d, 0x7d	0xb6	0xed	0x16, 0xa0	0xe1	0x45	0x6c, 0x8d
0x73	0x9e	0x9d, 0xee	0xb8	0xe4	0x57, 0xef	0xe2	0x93	0x57, 0xb5
0x76	0x4d	0x27, 0x51	0xb9	0x31	0x63, 0xda	0xe4	0x96	0x07, 0xe3
0x7c	0x42	0x82, 0xfe	0xba	0xe7	0x60, 0xda	0xe6	0x95	0x29, 0xcf
0x7d	0x97	0x13, 0x6e	0xbb	0x32	0x64, 0xdf	0xe8	0x9c	0x0c, 0xe4
0x80	0xc0	0x36, 0xb6	0xbf	0x34	0x2a, 0x95	0xea	0x9f	0x50, 0xba
0x82	0xc3	0x16, 0x94	0xc0	0xa0	0x5a, 0x9a	0xeb	0x4a	0x5b, 0xb0
0x89	0x19	0x64, 0xed	0xc2	0xa3	0x52, 0x90	0xee	0x99	0x57, 0xb9
0x8a	0xcf	0x6e, 0xe4	0xc3	0x76	0x76, 0xb5	0xf0	0x88	0x15, 0xe5
0x8d	0x1f	0x64, 0xe9	0xc5	0x73	0x77, 0xb2	0xf7	0x58	0x13, 0xe4
0x90	0xd8	0x0a, 0x9a	0xc6	0xa5	0x05, 0xc3	0xf8	0x84	0x2d, 0xd5
0x92	0xdb	0x79, 0xeb	0xc9	0x79	0x39, 0xf0	0xfb	0x52	0x26, 0xdd
0x95	0x0b	0x43, 0xd6	0xcb	0x7a	0x6f, 0xa4	0xfd	0x57	0x18, 0xe5
0x97	0x08	0x2a, 0xbd	0xcc	0xaa	0x09, 0xc5	0xff	0x54	0x66, 0x99
0x99	0x01	0x76, 0xef	0xcd	0x7f	0x56, 0x9b			